AF357157

COURS

DE

GÉOMÉTRIE ÉLÉMENTAIRE

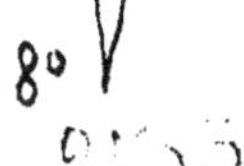

OUVRAGES DU MÊME AUTEUR

COURS COMPLET D'ARITHMÉTIQUE (n° 1), conforme aux programmes des deux enseignements secondaires, renfermant un très grand nombre d'applications à la banque, au commerce et à l'industrie, et d'exercices théoriques. 1 vol. in-8°, 29° édition. 4 fr.

COURS COMPLET D'ARITHMÉTIQUE (n° 1 *bis*), conforme au programme de l'ensegnement secondaire spécial. in-12, nouvelle édition, cartonné. 3 fr.

ÉLEMENTS D'ARITHMÉTIQUE THÉORIQUE ET PRATIQUE (n° 2), à l'usage des instituteurs et de leurs élèves les plus avancés , des Écoles professionelles et commerciales, des Écoles normales primaires, des aspirants et des aspirantes au brevet simple, 19° édition, in-12, cartonné. 1 fr. 80

ARITHMÉTIQUE ÉLÉMENTAIRE (n° 3), à l'usage dès écoles primaires et des classes élémentaires, renfermant un grand nombre d'exercices et d'applications les plus usuelles. 1 vol. in-12, cartonné, 16° édition. 1 fr. 10

RECUEIL SUPPLÉMENTAIRE DE PROBLÈMES D'ARITHMÉTIQUE SUR LES SUJETS LES PLUS USUELS. in-12, 14° édition. 1 fr. 50

COURS COMPLET D'ALGÈBRE ÉLÉMENTAIRE (n° 1), convenant au deux enseignements secondaires, 14° édition, contenant 1200 exercices théoriques et pratiques. 1 vol. in-8° 4 fr. 50

COURS COMPLET D'ALGÈBRE ÉLÉMENTAIRE (n° 1 *bis*), conforme au programme de l'enseignement spécial, grand in-18 jésus nouvelle édition, cartonné. 3 fr.

COURS ÉLÉMENTAIRE D'ALGÈBRE (n° 2), conforme aux programmes à l'usage des classes de lettres, des classes élémentaires et des instituteurs, contenant de nombreux exercices, 13° édition, 1 vol. in-12. 2 fr.

COURS ÉLÉMENTAIRE DE GÉOMÉTRIE (n° 2), à l'usage des classes de lettres, des instituteurs et des écoles normales primaires, contenant un grand nombre d'exercices et de problèmes. 18° édition, in-12, cartonné. 2 fr. 25

COURS ÉLÉMENTAIRE DE TRIGONOMÉTRIE RECTILIGNE, convenant aux deux enseignements secondaires, contenant un grand nombre d'exercices théoriques et pratiques. 10° édition, in-18. 1 fr. 80

LEÇON DE COSMOGRAPHIIE. 10° édition, in-8°. 4 fr. 50

COURS

DE

GÉOMÉTRIE ÉLÉMENTAIRE

A L'USAGE

DES LYCÉES ET COLLÈGES

ET

DE TOUS LES ÉTABLISSEMENTS D'INSTRUCTION PUBLIQUE

SUIVI DE NOTIONS SUR LES COURBES USUELLES

ET RENFERMANT UN TRÈS GRAND NOMBRE D'EXERCICES PROPOSÉS
DE GÉOMÉTRIE PURE ET APPLIQUÉE

Par A. GUILMIN

ANCIEN PROFESSEUR
OFFICIER DE L'INSTRUCTION PUBLIQUE

———

VINGT DEUXIÈME ÉDITION

———

PARIS

ALPHONSE PICARD, LIBRAIRE

82, RUE BONAPARTE, 82

———

1882

TABLE DES MATIÈRES

(PROGRAMME OFFICIEL)

FIGURES PLANES.

[1] On admettra qu'on ne peut mener, par un point donné, qu'une seule parallèle à une droite.

[2] La proposition, étant démontrée pour le cas où il y a entre les arcs une commune mesure quelque petite qu'elle soit, sera, par cela même, considérée comme générale.

[1] En conservant les énoncés habituels, on devra remplacer dans les démonstrations l'algorithme des proportions par l'égalité des rapports.

[2] La longueur de la circonférence du cercle sera considérée sans démonstration comme la limite vers laquelle tend le périmètre d'un polygone inscrit dans cette courbe, à mesure que les côtés diminuent indéfiniment.

[1] On appelle ainsi ceux qui sont compris sous un nombre de faces semblables chacune à chacune, et dont les angles polyèdres homologues sont égaux.

TABLE DU COMPLÉMENT.

FIN DES TABLES.

COURS DE GÉOMÉTRIE.

PRÉLIMINAIRES.

1. On appelle corps tout ce qui occupe une place dans l'espace indéfini. Exemples : Une pierre, une barre de fer.

On appelle *volume* d'un corps la partie limitée de l'espace occupée par ce corps.

La *surface* d'un corps est la limite de son volume qu'elle sépare de l'espace indéfini extérieur.

L'intersection de deux surfaces ou la limite d'une surface est une *ligne*.

L'intersection de deux lignes ou chaque extrémité d'une ligne est un *point*.

Tout *volume* a trois dimensions : *longueur, largeur, profondeur* ou *hauteur*. Une surface n'a que deux dimensions : longueur et largeur; elle n'a pas de profondeur. Une ligne n'a qu'une dimension, la *longueur*. On n'attribue au point aucune étendue.

La *géométrie* a pour objet de mesurer l'étendue des lignes, des surfaces et des volumes, et d'en étudier les propriétés indépendamment des corps auxquels ils appartiennent.

On donne le nom de *figures* aux lignes, aux surfaces, et aux volumes ainsi considérés.

2. La *ligne droite* est le plus court chemin d'un point à un autre.

On admet comme évident : 1° qu'entre deux points donnés on ne peut mener qu'une seule ligne droite; 2° que si deux lignes droites ont deux points communs, elles coïncident dans toute leur étendue.

3. Une *ligne brisée* ou *polygonale* est une ligne composée de lignes droites.

Une ligne qui n'est ni droite, ni composée nulle part de lignes droites, est une ligne *courbe*.

4. On appelle *plan* ou *surface plane* une surface sur laquelle une ligne droite peut s'appliquer entièrement dans tous les sens.

La surface d'une glace polie, celle d'un tableau bien dressé ou d'une feuille de papier bien tendue sont sensiblement planes.

Toute surface qui n'est ni plane, ni composée de surfaces planes est une surface *courbe*.

Signes abréviatifs et termes généraux.

On fait usage en géométrie des mêmes signes abréviatifs qu'en arithmétique et en algèbre.

5. Ainsi A et B étant des grandeurs géométriques ou des nombres :

$A + B$ signifie A *plus* B; $A - B$ signifie A *moins* B; $A \times B$ ou $A \cdot B$ signifie A *multiplié par* B; de même $A : B$ ou $\dfrac{A}{B}$ signifient également A *divisé par* B; $A = B$, A *égale* B; $A > B$, A *plus grand que* B; $A < B$, A *plus petit que* B; etc.

Nous emploierons aussi les termes que nous allons définir :

Un *axiome* est une vérité évidente par elle-même.

Un *théorème* est une vérité qui ne devient évidente qu'à l'aide d'une démonstration.

Un *corollaire* est la conséquence d'une ou plusieurs propositions déjà établies.

Un *problème* est une question qu'il s'agit de résoudre en s'appuyant sur les propositions précédentes.

On donne le nom commun de *propositions* aux *théorèmes*, aux *corollaires* et aux *problèmes*.

Division générale du cours.

6. La géométrie se partage en deux grandes divisions : dans la première partie, on s'occupe *exclusivement* des figures *planes*, c'est-à-dire *des figures situées tout entières dans le même plan;* dans la seconde, on étudie les figures *dans l'espace*, c'est-à-dire les figures dont *toutes les parties ne sont pas situées dans un même plan.*

PREMIÈRE PARTIE

FIGURES PLANES.

LIVRE PREMIER.

7. DES ANGLES. On appelle *angle* la figure que forment deux droites AB, AC qui partent du même point dans des directions différentes.

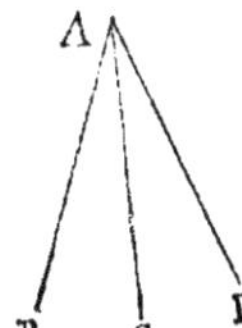

Les *côtés* d'un angle sont les droites AB, AC qui le forment; le point A, où ces lignes se rencontrent, est le *sommet* de l'angle.

Un angle se désigne ordinairement par trois lettres parmi lesquelles la lettre du sommet qui se met *toujours* au milieu; les deux autres doivent être mises ou lues sur les deux côtés. L'angle ci-dessus se désigne ainsi, BAC.

Un angle se désigne aussi quelquefois par une seule lettre, celle du sommet; on dit l'angle A (fig. précédente) quand il n'y a qu'un angle ayant le sommet désigné. Dans la figure ci-contre, on ne pourrait pas dire l'angle A pour désigner l'un des angles en particulier, parce qu'il y a trois angles à ce même sommet; savoir BAC, CAD, BAD.

Les angles sont des grandeurs mathématiques, c'est-à-dire sont susceptibles d'augmentation ou de diminution, et de plus comparables les uns aux autres.

8. On peut aisément se rendre compte de la génération d'un angle et des accroissements successifs qu'il peut recevoir.

Une droite mobile C*d*, d'abord superposée à une droite fixe CB,

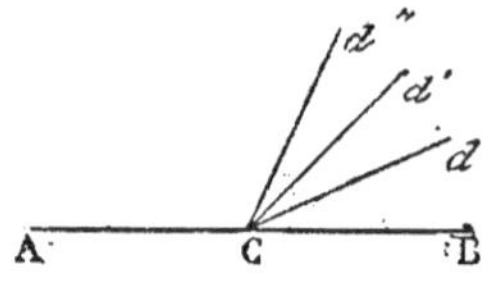

tourne autour du point C d'une manière continue. Un angle *d*CB se forme et croît progressivement. Il devient *d*CB, *d'*CB, *d''*CB, etc.

Tout angle peut être considéré comme ayant été ainsi engendré.

9. Remarque. Sachant que deux droites, issues du même point C, font *le même angle* avec une ligne donnée CB, du même côté de cette ligne, on peut affirmer que ces deux droites se confondent.

En effet, deux droites différentes C*d*, C*d'*, forment avec CB, dans ces conditions, des angles différents (fig. précéd.)

10. Définition. Quand une droite CD en rencontre une autre AB,

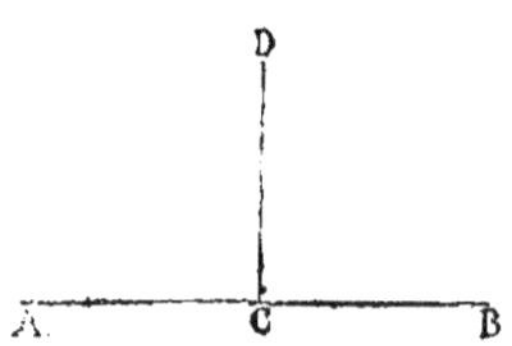

de manière à former deux angles adjacents égaux ACD, DCB, la ligne CD est dite *perpendiculaire* à AB, et les angles ACD, DCB sont appelés *angles droits*.

Théorème.

11. *En un point donné* C *d'une droite* AB, *on peut toujours lui élever une perpendiculaire.*

Cela est évident ; car si une première droite C*d'''* (fig. suivante) penche un peu plus à droite qu'à gauche, on peut évidemment la relever progressivement vers la gauche en la faisant tourner doucement autour du point C, et l'amener dans la position CD qui ne penche pas plus d'un côté que de l'autre.

Théorème.

12. *En un point donné* C *d'une droite,* AB, *on ne peut élever qu'une perpendiculaire à cette droite.*

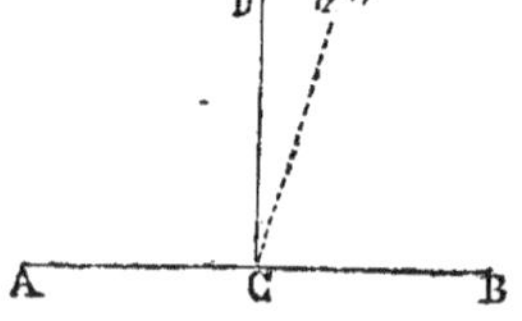

En effet, supposons que CD soit perpendiculaire à AB, c'est-à-dire que les angles adjacents ACD, DCB soient égaux. Si on dérange la droite CD de cette position pour l'amener dans une autre quelconque Cd''' par exemple, l'un des angles adjacents, celui de gauche augmente, tandis que l'autre diminue; ces deux angles cessent donc d'être égaux, et la ligne Cd''' n'est pas perpendiculaire à AB.

Théorème.

13. *Tous les angles droits sont égaux entre eux.*

Soient d'une part la ligne CD perpendiculaire à AB, et de l'autre FH perpendiculaire à EG.

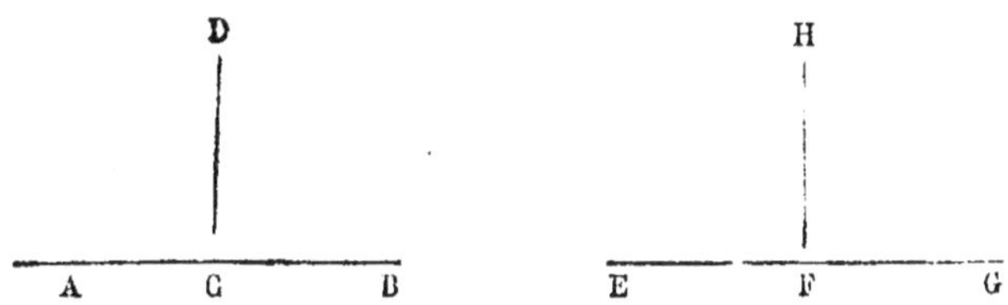

L'angle droit HFG $=$ DCB. Pour le démontrer, transportant la figure EFGH sur ACBD, je p'ace la ligne EFG sur ACB, de manière que le point F soit en C. La droite EG coïncidant avec AB, FH perpendiculaire à EG devient perpendiculaire à AB au point C; elle coïncide donc avec CD, puisqu'il ne peut y avoir qu'une perpendiculaire sur AB au point C (n° 12). FH tombant sur CD, l'angle HFG coïncide avec DCB; ces deux angles sont donc égaux. C. Q. F. D.

14. L'angle *droit* étant une grandeur constante, bien déterminée, on l'a choisi pour terme de comparaison, pour *unité* des angles.

On appelle angle *aigu* tout angle plus petit qu'un angle droit; angle *obtus* tout angle plus grand qu'un angle droit.

Par abréviation nous dirons quelquefois un *droit* au lieu d'un *angle droit*, comme nous disons une *droite* au lieu d'une *ligne droite*.

Une droite CD qui fait avec une autre ligne AB, du même côté de celle-ci, deux angles adjacents inégaux, DCB, DCA, est *oblique* à AB.

On voit aisément sur la figure que l'un des angles, BCD, est *aigu* tandis que l'autre, ACD, est *obtus*. De plus :

Théorème.

15. *La somme des deux angles adjacents* ACD, DCB, *formés du même côté d'une droite indéfinie* AB *par une autre droite* CD *est égale à deux droits.*

Pour le démontrer j'élève au point C la perpendiculaire CE sur AB (fig. précéd.). L'angle ACD se composant de ACE + ECD,

ACD + DCB = ACE + ECD + DCB.

Or ACE est un angle droit; ECD et DCB composent le 2ᵉ angle droit ECB; donc ACD + DCB = ACE + ECB = 2 angles droits.

16. Corollaire I. *Si l'un des angles adjacents est droit, l'autre l'est aussi.*

17. Corollaire II. *Si une droite* EF *est perpendiculaire à une autre droite* AB, *réciproquement* AB *est perpendiculaire à* EF.

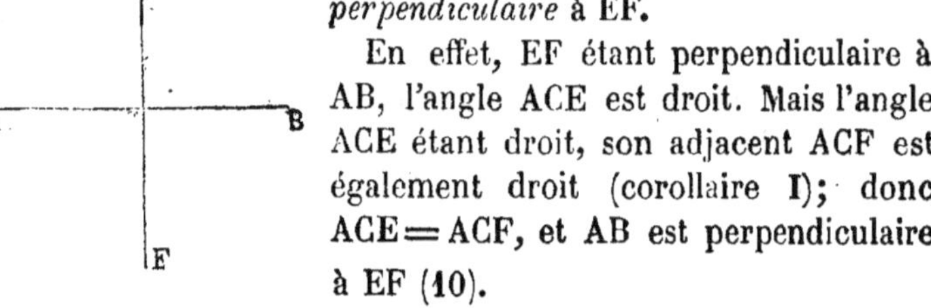

En effet, EF étant perpendiculaire à AB, l'angle ACE est droit. Mais l'angle ACE étant droit, son adjacent ACF est également droit (corollaire I); donc ACE = ACF, et AB est perpendiculaire à EF (10).

18. Corollaire III. *La somme des angles* ACF, FCE, ECD, DCB, *en nombre quelconque, formés du même côté d'une ligne,* AB, *par plusieurs droites qui rencontrent cette ligne au même point, est égale à deux angles droits.*

En effet, les angles ACF, FCE, ECD composent à eux tous l'angle ACD, et ACD + DCB = 2 droits.

19. Corollaire IV. *La somme des angles, en nombre quelconque, formés autour d'un même point, est égale à quatre angles droits.*

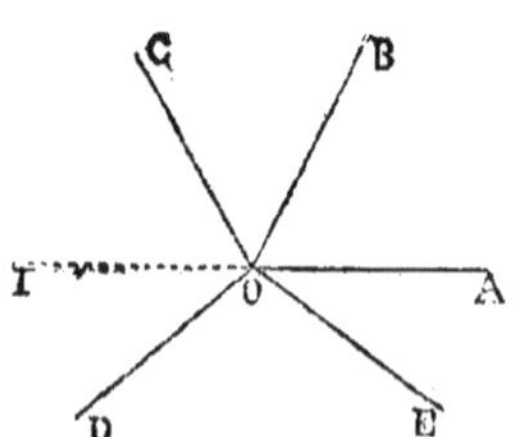

Prolongeons l'une des lignes AO dans le sens OI; l'angle COD est seulement divisé en deux parties, et la somme des angles reste la même.

Or la somme de tous les angles situés au-dessus de IOA est égale à *deux* droits; tous les angles situés au-dessous de IOA valent aussi deux droits. La somme de tous les angles réunis au point O est donc égale à quatre droits.

20. Définitions. Deux angles sont dits *supplémentaires,* ou *suppléments l'un de l'autre* quand leur somme est égale à deux angles droits. Ex. : les angles ACD, DCB (n° 15) sont supplémentaires.

Deux angles sont *complémentaires*, ou *compléments l'un de l'autre* quand leur somme est égale à un angle droit.

21. Remarque. Si deux angles B et C ajoutés successivement au même angle A donnent la même somme, il est évident que ces angles B et C sont égaux (*). On peut donc dire :

Deux angles supplémentaires du même angle sont égaux entre eux.

Deux angles complémentaires du même angle sont égaux entre eux.

Théorème.

22. *Si la somme de deux angles adjacents ACB, DCB est égale à deux angles droits, les côtés extérieurs* (c'est-à-dire non communs) AC, CB, *sont en ligne droite.*

En effet, soit CE le prolongement de AC. D'après un théorème précédent, $ACD + DCE = 2$ droits (n° 15); par hypothèse $ACD + DCB = 2$ droits; donc $DCE = DCB$ (n° 21) (**); ce qui ne peut être évidemment que si CE se confond avec CB. Le prolongement de AC se confond donc avec CB, n'est autre que CB.

DES ANGLES OPPOSÉS PAR LE SOMMET.

23. On appelle ainsi deux angles tels que les côtés de l'un sont les prolongements des côtés de l'autre. Ex. : EOB, AOD, fig. suiv.

(*) Si $A + B = A + C$, évidemment $B = C$.

(**) Autrement : $ACD + DCE = ACD + DCB$. Retranchons ACD; il reste $DCE = DCB$.

Théorème.

Les angles opposés par le sommet sont égaux (fig. suiv.).

Par ex. : EOB = AOD. En effet, la ligne EOD étant droite, EOB + BOD = 2 droits (n° 15). De même BOA étant une ligne droite, AOD + BOD = 2 droits. Les deux angles EOB, AOD, suppléments du même angle BOD, sont égaux entre eux (n° 21) (*).

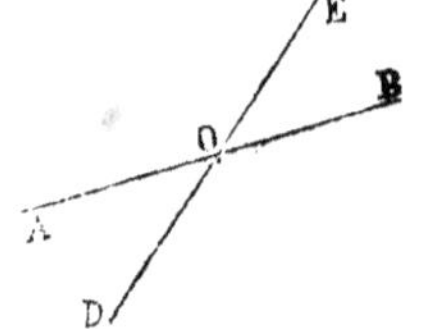

Réciproque. La ligne AOB étant droite, si l'angle EOB = AOD, on peut affirmer que OE et OD sont en ligne droite.

En effet, d'après le théorème précédent, le prolongement de EO doit faire avec OA, au-dessous de AOB, un angle égal à EOB, c'est-à-dire un angle précisément égal à AOD ; donc, suivant notre remarque du n° 9, ce prolongement de EO se confond avec OD, n'est autre que OD. C. Q. F. D.

EXERCICES.

Théorèmes à démontrer.

1. Si les angles non adjacents formés par 4 droites, OA, OB, OC, OD, sont égaux AOB = COD ; AOD = BOC), AOC est une ligne droite ainsi que BOD.

2. La bissectrice d'un angle et celle de son opposé au sommet sont en ligne droite (on appelle *bissectrice* la droite qui divise un angle en deux parties égales).

3. Les bissectrices de deux angles adjacents et supplémentaires sont perpendiculaires l'une à l'autre.

DES POLYGONES EN GÉNÉRAL ET DES TRIANGLES.

24. Un *polygone* est une figure plane terminée de toutes parts par des lignes droites.

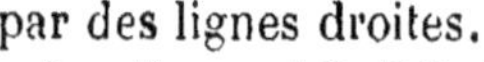
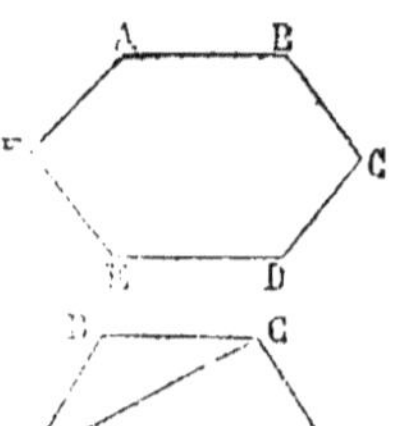

Les lignes AB, BC, CD,... sont les côtés du polygone. L'ensemble des côtés compose le contour ou le *périmètre* du polygone.

Un polygone a autant d'angles que de côtés.

On appelle *diagonale* d'un polygone toute ligne droite qui joint deux sommets non adjacents au même côté.

Ex. : AC, AD.

(*) Autrement : EOB + BOD = AOD + BOD. Retranchons BOD ; il reste EOB = AOD.

Le plus simple des polygones est celui qui n'a que trois côtés ; il s'appelle *triangle* (fig. suiv., n° 25).

Après le triangle vient le polygone de quatre côtés, nommé *quadrilatère*. Le polygone de cinq côtés s'appelle *pentagone ;* de six côtés, *hexagone ;* de huit côtés, *octogone ;* de dix côtés, *décagone ;* de douze côtés, *dodécagone ;* de quinze côtés, *pentédécagone.* Les autres polygones n'ont pas de noms particuliers ; on les désigne par le nombre de leurs côtés. On dit : un polygone de sept côtés, de treize côtés, etc.

Un polygone a autant d'angles que de côtés.

25. Nous nous occuperons d'abord des triangles.

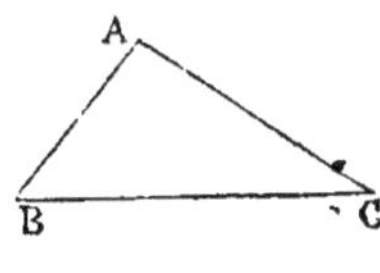

On nomme triangle *équilatéral* celui qui a ses trois côtés égaux ; triangle *isocèle* celui dont deux côtés seulement sont égaux ; triangle *scalène* celui qui a ses trois côtés inégaux.

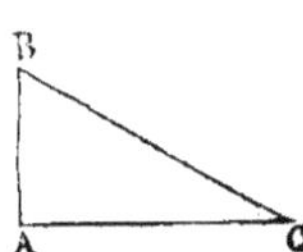

On appelle triangle *rectangle* celui qui a un angle droit. Le côté opposé à l'angle droit dans un triangle rectangle s'appelle *hypoténuse.* Ex. : BC.

26. *Dans tout triangle un côté quelconque est plus petit que la somme des deux autres, et plus grand que leur différence.*

En effet, la ligne droite BC est, d'après la définition (2), plus courte que la ligne brisée BA + AC qui joint les deux mêmes points ; BC < BA + AC.

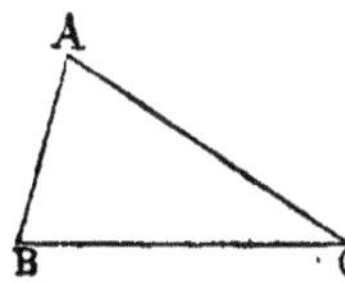

On a aussi AC > BC — BA ; en effet, de BC < AC + BA on déduit, en retranchant BA des deux parts, BC — BA < AC ; ce qui est l même chose que AC > BC — BA.

Théorème.

27. *Si l'on joint un point* O *de l'intérieur d'un triangle aux ex-*

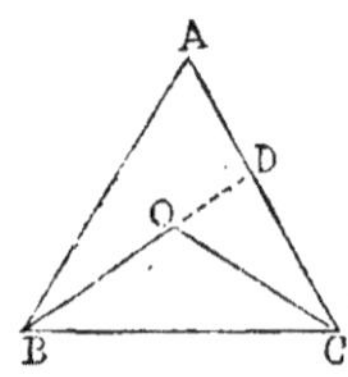

trémités de l'un des côtés BC, *la somme* OB + OC *des lignes intérieures est moindre que la somme* AB + BC *des deux autres côtés.*

Pour le démontrer, je prolonge BO jusqu'à la rencontre de AC en D. Dans le triangle ODC, le côté OC est plus petit que la somme des deux autres, OD + DC;

$$OC < OD + DC. \qquad (1)$$

Dans le triangle ABD, on a de même BD < AD + AB; ce qui revient à

$$BO + OD < AD + AB. \qquad (2)$$

En additionnant les inégalités (1) et (2), membre à membre, on trouve, en supprimant OD de part et d'autre,

$$OC + BO < DC + AD + AB,$$

ou bien

$$OC + BO < AC + AB; \qquad C. Q. F. D.$$

EXERCICES.

Théorèmes à démontrer.

4. Le contour d'un polygone convexe (sans angles rentrants) est plus petit que toute ligne enveloppante.

5. La somme des diagonales d'un quadrilatère convexe est plus petite que la somme et plus grande que la demi-somme de ses côtés.

6. La somme des lignes qui joignent un point intérieur d'un triangle aux trois sommets est plus petite que la somme et plus grande que la demi-somme des trois côtés du triangle.

ÉGALITÉ DES TRIANGLES.

28. On distingue trois cas principaux d'égalité des triangles.

PREMIER CAS. *Deux triangles sont égaux quand ils ont un angle égal compris entre des côtés égaux chacun à chacun.*

2ᵉ CAS. *Deux triangles sont égaux quand ils ont un côté égal adjacent à des angles égaux chacun à chacun.*

3ᵉ CAS. *Deux triangles sont égaux quand ils ont les trois côtés égaux chacun à chacun.*

Nous allons démontrer ces trois propositions.

Théorème.

29. *Deux triangles sont égaux quand ils ont un angle égal compris entre deux côtés égaux chacun à chacun.*

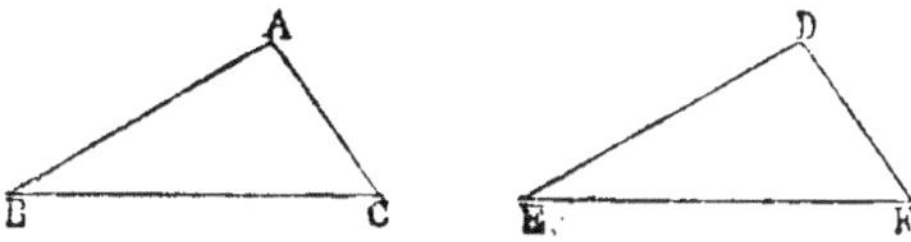

Soient les deux triangles ABC, DEF, tels que

AB = DE, AC = DF, et l'angle A = l'angle D.

Ces deux triangles sont égaux.

Pour le démontrer, transportant le triangle DEF sur ABC, je place le côté DE sur son égal AB, le point E en B, et le point D en A. L'angle D étant égal à l'angle A, le côté DF prend alors de lui-même la direction AC, et comme DF = AC le point F tombe justement en C. Le point E coïncidant déjà avec B, le côté EF coïncide avec BC (n° 2). Les deux triangles ABC, DEF, coïncidant dans toute leur étendue, sont égaux.

Théorème.

30. *Deux triangles sont égaux quand ils ont un côté égal adjacent à deux angles égaux chacun à chacun.*

Soient les deux triangles ABC, DEF, tels que BC = EF, l'angle B = E, l'angle C = F : ces deux triangles sont égaux.

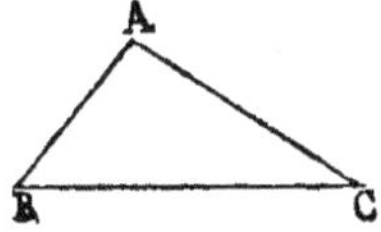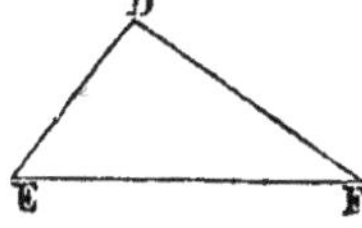

Pour le démontrer, transportant le triangle DEF sur ABC, je place le côté EF sur son égal BC, le point E en B, et le point F en C. L'angle E étant égal à l'angle B, le côté ED prend alors de lui-même la direction BA à partir de B, et le point D tombe quelque part sur BA ou sur son prolongement. Mais l'angle F étant aussi égal à l'angle C, le côté FD prend la direction CA et le point D tombe quelque part sur CA. Le point D devient donc commun à BA et à CA ; il coïncide avec le point A, qui est le seul point commun à ces deux lignes. Le point D étant en A, E en B, et F en C, les deux triangles ABC, DEF coïncident dans toutes leurs parties ; ils sont donc égaux.

Pour démontrer le troisième cas d'égalité des triangles, on s'appuie sur la proposition suivante :

Théorème.

31. *Lorsque deux triangles ont deux côtés égaux chacun à chacun, et que l'angle compris est plus grand dans le premier triangle que dans le second, le troisième côté du premier triangle est plus grand que le troisième côté du second.*

Soient les deux triangles ABC, DEF, tels que

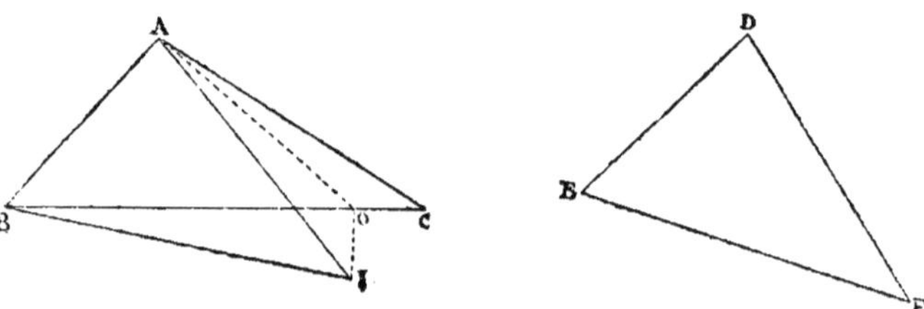

$$AB = DE, \quad AC = DF, \quad \text{et l'angle } BAC > EDF$$

Le côté BC est plus grand que EF.

Pour le démontrer, transportant le triangle DEF sur ABC, je place le côté DE sur son égal AB, le point D en A et le point E en B ; l'angle EDF étant plus petit que BAC, le second côté DF prend *dans l'intérieur* de BAC la position AI, et le troisième côté EF la position BI. EF étant devenu BI, il suffira de prouver que BC est plus grand que BI. Pour cela, je divise l'angle IAC en deux parties égales par la ligne AO que je termine au point O sur BC ; puis je trace IO. Les deux triangles IAO, OAC ont un angle égal, IAO=OAC (par construction), compris entre deux côtés égaux, savoir AO commun, et AI=DF=AC ; ces deux triangles sont donc égaux (29) et OC = OI. Cela posé, dans le triangle BOI on a BI < BO + OI ; ce qui revient à BI < BO + OC, ou BI < BC. Mais BI = EF ; donc EF < BC, ou BC > EF. Ce qu'il fallait démontrer.

31 *bis.* Résumé. Deux triangles ABC, DEF, ayant deux côtés
égaux chacun à chacun, AB = DE, AC = DF,

1° Si l'angle A = l'angle D, le 3ᵉ côté BC = EF (n° 29);

2° Si l'angle A est > D, le 3ᵉ côté BC est > EF (n° 31);

Si l'angle A est < D, le 3ᵉ côté BC est < EF (n° 31).

32. Corollaire. *Lorsque deux triangles* ABC, DEF, *ont deux
côtés égaux chacun à chacun, et que le troisième côté* BC *du premier
est plus grand que le troisième côté* EF *du second, l'angle* A *opposé
au troisième côté du premier triangle est plus grand que l'angle* D
opposé au troisième côté du second (fig. précéd.).

En effet, d'après les théorèmes précédents, quand deux triangles ABC, DEF ont deux côtés égaux chacun à chacun, le troisième côté BC du premier n'est plus grand que le troisième côté
EF du second que *dans le cas* où l'angle A du premier est plus
grand que l'angle D du second (V. le résumé, n° 31 *bis*). Le côté
BC étant, dans le cas actuel, plus grand que EF, c'est que l'angle
A est plus grand que l'angle D.

Théorème.

33. *Deux triangles qui ont les trois côtés égaux chacun à chacun
sont égaux.*

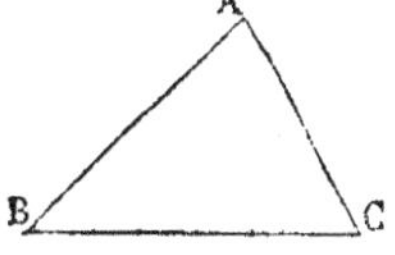
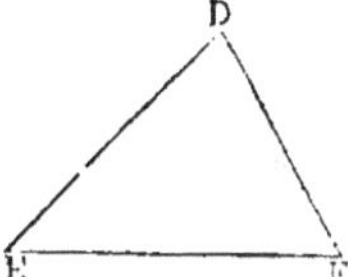

AB = DE, AC = DF, BC = EF; les triangles ABC, DEF sont
égaux. En effet, d'après les théorèmes précédents quand deux
triangles ABC, DEF ont deux côtés égaux chacun à chacun, le
troisième côté BC du premier n'est égal au troisième côté EF du
second que *dans le cas* où l'angle A opposé à BC est égal à l'angle
D opposé à EF (V. le résumé n° 31 *bis*). Le côté BC étant, dans
le cas actuel, égal à EF, c'est que l'angle A = l'angle D. L'angle A
étant égal à l'angle D, les deux triangles ABC, DEF sont égaux
comme ayant un angle égal compris entre des côtés égaux chacun
à chacun (n° 29).

34. *Remarque.* Dans les deux triangles égaux, les angles égaux (ex. : A et D) sont opposés à des côtés égaux (BC, EF) et réciproquement.

Cette remarque s'applique à deux triangles reconnus égaux, quel que soit le cas d'égalité, puisque ces triangles coïncident dans toutes leurs parties. Elle est très-importante.

EXERCICES.

Théorèmes à démontrer.

7. Deux polygones sont égaux quand ils ont
— $n-1$ côtés consécutifs égaux comprenant $n-2$ angles égaux et semblablement disposés. (Démontrer par la superposition.)

8. — $n-2$ côtés consécutifs égaux adjacents à $n-2$ angles égaux et semblablement placés. (*Idem.*)

9. — tous les côtés et $n-3$ angles consécutifs égaux chacun à chacun et semblablement placés. (*Idem.*)

10. Énoncez et démontrez ces propositions appliquées au quadrilatère.

11. Chaque médiane d'un triangle est plus petite que la demi-somme des côtés adjacents. (On appelle *médiane* d'un triangle la droite qui joint un sommet au milieu du côté opposé.)

12. La somme des médianes d'un triangle est plus petite que la somme et plus grande que la demi-somme des côtés du triangle.

PROPRIÉTÉS DU TRIANGLE ISOCÈLE.

35. *Dans un triangle isocèle, les angles opposés aux côtés égaux sont égaux.*

Soit le triangle isocèle ABC, tel que $AB = AC$; je dis que l'angle $B =$ l'angle C. Pour le démontrer, je joins le point A au milieu D de BC. Je forme ainsi deux triangles ABD, ADC qui ont les trois côtés égaux; savoir AD commun; $AB = AC$ par hypothèse, et $BD = DC$ par construction; ces triangles sont donc égaux. Par conséquent l'angle B de l'un, opposé à AD, est égal à l'angle C de l'autre, opposé au même côté AD; $B = C$; ce qu'il fallait démontrer.

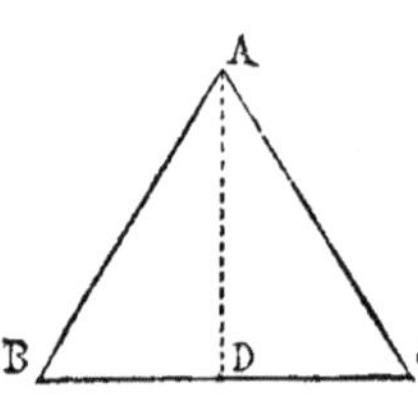

36. REMARQUE. Dans un triangle *isocèle,* on donne particulièrement le nom de *base* au côté qui n'est pas égal à l'un des deux

autres, et le nom de *sommet* du triangle au sommet de l'angle opposé à la base. Dans notre triangle, BC est la *base* et A le *sommet*.

THÉORÈME. *Dans tout triangle isocèle, la ligne qui joint le sommet au milieu de la base est perpendiculaire à la base, et divise l'angle au sommet en deux parties égales.*

En effet, de l'égalité des triangles ABD, ADC, il résulte que l'angle ADB, opposé au côté AB, est égal à l'angle ADC, opposé au côté AC; la ligne AD est donc perpendiculaire sur BC. De plus l'angle BAD = DAC.

Théorème.

37. *Si deux angles d'un triangle sont égaux, les côtés opposés à ces angles sont égaux, et le triangle est isocèle.*

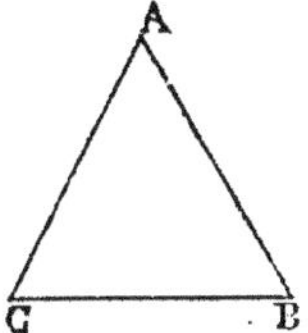 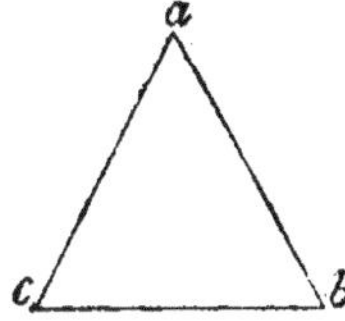

Soit le triangle ACB tel que l'angle B = l'angle C; je dis que le côté AC = AB. Pour le démontrer, je construis un triangle *acb* exactement égal au triangle ACB; le côté *ab* = AB, *ac* = AC,.... Puis, retournant ce triangle, *acb*, sens dessus dessous, de droite à gauche, je le pose sur ACB, de manière que *bc* retourné soit sur CB, le point *b* en C et le point *c* en B. Le côté *ba*, qui part du point C, prend la direction CA, puisque l'angle *b* = B = C; le côté *ca* prend de même la direction BA, puisque l'angle *c* = C = B. Le point *a* commun à *ba* et à *ca* devient commun à CA et à BA, et se confond avec le point A. Le côté *ba* est égal au côté CA avec lequel il coïncide exactement; mais *ba* = BA par construction; donc BA = CA.   C. Q. F. D.

EXERCICES.

13. Les médianes d'un triangle équilatéral sont égales.
14. Les médianes d'un triangle isocèle concourent au même point.

(*) Nous verrons plus tard que dans un triangle non isocèle le nom de *base* peut être donné à l'un quelconque des côtés; mais alors le sommet du triangle est le sommet de l'angle opposé à ce côté.

45. Deux triangles isocèles ABC, A′B′C′, ayant l'angle au sommet A commun, on trace en croix BC′ et CB′; ces droites BC′ et CB′ se coupent sur la bissectrice de l'angle A.

Théorème.

58. *De deux côtés d'un triangle, celui-là est le plus grand qui est opposé au plus grand angle.*

1° Soit l'angle ABC plus grand que l'angle C; je dis que le côté

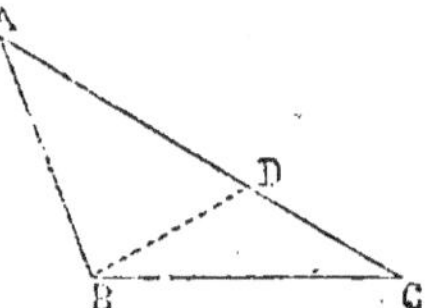

AC est plus grand que AB. Pour le prouver, je mène la droite BD de manière que l'angle DBC = l'angle C; j'ai ainsi un triangle DBC qui est isocèle d'après le théorème précédent; CD = DB. Mais dans le triangle ABD, on a AB < AD + DB; ce qui, à cause de DB = DC, revient à AB < AD + DC, ou AB < AC; ce qu'il faut démontrer.

58 *bis.* Résumé. Dans un triangle ABC,

1° Si l'angle B = C, le côté opposé AC = AB (n° 37);
2° Si l'angle B > C, le côté opposé AC est > AB (n° 38);
3° Si l'angle B < C, le côté AC est < AB (n° 38).

59. Corollaire. Réciproquement, de deux angles d'un triangle celui-là est le plus grand qui est opposé au plus grand côté. Par ex., si le côté AC est plus grand que le côté AB, l'angle B est plus grand que l'angle C.

En effet, d'après les théorèmes précédents, le côté AC d'un triangle ABC n'est plus grand que le côté AB que *dans le cas* où l'angle B opposé à AC est plus grand que l'angle C opposé à AB (V. le résumé n° 38 bis). Le côté AC étant, dans le cas actuel, plus grand que le côté AB, c'est que l'angle B est plus grand que l'angle C.

PROPRIÉTÉS DE LA PERPENDICULAIRE ET DES OBLIQUES MENÉES D'UN MÊME
POINT SUR LA MÊME DROITE.

40. *D'un point donné hors d'une droite, on peut toujours abaisser une perpendiculaire sur cette droite* (fig. suivante).

Considérons le point A au-dessus de la droite BC, puis conce-
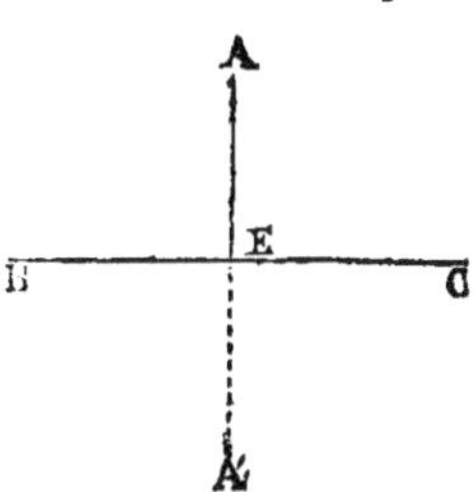
vons que la partie supérieure du plan tourne autour de BC comme charnière pour se rabattre sur la partie inférieure. Le point A rabattu prend au-dessous de BC une certaine position A'. Imaginons qu'on joigne A et A' par la droite AEA', puis qu'on recommence le même mouvement; la ligne EA rabattue coïncide avec EA' et l'angle AEB avec A'EB. Ces deux angles étant égaux, la ligne BC est perpendiculaire à AA', et réciproquement.

Théorème.

41. *D'un point A, donné hors d'une droite BC, on ne peut abaisser qu'une perpendiculaire sur cette droite.*

Menons la perpendiculaire AE et une autre ligne quelconque
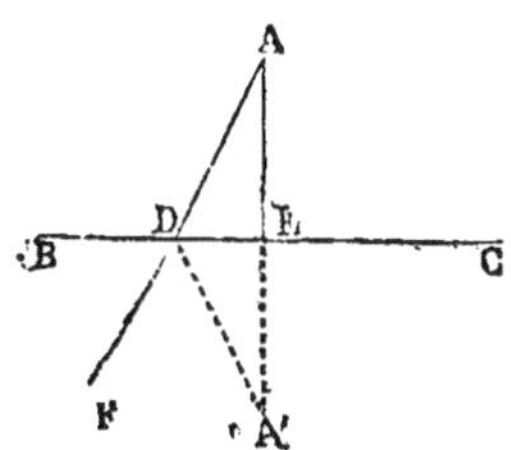
ADF. Prolongeons AE d'une longueur EA'=EA, et joignons DA'. La ligne ADA' n'est pas droite, puisqu'il y a déjà, entre A et A', une ligne droite AEA' (n° 2); le prolongement de AD est donc une ligne DF différente de DA'. Les deux triangles ADE, A'DE ont le côté DE commun, AE=EA' et l'angle droit AED=A'ED; ces deux triangles sont donc égaux (1ᵉʳ cas), et l'angle ADE=EDA'. L'angle ADE égal à EDA' est plus petit que son adjacent EDF; la ligne AD n'est donc pas perpendiculaire à BC. Or AD est une droite quelconque différente de AE; on ne peut donc pas mener de A sur BC d'autre perpendiculaire que AE.

Théorème.

42. *Si d'un point pris hors d'une droite on abaisse sur cette ligne une perpendiculaire et différentes obliques :*

1° La perpendiculaire est plus courte que toute oblique;

2° Les obliques qui s'écartent également du pied de la perpendiculaire sont égales;

3° De deux obliques qui s'écartent inégalement du pied de la perpendiculaire, celle qui s'écarte le plus est la plus longue.

Soient AE une perpendiculaire et AD une oblique quelconque à BC, issues du même point : la perpendiculaire AE est plus courte que l'oblique AD.

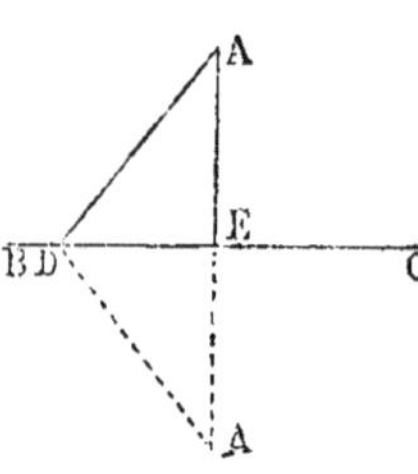

Pour le démontrer, je prolonge AE d'une longueur égale EA', et je trace DA'. Les deux triangles ADE, A'DE ont le côté DE commun, AE=EA' et l'angle droit AED=A'ED; ces deux triangles sont donc égaux (1ᵉʳ cas, n °29), et le côté AD = DA'. Mais la ligne droite AEA'=2AE est plus courte que la ligne brisée ADA'=2AD; donc AE est plus courte que AD; ce qu'il fallait prouver.

Remarque. La perpendiculaire AE est la plus courte ligne qui aille du point A à la droite BC.

La plus courte distance d'un point donné à une droite donnée est donc la perpendiculaire abaissée de ce point sur la droite.

2° Soient AE perpendiculaire sur BC et les deux obliques AD,

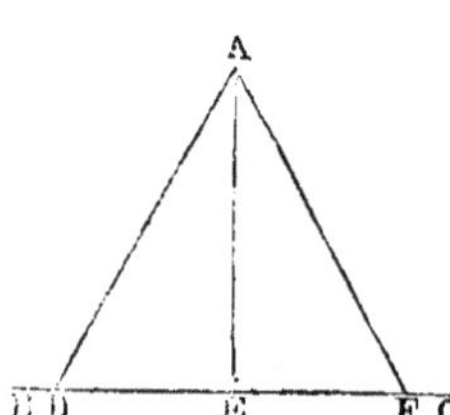

AF, telles que DE=EF : ces deux obliques sont égales. En effet, les deux triangles AED, AEF ont le côté commun AE; DE=EF, et les angles en E égaux comme droits; ces deux triangles sont donc égaux (1ᵉʳ cas d'égalité). L'hypoténuse AD du premier est donc égale à l'hypoténuse AF du second; AD=AF.   C. Q. F. D.

3° Soient les deux obliques AD, AI s'écartant inégalement du pied de la perpendiculaire AE; celle qui s'écarte le plus, AI, est la plus grande. Pour le démontrer, je prolonge AE d'une longueur EA'=AE, puis je trace DA', IA'.

Les deux triangles ADE, A'DE ont le côté DE commun, AE=

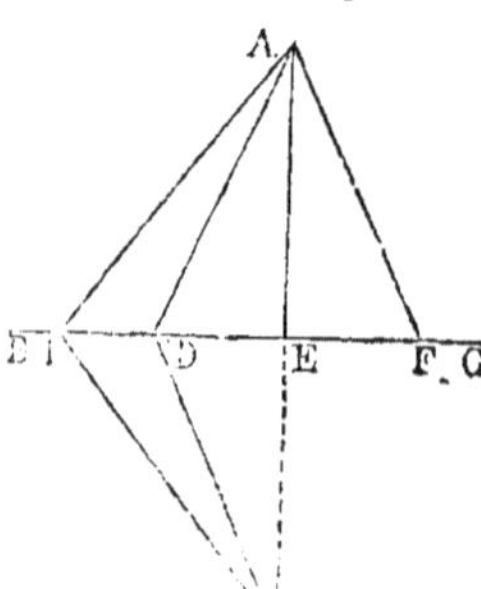

EA', et l'angle droit AED=A'ED; ces deux triangles sont donc égaux (1ᵉʳ cas), et le côté AD=DA'. De même les triangles AIE, A'IE sont égaux, et AI=IA'. Cela posé, le point D, intérieur au triangle AIA', étant joint aux extrémités de l'un des côtés AA', on sait (n° 27) que la somme AD + DA' est plus petite que AI + IA'; autrement dit, 2AI > 2AD; donc AI > AD; ce qu'il fallait prouver.

Si les deux obliques inégalement distantes du pied de la perpendiculaire sont situées de côtés différents de celle-ci, comme
AI et AF, on prend du côté de AI une longueur ED=EF, et on
tire AD qui est égale à AF. Or AD est plus courte que AI; donc
aussi AF < AI.

43. Corollaire. Réciproquement, *deux obliques égales s'écartent également du pied de la perpendiculaire.*

*De deux obliques inégales, la plus longue s'écarte le plus du pied
de la perpendiculaire·*

En effet, il résulte des théorèmes précédents, n° 42 : 1° que
deux obliques ne sont égales que *dans le cas* où elles s'écartent
également du pied de la perpendiculaire; 2° qu'une oblique n'est
plus longue qu'une autre que *dans le cas* où la 1ʳᵉ oblique s'écarte
plus que l'autre du pied de la perpendiculaire.

44. Remarque. *D'un point pris hors d'une droite on ne peut mener à cette ligne plus de deux droites égales entre elles.*

Considérons en effet trois droites quelconques allant du même
point à la même droite. Ou bien l'une des trois lignes est perpendiculaire à la droite et ne peut pas être égale aux deux autres; ou
bien toutes les trois étant obliques, il y en a au moins deux situées
du même côté de la perpendiculaire, s'écartant inégalement du
pied de celle-ci, et par suite inégales. ·

Théorème.

45. *Si on élève une perpendiculaire au milieu d'une droite donnée: 1° tout point de la perpendiculaire est également distant des
extrémités de la droite; 2° tout point pris hors de la perpendiculaire est inégalement distant des extrémités de la droite.*

1° Soit AD perpendiculaire à la ligne BC en son milieu D; je
joins le point E, pris quelconque sur AD,
aux extrémités B et C de la ligne BC:
EB=EC. En effet, EB, EC sont deux obliques qui s'écartent également du pied de
la perpendiculaire (n° 42, 2°).

2° Soit le point I situé hors de la perpendiculaire : IC est plus petit que IB. Pour le
démontrer, je joins le point H, où IB ren-

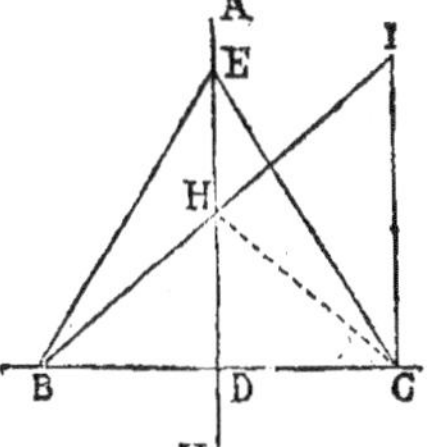

contre la perpendiculaire, au point C. D'après 1°, HC=HB; mais dans le triangle ICH, on a IC $<$ IH $+$ HC; ce qui revient à IC $<$ IH $+$ HB, ou IC $<$ IB; ce qu'il fallait prouver.

Lieux géométriques. (*Définition.*) Une ligne ou une surface sur laquelle se trouvent tous les points qui jouissent d'une même propriété, qui satisfont tous à la même condition déterminée, est ce qu'on appelle le *lieu géométrique* de ces points.

Exemple. *La perpendiculaire élevée dans un plan au milieu d'une droite est le lieu géométrique des points du plan également distants des extrémités de cette droite.*

EXERCICES.

16. Les perpendiculaires aux milieux des côtés d'un triangle concourent au même point.

Égalité des triangles rectangles. Outre les cas ordinaires, on distingue pour les triangles rectangles deux autres cas d'égalité que nous allons indiquer.

Théorème.

46. *Deux triangles rectangles sont égaux quand ils ont l'hypoténuse égale et un autre côté égal.*

Ex. : Les deux triangles ABC, DEF qui ont l'hypoténuse BC $=$ DF et le côté BA $=$ DE sont égaux. Pour le démontrer, je superpose DEF à ABC en plaçant le côté DE sur son égal BA, le point D en B, et le point E en A. L'angle droit E étant égal à l'angle A, le côté FF prend la direction AC. Le point D étant d'ailleurs en B, les deux hypoténuses DF, BC sont alors deux obliques à la même droite AC, égales et issues du même point B; elles doivent donc s'écarter également du pied de la perpendiculaire, c'est-à-dire que le point F doit coïncider avec le point C. Cela étant, les deux

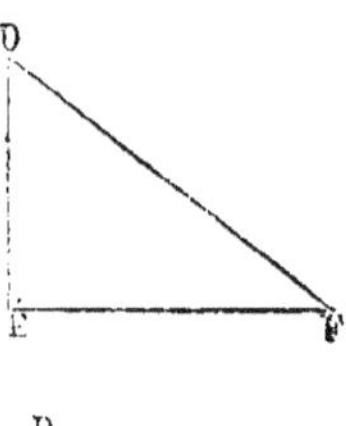
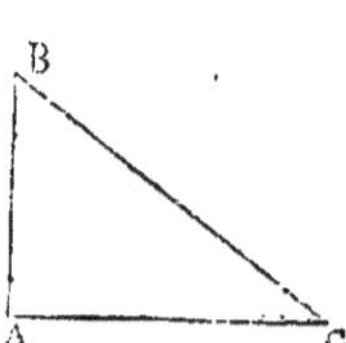

triangles coïncident et sont égaux.

Théorème.

47. *Deux triangles rectangles sont égaux quand ils ont l'hypoténuse égale et un angle aigu égal* (fig. précéd.).

Ex. : Les deux triangles rectangles BAC, DEF qui ont l'hypoténuse BC = DF et l'angle B = l'angle D sont égaux. Pour le démontrer, je superpose DEF à BAC en plaçant l'hypoténuse DF sur BC, le point D en B et le point F en C. L'angle D étant égal à l'angle B, le côté DE prend la direction BA. Les deux côtés FE, CA sont alors deux perpendiculaires à la même ligne BA, issues du même point C; ces deux côtés coïncident, puisqu'on ne peut abaisser qu'une perpendiculaire du même point sur la même droite. Les trois côtés coïncidant, les deux triangles coïncident et sont égaux.

Théorème.

48. 1° *Tout point de la bissectrice d'un angle est également distant des côtés de cet angle.*

2° *Tout point pris à l'intérieur d'un angle hors de sa bissectrice, n'est pas également distant des deux côtés de l'angle.*

1° Soit BAC un angle donné et AM sa bissectrice, c'est-à-dire la ligne qui le divise en deux parties égales. Du point D pris quelconque sur AM, j'abaisse les perpendiculaires DE, DI, sur les côtés AB, AC. DE = DI. En effet, les triangles rectangles AED, AID ont l'hypoténuse AD commune, l'angle EAD = IAD par hypothèse (AM bissectrice); ces deux triangles rectangles sont donc égaux; par suite DE = DI.

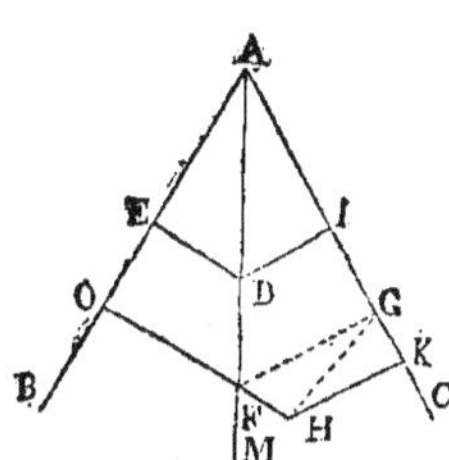

2° Soit maintenant le point H pris dans l'intérieur de l'angle BAC, hors de la bissectrice. J'abaisse les perpendiculaires HO, HK, dont l'une HO rencontre la bissectrice en F; je dis que la distance HK est plus petite que HO. Pour le démontrer, j'abaisse du point F la perpendiculaire FG sur AC et je tire HG. D'après 1°, FG = FO; or dans le triangle HGF, on a HG < HF + FG : ce qui revient à HG < HF + FO, ou HG < HO. Mais si HG est < HO, à *fortiori* HK < HO, puisque HK perpendiculaire à AC est plus petite que HG oblique; HK < HO. C'est ce qu'il fallait démontrer (*).

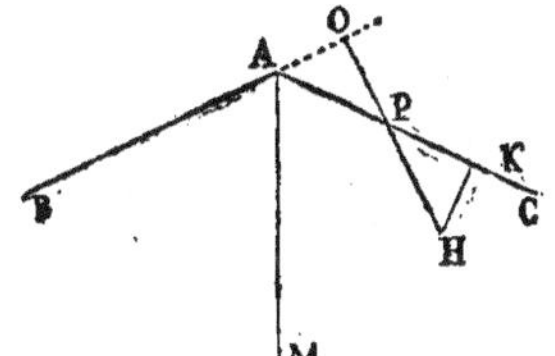

(*) Quand l'angle BAC est obtus, la figure, dans le 2° cas, peut se présenter ainsi. Mais alors la perpendiculaire HK à AC, plus petite que HP oblique, est, à *fortiori*, plus petite que HO.

LIEU GÉOMÉTRIQUE. *La bissectrice d'un angle est donc le lieu géométrique de tous les points de l'intérieur de cet angle également distants de ses côtés.*

EXERCICES.

Théorèmes à démontrer.

17. On appelle *hauteur* d'un triangle la perpendiculaire abaissée d'un sommet sur le côté opposé.

18. Deux triangles sont égaux quand ils ont

— un côté égal et deux hauteurs égales et semblablement disposées.

— une hauteur égale et deux côtés égaux et semblablement disposés.

19. — un angle égal et deux hauteurs égales et semblablement disposées.

20. Les bissectrices des trois angles d'un triangle concourent au même point.

THÉORIE DES PARALLÈLES.

49. DÉFINITION. On nomme *parallèles* des droites qui, situées dans le même plan, ne peuvent pas se rencontrer à quelque distance qu'on les prolonge.

Théorème.

50. *Deux droites* AB, CD *perpendiculaires à une troisième* EF, *sont parallèles.*

En effet, ces deux droites ne sauraient avoir un point commun, puisque deux perpendiculaires à la même droite ne peuvent pas partir du même point (n° 41).

Théorème.

51. *Par un point donné, on peut toujours mener une parallèle à une droite donnée.*

Soient A le point donné et BC la droite donnée; du point A, j'abaisse sur BC la perpendiculaire AD; puis par ce même point A, je mène AE perpendiculaire à AD. La ligne AE est parallèle à BC, puisque AE et BC sont perpendiculaires à la même droite AD (n° 50).

52. *Par un point donné on ne peut mener qu'une parallèle à une droite donnée.*

On admet cette proposition sans démonstration (*).

53. Corollaire. *Deux droites* AB, CD, *parallèles à une même troisième* EF, *sont parallèles entre elles.*

Les droites AB, CD, ne sauraient avoir un point commun, puisque par un point donné il ne peut passer qu'une parallèle à une droite donnée (n° 52).

Théorème.

54. *Deux droites* AB, CD, *l'une oblique, l'autre perpendiculaire à la même droite* AC, *ne sont pas parallèles.*

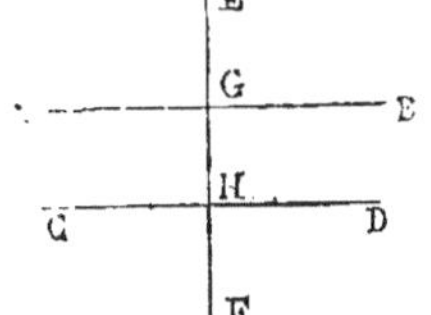

En effet, AB étant oblique à AC, on peut élever au point A une perpendiculaire AI sur AC. Les deux lignes AI, CD étant perpendiculaires à la même droite AC, sont parallèles. AI étant parallèle à CD, AB ne l'est pas, puisque par le point A il ne peut passer qu'une parallèle à CD (n° 52).

Théorème.

55. *Si deux lignes* AB, CD *sont parallèles, toute droite* EF *perpendiculaire à l'une est perpendiculaire à l'autre.*

AB étant perpendiculaire à EF, une oblique quelconque à EF doit rencontrer AB (n° 54). CD qui est parallèle à AB n'est donc pas oblique à EF; elle lui est perpendiculaire.

DÉFINITIONS.

56. Quand deux parallèles AB, CD sont rencontrées par une transversale ou sécante EF, il y a huit angles formés aux deux

---

(*) C'est ce qu'on appelle un *postulatum*.

points d'intersection. Ces angles, considérés deux à deux, prennent des noms particuliers que nous allons faire connaître.

On appelle *alternes internes* deux angles *non adjacents*, situés entre les deux parallèles, de côtés différents de la sécante ; il y en a deux couples : 1° CIH, IHB ; 2° DIH, IHA (fig. suiv.).

On appelle *alternes externes* deux angles non adjacents, situés en

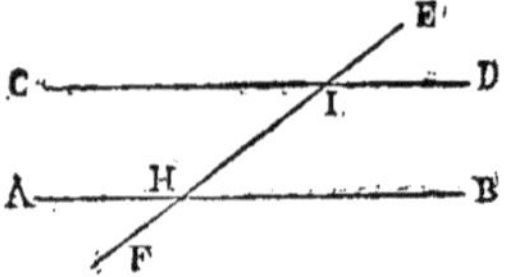

dehors des parallèles, de côtés différents de la sécante. Ex. : 1° CIE, BHF. 2° EID, AHF.

On appelle *correspondants* deux angles non adjacents, situés du même côté de la sécante, l'un à l'intérieur, l'autre à l'extérieur des parallèles. Il y en a quatre couples : 1° EID, IHB ; 2° FHB, DIH ; *idem* de l'autre côté de EF.

On appelle *internes* ou *intérieurs du même côté* deux angles situés entre les deux parallèles, du même côté de la sécante : 1° DIH ; IHB ; 2° CIH, IHA.

Il y a de même deux couples d'angles *externes* ou *extérieurs du même côté* : 1° EID, BHF ; 2° EIC, AHF.

57. Si deux droites non parallèles AB, CD sont rencontrées par

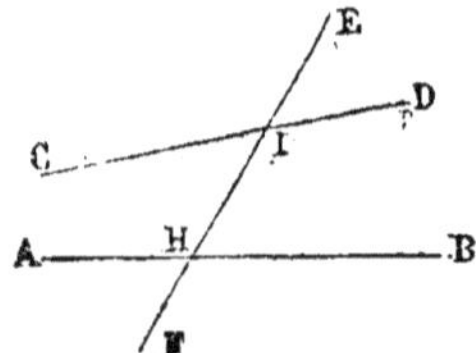

une transversale EF, les huit angles formés aux deux points d'intersection, considérés deux à deux, peuvent être distingués de la même manière que nous venons de le faire pour deux parallèles. Dans ce qui précède, dites les droites CD, AB, au lieu des parallèles CD, AB, et vous aurez des définitions générales.

Théorème.

58. *Deux droites parallèles étant coupées par une transversale quelconque :*

1° *Les angles alternes internes sont égaux ;*

2' *Les angles correspondants sont égaux ;*

3° *Les angles alternes externes sont égaux ;*

4° *Les angles intérieurs du même côté sont supplémentaires,* *c'est-à-dire valent ensemble deux droits ;*

5° *Les angles extérieurs du même côté sont supplémentaires.*

1° *Les angles alternes internes sont égaux.* Soient, en effet,
les parallèles AB, CD, coupées par la
transversale EF : *les angles alternes
internes* AIH, IHD *sont égaux.* Pour
le démontrer, par le point O, milieu
de IH, je mène la droite KOM perpendiculaire à CD, et par suite à AB. Les
deux triangles rectangles ainsi formés,
OIK, OMH, sont égaux ; car l'hypoténuse OI $=$ OH par construction (O mi-

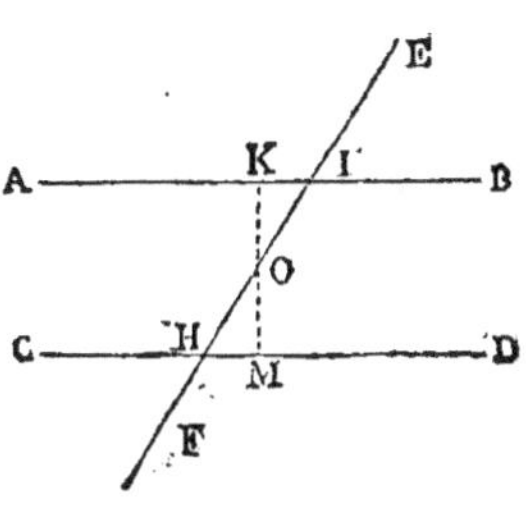

lieu de IH) : les angles aigus en O sont égaux comme opposés
par le sommet (n° 47). Les triangles OIK, OMH étant égaux, le
troisième angle OIK du premier est égal au troisième angle OHM,
du second. Mais l'angle OIK, c'est AIH ; OHM, c'est IHD ; donc
AIH $=$ IHD ; ce qu'il fallait prouver.

De AIH $=$ IHD, on conclut que BIH $=$ IHC ; car BIH et IHC sont
respectivement les suppléments de AIH et IHD (n° 21).

2° *Les angles correspondants sont
égaux.* Par exemple, EIB $=$ IHD.

En effet, EIB $=$ AIH (opposés par le
sommet) ; IHD $=$ AIH (alternes internes) ; les deux angles EIB, IHD, égaux
à un même troisième, sont égaux entre
eux.

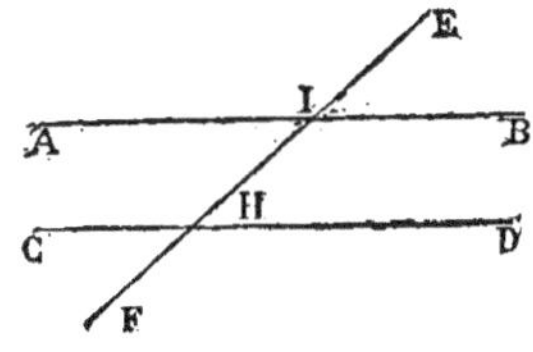

On démontrerait de même que AIE $=$ IHC ; etc...

3° *Les alternes externes sont égaux.* Ex. : EIB $=$ CHF.

En effet, EIB $=$ AIH (opposés par le sommet) ; CHF $=$ IHD (opposés par le sommet) ; mais AIH $=$ IHD (alternes internes) ; donc
les angles EIB, CHF, égaux respectivement à des angles égaux,
sont égaux entre eux. On prouve de même que DHF $=$ AIE.

4° *Deux angles intérieurs du même côté valent ensemble deux
angles droits.* Ex. : BIH $+$ IHD $=$ 2 droits.

En effet, la somme des angles adjacents BIH $+$ AIH $=$ 2 droits ;
mais AIH étant égal à IHD (alternes internes), on peut remplacer
AIH par IHD ; ce qui donne BIH $+$ IHD $=$ 2 droits.

On prouve de même que AIH $+$ IHC $=$ 2 droits.

5° *Deux angles extérieurs du même côté valent ensemble deux droits.* Ex. : EIB + DHF = 2 droits.

En effet, la somme des angles adjacents EIB + BIH = 2 droits; mais BIH = DHF (angles correspondants) en remplaçant BIH par DHF, on trouve EIB + DHF = 2 droits.

On démontrerait de même que CIE + CHF = 2 droits.

Réciproques.

59. Les théorèmes réciproques des précédents sont vrais.

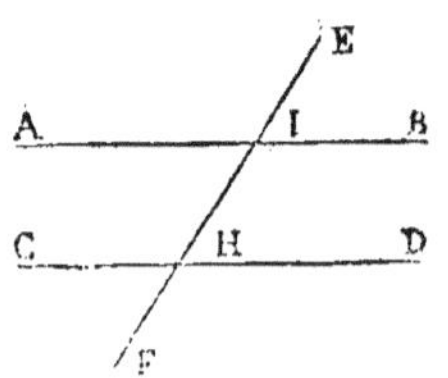

1° *Deux lignes* AB, CD *étant coupées par une troisième* EF, *si les angles alternes internes* AIH, IHD *sont égaux, les lignes* AB, CD *sont parallèles.*

En effet, la parallèle à CD menée par le point I, doit faire avec IH, à gauche, un angle égal à son alterne interne IHD, c'est-à-dire un angle précisément égal à l'angle AIH. Cette parallèle n'est donc autre que AI (d'après le n° 9).

On démontre de même que *si les angles correspondants sont égaux,* par exemple, EIB = IHD, les lignes AB, CD *sont parallèles.*

Si la somme des angles intérieurs du même côté BIH + IHD = 2 *droits,* AB *et* CD *sont parallèles.*

En effet, la parallèle à CD, menée par le point I, doit faire avec IH, à droite, un angle supplémentaire de IHD, c'est-à-dire un angle *précisément égal* à BIH (n° 21). Cette parallèle n'est donc autre que IB (n° 9).

On démontre de même les deux réciproques que nous n'énonçons pas.

Des théorèmes précédents on en déduit d'autres, tels que celui-ci :

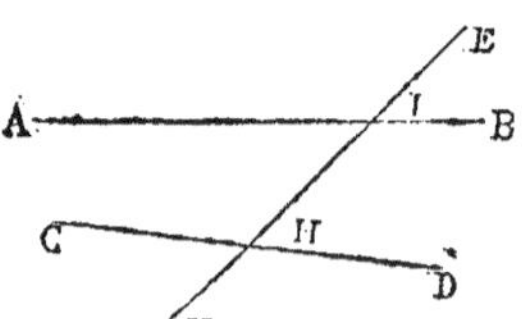

Deux lignes AB, CD *étant coupées par une troisième* EF, *si la somme des angles intérieurs de même côté est différente de deux droits, les deux lignes* AB, CD *ne sont pas parallèles.*

En effet, deux parallèles feraient avec la sécante EK des angles intérieurs du même côté **valant ensemble deux droits.**

Il y a des théorèmes analogues relatifs aux autres couples d'angles.

Théorème.

60. *Deux angles qui ont les côtés parallèles sont égaux ou supplémentaires.*

Considérons d'abord deux angles ABC, DEF qui ont leurs côtés

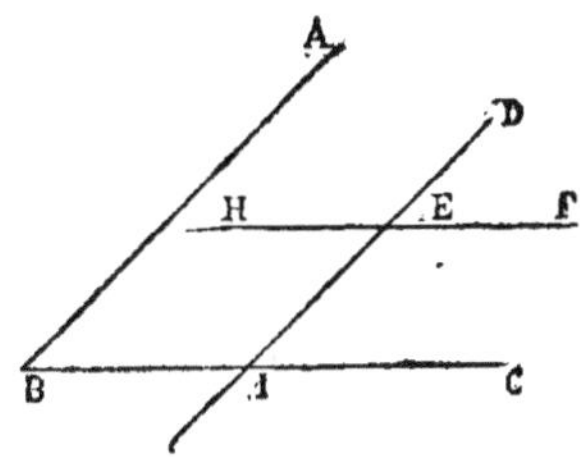

parallèles et dirigés dans le même sens; je dis que ces deux angles sont égaux. Pour le démontrer, je prolonge DE à la rencontre de BC en I; cela fait, j'ai l'angle ABC=DIC (angles correspondants formés par les parallèles AB, DI et la sécante BC); de même DEF=DIC (angles correspondants formés par les parallèles BC, HF et la sécante DI); deux angles ABC, DEF égaux à un troisième DIC sont égaux entre eux; ABC=DEF. Ce qu'il fallait prouver.

Considérons maintenant le cas le plus général. Nous raisonnerons ainsi : soit ABC l'un des angles, et E le sommet du second angle qui a ses côtés parallèles à AB et à BC. Par le point E il ne passe qu'une parallèle à AB qui est DI; le deuxième angle a donc l'un de ses côtés dirigé suivant DI; par le même point E il ne passe qu'une parallèle à BC, c'est la ligne HF; notre second angle a donc l'un de ses côtés dirigé suivant HF; ce second angle est donc l'un des quatre angles qui ont leur sommet en E. Parmi ces quatre angles, nous avons déjà considéré DEF, qui a ses côtés dirigés dans le même sens que ceux de ABC; DEF=ABC. Par suite HEI=DEF=ABC; DEH, supplément de DEF, est aussi supplément de ABC; il en est de même de IEF. Notre second angle étant l'un des quatre que nous venons de considérer au sommet E, est égal à l'angle ABC ou bien est le supplément de ABC.

En résumé, et d'après notre figure :

Deux angles qui ont les côtés parallèles et dirigés dans le même sens sont égaux. Ex. : ABC, DEF.

Si les côtés parallèles sont dirigés deux à deux en sens contraires, les angles sont encore égaux. Ex. : ABC, IEH.

Enfin, si les deux angles ont deux côtés dirigés dans le même sens et deux en sens contraires, ils sont supplémentaires. Ex. : ABC, DEH.

Théorème.

61. *Deux angles qui ont les perpendiculaires sont égaux ou supplémentaires.*

Je vais démontrer tous les cas possibles.

Soit ABC l'un des angles proposés, et E le sommet du second

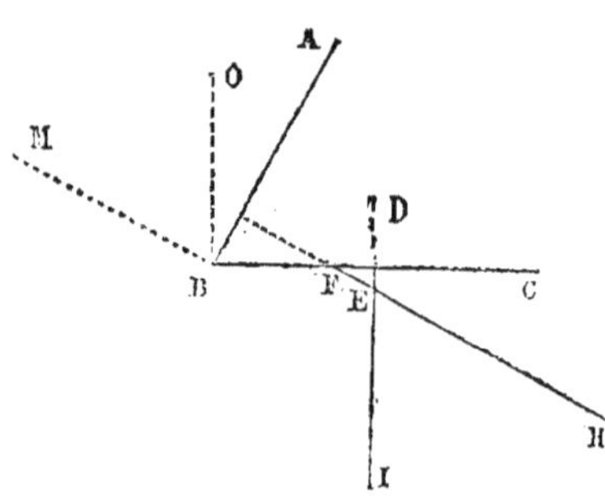

angle dont les côtés sont respectivement perpendiculaires à AB et à BC. Par le point E il ne passe qu'une perpendiculaire FH à la ligne AB; notre second angle a nécessairement un côté dirigé suivant FH. Par le même point E il ne passe qu'une perpendiculaire DI à BC; notre second angle a son autre côté dirigé suivant DI; ce second angle est donc l'un des quatre qui ont leur sommet en E. Parmi ces quatre angles, considérons l'angle DEF de même espèce que l'angle donné ABC, c'est-à-dire aigu comme lui; DEF=ABC. Pour le démontrer, je mène par le point B une parallèle BO à ED, dirigée dans le même sens que ED; cette ligne BO est, comme sa parallèle ED, perpendiculaire à BC; par le même point B je mène BM parallèle à EF, dans le même sens que EF; BM est perpendiculaire à BA. J'ai formé ainsi un angle MBO égal à DEF (théorème précédent, 1er cas); il me suffira de prouver que MBO=ABC. Or, à cause de OB perpendiculaire à BC, ABC+ABO=OBC=1 droit; à cause de MB perpendiculaire à AB, MBO+ABO=MBA=1 droit. D'où on conclut ABC+ABO=MBO+ABO, puis ABC=MBO. Mais MBO= DEF; donc ABC=DEF.

Cela posé, IEH=DEF=ABC; DEH supplément de DEF est aussi supplément de ABC; enfin IEF, supplément de DEF, est supplément de ABC. Notre second angle, qui est l'un des quatre angles au sommet E, est donc égal à ABC ou supplément de ABC.

Deux angles qui ont les côtés perpendiculaires sont égaux quand ils sont de même espèce, c'est-à-dire tous deux aigus ou tous deux

obtus; ils sont supplémentaires quand ils sont d'espèces diffé-
rentes.

21. La parallèle à un côté d'un triangle, menée par le point de concours des bissectrices, est égale à la somme des segments adjacents à ce côté qu'elle détermine
sur les deux autres.

22. Deux droites respectivement parallèles on respectivement perpendiculaires à
deux droites qui se coupent ne sont pas parallèles.

23. Les bissectrices de deux angles qui ont les côtés parallèles sont parallèles ou
perpendiculaires l'une à l'autre.

24. Il en est de même des bissectrices de deux angles qui ont les côtés perpendiculaires.

25. Les parallèles menées par les trois sommets d'un triangle aux côtés opposés
forment un triangle quadruple du triangle proposé.

26. Les trois hauteurs d'un triangle concourent au même point.

Théorème.

62. *La somme des angles d'un triangle quelconque est égale à
deux angles droits.*

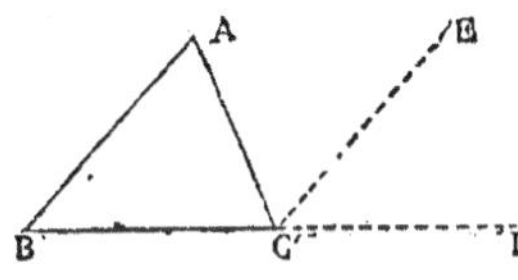

Soit ABC un triangle donné quelconque; je prolonge l'un des côtés BC,
et par le point C je mène CE parallèle
à BA. Nous avons au sommet C trois
angles dont la somme ACB + ACE +
ECD = 2 droits (n° 18). De ces trois
angles l'un ACB appartient au triangle; le second ACE = l'angle
BAC du triangle (angles alternes internes formés par les deux
parallèles BA, CE et la sécante AC); le troisième ECD = l'angle
ABC (angles correspondants formés par les parallèles BA, CE et la
sécante BCD).

Par conséquent la somme des angles du triangle
ACB + BAC + ABC = ACB + ACE + ECD = 2 droits. C. Q. F. D.

63. Remarque. L'angle ACD formé par l'un des côtés AC d'un
triangle, et le prolongement CD d'un autre côté s'appelle un angle
extérieur au triangle.

Chaque angle extérieur à un triangle est égal à la somme des angles intérieurs non adjacents.

Ex. : ACD = A + B.

En effet, on voit sur notre figure que ACD se compose de ACE = BAC et de ECD = ABC.

63 bis. Corollaire I. Un triangle ne peut avoir *qu'un seul* angle *droit* ou *un seul* angle obtus.

Autrement la somme des angles vaudrait plus de deux droits.

64. Corollaire II. *La somme des deux angles aigus d'un triangle rectangle est égale à un angle droit.*

65. Corollaire III. Si deux angles A et B d'un triangle ABC, sont égaux, chacun à chacun, à deux angles D et E d'un autre triangle DEF, le troisième angle du premier triangle est égal au troisième angle du second.

En effet, des deux égalités A + B + C = 2 droits, D + E + F = 2 droits, on conclut A + B + C = D + E + F; d'où, à cause de A + B = D + E, résulte C = F.

66. Deux triangles rectangles qui ont un angle aigu égal, ont deux angles égaux chacun à chacun; le second angle aigu de l'un est donc égal au second angle aigu de l'autre.

67. Connaissant deux angles d'un triangle, on trouve le troisième en retranchant de deux angles droits la somme des angles donnés.

Théorème.

68. *La somme des angles d'un polygone est égale à autant de fois deux droits qu'il y a de côtés moins deux.*

Ex. : Si le polygone a six côtés, 6 — 2 = 4; la somme des angles du polygone est égale à 4 fois 2 droits, ou à 8 angles droits.

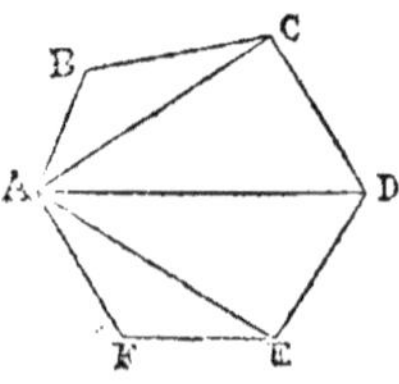

Soit ABCDEF un polygone donné. Je joins le sommet A à tous les sommets du polygone; j'obtiens ainsi autant de triangles qu'il y a de côtés dans le polygone moins 2 (moins les deux qui passent en A). Il est maintenant facile, en faisant la revue des angles du polygone, de voir que ces angles se composent avec les angles des triangles; la somme des angles du polygone est précisément la même que celle des angles des triangles. La somme des angles de chaque triangle vaut deux angles droits; le nombre des triangles est égal au nombre des côtés du polygone, diminué de deux; donc la somme des angles des triangles, ou ce qui est la même chose, la somme des angles du polygone, est égale à deux droits multipliés par le nombre des côtés du polygone diminué de 2.   C. Q. F. D.

Si n désigne le nombre des côtés du polygone, la somme de ses angles est égale à $2^{\text{droits}} \times (n - 2) = 2n^{\text{dr·}} - 4^{\text{dr·}}$.

69. La somme des angles d'un *quadrilatère* est égale à $2^{\text{dr·}} \times (4-2) = 2^{\text{dr·}} \times 2 =$ quatre droits. Si ces angles sont égaux entre eux, chacun d'eux est droit.

La somme des angles d'un *octogone* est $2^{\text{droits}} \times (8-2) = 6$ fois 2 droits $= 12$ droits; si ces angles sont égaux, chacun d'eux vaut $\frac{12}{8}$ ou $\frac{3}{2}$ d'angle droit; etc.

70. On appelle polygone *équilatéral* celui qui a tous ses côtés égaux ; polygone *équiangle*, celui dont tous les angles sont égaux.

71. On appelle polygone *régulier* un polygone qui est à la fois *équiangle* et *équilatéral*, c'est-à-dire qui a ses côtés égaux et ses angles égaux.

Deux polygones sont dits *équiangles entre eux* quand tous les angles du premier sont égaux, chacun à chacun, aux angles du second.

EXERCICES.

Théorèmes à démontrer.

27. Dans un triangle ABC, l'angle des bissectrices des angles B et C, vaut $1^{\text{dr·}} + 1/2$ A.

28. Quelle est la valeur de cet angle, 1° quand B $=$ C et A $= 1/2$ B; 2° quand B $=$ C et A $= 2$B (ex. 27)?

29. Les bissectrices des angles d'un quadrilatère forment un second quadrilatère dont les angles opposés sont supplémentaires. Quand le premier quadrilatère est un parallélogramme, le second est un rectangle.

30. Si les angles opposés d'un quadrilatère sont supplémentaires, les bissectrices des angles des côtés opposés (prolongés) sont perpendiculaires l'une à l'autre.

En général, l'angle de ces bissectrices est égal à la demi-somme de deux angles opposés.

31. — Quel est le polygone dont la somme des angles est 26 droits?

32. Quel est le polygone régulier dont l'angle vaut 5/3 d'angle droit?

33. Trouver l'angle de chaque polygone régulier jusqu'au polyg. de 20 côtés.

34. CARRELAGE. On propose d'assembler autour d'un point des polygones réguliers égaux de manière qu'il n'y ait pas d'intervalle vacant adjacent à ce point; avec quels polygones réguliers peut-on faire un pareil assemblage?

35. On peut former un assemblage remplissant la condition principale précédente (Ex. 34), 1° avec des octogones réguliers et des carrés; 2° avec des dodécagones et des triangles équilatéraux.

PARALLÉLOGRAMMES. — PROPRIÉTÉS DE LEURS CÔTÉS, DE LEURS ANGLES, ET DE LEURS DIAGONALES.

72. Nous allons maintenant étudier les propriétés de certains quadrilatères.

Parmi les quadrilatères, on distingue :

Le *carré*, qui a ses côtés égaux et ses angles droits (fig. 1).

Le *rectangle*, qui a ses angles droits sans avoir ses côtés égaux (fig. 2).

Le *parallélogramme* ou *rhombe* qui a les côtés opposés parallèles (fig. 3).

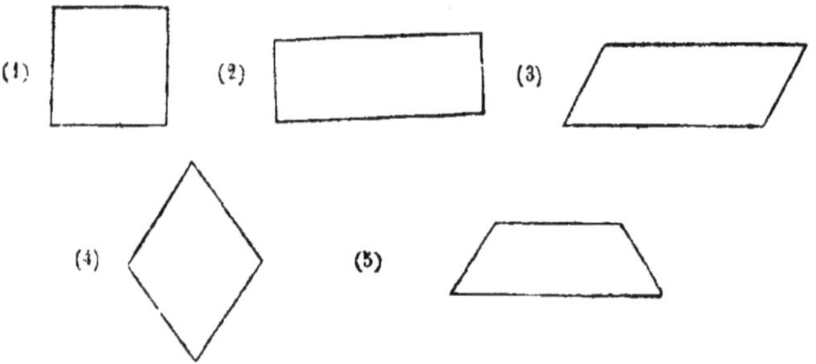

Le *losange*, dont les côtés sont égaux sans que les angles soient droits (fig. 4).

Enfin le *trapèze*, dont deux côtés seulement sont parallèles (fig. 5).

Théorème.

73. *Les côtés opposés d'un parallélogramme sont égaux ainsi que les angles opposés.*

Menons la diagonale BD; elle décompose le parallélogramme en deux triangles ABD, BCD, qui sont égaux. En effet, ces deux triangles ont le côté commun BD; l'angle ABD = l'angle BDC (*alternes internes* formés par les parallèles

AB, CD et la sécante BD); l'angle ADB = l'angle DBC (*alternes internes* formés par les parallèles AD, BC); nos deux triangles ont donc un côté égal, BD, adjacent à deux angles égaux chacun à chacun. Ces deux triangles étant égaux, le côté AB opposé à l'angle ADB est égal à CD opposé à l'angle égal DBC; de même AD opposé à l'angle ABD est égal à BC opposé à l'angle BDC. Enfin, l'angle A et l'angle C opposés au côté commun DB sont égaux; l'angle ADC = l'angle ABC, puisque ces deux angles sont composés de parties égales chacune à chacune

74. CorollAIRE I. *Deux parallèles* AD, BC *comprises entre deux autres parallèles* AB, CD *sont égales.*

75. CorollAIRE II. Si AD et BC étaient perpendiculaires à CD, elles mesureraient les distances des points A et B à la ligne CD, comme la figure n'en serait pas moins un parallélogramme, on aurait AD = BC; d'où ce théorème important :

Deux parallèles sont partout également distantes.

76. *Si les côtés opposés d'un quadrilatère sont égaux, ils sont aussi parallèles, et la figure est un parallélogramme.*

Théorème.

Soient AB = CD et AD = BC. Menons la diagonale BD; elle décompose le quadrilatère en deux triangles ABD, BCD, qui sont égaux comme ayant les trois côtés égaux; leurs angles sont donc égaux chacun à chacun. L'angle ABD opposé au côté AD est égal à l'angle BDC opposé au côté BC; mais ces deux angles ABD, BDC ont la position d'angles *alternes internes* formés par les deux droites AB, CD et la sécante BD; les droites AB, CD sont donc parallèles (59). De même l'angle ADB opposé à AB est égal à l'angle DBC opposé à CD; mais ADB et DBC sont alternes internes; donc les lignes AD, BC sont parallèles. Le quadrilatère ABCD est donc un parallélogramme. C. Q. F. D.

Théorème.

77. *Si dans un quadrilatère* ABCD, *deux côtés opposés,* AB, CD, *sont égaux et parallèles, la figure est un parallélogramme.*

Pour le démontrer, menons la diagonale BD; elle décompose le quadrilatère en deux triangles, ABD, DBC qui sont égaux comme ayant l'angle ABD = BDC (alternes internes formés par les parallèles AB, CD); le côté BD commun; et AB = DC par hypothèse. Ces triangles étant égaux, l'angle ADB opposé à AB est égal à l'angle DBC opposé à CD; or ces angles sont *alternes internes* formés par les lignes AD, CB coupées par BD; AD et CB sont donc parallèles, et le quadrilatère ABCD est un parallélogramme.

EXERCICES.

Théorèmes à démontrer.

36. Si les angles opposés d'un quadrilatère sont égaux, la figure est un parallélogramme.

37. Si les diagonales d'un quadrilatère se coupent en deux parties égales, la figure est un parallélogramme.

38. On appelle *centre* d'une figure un point tel que toute droite qui y passe et se termine au contour de la figure, est divisée par ce point en deux parties égales. Le point de concours des diagonales d'un parallélogrammme est le centre de la figure.

39. Les diagonales d'un rectangle sont égales et également inclinées sur le même côté.

40. Réciproquement, si les diagonales d'un parallélogramme sont égales, la figure est un rectang' :.

40 *bis.* En menant par les extrémités de chaque diagonale d'un quadrilatère des parallèles à l'autre diagonale, on forme un parallélogramme équivalant au double du quadrilatère.

Théorème.

78. *Les diagonales d'un parallélogramme se divisent mutuellement en deux parties égales.*

En effet, les deux triangles AOB, COD sont égaux comme ayant

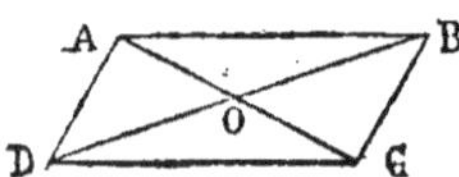

un côté égal AB = CD (74), adjacent à deux angles égaux, chacun à chacun, savoir : OAB = OCD (alternes internes formés par les parallèles AB, CD); OBA = ODC (alternes internes formés par les mêmes parallèles). Ces deux triangles OAB, COD étant égaux, on en conclut que le côté OB, opposé à l'angle OAB, est égal à OD opposé à l'angle OCD; puis OA opposé à OBA égale OC opposé à ODC.

Théorème.

79. *Les diagonales d'un losange se coupent en deux parties égales et à angles droits.*

D'abord elles se divisent mutuellement en deux parties égales;
car un losange est un parallélogramme, puisque ses
côtés opposés sont égaux (76). De plus, les deux
triangles AOB, BOC qui ont les trois côtés égaux,
sont égaux (BO commun; AB=BC; AO=OC). Par
suite l'angle AOB=BOC; la ligne BOD est donc
perpendiculaire à AC, et réciproquement.

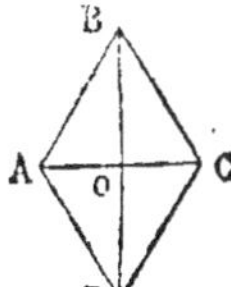

EXERCICES.

Théorèmes à démontrer.

41. Dans un triangle ABC on mène par le milieu de AB une parallèle DE à BC. Le point E est le milieu de AC, et DE est la moitié de BC. (Menez EI parallèle à AB)

42. Dans un triangle ABC, rectangle en A, la médiane AO est la moitié de l'hypoténuse.

43. Réciproquement, si la médiane AO d'un triangle ABC est la moitié du côté BC, le triangle ABC est rectangle en A.

44. Lorsque dans un triangle ABC, rectangle en A, l'hypoténuse BC est double du côté AB de l'angle droit, l'angle C=1/3 de droit.

45. Réciproquement, quand l'angle C = 1/3 de droit, BC=2AB.

46. L'angle DAO de la médiane et de la hauteur d'un triangle rectangle est égal à la différence des deux angles aigus.

47. Les trois médianes d'un triangle ABC concourent au même point O qui divise chacune d'elles en deux parties dont l'une (celle qui part du sommet) est double de l'autre. (Par le point I, milieu de AO, menez IK parallèle à AB et tracez ED.)

48. Au plus grand côté correspond la plus petite médiane.

49. Les milieux des côtés opposés d'un quadrilatère sont les sommets d'un parallélogramme. Dans quel cas ce parallélogramme est-il un losange? — un rectangle?

50. La droite qui joint les points milieux des diagonales du quadrilatère passe par le centre de ce parallélogramme (Ex. 49).

51. La somme des perpendiculaires abaissées d'un point de la base d'un triangle isocèle sur les deux autres côtés est constante quel que soit le point choisi.

52. Qu'arrive-t-il si le point est pris sur le prolongement de la base?

53. La somme des perpendiculaires abaissées d'un point intérieur quelconque d'un triangle équilatéral sur les trois côtés est égale à la hauteur du triangle.

54. Qu'arrive-t-il si on abaisse les perpendiculaires d'un point extérieur au triangle?

55. Une bille après avoir frappé la bande d'un billard se relève et repart en faisant un angle de réflexion égal à l'angle d'incidence. Démontrer qu'une bille lancée parallèlement à l'une des diagonales d'un billard rectangulaire, ira, après avoir touché les quatre bandes, repasser par son point de départ.

PROBLÈME GÉNÉRAL. Dans quelle direction faut-il lancer une bille placée en un point donné quelconque I pour qu'elle revienne passer au même point après avoir touché les quatre bandes?

Lieux géométriques à indiquer et à vérifier.

56. Lieu des points également distants de deux droites parallèles.

57. Lieu des points situés à une distance donnée d'une droite donnée.

58. Lieu des centres des parallélogrammes qui ont la même base et la même hauteur (V. Exercice 38).

59. Lieu des sommets des triangles qui ont la même base et la même hauteur.

60. Lieu des points tels que la somme où la différence des distances de chacun aux côtés d'un angle donné est égale à une longueur donnée.

LIVRE II.

DE LA CIRCONFÉRENCE DU CERCLE.

DÉFINITIONS.

80. On appelle *circonférence de cercle* une courbe plane dont tous les points sont également distants d'un point intérieur qu'on appelle *centre*.

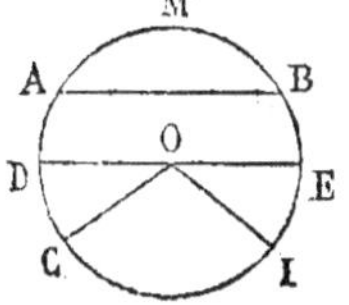

Le *cercle* est la surface plane entièrement limitée par la circonférence.

On dit quelquefois *cercle* pour *circonférence;* pour ne pas faire confusion, il faut se rappeler que le cercle est une surface, tandis que la circonférence est une ligne.

On appelle *rayon* toute ligne droite qui va du centre à la circonférence. Ex : OC, OI.

On appelle *diamètre* toute ligne droite qui joint deux points de la circonférence en passant par le centre. Ex. : DE.

D'après la définition de la circonférence, tous les rayons sont égaux; tous les diamètres sont aussi égaux et doubles du rayon.

On appelle *arc* une partie déterminée de la circonférence. Ex. : l'arc **AMB**.

On appelle *corde* ou *sous-tendante* d'un arc AMB la droite AC qui joint les extrémités de cet arc.

Un *segment de cercle* est une partie de cercle comprise entre un arc et sa corde. Ex. : le segment AMB.

Un *secteur* est la partie du cercle comprise entre un arc et les deux rayons qui aboutissent à ses extrémités. Ex. : le secteur COI.

On appelle en général *sécante* une ligne droite qui coupe la circonférence. Ex. : les cordes et les diamètres prolongés sont des sécantes.

81. *Une ligne droite ne saurait rencontrer une circonférence en plus de deux points.*

En joignant le centre aux points de rencontre d'une droite et d'une circonférence, on a des obliques égales. Or on sait qu'on ne peut mener que deux obliques égales du même point à la même droite (n° 44).

82. On appelle *tangente* une ligne qui n'a qu'un point de commun avec la circonférence.

83. Remarque. Il est évident que tous les points situés à l'intérieur d'un cercle sont à une distance du centre moindre que le rayon ; il est aussi évident que tous les points extérieurs sont à une distance du centre plus grande que le rayon. *On peut donc considérer une circonférence comme le lieu géométrique de tous les points du plan qui sont situés à une distance de son centre égale au rayon.*

84. *Deux cercles de même rayon sont égaux.* En effet, si l'on place un de ces cercles sur l'autre de manière que les centres coïncident, un rayon quelconque de l'un se plaçant sur un rayon de l'autre, leurs extrémités coïncident; il résulte de là que les circonférences et par suite les cercles coïncident exactement.

Théorème.

85. *Tout diamètre AB divise la circonférence et le cercle chacun en deux parties égales.*

Menons un rayon *quelconque* OM, et au-dessous de AB le rayon ON, tel que l'angle BON = BOM. Puis faisons tourner la partie supérieure AMB de la figure autour de AB comme charnière jusqu'à ce qu'elle soit rabattue sur la partie inférieure. Le rayon OM se place sur ON et M tombe en N. Tous les points de l'arc AMB se placent ainsi sur ANB; ces deux arcs coïncident ainsi que les deux parties du cercle; le théorème est donc démontré.

Les diamètres sont des cordes qui passent par le centre; pour distinguer, on convient d'appeler spécialement *corde* une ligne qui joint deux points de la circonférence sans passer par le centre.

Toute corde AB est plus petite qu'un diamètre.

En effet, un diamètre vaut deux rayons, et la corde AB est plus petite que la somme AO + OB des deux rayons qui aboutissent à ses extrémités.

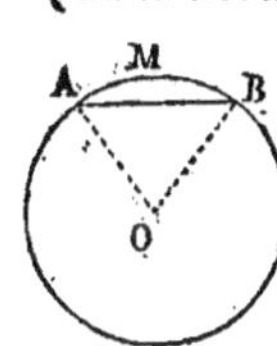

Remarque. Chaque corde partage la circonférence en deux arcs inégaux, l'un plus petit, l'autre plus grand qu'une demi-circonférence. Ex. : AMB, ANB. La corde AB sous-tend l'un et l'autre de ces arcs; mais à moins d'une mention expresse quand on parle de l'arc sous-tendu par une certaine corde, il s'agit toujours de l'arc plus petit qu'une demi-circonférence.

DÉPENDANCE MUTUELLE DES ARCS ET DES CORDES.

Théorème.

86. *Des arcs égaux appartenant à la même circonférence, ou à des circonférences égales, sont sous-tendus par des cordes égales.*

Autrement dit :

Quand deux arcs de même rayon sont égaux, leurs cordes sont égales.

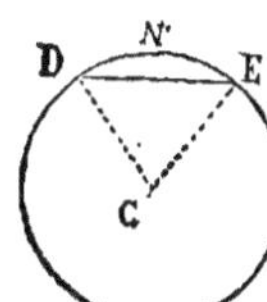

Soient le rayon CD égal au rayon OA, et l'arc AMB = DNE : *la corde* AB *est égale à la corde* DE. Pour le démontrer, je place le second cercle sur le premier, de manière que le rayon CD coïncide avec OA. Les deux circonférences égales coïncident dans toute leur étendue (n° 84). Les deux arcs égaux DNE, AMB, commençant au même point A, doivent finir au même point; c'est-à-dire que le point E tombe au point B. Cela étant, la corde DE coïncide exactement avec AB.

Théorème.

87. *Dans la même circonférence ou dans des circonférences égales, des cordes égales sous-tendent des arcs égaux.*

Soient (même figure) le rayon AO = CD, et la corde AB = DE; l'arc AMB est égal à l'arc DNE. En effet, on voit d'abord que les triangles AOB, CDE ayant les trois côtés égaux, chacun à chacun, sont égaux; donc l'angle DCE = AOB. Cela posé, plaçons le cercle C sur le cercle O en mettant le rayon CD sur OA. Puisque l'angle DCE = l'angle AOB, le rayon CE tombe de lui-même sur son égal OB, et le point E arrive en B; le point D étant déjà en A, les deux arcs DNE, AMB coïncident évidemment dans toute leur étendue; ils sont donc égaux.

Théorème.

88. *De deux arcs pris sur la même circonference ou sur des circonférences égales, le plus grand est sous-tendu par la plus grande corde.*

Le rayon AO étant égal à CD, si l'arc AE′B est plus grand que DNE,

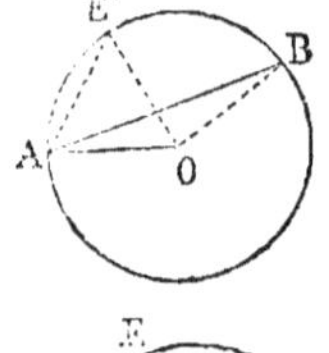

la corde AB est plus grande que DE. Pour le démontrer, transportant la figure CDNE sur AOE′B, je place le rayon CD sur son égal OA, le point C en O et le point D en A; l'arc DNE s'applique sur AE′B, à partir de A; mais comme DNE est plus petit que AE′B, le point E tombe en E′, en deçà de B; de sorte que la corde DE prend la position AE′;

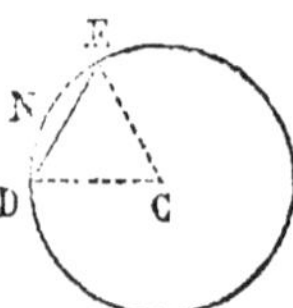

je trace OE′. Cela fait, si l'on compare les triangles AOB, AOE′, on trouve le côté OA commun, OB=OE′ et l'angle AOB plus grand que AOE′; donc le troisième côté AB du premier est plus grand que le troisième côté AE′ du second (31); AB > AE′ = DE; c'est ce qu'il fallait démontrer.

88 *bis*. Résumé. Dans la même circonférence ou dans des circonférences égales :

1° Deux arcs égaux sont sous-tendus par des cordes égales.

2° Suivant qu'un arc est *plus grand* ou *plus petit* qu'un autre, la corde du premier est *plus grande* ou *plus petite* que celle du second.

Réciproque.

89. *Dans la même circonférence ou dans des circonférences égales, la plus grande corde sous-tend le plus grand arc.*

Soit par exemple (figure précédente) sur les circonférences égales O et C, la corde AB plus grande que DE ; je dis que l'arc AE'B est plus grand que DNE. En effet, il résulte des théorèmes précédents, n°° 86 et 88, que dans la même circonférence ou dans des circonférences égales, une corde n'est plus grande qu'une autre que *dans le cas* où l'arc sous-tendu par la première est plus grand que l'arc sous-tendu par la seconde (V. le Résumé n° 88 *bis*). La corde AB étant dans le cas actuel plus grande que DE, c'est que l'arc AE'B est plus grand que l'arc DNE.

EXERCICES.

Théorèmes à démontrer.

1. Par le point M intérieur ou extérieur et par le centre O d'une circonférence, on mène une sécante AMB ou MAB qui la rencontre en A et en B : 1° MA est la plus petite et MB est la plus grande distance rectiligne du point M à la circonférence ; 2° les droites qui vont de M à la circonférence sont égales deux à deux ; 3° de deux de ces droites, la plus grande est celle dont la deuxième extrémité est la plus éloignée du point A.

2. La plus petite et la plus grande distance rectiligne de deux circonférences tout à fait intérieures ou tout à fait extérieures l'une à l'autre se mesurent sur la droite qui passe par leurs centres.

3. AB et CD sont deux cordes égales qui se rencontrent en un point I intérieur ou extérieur au cercle ; A et C sont leurs extrémités les plus rapprochées. 1° IA = IC et IB = ID ; 2° AC et BD sont parallèles ; 3° les points milieux de AC et de BD, le point I et le point de concours de BC et de AD se trouvent sur le même diamètre.

4. Lieu des points situés à une distance donnée : 1° d'un point donné ;

— 2° d'une circonférence donnée.

Théorème.

90. *Le rayon perpendiculaire à une corde divise cette corde et l'arc sous-tendu en deux parties égales.*

Soit, par exemple, le rayon OD perpendiculaire à la corde AB ;

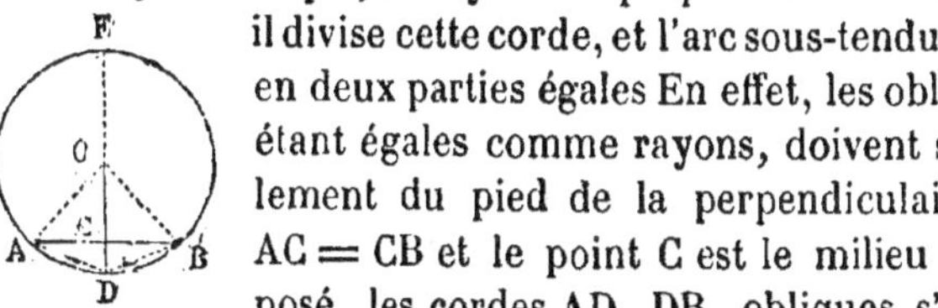

il divise cette corde, et l'arc sous-tendu ADB, chacun en deux parties égales En effet, les obliques OA, OB, étant égales comme rayons, doivent s'écarter également du pied de la perpendiculaire OC ; donc AC = CB et le point C est le milieu de AB. Cela posé, les cordes AD, DB, obliques s'écartant également du pied C de la perpendiculaire, sont égales entre elles ; donc l'arc AD = DB. Le théorème est donc démontré.

Le rayon OD prolongé vers le haut de la figure, diviserait

l'arc AEB en deux parties égales; car la corde AE égalerait la corde EB.

91. *Remarque.* Le diamètre ED, perpendiculaire à la corde AB, remplit inq conditions distinctes: il est perpendiculaire à AB et passe par quatre points distincts et déterminés, O, C, D, E. Deux quelconques de ces conditions suffisant pour déterminer une droite, c'est-à-dire ne pouvant être remplies par deux droites différentes, dès qu'on aura reconnu qu'une droite remplit deux de ces conditions, on pourra affirmer qu'elle remplit les trois autres.

Ex. : *La droite qui joint les milieux des deux arcs sous-tendus par une corde, est un diamètre perpendiculaire au milieu de cette corde.*

Le rayon qui passe au milieu de l'arc sous-tendu par une corde, est perpendiculaire au milieu de cette corde, et son prolongement va passer au milieu du second arc sous-tendu par cette corde.

Théorème.

92. *Dans la même circonférence ou dans des circonférences égales, deux cordes égales sont également éloignées du centre; et réciproquement.*

AB = ED; je dis que OI = OC. Pour le démontrer, je mène les rayons OE, OA, j'obtiens ainsi deux triangles rectangles OIE, OAC qui ont l'hypoténuse égale, OA = OE (rayons); et un côté de l'angle droit égal. AC = EI (moitiés de cordes égales); ces triangles sont donc égaux; par suite, le troisième côté OC de l'un égale le troisième côté OI de l'autre; OC = OI.   C. Q. F. D.

Réciproquement, si on avait *à priori,* OC = OI, on en conclurait l'égalité des mêmes triangles rectangles AOC, OEI; d'où AC = IE; mais AC = ½ AB; IE = ½ ED; donc AB = ED.

Théorème.

93. *De deux cordes inégales, la plus grande est la moins éloignée du centre; et réciproquement.*

Soit la corde AB plus grande que la corde CD; l'arc AD'B est plus grand que l'arc CND (n° 89); nous pouvons donc prendre sur AD'B un arc AD' = CND. Tirons la corde AD', et abaissons sur AD' la perpendiculaire OI'; comme AD' = CD, la distance OI' = OI (théorème précédent)). Cela posé, on voit immédiatement sur la figure que OE perpendiculaire est plus courte que OH, oblique; donc, *à fortiori*, OE < OI', ou OE < OI ; ce qu'il fallait démontrer.

93 *bis*. Résumé. Dans la même circonférence ou dans des circonférences égales :

1° Deux cordes égales sont également distantes du centre.

2° Suivant qu'une corde est plus grande ou plus petite qu'une autre, la distance de la première au centre est plus petite ou plus grande que celle de la seconde.

Réciproquement.

93 *ter*. *De deux cordes* AB, CD *qui s'écartent inégalement du centre, celle qui est la moins éloignée du centre est la plus grande;* si OE < OI, AB > CD.

En effet, il résulte des théorèmes précédents, nᵒˢ 92 et 93 (V. le résumé), que, dans la même circonférence ou dans des circonférences égales, une corde ne s'écarte moins du centre qu'une autre corde que *dans le cas* où elle est plus grande que cette autre. La corde AB, dans le cas actuel, s'écartant moins du centre que CD, c'est que AB est plus grande que CD.

EXERCICES.

Théorèmes à démontrer.

5. La plus petite et la plus longue des cordes qui passent **par un** point intérieur M à un cercle sont deux droites rectangulaires dont l'une passe par le centre. De deux autres de ces cordes, la plus petite est celle qui forme le plus grand angle aigu avec le diamètre en question.

6. Lieu des points milieux des cordes d'une circonférence donnée
— parallèles à une droite donnée.

7. — égales à une ligne donnée.

8. — qui passent toutes par un point donné intérieur ou extérieur au cercle.

9. Lieu des extrémités des droites parallèles à une droite donnée et dirigées dans le même sens : 1° à partir d'une droite donnée;

10. — 2° à partir d'une circonférence donnée.

11. — 3° à partir du périmètre d'un polygone donné.

CONDITIONS POUR QU'UNE DROITE SOIT TANGENTE A UNE CIRCONFÉRENCE.

Théorème.

94. *Pour qu'une droite soit tangente à une circonférence, il faut et il suffit qu'elle soit perpendiculaire à l'extrémité d'un rayon.*

1° *Toute droite AB perpendiculaire à l'extrémité C d'un rayon OC est tangente à la circonférence.*

En effet, joignons le centre O à un autre point quelconque D de AB. La droite OD, oblique sur AB, est plus longue que le rayon OC (perpendiculaire) : donc le point D est situé en dehors de la circonférence. Tout point de AB autre que C étant situé hors de la circonférence, la ligne AB est une tangente à la circonférence (82).

La condition indiquée est donc suffisante.

2° *Toute tangente AB est perpendiculaire au rayon OC qui va au point de contact.*

En effet, si nous joignons le centre O à un autre point quelconque D de AB, lequel est nécessairement extérieur au cercle, la droite OD sera plus longue que le rayon OC. Le rayon OC étant la plus courte ligne que l'on puisse mener du centre O à la droite AB, n'est autre que la perpendiculaire menée de O sur AB (42, Rem.).

Corollaire I. *Par un point donné sur une circonférence on ne peut mener qu'une tangente à cette circonférence.*

Une tangente au point donné est une perpendiculaire au rayon qui aboutit à ce point (2°); or, on ne peut mener par ce point qu'une perpendiculaire à ce rayon.

95. Corollaire II. *Si l'on abaisse du centre une perpendiculaire sur une tangente, cette ligne va d'elle-même passer au point de contact.*

Cela revient à dire que cette perpendiculaire se confond avec le rayon qui va au point de contact; ce qui est évident, puisque ce rayon est perpendiculaire à la tangente, et qu'on ne peut mener qu'une perpendiculaire du centre sur cette dernière ligne.

Corollaire III. On démontre de même que *la perpendiculaire élevée sur une tangente au point de contact va passer par le centre.*

Théorème.

96. *Si deux droites parallèles rencontrent une circonférence, elles interceptent des arcs égaux.*

Il peut se présenter trois cas :

1° *Les deux parallèles AB, CD sont sécantes.*

Je mène du centre le rayon OK perpendiculaire à CD, et par

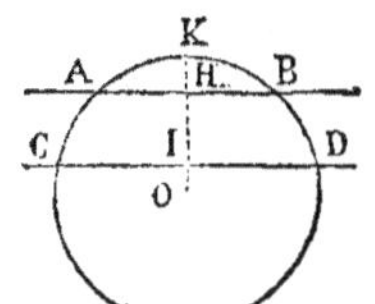

suite à sa parallèle AB; ce rayon divise les arcs CKD, AKB, chacun en deux parties égales; de sorte que

$$CK = KD$$
$$AK = KB.$$

D'où, par soustraction, CK — AK ou CA = KD — KB ou BD; AC = BD, ce qu'il fallait démontrer.

2° *L'une des parallèles est sécante et l'autre tangente.*

Soient AB, CD les deux parallèles proposées. Je joins le centre

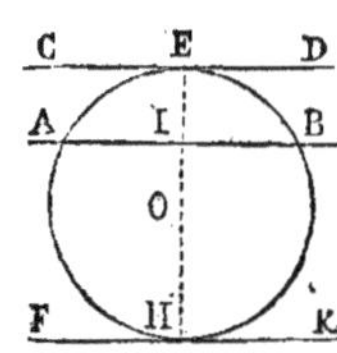

au point de contact; le rayon OE est perpendiculaire à la tangente CD (94, 2°), et par suite à sa parallèle AB; OE étant perpendiculaire à la corde AB divise l'arc AEB en deux parties égales; donc AE = EB; ce qu'il fallait démontrer.

3° *Les deux parallèles sont tangentes à la circonférence.*

Soient CD, FK ces parallèles; menons à ces deux droites une parallèle AB qui coupe la circonférence; le rayon OE perpendiculaire à AB l'est également à CD, et prolongé inférieurement, l'est aussi à FK; cette perpendiculaire commune aux deux tangentes allant du centre à chacune d'elles, passe aux deux points de contact (95); c'est donc un diamètre qui divise la circonférence en deux parties égales EAH, EBH.

En rapportant ce cas au précédent, AB une fois menée, on aurait pu dire : AE = EB; AH = BH; d'où, par addition, AE + AH ou EAH = EB + BH ou EBH.

REMARQUE. *Deux tangentes parallèles ont leurs points de contact diamétralement opposés.*

La réciproque est évidemment vraie.

EXERCICES.

Théorèmes à démontrer.

12. Les droites AB, AC, tangentes à une circonférence en B et en C sont égales. La droite AO qui joint A au centre est la bissectrice de l'angle BAC.

13. Les côtés opposés d'un quadrilatère circonscrit à une circonférence ajoutés deux à deux donnent des sommes égales.

14. On peut inscrire une circonférence dans un quadrilatère remplissant cette condition. (Cas du losange.)

15. On peut inscrire une circonférence dans un triangle donné quelconque ABC.

On peut décrire trois autres circonférences, extérieures au triangle, touchant chacune les trois côtés ou leurs prolongements : ces circonférences sont dites *ex-inscrites* au triangle.

16. Chacun des segments déterminés sur les côtés d'un triangle par les points de contact de la circonférence inscrite est égal au périmètre du triangle diminué du côté opposé au sommet d'où part ce segment.

17. La somme des diamètres du cercle inscrit et du cercle circonscrit à un triangle rectangle est égale à la somme des côtés de l'angle droit.

18. La distance d'un sommet d'un triangle au point de contact d'une des circonférences *ex-inscrites* qui touchent ses côtés ou leurs prolongements est égale au demi-périmètre du triangle, ou à ce demi-périmètre moins un côté adjacent, suivant que le point de contact est ou n'est pas séparé du sommet en question par un autre sommet du triangle.

19. Une circonférence étant tangente aux côtés d'un arc BAC, si on lui mène une troisième tangente MN comprise entre le sommet A et la circonférence, le triangle AMN a un périmètre constant, quel que soit le point de contact. Si on joint le centre O aux points M et N, l'angle MON est constant.

20. Lieu des points de départ des tangentes à une circonférence donnée égales à une droite donnée.

21. Lieu des points tels que les deux tangentes issues de chacun forment : 1° un angle droit; 2° un angle donné quelconque.

CONDITIONS DE L'INTERSECTION ET DU CONTACT DE DEUX CERCLES.

Théorème.

97. *Deux circonférences ne peuvent se rencontrer en plus de deux points.*

En effet, 1° elles ne sauraient avoir trois points communs, A, B, C, en ligne droite; car une ligne droite ABC ne peut rencontrer chacune des circonférences en plus de deux points (n° 81); 2° ces circonférences ne sauraient avoir trois points communs non en ligne droite; car

Par trois points A, B, C, *non en ligne droite, on peut toujours faire passer une circonférence, mais on n'en peut faire passer qu'une.*

Pour le démontrer, ayant mené les droites AB, BC, j'élève au milieu de AB la perpendiculaire DE, et au milieu de BC la perpendiculaire FG. Ces deux perpendiculaires DE, FG se rencontrent : car si elles étaient parallèles, la ligne CB perpendiculaire à FG, étant prolongée vers BK, serait perpendiculaire à sa parallèle DE; comme déjà BA est par construction perpendiculaire à DE, il y aurait du même point B deux perpendiculaires BK, BD, sur la même droite DE; ce qui est impossible; donc DE et FG se rencontrent en un certain point O. Le point O, comme appartenant à DE, est également ment distant de A et de B; OA $=$ OB; ce même point O, appartenant à FG, est également distant de B et de C; OB $=$ OC; OA $=$ OB $=$ OC. Si donc du point O comme centre, avec OA pour rayon, on décrit une circonférence, cette circonférence passera par les trois points A, B, C. On peut donc faire passer une circonférence par les trois points A, B, C, non en ligne droite.

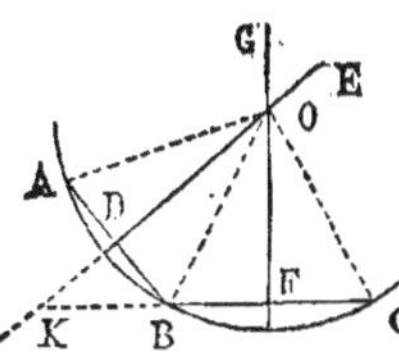

On n'en peut faire passer qu'une. En effet, le centre d'une circonférence quelconque passant par les trois points A, B, C, étant également distant des points A et B, doit se trouver sur la perpendiculaire DE élevée au milieu de AB (45); ce même centre, également distant de B et de C, devra aussi se trouver sur FG; il doit donc se trouver en O, seul point commun à DE et à FG. Toute circonférence passant par les trois points, A, B, C, a donc pour centre le point O et le rayon OA$=$OB$=$OC; elle n'est donc *autre* que la circonférence que nous avons déjà décrite et indiquée.

Théorème.

98. *Quand deux circonférences se coupent, la droite qui joint leurs centres* (LA LIGNE DES CENTRES) *est perpendiculaire à la corde commune et la divise en deux parties égales.*

En effet le point O également distant de M et de M' (OM $=$ OM') se trouve sur la perpendiculaire au milieu de MM' (n° 45); il en est de même du point O' puisque O'M $=$ O'M'. La perpendiculaire au milieu de MM' passant par O et par O', n'est autre que la droite OO'.

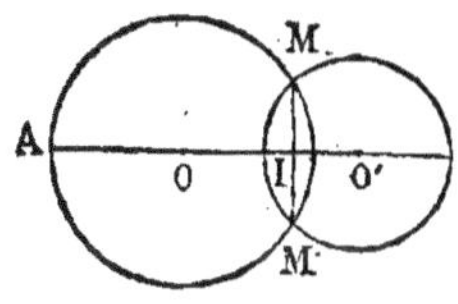

Définition. Deux points symétriques par rapport à une droite sont deux points situés sur une même perpendiculaire à cette droite, à égales distances de cette ligne.

Ex. : Les points M et M′ de la figure précédente sont symétriques par rapport à OO′.

Théorème.

99. *Si deux circonférences ont un point commun M d'un côté de la ligne des centres OO′, elles ont un autre point commun M′ de l'autre côté de cette ligne, symétriquement placé.*

Abaissons du point M la perpendiculaire MI sur OO′ et prolongeons MI d'une longueur égale IM′. Tirons OM, OM′, O′M, O′M′ (tracez ces lignes sur la figure). L'oblique OM′=OM (n° 42, 2°); la circonférence de rayon OM passe donc en M′. De même O′M = O′M′; la deuxième circonférence de rayon O′M passe aussi en M′. Le point M′ est donc commun aux deux circonférences ; la proposition est démontrée.

Les points M et M′ sont symétriquement placés par rapport à OO′.

100. Définition. Deux circonférences *tangentes* ou qui se *touchent*, sont deux circonférences qui n'ont qu'un point de commun. Le point commun s'appelle point de *contact*.

Deux circonférences peuvent être tangentes *extérieurement* ou *intérieurement* comme le montrent nos figures.

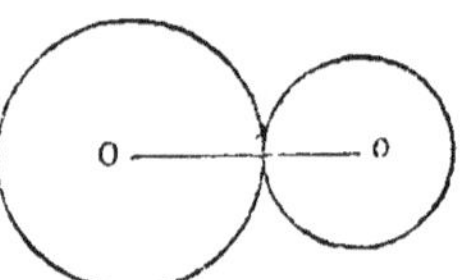

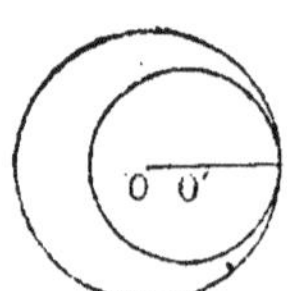

Théorème.

101. *Quand deux circonférences se touchent extérieurement ou intérieurement, le point de contact est sur la ligne des centres.*

En effet, ce point ne saurait être hors de la ligne des centres, puisque deux circonférences qui ont un point commun hors de la ligne des centres ont nécessairement un autre point commun de l'autre côté de cette ligne et sont sécantes (99). La réciproque est vraie :

Si deux circonférences ont un point commun sur la ligne des centres, elles sont tangentes.

Nous le laissons à démontrer.

102. *Positions diverses de deux circonférences sur un même plan. Relations entre la distance des centres et la somme ou la différence des rayons.*

Nous désignerons la distance des centres par **D**, le plus grand rayon par **R** et le plus petit par **R'**.

Deux circonférences placées sur un même plan peuvent avoir l'une par rapport à l'autre *cinq* positions différentes que nous allons indiquer (*).

1° Les circonférences peuvent être *extérieures* l'une à l'autre.

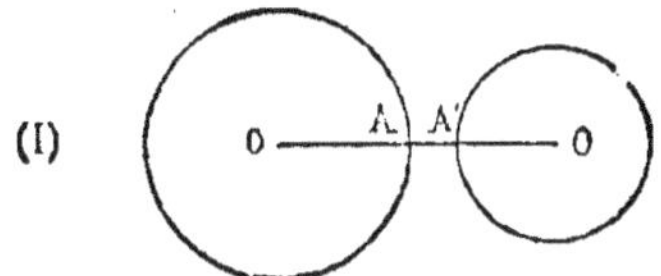

Dans cette position, évidemment OO' > OA $+$ O'A', c'est-à-dire :

$$D > R + R'. \qquad\qquad (1)$$

2° Elles peuvent *se toucher extérieurement.*

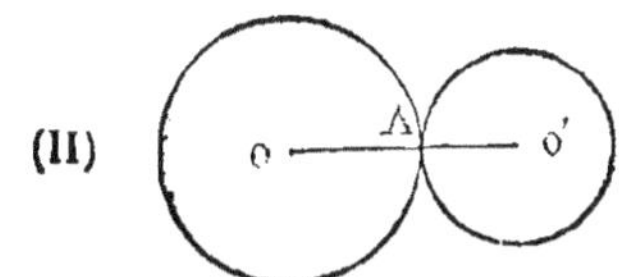

Le point de contact étant sur la ligne des centres (101), on a évidemment OO' $=$ OA $+$ O'A, ou

$$D = R + R'. \qquad\qquad (2)$$

(*) Pour retrouver facilement ces cinq positions, on suppose que, à partir de la première (I), l'une des circonférences restant fixe, la plus grande par exemple, l'autre s'avance vers celle-là : la plus petite circonférence, après avoir été extérieure (I), viendra toucher extérieurement (II); puis s'avançant encore, coupera (III), puis touchera intérieurement (IV), puis, enfin deviendra tout à fait intérieure (V). Si le mouvement de la petite circonférence continuait, elle reprendrait les mêmes positions relatives, mais en ordre inverse. Ces positions sont donc les seules possibles.

3° Les **deux** circonférences *se coupent.*

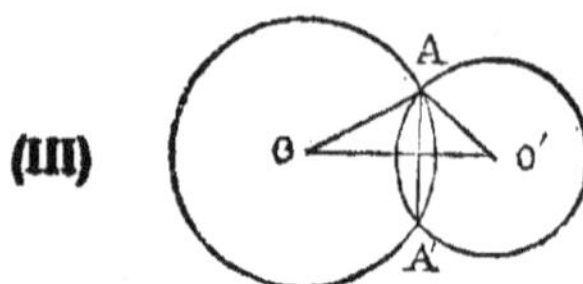

Les points d'interséction étant ainsi placés (98), on a évidemment $OO' < OA + O'A$, et $OO' > OA — O'A$, c'est-à-dire, à la fois

$$\left.\begin{array}{l} D < R + R' \\ \text{et } D > R — R' \end{array}\right\} \qquad (3)$$

4° Les deux circonférences *se touchent intérieurement.*

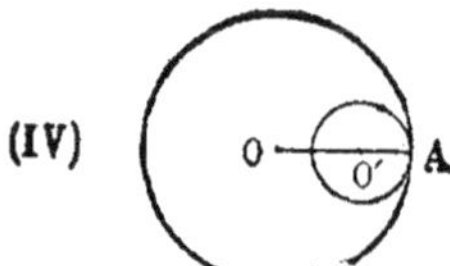

Le point de contact étant encore sur la ligne des centres (101), on a évidemment $OO' = OA — O'A$, ou

$$D = R — R'. \qquad (4)$$

5° Enfin les deux circonférences peuvent être absolument *intérieures* l'une à l'autre, *sans se toucher.*

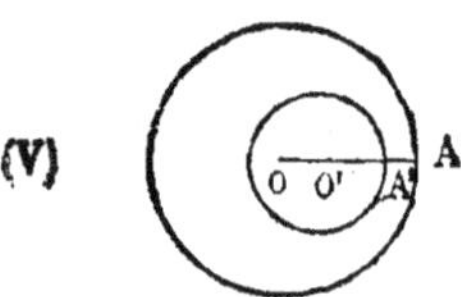

On voit sur la figure que $OA = OO' + O'A' + A'A$; d'où l'on déduit $OA — O'A' = OO' + A'A$; donc $OA — O'A' > OO'$; $R — R' > D$,

ou bien $$D < R — R'. \qquad (5)$$

Les égalités ou inégalités (1), (2), (3), (4), (5), constituent autant de théorèmes faciles à énoncer.

Les réciproques de ces théorèmes sont vraies.

Si la distance des centres de deux circonférences est plus grande que la somme des rayons, $D > R + R'$, *ces deux circonférences sont extérieures l'une à l'autre.*

En effet, dans toute autre position, comme on peut le voir, on n'aurait pas $D > R + R'$.

Si la distance des centres de deux circonférences est égale à la somme des rayons, $D = R + R'$, *ces deux circonférences se touchent extérieurement.*

En effet, dans toute autre position on n'a pas $D = R + R'$.

Et ainsi des autres réciproques.

En vue des applications, les diverses propositions qui précèdent se résument dans les énoncés suivants :

103. Conditions du contact et de l'intersection de deux circonférences.

Pour que deux circonférences se touchent extérieurement, il faut et il suffit que la distance des centres soit égale à la somme des rayons.

Pour que deux circonférences se coupent, il faut et il suffit que la distance des centres soit à la fois plus petite que la somme des rayons et plus grande que leur différence.

Pour que deux circonférences se touchent intérieurement, il faut et il suffit que la distance des centres soit précisément égale à la différence des rayons.

De même pour les positions (1) et (5).

EXERCICES.

Théorèmes à démontrer.

22. Les circonférences décrites des trois sommets d'un triangle comme centres et passant par les points de contact du cercle inscrit, sont tangentes deux à deux, et coupent la circonférence inscrite à angles droits.

23. On appelle *angle de deux courbes* l'angle des tangentes menées à ces courbes au point d'intersection.

MESURE DES ANGLES.

Théorème.

104. *Deux angles sont entre eux dans le même rapport que deux arcs de cercle compris entre leurs côtés, décrits de leurs sommets comme centres avec le même rayon.*

On démontre d'abord aisément par la superposition (V. n° 87) que si les arcs sont égaux, les angles sont égaux, et réciproquement.

Supposons ensuite que les deux arcs donnés aient une commune mesure contenue cinq fois dans l'arc AB et trois fois dans A′B′.

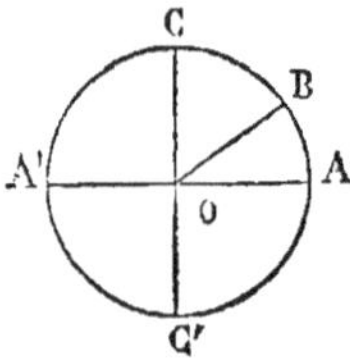

Le rapport des deux arcs est, d'après cela, égal à $\frac{5}{3}$ (V. l'*Arith.*). Joignons chacun des sommets O et O′ aux points de division des arcs opposés ; nous formons ainsi huit angles égaux entre eux, puisqu'ils interceptent des arcs égaux. Il y a cinq de ces angles dans AOB et trois dans A′O′B′ ; le rapport de ces deux angles est donc $\frac{5}{3}$, le même que celui des arcs :

$$\frac{\text{AOB}}{\text{A′O′B′}} = \frac{\text{AB}}{\text{A′B′}}. \qquad \text{C. Q. F. D.}$$

105. Mesure des angles. En se fondant sur la proposition précédente, on ramène la mesure ou l'évaluation d'un angle à celle d'un arc de cercle qui est beaucoup plus facile.

Mesurer un angle, c'est trouver son rapport à l'unité des angles qui est l'angle *droit*. Un angle droit, AOC, qui a son sommet au centre d'une circonférence, intercepte le quart de cette circonférence ; le quart de la circonférence, sous le nom de *quadrant*, a été pris pour unité des arcs de cercle.

Cela posé, en vertu de la proposition précédente, AOB étant un angle quelconque, on a

$$\frac{\text{AOB}}{\text{AOC}} = \frac{\text{AB}}{\text{AC}},$$

ou bien
$$\frac{\text{AOB}}{1 \text{ droit}} = \frac{\text{AB}}{1 \text{ quadr.}}.$$

Le nombre qui exprime la mesure de AOB, c'est-à-dire son rapport à l'angle droit, est égal au nombre qui exprime la mesure de l'arc AB, c'est-à-dire au rapport de cet arc au quadrant, unité des arcs.

Pour mesurer un angle quelconque AOB, *il suffit donc de décrire un arc de cercle, ayant le sommet de cet angle pour centre et compris entre ses côtés, puis de comparer cet arc au quart de la circonférence de même rayon. On obtient ainsi un nombre qui exprime la mesure de l'arc; le même nombre exprime la mesure de l'angle proposé rapporté à l'angle droit.*

Par exemple, si on trouve que l'arc vaut les $\frac{2}{3}$ d'un quadrant, on en conclut que l'angle vaut les $\frac{2}{3}$ d'un angle droit. .

Les angles se mesurent ordinairement avec une demi-circonférence divisée appelée *rapporteur* dont nous parlons plus loin (page 59).

106. Pour faciliter l'évaluation des arcs de cercle, et par suite celle des angles, on divise la circonférence en 360 parties égales, nommés *degrés :* le degré se subdivise en 60 minutes, la minute en 60 secondes. Les degrés, minutes, secondes, s'indiquent ainsi : 24° 43′ 47″; 24 degrés 43 minutes 47 secondes.

D'après cela, un *quadrant* est un arc de 90°.

Un nombre de degrés, minutes, secondes, désigne aussi bien un angle qu'un arc de cercle. On dit un angle de 90° pour un angle droit, un angle de 19° comme on dit un arc de 19°; chacun comprend immédiatement qu'un angle de 19° est égal aux $\frac{19}{90}$ de l'angle droit (*).

107. La désignation de la mesure de l'arc faisant ainsi connaître immédiatement, et sans qu'aucune explication soit nécessaire, la mesure de l'angle, on dit par abréviation :

Un angle a pour mesure tel arc désigné. Par exemple :

L'angle au centre d'une circonférence a pour mesure l'arc compris entre ses côtés.

On exprime simplement de cette manière l'égalité des nombres qui représentent l'angle et l'arc rapportés à leurs unités respectives.

108. Angles inscrits. On peut faire servir à la mesure d'un angle d'autres arcs que celui qui a pour centre le sommet de cet angle. Les théorèmes que nous allons exposer à ce sujet sont surtout utiles pour la comparaison des angles d'une même figure.

Un angle est dit *inscrit* dans un cercle quand il a son sommet sur la circonférence et que ses côtés sont des cordes. Ex. : BAC (n° 109).

(*) On a l'habitude de dire que l'angle droit est l'unité des angles. Il serait plus exact de dire, d'après l'usage adopté de désigner un angle par un nombre de degrés, minutes, secondes, que l'unité des angles est l'angle d'un degré (quatre-vingt-dixième partie d'un angle droit).

Un polygone est dit *inscrit* à un cercle quand tous ses sommets sont sur la circonférence.

Une figure rectiligne est dite *circonscrite* à un cercle quand tous ses côtés sont tangents à la circonférence.

Théorème.

109. *Tout angle inscrit dans un cercle a pour mesure la moitié de l'arc compris entre ses côtés.*

Il peut se présenter trois cas :

1° Un des côtés passe par le centre. Ex. : l'angle BAC.

Tirons BO; l'angle BOC extérieur au triangle BAO est égal à la

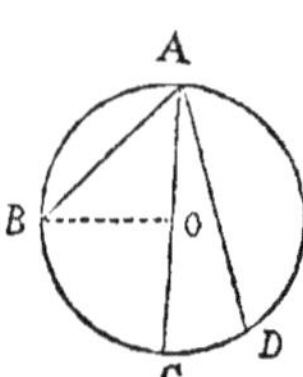

somme des deux angles intérieurs non adjacents A et B (n° 63). Mais BO étant égal à AO, l'angle $A = B$; donc l'angle $BOC = B + A = 2A$, et réciproquement l'angle A est la moitié de l'angle BOC. Mais BOC, angle au centre, a pour mesure l'arc BC intercepté entre ses côtés; donc l'angle A a pour mesure la moitié de BC. Par exemple, si BC est un arc de 64°, l'angle BAC est un angle de 32°.

2° Le centre est dans l'intérieur de l'angle. Ex. : l'angle BAD. Cet angle BAD est la somme des angles BAC, CAD qui sont dans le premier cas; or BAC a pour mesure $\frac{1}{2}$ BC; CAD a pour mesure $\frac{1}{2}$ CD; donc l'angle BAD a pour mesure $\frac{1}{2}$ BC $+ \frac{1}{2}$ CD $= \frac{1}{2}$ BD; c'est-à-dire la moitié de l'arc compris entre ses côtés.

3° Le centre est en dehors de l'angle. Ex. : l'angle CAD.

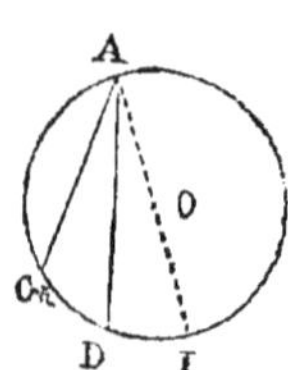

Menons le diamètre AI. L'angle proposé CAD est la différence des angles CAI, DAI, qui sont dans le premier cas. CAI a pour mesure $\frac{1}{2}$ CI; DAI a pour mesure $\frac{1}{2}$ DI; donc CAD $=$ CAI $-$ DAI a pour mesure $\frac{1}{2}$ CI $- \frac{1}{2}$ DI $= \frac{1}{2}$ CD.

Notre théorème est donc vrai en général.

110. *Remarques et corollaires.* Si l'on joint un point de l'arc qui limite un segment de cercle aux extrémités de la corde de ce segment, on obtient ce qu'on appelle un *angle inscrit dans ce segment.* Ex. : ACB.

Tous les angles inscrits dans un même segment de cercle sont égaux entre eux. Ex. : ACB, ADB.

En effet, tous ces angles ont pour mesure la moitié du même arc AEB.

Tous les angles inscrits dans un demi-cercle sont des angles droits. En effet, ils ont pour mesure la moitié d'une demi-circonférence, ou un quadrant.

Tous les angles inscrits dans un segment ACDB plus grand qu'un demi-cercle sont aigus. Ex. : ACB, ADB.

En effet, l'arc AEB qu'ils interceptent, étant moindre qu'une demi-circonférence, $\frac{1}{2}$ AEB, mesure commune de ces angles, est moindre qu'un quadrant.

Tous les angles inscrits dans un segment AEB plus petit qu'un demi-cercle sont obtus.

En effet, l'arc ACB, qu'ils interceptent étant plus grand qu'une demi-circonférence, $\frac{1}{2}$ ACB, mesure de AEB, est plus grand qu'un quart de la circonférence.

Les angles opposés d'un quadrilatère inscrit dans un cercle valent ensemble deux droits, sont supplémentaires. Ex. : dans le quadrilatère inscrit ACBE, on a $C + E = 2$ droits.

En effet, la mesure de C est $\frac{1}{2}$ AEB, celle de E est $\frac{1}{2}$ ACB; la somme $C + E$ a pour mesure $\frac{1}{2}$ (AEB + ACB), c'est-à-dire une demi-circonférence qui est la mesure de deux droits.

La réciproque de cette position est vraie (*Exercice* 24).

EXERCICES.

Théorèmes à démontrer.

24. On peut circonscrire une circonférence à un quadrilatère dont les angles opposés sont supplémentaires ; autrement dit, ce quadrilatère est *inscriptible* dans une circonférence.

25. Un trapèze isocèle est inscriptible dans une circonférence.

26. En joignant le milieu d'un arc BC aux extrémités d'une corde DE par des droites qui traversent la corde BC, on forme deux triangles équiangles entre eux et un quadrilatère inscriptible.

Théorème.

111. *L'angle formé par une corde et une tangente a pour mesure la moitié de l'arc compris entre ses côtés.* Ex. l'angle $CDB = \frac{1}{2} CD$.

Pour le démontrer, je trace le diamètre DM; il est perpendiculaire à la tangente AB. On a CDB=MDB—MDC;

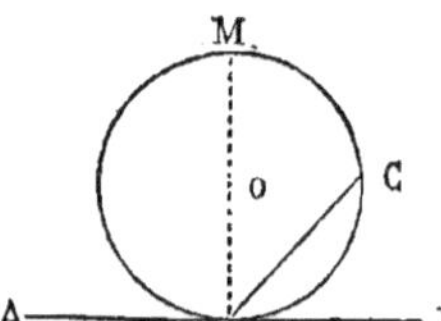

or l'angle droit MDB a pour mesure un quadrant qui est la même chose que la moitié de la demi-circonférence MCD; MDB $= \frac{1}{2}$ MCD; l'angle inscrit MDC a pour mesure $\frac{1}{2}$ MC; donc l'angle CDB $=$ MDB $-$ MDC a pour mesure $\frac{1}{2}$ MCD $- \frac{1}{2}$ MC ou $\frac{1}{2}$ DC.

On prouverait de même que l'angle ADC a pour mesure $\frac{1}{2}$ DMC.

Théorème.

112. *Un angle qui a son sommet dans l'intérieur d'un cercle a pour mesure la moitié de l'arc compris entre ses côtés, plus la moitié de l'arc compris entre leurs prolongements.*

Soit, par exemple, l'angle AOB. Tirons CA; l'angle AOB, extérieur au triangle AOC, est égal à la somme des angles intérieurs non adjacents A et C, qui sont inscrits dans le cercle. L'angle C a pour mesure $\frac{1}{2}$ AB; l'angle A a pour mesure $\frac{1}{2}$ CD; donc

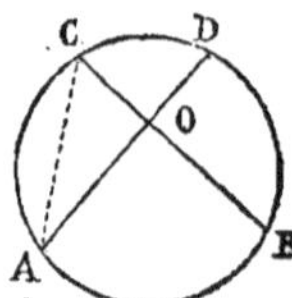

AOB $=$ C$+$A a pour mesure $\frac{1}{2}$ AB $+ \frac{1}{2}$ CD.

Théorème.

113. *Un angle qui a son sommet hors du cercle a pour mesure la moitié de la différence des arcs compris entre ses côtés.*

Ex. : l'angle ABC a pour mesure $\frac{1}{2}$ AC $-$ $\frac{1}{2}$ DE. En effet, ayant

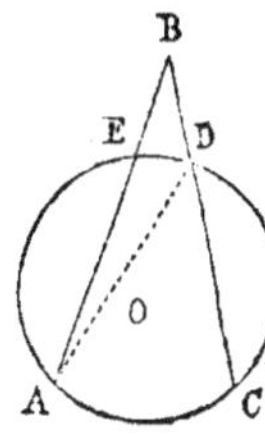

tiré AC, nous voyons que l'angle ADC $=$ ABD $+$ BAD; d'où on déduit : ABD $=$ ADC $-$ BAD. Mais l'angle inscrit ADC a pour mesure $\frac{1}{2}$ AC; l'angle BAD a pour mesure $\frac{1}{2}$ DE; l'angle ABD a donc pour mesure $\frac{1}{2}$ AC $-$ $\frac{1}{2}$ DE.

EXERCICES.

LIEUX GÉOMÉTRIQUES *à indiquer et à vérifier.*

27. Lieu des sommets des triangles ayant la même base et l'angle au sommet égal à un angle donné.

28. Lieu des centres des cercles inscrits dans ces mêmes triangles.

29. Lieu des points de concours des hauteurs de ces mêmes triangles.

30. Lieu des centres des circonférences.

31. — qui passent par deux points donnés.

32. — tangentes à une circonférence donnée en un point donné.

33. — ayant un rayon donné et touchant une droite donnée.

34. — ayant un rayon donné et tangentes à une circonférence donnée.

35. — tangentes à deux droites parallèles.

36. — tangentes à deux droites concourantes.

37. — qui, ayant un rayon donné, coupent une circonférence donnée sous un angle donné.

Théorèmes à démontrer.

38. Les cordes qui joignent les points de division d'une circonférence en parties égales forment un polygone régulier.

39. Les tangentes menées par les mêmes points de division (Ex. 38) forment un second polygone régulier équiangle au premier.

40. Une circonférence étant divisée en cinq parties égales, on joint les points de division A, B, C, D, E, de deux en deux, par des droites AC, CE, EB, BD, DA. Ces droites déterminent un pentagone intérieur régulier, dont tous les côtés sont vus du centre O sous des angles égaux.

41. Une circonférence O′ touche une circonférence O au point A et une droite CD au point I. On trace AI qu'on prolonge jusqu'à sa deuxième rencontre en F avec la circonférence O, et on trace le diamètre FOE qu'on prolonge à la rencontre de CD en H. 1° FH est perpendiculaire à CD; 2° les quatre points I, A, E, H sont sur la même circonférence.

42. Trois circonférences qui passent par les trois sommets d'un triangle et se coupent deux à deux sur ces côtés, passent d'ailleurs par le même point I.

43. Par le point de contact de deux circonférences tangentes intérieurement ou extérieurement, on mène deux sécantes; puis on joint leurs points de rencontre avec la même circonférence. Les deux cordes ainsi menées sont parallèles.

44. Si on ne mène qu'une sécante (Ex. 43), puis des tangentes à ses extrémités, les deux tangentes sont parallèles.

45. Par l'un des points d'intersection de deux circonférences, on mène deux sécantes; puis on joint leurs extrémités sur la même circonférence. Les deux cordes ainsi menées, prolongées, forment un angle constant.

46. Si on ne mène qu'une sécante (Ex. 45), puis des tangentes à ses extrémités, ces tangentes forment le même angle constant.

47. Des trois droites qui joignent un point de la circonférence circonscrite aux trois sommets d'un triangle équilatéral, l'une est égale à la somme des deux autres.

48. Démontrer par la mesure des angles que les trois hauteurs d'un triangle concourent au même point.

49. Ces hauteurs (Ex. 48) sont les bissectrices des angles du triangle qui a leurs pieds pour sommets.

50. Les pieds des perpendiculaires abaissées d'un point d'une circonférence sur les côtés d'un triangle inscrit sont en ligne droite.

51. On construit sur les trois côtés d'un triangle ABC trois triangles équilatéraux extérieurs ABC′, ACB′, BCA′; puis on trace les droites AA′, BB′, CC′. 1° Ces trois droites sont égales; 2° elles concourent au même point O, d'où les trois côtés du triangle ABC sont vus sous des angles égaux.

52. De tous les triangles inscrits dans le même segment de cercle, ou de tous les triangles qui ont même base et même angle au sommet, c'est le triangle isocèle qui a le plus grand périmètre.

Corollaire. De tous les polygones de n côtés inscrits dans un cercle, c'est le polygone régulier qui a le plus grand périmètre.

RÉSOLUTION DES PROBLÈMES.

114. Appliquant ce qui précède, nous allons nous occuper de la construction régulière des figures géométriques les plus simples et des opérations graphiques les plus élémentaires que l'on peut avoir à exécuter sur ces figures; tel est l'objet des problèmes que nous allons résoudre.

Pour les constructions géométriques qui ont lieu sur une étendue restreinte, par exemple, pour celles qui se font sur le papier (*), on fait principalement usage de quatre instruments, qui sont le *compas ordinaire,* la *règle,* le *rapporteur* et l'*équerre.*

Tout le monde connaît le compas ordinaire et la manière de s'en servir.

Il en est de même de la règle; cependant nous en dirons ici quelques mots. La *règle* sert à tracer des lignes droites sur le papier.

Pour cela, on place cet instrument de manière que l'un de ses bords passe par les deux points A et B que l'on veut unir par une ligne droite; puis on fait glisser contre ce bord de A vers B, une pointe à tracer *très-déliée (crayon, plume* ou *tire-ligne)* qui appuie sur le papier; celui-ci doit être bien tendu, et la pointe doit suivre fidèlement la règle.

Pour vérifier l'exactitude d'une règle CD, on s'en sert d'abord pour tirer une ligne entre deux points A et B, comme il vient d'être expliqué; on fait ensuite tourner cette règle autour de la ligne AB comme charnière, jusqu'à ce que son même bord passant toujours par les points A, B, elle soit venue s'appliquer sur l'autre côté du plan. Si la règle est exacte, la ligne AB doit suivre encore bien exactement le bord de la règle. Si la règle est défectueuse, cette coïncidence n'a pas lieu; chaque défaut étant reproduit en sens contraire, devient plus apparent en se doublant. (V. la figure.)

En admettant que la pointe à tracer suive bien exactement le bord de la règle, on peut, une fois celle-ci retournée, faire mouvoir de nouveau cette pointe, le long de la règle, de A vers B; elle devra repasser sur le même trait; si celui-ci se double par endroits, l'instrument est défectueux.

Rapporteur. Le rapporteur est un instrument destiné à mesurer les arcs et les angles, c'est un demi-cercle divisé, ordinairement en cuivre et évidé, ou bien plein et en corne.

La demi-circonférence est partagée en degrés et quelquefois en

---

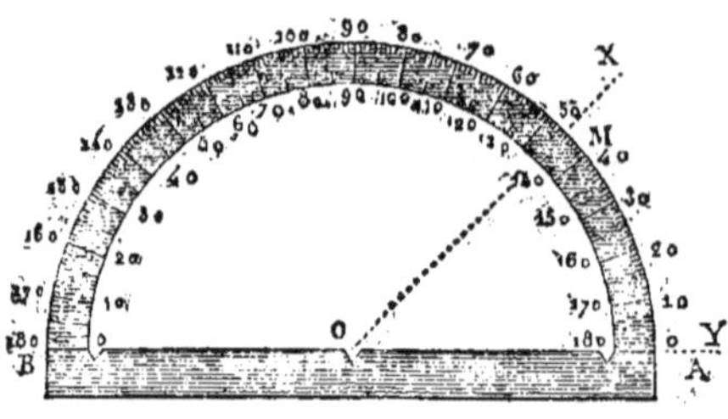

demi-degrès; ces divisions sont numérotées dans les deux sens de 10° en 10°, de 0 à 180°, de droite à gauche et de gauche à droite.

Le rapporteur sert à mesurer les arcs et les angles; il sert aussi à construire un arc ou un angle de grandeur donnée.

Pour mesurer un angle YOX avec le *rapporteur*, on fait coïncider le diamètre de l'instrument avec l'un des côtés, OY, de l'angle, le centre coïncidant avec le sommet; le second côté de l'angle vient rencontrer la demi-circonférence, soit sur une division, soit entre deux divisions. On lit alors facilement sur l'instrument, à moins d'un degré ou d'un demi-degré, la mesure de l'angle qui est celle de l'arc intercepté; YOX = 46°.

Pour mesurer un arc avec un rapporteur, on joint son centre à ses deux extrémités; puis on mesure l'angle ainsi formé comme il vient d'être expliqué.

Nous verrons plus loin comment on construit avec le rapporteur un angle ou un arc donné.

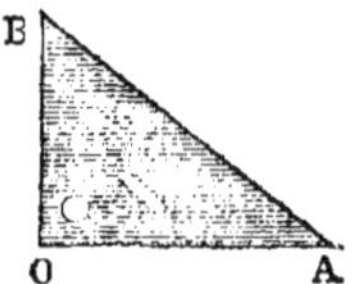 

Équerre. L'équerre sert à mener des perpendiculaires, et le plus souvent à mener des parallèles. Il y en a en bois ayant la forme d'un triangle rectangle sur lequel est pratiqué un trou qui sert à manier l'instrument. Il y a des équerres en fer ayant la forme d'un angle droit dont chaque côté ressemble à une règle.

Pour vérifier une équerre, il est bon de s'assurer d'abord si les bords en sont bien dressés, en essayant chaque côté comme on essaye une règle. Puis faisant coïncider l'un des côtés de l'angle

droit avec une règle bien dressée, ou bien avec une droite XY
bien construite, on tire une seconde droite OB, le long du second
côté de l'angle droit. Cela fait, en retournant l'équerre, on fait de

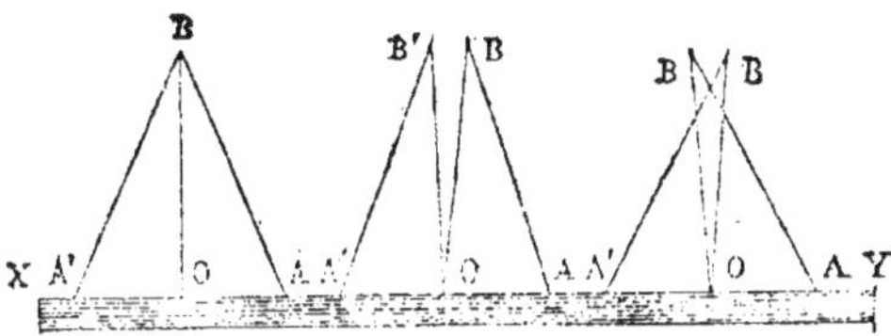

nouveau coïncider le premier côté OA avec le prolongement de
XY à partir du point O ; la ligne déjà tracée OB *doit* encore coïncider avec le second côté de l'équerre. Si elle en paraît séparée,
l'angle AOB de l'équerre est aigu ; si l'équerre recouvre OB, cet
angle est obtus.

On peut d'ailleurs faire glisser la pointe à tracer le long du
second côté de l'équerre retournée ; si le trait repasse sur la première ligne OB, l'équerre est bonne ; si la pointe retrace une nouvelle ligne en dehors ou en dedans de l'angle AOB déjà construit,
l'angle de l'équerre est *aigu* ou *obtus*.

*Problèmes élémentaires sur la construction des angles
et des triangles.*

Problème.

115. *En un point donné* B *d'une ligne donnée* AC, *construire un
angle égal à un angle donné* O.

Du point O comme centre, avec une ouverture de compas quelconque, je décris un arc de cercle KH, com-
pris entre les côtés de l'angle O ; puis du point
B comme centre, avec la même ouverture de
compas, un arc indéfini DE, au-dessus de AC.
Enfin du point D comme centre, avec un rayon
égal à la corde de l'arc HK, je trace un arc
de cercle qui coupe l'arc DE en I ; je mène
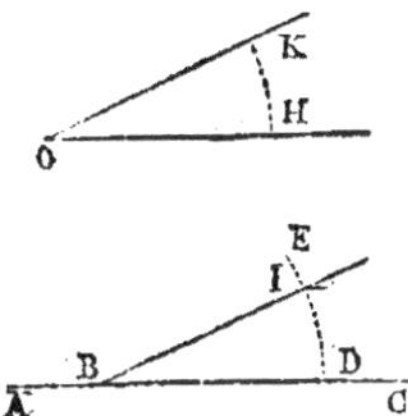
la droite BI. L'angle IBC ainsi construit est
l'angle demandé ; cet angle IBC = KOH, puisque l'arc ID = KH.

On peut résoudre le même problème avec la *rapporteur*.

Pour cela on mesure l'angle donné O ; puis faisant coïncider le diamètre de l'instrument avec ABC, le centre étant sur B, on marque un point I sur le papier à côté de l'endroit de la circonférence où finit l'arc intercepté entre les côtés de l'angle O ; on tire la droite BI. L'angle IBC = O, puisque ces deux angles ont la même mesure.

Problème.

115 *bis.* *Étant donnés deux angles* B, C, *d'un triangle, construire le troisième.*

Le troisjème angle cherché est le supplément de la somme des deux autres. En un point O d'une ligne XY on fait d'abord un angle IOY = B (n° 115) ; puis avec OI comme premier côté, au point O comme sommet, on construit un second angle HOI = C. L'angle HOX, qui se trouve alors à gauche, est le troisième angle cherché ; car il est le supplément de la somme HOY des angles donnés.

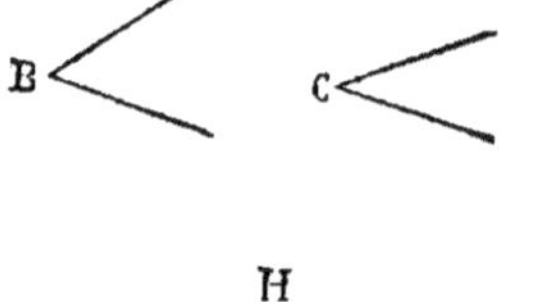

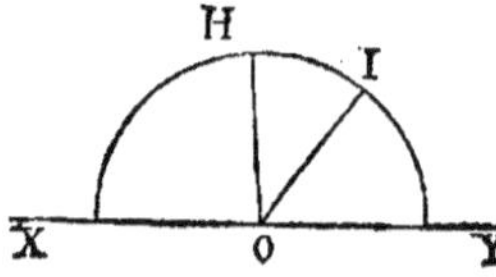

On résout aisément le problème avec le rapporteur. On prend la mesure de l'angle B ; puis, faisant coïncider le diamètre avec XY, le centre étant en O, on marque un point I à côté du point de la circonférence où finit la mesure de l'angle B, et on tire OI. Cela fait, on mesure l'angle C ; puis on fait tourner l'instrument de manière que le centre étant en O, le demi-diamètre coïncide avec la droite OI ; puis on marque le point H où finit la mesure de l'angle C ; on tire OH. L'angle HOX est évidemment l'angle cherché, supplément de B + C (*).

(*) On peut aussi, mesurant successivement les angles B et C, l'un à partir du demi-diamètre de droite, l'autre à partir du demi-diamètre de gauche, marquer en I et en H les extrémités de ces mesures quand le diamètre du rapporteur est sur XY, puis tirer les droites OI, OH ; l'angle IOH est alors l'angle cherché.

Problème.

116. *Construire un triangle connaissant deux de ses côtés et 'angle compris.*

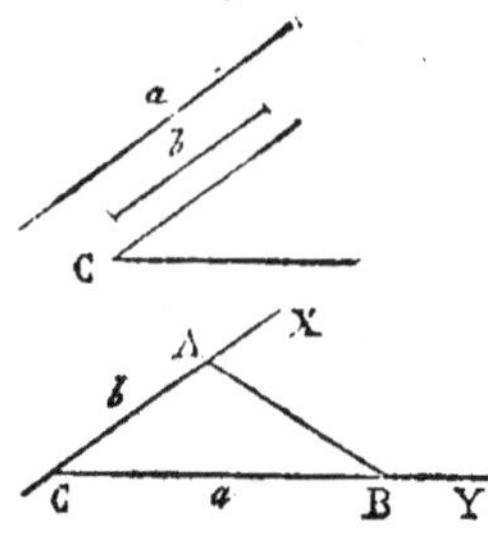

Soient a, b les côtés donnés, C l'angle donné. On construit, avec ou sans rapporteur, un angle XCY $=$ l'angle C donné; sur l'un des côtés CY on prend avec le compas une longueur CB $= a$, puis sur CX une longueur CA $= b$; on mène ensuite la droite AB; le triangle ACB ainsi obtenu répond évidemment à la question.

Ce problème est toujours possible.

Problème.

117. *Construire un triangle connaissant un côté et deux de ses angles.*

Soient a le côté donné, B et C les angles donnés. Il peut se présenter deux cas :

1° **Les angles donnés** B et C sont adjacents au côté donné a;

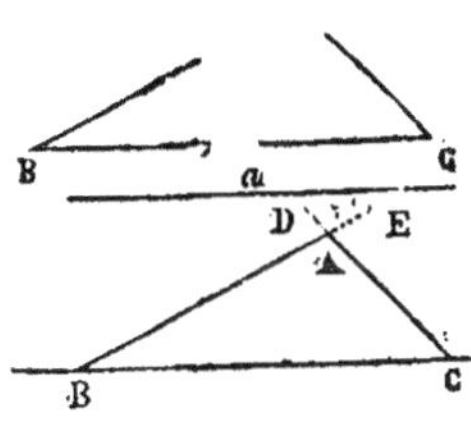

dans ce cas on prend sur une ligne indéfinie une longueur BC $= a$; au point B de BC on fait, avec ou sans rapporteur (115), un angle CBE $=$ l'angle donné B; puis, au point C de la même ligne, on fait l'angle BCD $=$ C; les deux lignes BE, CD se rencontrent en un point A; on a ainsi un triangle ABC, qui répond évidemment à la question.

2° Si l'un des angles donnés, B par exemple, est adjacent au côté donné, et l'autre C opposé, on construit le troisième angle comme il a été expliqué n° 115 *bis*; puis, avec le côté donné, l'angle B, et l'angle trouvé, on construit le triangle comme il vient d'être indiqué (1°).

Autrement. Sur une ligne indéfinie on prend une longueur BC égale au côté donné; on fait au point B un angle CBE égal à l'angle adjacent donné B; en un point quelconque I de BE on fait un angle

BIH égal à l'angle opposé C; puis on mène par le point C, à l'aide d'une équerre, une parallèle CD à IH (faites la figure).

REMARQUE. La somme des angles de tout triangle étant égale à deux droits, pour que notre problème soit possible, il faut que la somme des deux angles donnés soit moindre que deux droits. Si cette condition est remplie, le troisième angle peut être construit, et en opérant comme précédemment, on obtiendra certainement deux lignes BE, CD, qui se coupent.

Problème.

118. *Construire un triangle dont on donne les trois côtés* a, b, c.
On prend sur une droite indéfinie une longueur $BC = a$; puis du

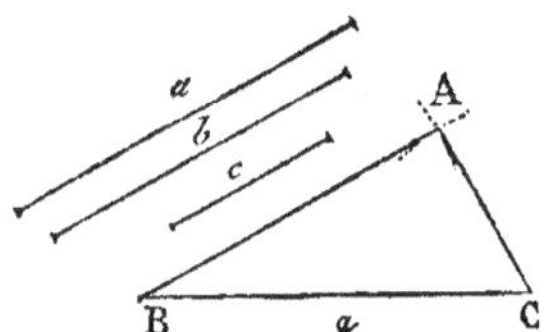

point B comme centre, avec une ouverture de compas égale à *c*, on décrit un arc de cercle; du point C comme centre, avec un rayon égal à *b*, on décrit un autre arc de cercle; ces deux arcs se rencontrent en un point A; on mène les droites BA, CA. On obtient ainsi un triangle ABC qui répond évidemment à la question.

REMARQUE. Pour que notre problème soit possible, il faut que l'un quelconque des côtés soit moindre que la somme des deux autres, et plus grand que leur différence; car il ne peut pas exister de triangle pour lequel ces conditions ne soient pas remplies. Si d'ailleurs le plus grand côté *a* est moindre que $b + c$, on obtient, en opérant comme nous l'avons fait, deux arcs qui se coupent en A (103), et le triangle peut toujours être construit.

119. *Construire un triangle, connaissant deux côtés et l'angle opposé à l'un d'eux.*

Soient *a* et *b* les côtés donnés, et l'angle A donné opposé à *a*. On construit un angle XAY égal à l'angle donné A; sur l'un de ses côtés AX, on prend une longueur AC égale au côté donné adjacent *b*; puis du point C comme centre, avec un rayon égal à *a*, on décrit un arc de cercle qui coupe généralement le second

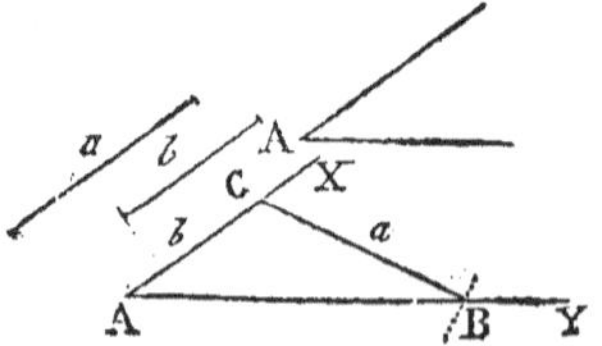

côté AY de l'angle. Soit B un point de rencontre; on mène la droite CB, et on a ainsi un triangle CAB qui répond à la question; car il a l'angle donné et les côtés donnés, disposés comme on l'a demandé.

DISCUSSION. Ce problème n'est pas toujours possible, et quand il est possible, il a quelquefois deux solutions. Nous allons pour nous exercer à une discussion géométrique, examiner les différents cas qui peuvent se présenter. Remarquons d'abord qu'avant d'employer le côté a opposé à l'angle donné A, on a déjà construit l'angle donné XAY, et pris $AC = b$. On peut abaisser du point C sur AY la perpendiculaire CD; supposons cette perpendiculaire abaissée. Le côté a doit partir du point C et atteindre AY; il ne saurait être moindre que CD, qui est la plus courte ligne qui puisse aller de C à AY; donc, 1° on doit avoir $a \gtreqless CD$.

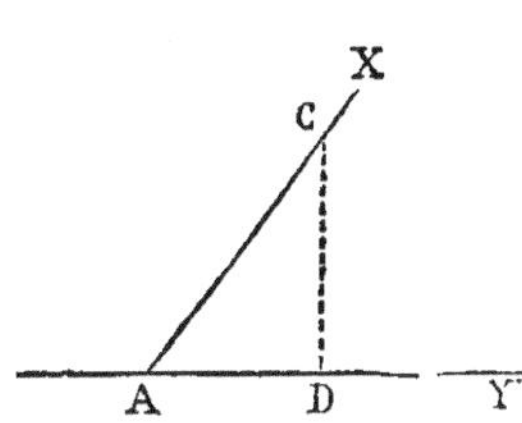

Si cette condition n'est pas remplie, de quelque manière qu'on s'y prenne, on ne peut pas faire un triangle avec les données; si on opère alors comme nous l'avons fait, il arrive que l'arc de cercle décrit n'atteint pas AY. Supposons donc cette condition remplie, et a au moins égal à CD; supposons-le même en général plus grand; alors a est une oblique allant de C à AY, et on peut placer deux de ces obliques l'une à *droite*, l'autre à *gauche* de CD. Cela posé, il peut se présenter trois cas : 1° l'angle donné A est *obtus*; 2° il est *droit*; 3° il est *aigu*.

1° A est *obtus*; dans ce cas, l'oblique égale à a, située à gauche de CD, ne convient pas; car elle est vis-à-vis de l'angle CAZ, qui n'est pas l'angle donné; l'oblique de droite ne pourra convenir qu'autant que son pied dépassera le point A; et, pour cela il faut que l'on ait a plus grand que l'oblique $CA = b$ déjà construite; alors l'arc de cercle atteint

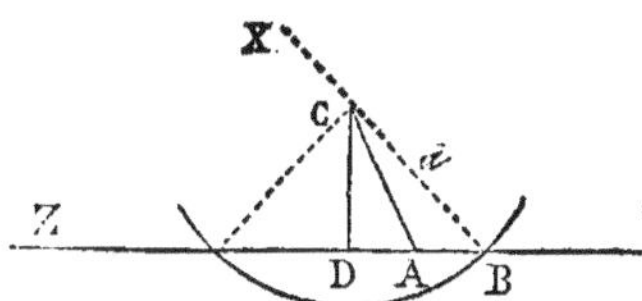

AY en un point B, tel que le triangle CAB répond à la question. Donc si A est obtus, il n'y a qu'une solution, et pour qu'elle existe, il faut que le côté donné opposé a soit plus grand que b; ce que l'on pouvait prévoir, puisque l'angle A est le plus grand des angles du triangle.

2° L'angle A est *droit*; alors CD et b se confondent; si donc le côté a est plus grand que b, la construction indiquée donne deux obliques égales à a, l'une à droite, l'autre à gauche, qui produisent deux triangles rectangles CDB, CDB', identiquement égaux; ce qui ne fait qu'une solution.

3° L'angle A est *aigu*. Dans ce cas, si a est égal à la perpendiculaire CD, l'arc de cercle décrit touche en D la ligne ZAY, et le triangle rectangle CAD répond à la question. Si a est plus grand que CD, l'oblique de droite égale à a convient toujours, et fournit une première solution de la question. Si a est en même temps moindre que b, ex. : CB, en prenant $DB'_1 = DB_1$, et en joignant CB_1, CB'_1, on a deux triangles CAB_1, CAB'_1, qui répondent tous deux à la question; car

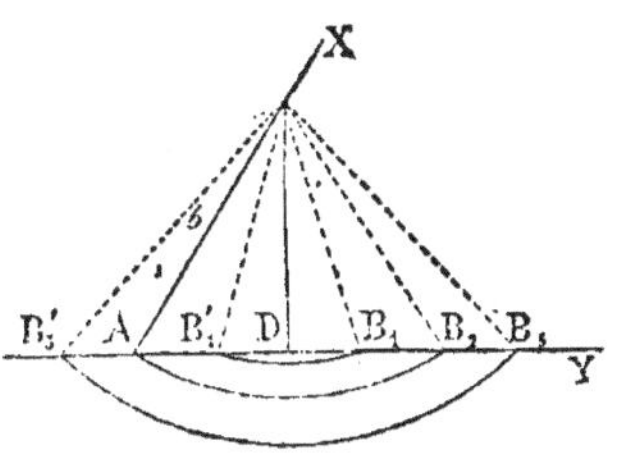

ils ont chacun l'angle donné et les deux côtés donnés disposés comme il est demandé. La construction indiquée fournit ces triangles, l'arc de cercle passant en B_1 et B'_1. Si le côté $a = b$, l'arc de cercle vient passer en A, et les deux obliques égales à a ne fournissent qu'un seul triangle isocèle CAB_2. Enfin, si a est plus grand que b, la deuxième oblique dépasse CA vers la gauche, et le second triangle CAB'_3 ne convient pas, puisque l'angle CAB'_3 n'est pas l'angle donné; mais le triangle CAB_3 est une solution. Ainsi, dans le cas de A aigu, il y a toujours une solution si a est au moins égal à la perpendiculaire CD; il y en a même deux dans le seul cas où a, plus grand que CD, est en même temps plus petit que b.

Nous avons examiné tous les cas qui peuvent se présenter.

Problème.

Tracé des parallèles.

120. *Par un point donné C, mener une parallèle à une droite* AB. Je joins le point C à un point quelconque D de AB; puis je fais avec CD, au point C, un angle DCH égal à l'angle CDE (115); les angles *égaux* CDA, DCH ayant la position d'angles *alternes internes*, par rapport à la sécante CD, les lignes AB, CH sont parallèles (59).

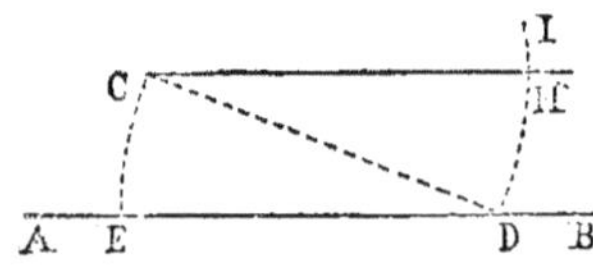

Pour construire l'angle DCH = DCA, on peut employer le rapporteur ou bien, faire comme il a été expliqué n° 115. Du point D comme centre on décrit un arc CE qui s'arrête à AD; du point C comme centre, avec la même ouverture de compas, on décrit l'arc indéfini DI, au-dessus de AB. Puis du point D comme centre avec un rayon égal à la corde de CE, on décrit un arc qui coupe DI en H. Enfin on mène la droite CH, qui est la parallèle cherchée.

Emploi de l'équerre. Les parallèles se mènent le plus souvent à l'aide de l'équerre, comme il suit : on pose l'équerre sur le papier, de manière que son hypoténuse coïncide avec la droite AB à laquelle on veut mener une parallèle; puis adaptant une règle contre le côté AE

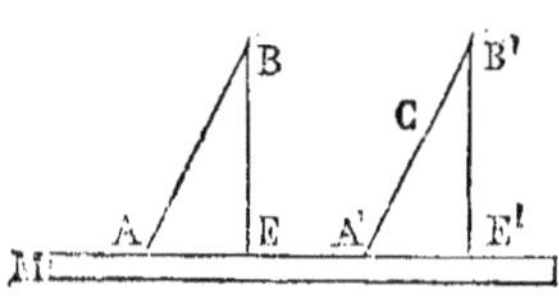

de l'angle droit, on fait glisser l'équerre, en maintenant la règle jusqu'à ce que son hypoténuse vienne passer par le point C donné; on tire une ligne A'CB' le long de cette hypoténuse; A'B' est la parallèle demandée; car l'angle B'A'E' est le même que BAE; car ces angles ont la position d'angles correspondants.

REMARQUE. Pour qu'on puisse mener ainsi des parallèles, il n'est pas nécessaire que le plus grand angle de l'équerre soit exactement droit; il suffit évidemment que les bords en soient bien dressés comme le bord d'une règle.

Théorème.

Tracé des perpendiculaires.

121. *Diviser une droite donnée* AB *en deux parties égales.*

Du point A comme centre, avec un rayon quelconque plus grand
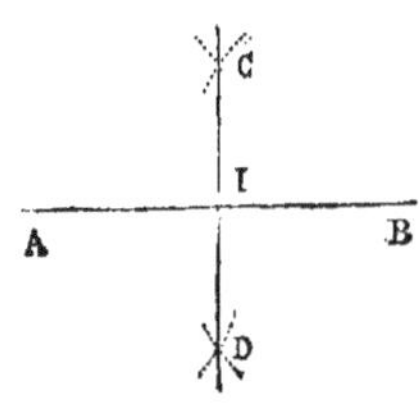
à vue d'œil que la moitié de AB, on décrit deux arcs de cercle, l'un au-dessus, l'autre au-dessous de AB, comme il est indiqué; puis du point B comme centre, avec la même ouverture de compas, on décrit de même deux arcs de cercle qui coupent respectivement les premiers, l'un en C, l'autre en D. On joint C et D par une ligne droite qui rencontre AB en I; le point I divise la droite AB en deux parties égales. En effet, il résulte de la construction que chacun des points, C et D, est également distant de A et de B; ces deux points appartiennent donc à la perpendiculaire élevée au milieu de AB (45); cette perpendiculaire n'est donc autre que CD, puisque deux points déterminent une ligne droite.

REMARQUE. Les deux arcs tracés au-dessus et au-dessous de AB, se coupent, puisque chacun des rayons *égaux* AC, CB étant plus grand que $\frac{1}{2}$ AB, la somme AC + CB est plus grande que AB distance des centres des deux arcs (103).

Ayant divisé AB en deux parties égales, on peut en opérant de même diviser AI, puis IB, chacune en deux parties égales; puis encore chaque nouvelle partie en deux, et ainsi de suite. On sait donc diviser une droite en 2, en 4, en 8 et en 16... parties égales.

Problème.

122. *Diviser un arc ou un angle donné en deux parties égales.*

Soit AB l'arc donné; on joint les extrémités A et B; puis on

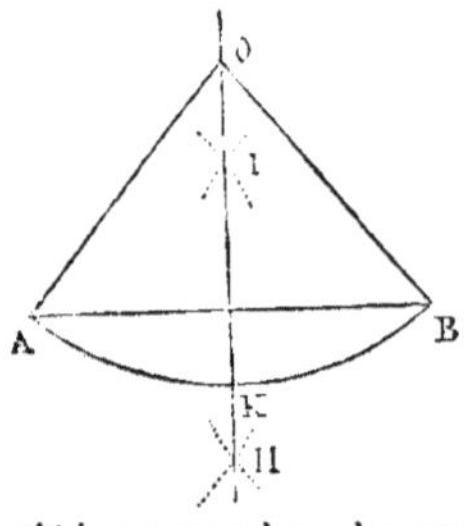

construit, comme il vient d'être indiqué, une perpendiculaire IH, qui divise la corde AB en deux parties égales. IH perpendiculaire au milieu de la corde AB passe par le centre O, et divise l'arc AB en deux parties égales (91).

Pour diviser un angle donné AOB en deux parties égales, on décrit, de son sommet comme centre, un arc AB compris entre ses côtés; on mène la corde AB, puis on abaisse de O une perpendiculaire sur AB, qui divise l'arc AKB et l'angle AOB chacun en deux parties égales; AK = KB; donc AOK = KOB.

REMARQUE. La même perpendiculaire OK divise la corde, l'arc, l'angle, le secteur, et le segment, chacun en deux parties égales.

Problème.

123. *En un point donné C d'une droite donnée* AB, *élever une perpendiculaire à cette droite.*

Je prends sur AB à partir de C deux longueurs égales CI, CH;

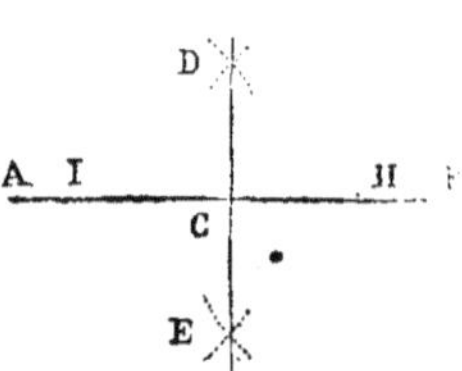

puis j'opère comme si je voulais diviser IH en deux parties égales par une perpendiculaire. Du point I comme centre, avec un rayon plus grand que IC, je décris deux arcs de cercle, l'un au-dessus, l'autre au-dessous de AB; puis du point H, avec le même rayon, deux autres arcs qui rencontrent les premiers aux points D et E; la droite DE qui passe au point C est la perpendiculaire demandée. En effet, chacun des points E, D, étant également distant des points I et H, la droite DE est perpendiculaire à IH en son milieu C, ou à AB qui est la ligne IH prolongée.

REMARQUE. *Si le point C était à l'extrémité d'une droite qu'on ne*

peut pas prolonger, on élèverait une perpendiculaire à cette droite
en un autre point quelconque ; puis on mènerait par le point C
une parallèle à cette perpendiculaire, à l'aide de l'équerre (120).

On peut aussi opérer comme il suit : du point O pris quelcon-

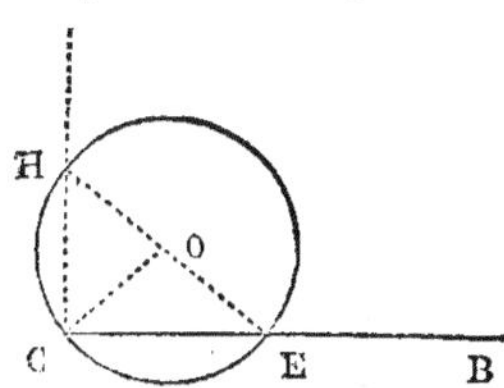

que au-dessus de CB comme centre,
avec le rayon OC, on décrit une
circonférence qui rencontre la droite
donnée en C et en E ; on mène le diamètre EOH, puis on tire CH, qui est
la perpendiculaire demandée. En
effet, l'angle HCE, inscrit dans un demi-cercle, est un angle droit.

Emploi de l'équerre. Quelque part que soit le point donné C, on
simplifie la construction en employant une équerre *vérifiée exacte.*
Plaçant le sommet de l'angle droit de l'équerre en C, on fait coïncider l'un des côtés de cet angle avec la droite donnée ; puis on
tire le long du second côté une ligne, qui est évidemment la perpendiculaire demandée.

Mais, nous le répétons, il faut pour opérer ainsi une équerre
vérifiée.

Problème.

124. *Abaisser d'un point* C, *donné hors d'une droite* AB, *une
perpendiculaire à cette ligne.*

Du point donné C comme centre, avec un rayon suffisamment

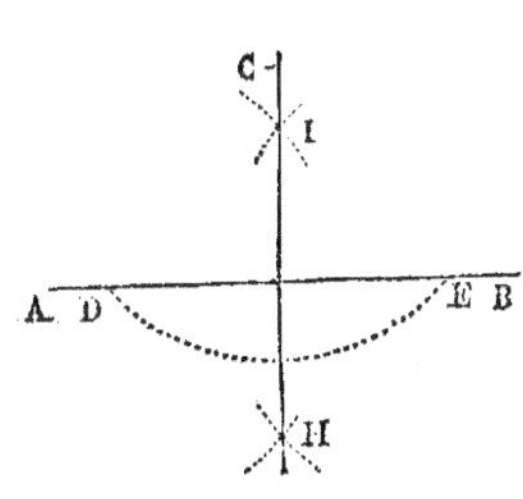

grand, on décrit un arc de cercle qui
rencontre la droite AB en deux points
D, E ; de D comme centre, avec un
rayon plus grand que la moitié de DE,
on décrit deux arcs de cercle, l'un au-
dessus, l'autre au-dessous de AB ; puis
de E comme centre avec la même ouverture de compas, on décrit deux autres
arcs de cercle qui rencontrent les premiers en I et en H ; on tire
IH. Les points I, H étant également distants de D et de E, la droite
IH est une perpendiculaire à DE en son milieu, et par suite perpendiculaire à AB ; elle passe d'ailleurs par le point C également
distant de D et de E.

Emploi de l'équerre. On simplifie la construction en employant l'équerre, pourvu que ce soit une équerre *vérifiée.*

On dispose l'équerre de manière que l'un des côtés de l'angle droit glissant sur AB, l'autre vienne passer par le point C; alors en tirant une ligne le long de ce second côté, on a la perpendiculaire demandée.

Problème.

125. *Décrire une circonférence qui passe par trois points donnés.*
Ce problème est complétement résolu, page 45, n° 97.
Circonscrire une circonférence à un triangle donné ABC.

C'est le même problème; on doit faire passer une circonférence par les trois points donnés A, B, C, non en ligne droite.

Ayant mené les perpendiculaires FO, IO au milieu de AB et 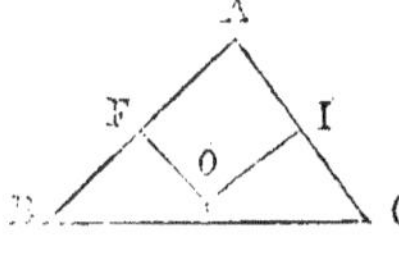 au milieu de AC, nous avons fait voir que OB=OA=OC. De OB=OC on conclut que le point O appartient à la perpendiculaire élevée au milieu du troisième côté BC. De là ce théorème : *les perpendiculaires élevées aux milieux des trois côtés d'un triangle concourent au même point.*

Problème.

126. *Inscrire une circonférence dans un triangle donné.*
Je suppose le problème résolu; soient O le centre de la circonférence deman-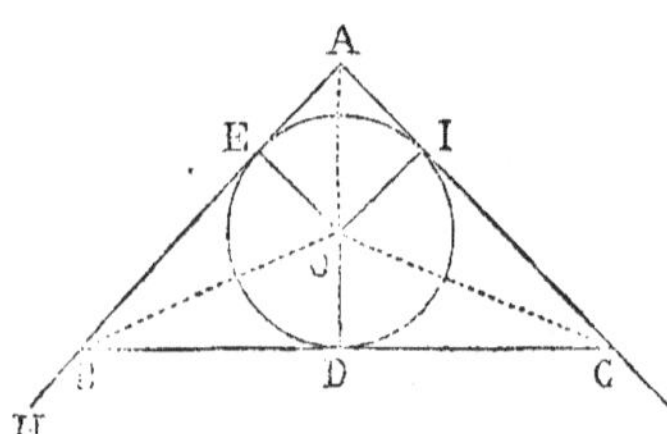dée, E, I, D, ses points de contact avec les trois côtés du triangle. Les lignes OE, OI, OD, sont des perpendiculaires à AB, à AC, et à BC, égales entre elles comme rayons. Le centre O de la circonférence à construire est donc également distant de AB et de AC; il doit se trouver sur la bissectrice de l'angle BAC (48); je mène cette bissectrice AO (122). Ce même point O devant être également distant des lignes AB, BC, se trouve sur la bissectrice de l'angle ABC; je mène cette bissectrice BO. Les deux bissectrices se rencontrent en O; abaissons de O les perpendiculaires OI, OE, OD. O étant sur AO, on a OI=OE;

O étant sur OB, on a OE=OD; donc OI=OE=OD. De O comme centre, je décris une circonférence avec OE pour rayon; cette circonférence touche évidemment les trois côtés aux points E, I, D.

C'est la seule circonférence qu'on puisse inscrire; en effet, il résulte du raisonnement que nous avons fait en commençant, que toute circonférence inscrite ne peut avoir pour centre que le point commun aux bissectrices, lequel est unique.

Remarque. Le point O de rencontre des bissectrices AO, BO, étant tel que OI = OE = OD, à cause de OI = OD, se trouve sur la bissectrice de l'angle BCA : donc *les bissectrices des trois angles d'un triangle concourent au même point.*

En prolongeant chacun des côtés du triangle dans les deux sens, et considérant les espaces tels que HBCK, on voit, en y mettant les bissectrices de HBC et de KCB (qui rencontrent au même point AO prolongée), qu'on peut inscrire dans chacun de ces espaces une circonférence tangente à la fois aux trois lignes BC, AC, AB prolongées indéfiniment. Il y a trois espaces de ce genre en dehors du triangle ABC ; *on peut donc décrire quatre circonférences tangentes à trois droites AB, AC, BC, qui se coupent deux à deux. Les trois dernières indiquées sont dites ex-inscrites au triangle ABC.*

Problème.

127. *Mener une tangente à une circonférence par un point A donné sur cette circonférence.*

Il suffit évidemment de joindre le centre O au point donné A, et de mener une perpendiculaire à l'extrémité de ce rayon OA (à l'aide du compas ou de l'équerre).

Problème.

128. *Par un point A, extérieur à un cercle, mener une tangente à sa circonférence.*

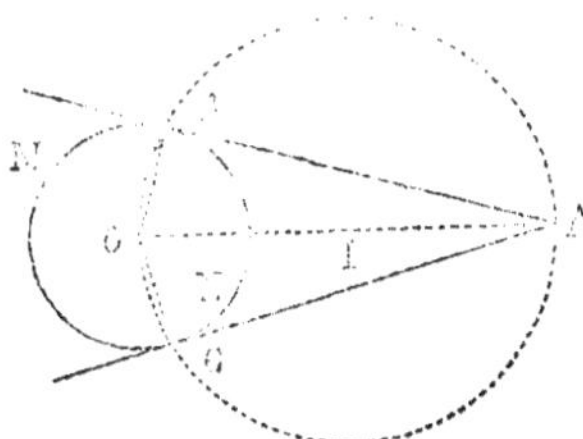

Je joins le point A au centre O, puis je divise la droite OA en deux parties égales; du milieu I comme centre, avec le rayon IO = IA, je décris une circonférence qui rencontre la circonférence donnée en B et en C. Je tire AB, AC; chacune de ces lignes est tangente à la circonférence donnée.

En effet, si l'on mène le rayon OB, on forme un angle OBA qui est droit, car il est inscrit dans une demi-circonférence (110); la droite AB perpendiculaire à l'extrémité du rayon OB est une tangente menée de A à la circonférence donné O. Il en est de même de la ligne AC.

AB et AC sont les seules tangentes qu'on puisse mener du point A à cette circonférence. En effet, une tangente issue de A et le rayon qui va du centre O au point de contact forment un angle droit, dont le sommet doit être à la fois sur la circonférence de diamètre OA et sur circ. O. Le point de contact devant être sur ces deux circonférences, il n'y a que deux tangentes possibles, puisque ces deux circonférences n'ont que deux points communs.

Problème.

129. *Mener une tangente commune à deux circonférences.*

Une tangente commune peut être *extérieure* aux deux circonférences, c'est-à-dire les laisser toutes deux du même côté, ex. : AA'; ou bien *intérieure*, c'est-à-dire passant entre les deux circonférences qu'elle sépare entièrement l'une de l'autre, ex. : CC' (2ᵉ fig. ci-après).

Proposons-nous d'abord de mener une tangente commune *extérieure* aux deux circonférences. Supposons le problème résolu, et soit AA' une tangente commune extérieure; menons les rayons OA, O'A' et par le point O' une parallèle O'I à A'A. Les rayons

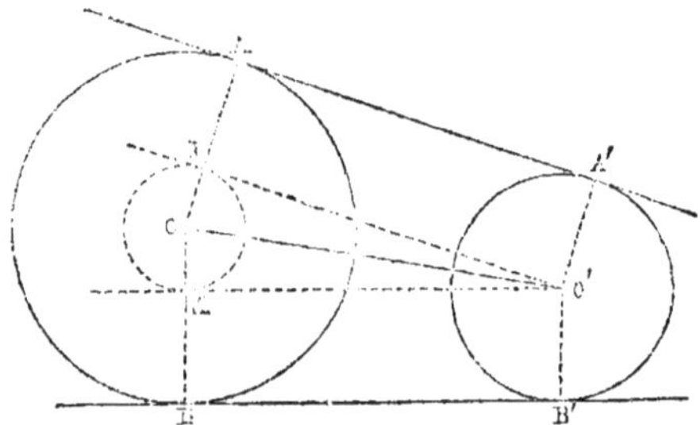

OA, O'A' étant perpendiculaires à AA', la figure IAA'O' est un rectangle; l'angle OIO' est donc droit et O'I est tangente à la circonférence de rayon OI. D'ailleurs OI = OA — IA = OA — O'A'. Donc, si nous décrivons une circonférence de O comme centre avec un rayon égal à OA — O'A' (circ. OI), il nous suffira ensuite, pour avoir O'I, de mener du point O' une tangente à cette circonférence; ce que nous savons faire (n° 128). O'I étant tracée, on achève aisément le rectangle O'IAA' qui comprend la tangente commune AA'. Ces considérations conduisent à la construction suivante :

CONSTRUCTION. Pour construire une tangente commune *extérieure*

aux circonférences O et O', je décris du centre O de la plus
grande avec un rayon égal à la différence de leurs rayons O'A', OA,
une circonférence OI; puis je mène de l'autre centre O', une
tangente O'I à cette circonférence. Je joins le point O au point de
contact I, et je continue cette ligne jusqu'à la grande circonférence en A. Par le point O', je mène le rayon O'A' parallèle à IA,
et je tire AA' qui est une tangente commune extérieure aux deux
circonférences données.

Comme on peut mener deux tangentes O'I, O'K du point O' à la
circonférence OI, ayant mené O'K, on agit avec cette ligne comme
avec O'I; et on obtient une seconde tangente BB' extérieure aux
deux circonférences données (*).

Occupons-nous maintenant de mener une tangente commune
intérieure. Pour trouver la marche à suivre, supposons encore le

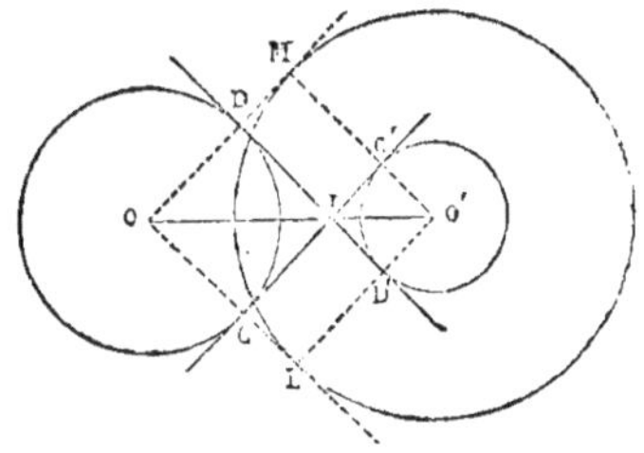

problème résolu, et soit CC' une tangente commune intérieure.
Menons les rayons OC, O'C', et par le point O une parallèle à CC',
jusqu'à la rencontre de O'C' prolongé; les rayons O'C', OC étant
perpendiculaires à CC', la figure OCC'M est un rectangle; l'angle
OMO' est donc droit, et OM est tangente à la circonférence de
rayon O'M. D'ailleurs O'M=O'C'+C'M=O'C'+OC. Donc, si nous
décrivons une circonférence de O' comme centre, avec un rayon

---

(*) Ceux qui préfèrent la méthode synthétique commenceront par indiquer
cette construction, qu'ils pourront justifier *à posteriori* comme il suit :

De ce que OI ou R — R'= R — IA, on conclut que IA = R'; si on mène O'A'
parallèle à OA, la figure IO'A'A est un parallélogramme, et même *un rectangle*,
puisque l'angle I est droit (O'I tangente), AA' est donc perpendiculaire aux
extrémités des rayons OA, O'A' des deux circonférences; c'est donc une tangente
commune à ces deux courbes.

On démontre de même pour BB'.

égal à O'C + OC, il suffira pour avoir OM, de mener du point O une tangente à cette circonférence; ce que nous savons faire. OM étant tracée, on achève aisément le rectangle OMC'C, qui comprend la tangente C'C. On est ainsi conduit à la construction suivante :

Pour mener une tangente commune intérieure à deux circonférences O et O', je décris du centre O' de l'une, avec un rayon égal à la somme de leurs rayons, une troisième circonférence, circ. O'M; puis je mène de l'autre centre O une tangente OM à cette nouvelle circonférence. Je joins le centre O' au point de contact M; la ligne O'M rencontre circ. O' au point C'; j'achève le rectangle OMC'C, en menant le rayon OC parallèle à O'M, puis joignant C à C'; CC' est la tangente commune cherchée.

Comme on peut généralement mener deux tangentes OM, OL du point O à circ. O'M, ayant mené OL, on agit avec cette ligne comme avec OM, et on obtient une seconde tangente commune intérieure DD' (*).

Discussion. Notre raisonnement prouve, dans l'un et l'autre cas, que les tangentes extérieures ne peuvent exister sans les tangentes O'I, O'K, et réciproquement (V. la fig., p. 72); ni les tangentes intérieures sans les tangentes OM, OL, et réciproquement (fig. précédente). Il n'y a donc pas d'autres tangentes communes possibles que celles que nous avons indiquées.

Pour que les tangentes O'I, O'K (page 72) puissent être menées, il faut et il suffit que le centre O' ne soit pas intérieur à la circonférence décrite de O comme centre avec un rayon égal à R — R', c'est-à-dire que l'on n'ait pas la distance des centres des circonférences données D < R — R'.

De même, pour que les tangentes OM, OL (p. 73) puissent être menées, il faut et il suffit que le centre O ne soit point intérieur à la circonférence décrite du centre O' avec le rayon R + R'; c'est-à-dire que l'on n'ait pas D < R + R'. Cela posé, on peut résumer ainsi tous les cas possibles.

1° Si les circonférences données sont extérieures l'une à l'autre, on a D > R + R' et à fortiori D > R — R' : on peut donc alors mener les quatre tangentes communes.

2° Si les circonférences se touchent, D = R + R', et D > R — R'; la circonfé-

---

(*) Ceux qui préfèrent la méthode synthétique pourront commencer par faire les constructions indiquées, qu'ils justifieront ensuite comme dans le premier cas.

De ce que O'M = R' + R = O'C' + C'M, on conclut C'M = OC; etc., comme dans le cas précédent.

rence O'M passe par O ; les deux tangentes OM, OL se réduisent à une seule ; il y a une seule tangente intérieure et deux extérieures.

3° Si les deux circonférences données se coupent, $D < R + R'$; les deux tangentes intérieures n'existent plus, $D > R - R'$; on peut conduire deux tangentes extérieures.

4° Si les deux circonférences données se touchent intérieurement, comme on a $D = R - R'$, $D < R + R'$, il n'y a plus qu'une tangente commune, laquelle est extérieure ; O'I et O'K se confondent.

5° Enfin, si les circonférences sont intérieures l'une à l'autre sans se toucher, on a à la fois $D < R + R'$ et $D < R - R'$; il n'y a plus de tangente commune comme on devait s'y attendre.

Problème.

130. *Décrire sur une ligne donnée un segment de cercle capable d'un angle donné.*

C'est-à-dire *un segment tel que tous les angles qui y sont inscrits soient égaux à un angle donné.*

J'élève une perpendiculaire IK au milieu de AB, puis je fais en B avec AB un angle ABC égal à l'angle donné M (115) ; au point B j'élève sur CB une perpendiculaire BF à BD ; BF rencontre IK au point O. Du point O comme centre avec le rayon OB, je décris une circonférence qui passe en A et en B ; le segment ANMB de

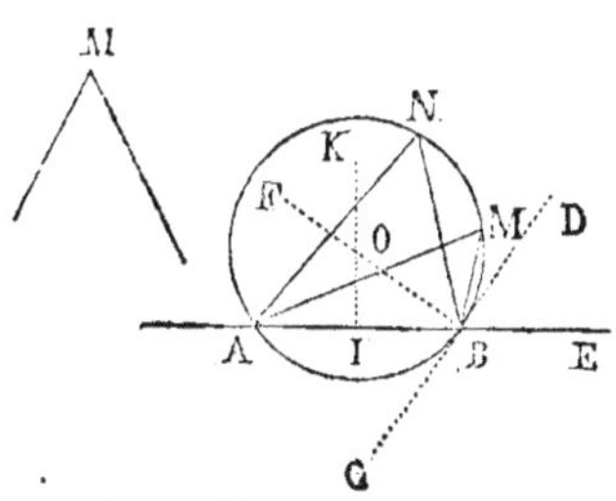

cette circonférence est le segment demandé. En effet, l'angle ABC, égal à M (formé par une tangente et par une corde), a pour mesure la moitié de l'arc AB ; or, chacun des angles, tels que M et N, inscrits dans le segment ANMB, a la même mesure.

Ce problème est toujours possible.

Le segment inférieur est capable d'un angle supplémentaire de l'angle donné M.

REMARQUE. *L'arc ANMB est le lieu géométrique de tous les points du plan situés au-dessus de AB, tels que si l'on joint chacun d'eux aux points A et B par des lignes droites, on ait un angle égal à l'angle donné.*

On voit facilement, en effet, que si l'on joint A et B à un point intérieur ou extérieur à ce segment, on obtient un angle ayant une mesure plus grande ou plus petite que $\frac{1}{2}$ AB, mesure de ABC = M.

Problème.

131. *Trouver sur un plan un point* M *tel que deux lignes données,* AB, BC, *soient vues de ce point sous des angles donnés,* par exemple : AMB = 60°, BMC = 45°.

Il résulte de la dernière remarque que le point M doit se trouver 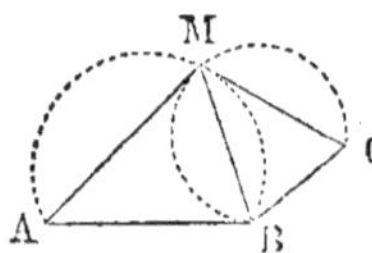 sur l'arc du segment capable d'un angle de 60° construit sur la ligne donnée AB ; je construis donc sur AB un segment capable d'un angle de 60°. De même, je construis sur BC un segment capable d'un angle de 45° ; le point M se trouvera sur le nouvel arc. Il est donc à la rencontre des deux arcs (*).

EXERCICES.

Problèmes à résoudre.

52 *bis.* Mener par un point donné une droite qui fasse avec une droite donnée un angle donné.

53. Déterminer l'angle de deux droites qu'on ne peut pas prolonger jusqu'à leur point de concours.

54. Tracer d'avance la bissectrice de cet angle (Ex. 53).

55. Inscrire dans un angle donné une droite de longueur donnée, parallèle à une droite donnée.

56. Inscrire entre deux parallèles données une droite de longueur donnée, passant par un point donné.

57. Mener à une circonférence donnée une tangente parallèle à une droite donnée.

58. *Id.* faisant avec une droite donnée un angle donné.

59. Inscrire dans un cercle une corde de longueur donnée, 1° parallèle à une droite donnée ; 2° qui ait son milieu sur une corde donnée.

60. Mener par un point donné une sécante qui produise dans un cercle une corde de longueur donnée (discuter).

61. Mener par un point donné une sécante qui détermine dans un cercle donné un segment capable d'un angle donné.

62. Inscrire entre deux circonférences extérieures données une droite de longueur donnée parallèle à une droite donnée.

(*) Discutez ce problème.

63. Décrire une circonférence passant par un point donné et tangente en un point donné : 1° à une circonférence donnée; 2° à une droite donnée.

64. Décrire une circonférence passant par deux points donnés et interceptant sur une circonférence donnée une corde parallèle à une droite donnée.

65. Inscrire dans un cercle un angle de grandeur donnée, dont un côté passe par un point donné et dont l'autre côté soit parallèle à une droite donnée.

66. Décrire avec un rayon donné une circonférence
      qui passe par deux points donnés.

67.   — qui touche une droite donnée en un point donné.

68.   — qui soit tangente à deux droites données (divers cas).

68 bis.— qui passe par un point donné et touche une droite donnée.

69.   — qui passe par un point donné et touche une circonférence donnée.

70.   — qui touche deux circonférences données.

70 bis. — qui passe par un point donné et coupe une circonférence donnée sous un angle donné.

71.   — qui passe à la même distance de trois points donnés non en ligne droite.

72.   — qui passe par un point donné, et dont la plus courte distance à une cir-
      conférence donnée ait une longueur donnée.

73.   — qui intercepte sur deux droites données des longueurs données.

74.   — qui intercepte sur une circonférence donnée une corde de longueur
      donnée parallèle à une droite donnée.

75.   — Décrire une circonférence tangente à une circonférence donnée et à une droite donnée, connaissant son point de contact avec la circonférence donnée ou avec la droite donnée (deux problèmes).

76. Inscrire une circonférence dans un triangle.

77.   — dans un losange.

78. Décrire les diverses circonférences tangentes à trois droites données (divers cas).

79. Décrire une circonférence qui intercepte sur trois droites données la même corde donnée.

CONSTRUCTIONS DE TRIANGLES ET DE POLYGONES.

Triangles isocèles.

80. Construire un triangle isocèle connaissant sa base,
      et l'angle adjacent.

81.   — et la hauteur.

82.   — et l'angle au sommet.

83.   — et le rayon du cercle inscrit.

84.   — et le rayon du cercle circonscrit.

Triangles rectangles.

85. Construire un triangle rectangle connaissant
      l'hypoténuse et un angle aigu.

86.   — l'hypoténuse et un côté de l'angle droit.

87. — un côté de l'angle droit et un angle aigu.
88. — l'hypoténuse et la hauteur correspondante.
89. — l'hypoténuse et le rayon du cercle inscrit.
90. — un côté de l'angle droit A et la hauteur issue du sommet A.
91. — le rayon du cercle inscrit et le rayon du cercle circonscrit.
92. — le rayon du cercle inscrit et un angle aigu.
93. — le rayon du cercle inscrit et un côté de l'angle droit.
94. — le rayon du cercle inscrit et la somme des côtés de l'angle droit.
95. — la médiane et la hauteur issues du sommet de l'angle droit.
96. — l'hypoténuse et la somme ou la différence des côtés de l'angle droit.
97. — un angle aigu et la somme des côtés de l'angle droit.
98. — un angle aigu et la différence des deux côtés de l'angle droit.
99. — un côté de l'angle droit et l'excès de l'hypoténuse sur l'autre côté.

Triangles quelconques.

100. Construire un triangle quelconque, connaissant :
     — un côté, un angle et une hauteur (5 cas).
101. — un côté et deux hauteurs (2 cas).
102. — deux côtés et une hauteur (2 cas).
102 *bis.* — un angle et deux hauteurs.
103. — les angles et la hauteur issue du sommet de l'un deux.
104. — les points milieux des trois côtés.
105. — le rayon du cercle circonscrit et les angles.
106. — les trois médianes.
107. — le rayon du cercle circonscrit, un côté, et un angle adjacent.
108. — le rayon du cercle circonscrit, un côté, et une hauteur (2 cas).
109. — le rayon du cercle inscrit et les angles.
110. — le rayon du cercle inscrit, un côté, et un angle (2 cas).
111. — le rayon du cercle inscrit, le rayon du cercle circonscrit, et un angle.
112. — le rayon du cercle inscrit, le périmètre et un angle.
113. — le rayon du cercle inscrit, le rayon du cercle circonscrit, et un côté.
114. — un sommet et les pieds de deux hauteurs (2 cas).
115. — deux sommets et le point de concours de trois hauteurs, ou des trois
          médianes, ou des trois bissectrices des angles (divers cas).
116. — les pieds des trois hauteurs.
117. — un angle A, la hauteur, et la bissectrice issues du sommet A.
118. — un angle B, la hauteur, et la médiane issues du sommet B.
119. — un côté BC, l'angle opposé A, et la médiane issue du sommet A.
120. — les trois médianes.
121. — les angles et le périmètre du triangle.
122. — les angles et la somme de deux côtés.
123. — le périmètre, un angle C, et la hauteur issue du sommet C.
124. — un côté un angle, et la somme des deux autres côtés (2 cas).
125. — un côté, un angle, et la différence des deux autres côtés (2 cas).
126. — le rayon du cercle inscrit, un côté et la somme des deux autres.

127. — le rayon du cercle inscrit, un côté et la différence des deux autres.

128. — le rayon du cercle inscrit, un angle, et la somme des côtés qui le comprennent.

129. — le rayon du cercle circonscrit, un côté, et la somme ou la différence des deux autres côtés (2 problèmes).

130. — le rayon du cercle inscrit, un angle et la hauteur correspondante.

131. — le rayon du cercle circonscrit, un angle et la somme ou la différence des côtés qui le comprennent (2 problèmes).

132. — le rayon du cercle inscrit, le rayon du cercle ex-inscrit, et un angle (2 cas).

133. — le périmètre, un angle et un point par lequel passe le côté opposé.

134. — le cercle inscrit et un des cercles ex-inscrits en grandeur et en position.

135. — les centres des trois cercles ex-inscrits.

136. — deux des centres des cercles ex-inscrits et le centre du cercle inscrit.

Parallélogrammes.

137. Construire un parallélogramme, connaissant

    — les diagonales et leur angle.

138. — les diagonales et un côté.

139. — un côté, un angle et une diagonale.

140. — deux côtés et une hauteur.

141. — un côté, une hauteur et un angle.

142. — une diagonale, un angle et le périmètre (*).

Rectangles.

143. Construire un rectangle connaissant

    — un de ses côtés et l'angle des diagonales.

144. — son périmètre et l'angle des diagonales.

145. — la différence de deux côtés adjacents et l'angle des diagonales.

146. — son périmètre et sa diagonale (**).

147. Construire un carré connaissant

    — sa diagonale.

148. — la somme ou la différence de sa diagonale ou de son côté.

Trapèzes.

149. Construire un trapèze, connaissant ses quatre côtés.

150. Construire un trapèze isocèle, connaissant

    — les bases et la hauteur.

(*) Un parallélogramme, qui est l'assemblage de deux triangles égaux, est déterminé quand on connaît l'un de ces triangles, pourvu qu'on désigne l'angle du triangle qui doit être un angle du parallélogramme; les problèmes sur la construction d'un parallélogramme peuvent donc être aussi variés au moins que les problèmes sur la construction des triangles. En général, pour construire un parallélogramme, il faut se proposer de construire l'un de ses triangles avec les données.

(**) Même observation que pour les parallélogrammes.

151.   — les bases et un angle.

152.   — les bases et le rayon du cercle circonscrit.

153.   — les bases et la diagonale.

     — une des bases, la hauteur et un de ses côtés égaux (*).

Losanges.

154. Construire un losange connaissant

     — ses diagonales.

155.   — le côté et le rayon du cercle inscrit.

156.   — une diagonale et le rayon du cercle inscrit.

157.   — une diagonale et un angle.

158.   — le côté et une diagonale.

159.   — le côté et la somme ou la différence des diagonales.

160.   — un angle et le rayon du cercle inscrit.

161. Construire un polygone connaissant les côtés et les angles indiqués dans chacun des exercices 7, 8 et 9 du 1er livre.

162. Mener une droite tangente à une circonférence donnée, et produisant dans une autre circonférence une corde de longueur donnée.

163. Mener une droite produisant dans deux circonférences données deux cordes de longueurs données (discuter).

164. Mener une sécante produisant dans deux cercles donnés, extérieurs l'un à l'autre, deux cordes dont la somme est donnée.

165. Mener par un point commun à deux circonférences une sécante produisant deux cordes dont la somme ou la *différence* est donnée.

166. Circonscrire à un triangle donné

     — un triangle égal à un triangle donné.

     — le plus grand triangle équilatéral possible.

167. Construire un triangle égal à un triangle donné dont les côtés passent par trois points donnés.

168. Mener une droite qui rencontre les côtés d'un triangle en des points M, N, P tels que MN et NP aient des longueurs données.

(*) Même observation que pour les parallélogrammes.

LIVRE III.

RELATIONS NUMÉRIQUES ENTRE LES LIGNES DE DIVERSES FIGURES. — FIGURES SEMBLABLES. — POLYGONES RÉGULIERS.

PRÉLIMINAIRES.

132. Ainsi qu'il a été expliqué en arithmétique, le **rapport** de deux lignes n'est autre que le rapport des deux nombres qui expriment les longueurs de ces lignes mesurées avec la même unité. Ex. : ayant mesuré deux lignes avec le mètre divisé en centimètres, on a trouvé $2^m,15$ pour la longueur de l'une et $1^m,8$ pour la longueur de l'autre : le rapport de la première ligne à la seconde est $\dfrac{2,15}{1,8}$ ou $\dfrac{215}{180}$.

Deux longueurs sont *proportionnelles* à deux autres quand le rapport des deux premières est égal au rapport des deux dernières.

133. L'égalité de deux rapports constitue ce qu'on appelle une *proportion*.

Ex. :
$$\frac{AB}{CD} = \frac{MN}{PQ}. \tag{1}$$

Des longueurs a, b, c, d, sont proportionnelles à d'autres longueurs a', b', c', d', quand, comparées deux à deux, elles présentent des rapports égaux. Par ex. : lorsque a étant les $\dfrac{2}{3}$ de a', b est les $\dfrac{2}{3}$ de b', c les $\dfrac{2}{3}$ de c'.

$$\frac{a}{a'} = \frac{b}{b'} = \frac{c}{c'}. \tag{2}$$

154. Si les longueurs données sont mesurées avec la même unité, on peut évidemment, d'après la définition ci-dessus (n° 132), considérer dans les égalités telles que (1) et (2), au lieu des lignes elles-mêmes, les nombres qui expriment leurs longueurs. En se plaçant à ce point de vue, on traite ces égalités comme les égalités ordinaires entre les nombres abstraits, et on effectue sur les termes des rapports toutes les opérations de l'arithmétique.

Toutes les propriétés des rapports étudiées en arithmétique s'appliquent évidemment aux rapports géométriques ainsi envisagés.

On rencontrera souvent dans ce livre des produits tels que celui-ci : $AB \times CD$. Comme on ne saurait attacher aucun sens précis au produit de deux lignes, on indique par cette notation le produit des nombres qui expriment les longueurs des lignes AB, CD. $\overline{MN}^2$ indique le carré du nombre qui exprime la longueur de la ligne MN.

154 bis. Une ligne MN est dite moyenne proportionnelle entre deux autres lignes AB, CD, quand on a l'égalité

$$\frac{AB}{MN} = \frac{MN}{CD},$$

ou bien quand on a entre les nombres qui expriment les longueurs de ces lignes cette égalité équivalente :

$$\overline{MN}^2 = AB \times CD.$$

135. Principe. *De l'égalité* $\dfrac{AB}{CD} = \dfrac{MN}{PQ}$ (1) *on peut conclure immédiatement celle-ci :* $AB \times PQ = MN \times CD$, *et réciproquement.*

En effet, en réduisant les deux rapports au même dénominateur suivant la règle générale, on trouve : $\dfrac{AB \times PQ}{CD \times PQ} = \dfrac{MN \times CD}{CD \times PQ}$;

d'où résulte cette égalité :

$$AB \times PQ = MN \times CD.$$

136. Pʀɪɴᴄɪᴘᴇ. *Une ligne* AB *étant divisée au point* C *dans un certain rapport, on ne peut pas déplacer le point* C *sans altérer le rapport* $\dfrac{AC}{CB}$.

En effet, si l'on avance le point C vers la droite, le numérateur AC du rapport augmentant, tandis que le dénominateur CB diminue, le rapport augmente. Le contraire a lieu quand on recule le point C vers la gauche.

LIGNES PROPORTIONNELLES.

Théorème.

137. *Toute ligne parallèle à l'un des côtés d'un triangle divise les autres côtés en parties proportionnelles.*

Si DE est parallèle à BC, $\dfrac{AD}{DB} = \dfrac{AE}{EC}$.

Supposons que le rapport de AD à DB soit $\dfrac{4}{3}$, c'est-à-dire qu'une commune mesure AI soit contenue 4 fois dans AD et 3 fois dans DB. AD étant divisée en 4 parties égales à AI, et DB en 3, menons

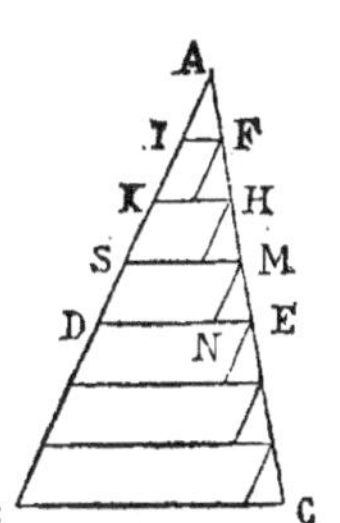

par chaque point de division une parallèle à DE ou à BC ; AE sera ainsi divisée en 4 parties, et EC en 3 ; je dis que les 7 parties de AC sont égales entre elles. Pour le prouver, je mène par chacun des points de division F, H, M,… une parallèle à AI que je termine à la parallèle horizontale inférieure. Je forme ainsi des triangles tels que AIF, qui sont égaux entre eux. Par ex. : AIF = MNE ; en effet, MN = DS (côtés opposés d'un parallélogramme), et DS = AI par construction ; donc MN = AI, l'angle NME = IAF (correspondants) ; l'angle MNE = AIF (côtés parallèles et dirigés dans le même sens) ; les deux triangles sont donc égaux, et ME $=$ AF. Chaque partie de AC étant égale à AF, AF est une commune mesure contenue 4 fois dans AE et 3 fois dans EC. Le rapport de AE à EC est $\frac{4}{3}$ comme celui de AD à DB. Ces deux rapports sont donc égaux. C. Q. F. D.

Ce raisonnement démontre le théorème pour tous les cas où il y a une commune mesure, si petite qu'elle soit, entre les segments AD, DB du même côté AB; ce théorème est donc vrai en général.

138. Corollaire. $\dfrac{AD}{AB} = \dfrac{AE}{AC}$. En effet, il résulte de notre démonstration que le rapport de AE à AC comme celui de AD à AB est égal à $\frac{4}{7}$. On voit de même que le rapport de EC à AC est égal à celui de DB à AB.

Théorème.

139. *Toute droite qui divise deux côtés d'un triangle en parties proportionnelles est parallèle au troisième côté.*

Par exemple, si le rapport de AD à DB est égal au rapport de

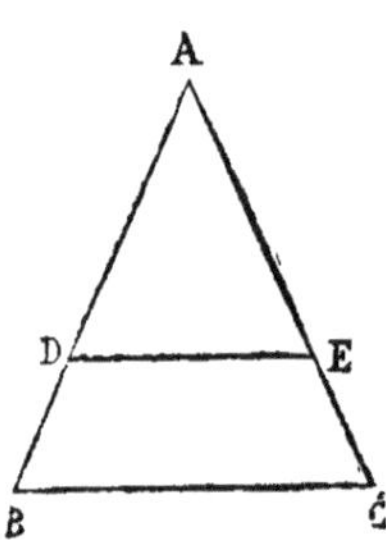

AE à EC, DE est parallèle à BC. En effet, la parallèle à BC, qui passe par le point D, doit, d'après le théorème précédent, rencontrer AC en un point qui divise cette ligne dans un rapport égal à celui de AD à DB, c'est-à-dire précisément comme elle est divisée au point E. Ce point de rencontre n'est donc autre que E (n° 136), et la parallèle en question n'est autre que DE.

Théorème.

140. *La bissectrice d'un angle d'un triangle divise le côté opposé en parties ou segments proportionnels aux côtés adjacents.*

Si AD est la bissectrice de l'angle BAC, on a $\dfrac{BD}{DC} = \dfrac{AB}{AC}$.   **(1)**

Pour le démontrer, je mène par le point B une parallèle à AD,

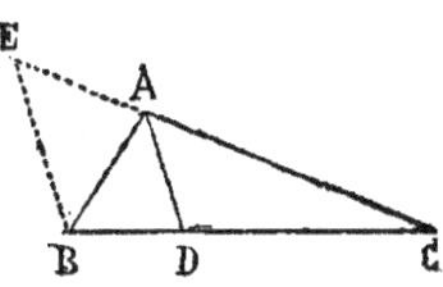

qui rencontre en E le côté CA prolongé. Dans le triangle CBE, la ligne AD est parallèle à BE; on a donc l'égalité de rapports $\dfrac{BD}{CD} = \dfrac{AE}{AC}$. Cette égalité serait justement celle qu'il faut démontrer [égalité (1)], si AE était égale à AB, c'est-à-dire si le triangle EAB était isocèle. Ce triangle est en effet isocèle; car les angles AEB, CAD sont égaux comme correspondants; les angles ABE, BAD sont égaux comme alternes internes; or les angles CAD, BAD sont égaux par hypothèse (AD bissectrice); donc l'angle AEB = l'angle ABE; le triangle ABE est isocèle et AE = AB. En remplaçant AE par AB dans l'égalité $\dfrac{BD}{DC} = \dfrac{AE}{AC}$, on a $\dfrac{BD}{DC} = \dfrac{AB}{AC}$; C. Q. F. D.

On démontre de la même manière que la bissectrice AI de l'angle BAE extérieur au triangle ABC, rencontre le côté opposé CB prolongé en un point I, tel que $\dfrac{IB}{IC} = \dfrac{AB}{AC}$ (on mène par le point B une parallèle à AI).

141. *Réciproquement : Si un point* D *divise un côté* BC *d'un triangle* ABC *en parties proportionnelles aux côtés adjacents* AB, AC, *la droite* AD *est la bissectrice de l'angle* A.

En effet, la bissectrice de l'angle A doit rencontrer BC en un point qui divise cette ligne dans un rapport égal à celui de AB à AC, c'est-à-dire précisément comme elle est divisée au point D. Ce point de rencontre n'est donc autre que D (n° 136), et la bissectrice n'est autre que AD. C. Q. F. D.

DES POLYGONES SEMBLABLES.

142. Définitions. Deux triangles sont *semblables* quand ils ont les angles égaux chacun à chacun, et les côtés *homologues* proportionnels.

Les côtés *homologues* sont ceux qui sont opposés à des angles égaux.

143. En général, deux polygones sont *semblables* quand ils ont les angles égaux chacun à chacun, et les côtés *homologues* proportionnels.

Les côtés *homologues* sont ceux qui sont adjacents à des angles égaux chacun à chacun.

Théorème.

144. *Une droite* DE *parallèle à l'un des côtés d'un triangle* ABC *détermine un second triangle* ADE *semblable au premier.*

En effet, on voit d'abord aisément que les triangles sont équi-

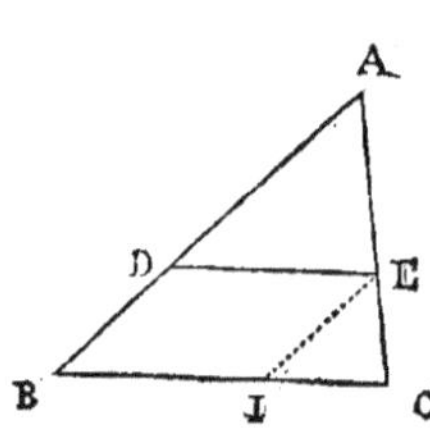

angles. L'angle A est commun, l'angle D et l'angle B sont égaux comme correspondants; il en est de même des angles E et C. La ligne DE étant parallèle à BC, le rapport de AD à AB est égal à celui de AE à AC. Menons EI parallèle à AB; le rapport de AE à AC est égal à celui de BI à BC, ou bien, au rapport de DE à BC, puisque BI $=$ DE; $\dfrac{AD}{AB} = \dfrac{AE}{AC} = \dfrac{DE}{BC}$. Les deux triangles ADE, ABC ayant les angles égaux et les côtés homologues proportionnels sont semblables.

Divers cas de similitude des triangles.

145. Il n'est pas nécessaire de savoir *à priori*, ou d'avoir démontré que deux triangles remplissent toutes les conditions indiquées dans la définition de deux triangles semblables pour affirmer leur similitude; certaines de ces conditions étant remplies, on peut en conclure que les autres le sont et que les deux triangles sont semblables. Voici les cas principaux qui peuvent se présenter :

On peut affirmer que deux triangles sont *semblables*

1° *Quand ils sont équiangles,*

2° *Quand ils ont les côtés homologues proportionnels;*

3° *Quand ils ont un angle égal compris entre côtés proportionnels.*

On peut ajouter que *deux triangles sont semblables quand ils ont les côtés parallèles, ou qu'ils les ont perpendiculaires chacun à chacun.*

Théorème.

146. *Deux triangles équiangles ont les côtés homologues proportionnels et sont semblables.*

Soient les deux triangles ABC, DEF tels que l'angle A $=$ D, B $=$ E, C $=$ F; ces deux triangles sont semblables. Pour le démontrer, je prends sur AB une longueur AI $=$ DE, et par le point I je mène IH parallèle à BC. Le triangle AIH est semblable à ABC (144); si je démontre que le triangle DEF est égal au triangle AIH, j'aurai démontré que DEF est semblable à ABC. Or AI$=$DE par construction; l'angle A $=$ D par hypothèse; l'angle I $=$ B $=$ E; les triangles AIH, DEF ont un côté égal adjacent à deux angles égaux; ils sont donc égaux. DEF est donc comme AIH semblable à ABC.

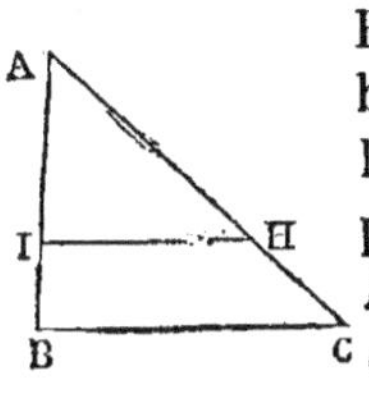

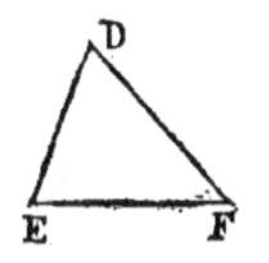

REMARQUE. *Deux triangles qui ont deux angles égaux chacun à chacun sont équiangles et semblables.*

Deux triangles rectangles qui ont un angle aigu égal sont semblables.

Théorème.

147. *Deux triangles* ABC, DEF *qui ont les côtés proportionnels sont semblables* (fig. précédente).

upposons que
$$\frac{DE}{AB} = \frac{DF}{AC} = \frac{EF}{BC}. \qquad (1)$$

Je prends sur AB une longueur AI $=$ DE, et je mène IH parallèle à BC. Le triangle AIH est semblable à ABC; je vais prouver que DEF$=$AIH. En effet, ce triangle AIH étant semblable à ABC, on a

$$\frac{AI}{AB} = \frac{AH}{AC} = \frac{IH}{BC}. \qquad (2)$$

Mais AI$=$DE par construction; donc $\dfrac{AI}{AB} = \dfrac{DE}{AB}$.

Les deux premiers rapports (1) et (2) étant égaux, tous les rapports (2) sont égaux aux rapports (1). $\dfrac{AH}{AC} = \dfrac{DF}{DC}$; donc $AH = DF$.

De même $\dfrac{IH}{BC} = \dfrac{EF}{BC}$; donc $IH = EF$.

Les deux triangles AIH, DEF, ayant les trois côtés égaux chacun à chacun sont égaux; DEF est donc comme AIH semblable à ABC.

Théorème.

148. *Deux triangles* ABC, DEF *qui ont un angle égal compris entre côtés proportionnels sont semblables* (fig. précédente).

Supposons que l'angle $A =$ l'angle D, et $\dfrac{DE}{AB} = \dfrac{DF}{AC}$. Prenons sur AC une longueur AI égale à DE et menons IH parallèle à BC. Le triangle AIH est semblable au triangle ABC (n° 144); je vais prouver que DEF$=$AIH. En effet, AIH étant semblable à ABC, $\dfrac{AI}{AB} = \dfrac{AH}{AC}$. Mais AI étant égal à DE, $\dfrac{AI}{AB} = \dfrac{DE}{AB}$; donc $\dfrac{AH}{AC} = \dfrac{DF}{AC}$ et par suite $AH = DF$. Les deux triangles AIH, DEF, ayant un angle égal $(A = D)$ compris entre des côtés égaux chacun à chacun, sont égaux. Le triangle DEF est donc comme AIH semblable à ABC.

Théorème.

149. *Deux triangles sont semblables quand ils ont les côtés parallèles ou qu'ils les ont respectivement perpendiculaires.*

Soient A, B, C les angles de l'un de ces triangles; A′, B′, C′, les angles de l'autre. A et A′ ont leurs côtés parallèles ou perpendiculaires; de même B et B′; puis C et C′. Deux angles qui ont leurs côtés parallèles ou perpendiculaires sont égaux ou supplémentaires (n° 60 et 61); nous avons donc :

$$
\begin{array}{ccc}
(1) & & (2) \\
A = A' & \text{ou} & A + A' = 2 \text{ droits.} \\
B = B' & \text{ou} & B + B' = 2 \text{ droits.} \\
C = C' & \text{ou} & C + C' = 2 \text{ droits.}
\end{array}
$$

Or les trois égalités (2) ne peuvent pas être vraies en même temps;

car la somme des angles des 2 triangles vaudrait 6 droits. Deux de ces égalités (2), les deux premières par exemple, ne pourraient pas être vraies non plus; car la somme des angles des deux triangles vaudrait 4 droits $+C+C'$; ce qui ne peut pas être, puisque cette somme est égale à 4 droits. Deux des trois égalités (2) au moins, les deux premières par exemple étant fausses, on a $A=A'$, $B=B'$. Les deux triangles proposés ayant deux angles égaux chacun à chacun, sont équiangles et semblables.

Remarque. Avec $C=C'$, on pourrait avoir $C+C'=2$ droits; alors C et C' seraient droits et les triangles seraient rectangles.

POLYGONES SEMBLABLES.

Théorème.

150. *Deux polygones semblables sont décomposables en un même nombre de triangles semblables et semblablement disposés.*

Je décompose les deux polygones en un même nombre de triangles par les diagonales issues des sommets homologues A et a.

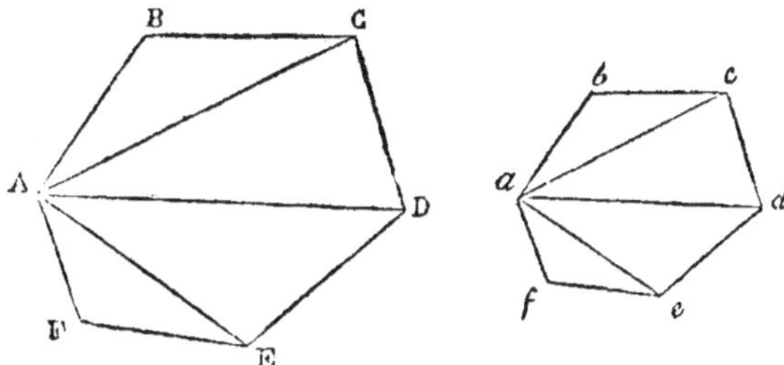

1° Les deux triangles ABC, abc sont semblables comme ayant un angle égal ($B=b$) compris entre côtés proportionnels. 2° Les triangles CAD, cad sont semblables : en effet, de la similitude des triangles ABC, abc, il résulte que l'angle $BCA=bca$; retranchons respectivement BCA et bca des angles égaux BCD, bcd des *polygones;* il reste l'angle $ACD=acd$. A cause de la similitude des triangles ABC, abc, $\dfrac{AC}{ac}=\dfrac{BC}{bc}$; à cause de la similitude des polygones, $\dfrac{CD}{cd}=\dfrac{BC}{bc}$; deux rapports égaux à un même troisième sont égaux entre eux; $\dfrac{AC}{ac} = \dfrac{CD}{cd}$. Les triangles ACD, *acd* ont donc un angle égal compris entre des côtés proportionnels et sont semblables. On démontre de même que les triangles DAE, *dae* sont semblables. Ainsi de suite jusqu'aux triangles AFE, *afe* qui sont dans le même cas que ABC et *abc*.

On peut choisir le sommet que l'on veut pour le joindre à tous les autres : donc, en général, *les diagonales homologues de deux polygones semblables sont proportionnelles aux côtés homologues.*

151. RÉCIPROQUE. *Deux polygones* ABCDEF, *abcdef, décomposables en un même nombre de triangles semblables et semblablement disposés, sont semblables* (fig. précéd.).

En effet, la décomposition ayant lieu comme sur notre figure, si l'on compare les angles des deux polygones, chacun à chacun, on les trouve deux à deux égaux entre eux, s'ils sont simples, $B = b$, $F = f$, ou composés d'angles égaux, comme A et *a*, C et *c*, etc.; ces polygones sont équiangles. Ensuite, les triangles semblables étant comparés successivement et par ordre, on a

$$\frac{AB}{ab} = \frac{BC}{bc} = \frac{AC}{ac} = \frac{CD}{cd} = \frac{AD}{ad} = \frac{DE}{de}, \text{ etc.;}$$

nos polygones déjà équiangles ont les côtés homologues proportionnels; ils sont donc semblables.

Théorème.

152. *Le rapport des périmètres de deux polygones semblables* ABCDEF, *abcdef, est égal à celui des deux côtés homologues quelconques.*

En effet, on a, par définition, $\dfrac{AB}{ab} = \dfrac{BC}{bc} = \dfrac{CD}{cd} = \dfrac{DE}{de} = \dfrac{EF}{ef} = \dfrac{FA}{fa}$ (fig. précéd.); d'où résulte d'après un théorème d'arithmétique : $\dfrac{AB + BC + CD + DE + EF + FA}{ab + bc + cd + de + ef + fa} = \dfrac{AB}{ab}$, c'est-à-dire $\dfrac{\text{périm. ABCDEF}}{\text{périm. } abcdef} = \dfrac{AB}{ab}$. C. Q. F. D.

EXERCICES.

Théorèmes à démontrer.

1. Des parallèles en nombre quelconque interceptent sur deux droites qu'elles rencontrent des segments proportionnels.

2. Des droites issues du même point interceptent sur deux droites parallèles des segments proportionnels.

3. Si deux droites parallèles et inégales sont divisées dans le même sens et dans le même ordre en parties proportionnelles, les droites qui joignent les extrémités et les points de division correspondants concourent au même point.

4. Démontrer par les triangles semblables le théorème de l'exercice 41 du 1er livre.

5. *Id.* le théorème de l'exercice 47 du 1er livre.

6. Des parallèles comprises dans un angle A forment des trapèzes dont on trace les diagonales. Le point de rencontre des diagonales de chaque trapèze est sur la droite qui passe par les milieux de toutes les parallèles et par le sommet A.

7. Deux parallèles coupées par des droites issues du même point forment des trapèzes dont on trace les diagonales. Les points d'intersection de ces diagonales sont en ligne droite.

8. La ligne qui joint les milieux des diagonales d'un trapèze est égale à la demi-différence des deux bases.

9. Si deux triangles inégaux ont les côtés parallèles, les droites qui joignent les sommets homologues concourent au même point.

10. On joint un point O à divers points A, B, C, D, E,... d'une droite AE, et on marque sur les droites OA, OB, OC,... ou sur leurs prolongements, des points $a, b, c,...$ tels que $\dfrac{Oa}{OA} = \dfrac{Ob}{OB} = \dfrac{Oc}{OC},...$ Les points $a, b, c, d...$ sont en ligne droite.

11. Si la droite AE est remplacée par une circonférence, les points $a, b, c, d...$ sont sur une même circonférence.

12. Si la droite AE est remplacée par un polygone ABCDEF, dont on ne joint que les sommets au point O, les points $a, b, c, d, e, f,$ sont les sommets d'un polygone $abcdef$ semblable à ABCDEF. (*Faites la fig.*)

12 *bis.* Si, dans les trois cas précédents, on prend les points $a, b, c, d,...$ sur les prolongements de AO, BO, CO... au delà de O, les mêmes conclusions sont vraies.

Centre de similitude. Le point O est ce qu'on nomme le centre de similitude *directe* ou *inverse* des deux figures.

13. Sur les côtés homologues AB, ab, de deux polygones semblables, on marque deux points M et m tels que $\dfrac{AM}{am} = \dfrac{MB}{mb}$. Les droites qui joignent respectivement M et m aux sommets des deux polygones décomposent ceux-ci en triangles semblables chacun à chacun.

14. Les droites qui joignent deux points M et m, intérieurs ou extérieurs aux mêmes polygones, tels que $\dfrac{AM}{am} = \dfrac{MB}{mb}$ et l'angle $AMB = amb$, aux sommets de ces polygones, déterminent de même des triangles semblables chacun à chacun.

15. Un point C de la droite AB étant tel que $\dfrac{AC}{CB} = \dfrac{m}{n}$, on abaisse sur une droite MN les perpendiculaires AA', BB', CC'. On a $CC' \times (m + n) = AA' \times n + BB' \times m$.

16. La perpendiculaire abaissée du point de concours des médianes d'un triangle sur une droite quelconque est le tiers de la somme des perpendiculaires abaissées des trois sommets sur la même droite.

17. Les tangentes communes extérieures menées à deux circonférences rencontrent la ligne des centres au même point I. Les tangentes communes intérieures la rencontrent au même point i.

18. Toute droite qui joint les extrémités de deux rayons parallèles quelconques passe au point I (Ex. 17) si ces rayons sont dirigés dans le même sens, ou au point i si ces rayons sont dirigés en sens contraires.

19. Déduire de cette propriété une manière de tracer une tangente commune à deux circonférences.

20. Le centre du cercle circonscrit à un triangle, le point de concours des médianes, et le point de concours des hauteurs sont trois points en ligne droite, dont le 2ᵉ divise la distance du 1ᵉʳ au 3ᵉ dans le rapport de 1 à 2.

Théorème.

153. *Si du sommet de l'angle droit d'un triangle rectangle* ABC, *on abaisse une perpendiculaire* AD *sur l'hypoténuse :* 1° *cette perpendiculaire est moyenne proportionnelle entre les segments qu'elle détermine sur l'hypoténuse :* 2° *chaque côté de l'angle droit est moyen proportionnel entre l'hypoténuse entière et le segment adjacent*

$$1° \ \frac{BD}{AD} = \frac{AD}{DC}; \quad 2° \ \frac{BC}{AB} = \frac{AB}{DB}, \ \text{et} \ \frac{BC}{AC} = \frac{AC}{DC}.$$

Ces égalités résultent de la similitude des triangles BAD, DAC, BAC que nous allons démontrer. 1° Les triangles BAD, BAC sont semblables; en effet, ils sont tous deux rectangles, et ont l'angle aigu B commun; le troisième angle BAD, (1), du premier, est donc égal à l'angle C, (1), du second. 2° Les triangles DAC, BAC sont semblables; car ils sont tous deux rectangles et ont l'angle C commun; le troisième angle DAC, (2), du premier, est égal au troisième angle B, (2), du second. 3° Enfin, les deux triangles BAD, DAC, rectangles en D, ont les angles (1) égaux entre eux, et (2), idem.

Les triangles BAD, DAC, étant semblables,

BD opposé à l'angle (1) du premier est à AD opposé à l'angle (1) du second, dans le même rapport que AD, opposé à l'angle (2) du premier, est à DC opposé à l'angle (2) du second.

$$\frac{BD}{AD} = \frac{AD}{DC}. \tag{1}$$

Les triangles ABC, ABD, étant semblables,

BC nypoténuse du premier triangle est à AB hypoténuse du second, dans le même rapport que le côté AB du premier, opposé à l'angle (1), est à BD opposé à l'angle (1) du second.

$$\frac{BC}{AB} = \frac{AB}{BD}. \tag{2}$$

Enfin les triangles ABC, DAC donnent

$$\frac{BC}{AC} = \frac{AC}{DC}. \tag{3}$$

En réduisant au même dénominateur les rapports de chacune des égalités précédentes, on en déduit les égalités respectivement équivalentes (n° 135) :

$$\overline{AD}^2 = BD \times DC \tag{4}$$
$$\overline{AB}^2 = BC \times BD \tag{5}$$
$$\overline{AC}^2 = BC \times DC \tag{6}$$

Conformément à ce que nous avons dit dans les préliminaires (134), il faut dans ces dernières égalités regarder AD, BD, DC,... comme étant les nombres qui expriment les longueurs des lignes appelées sur la figure AD, BD, DC,... *Ces égalités s'emploient préférablement quand on traite par le calcul des questions de géométrie.* Comme chacune d'elles a lieu entre les *valeurs numériques* de trois lignes, elle peut servir à calculer l'une de ces valeurs numériques quand on connaît les deux autres (*).

(*) A ce point de vue, chacune des égalités (4), (5), (6) est ce qu'on nomme en algèbre une formule. Les notations AD, BD, DC... représentent des nombres de la même manière que *a*, *b*, *c*... en algèbre. Les calculs qu'on fait pour établir les théorèmes suivants sont de véritables opérations algébriques.

Application. BD = 16 millimètres; DC = 9 millim.; trouver AD, BC, AB, AC.

1° BC $= $ BD $+$ DC $= 25$ millimètres.

2° $\overline{AD}^2 = $ BD $\times$ DC $= 16 \times 9 = 144$; AD $= \sqrt{144} = 12$ millim.

3° $\overline{AB}^2 = $ BC $\times$ BD $= 25 \times 16 = 400$; AB $= \sqrt{400} = 20$ millim.

4° $\overline{AC}^2 = $ BC $\times$ DC $= 25 \times 9 = 225$; AC $= \sqrt{225} = 15$ millim.

La combinaison des égalités (4), (5), (6) conduit à d'autres relations utiles entre les *valeurs numériques* des mêmes lignes. Voici la plus remarquable :

Théorème.

154. Les trois côtés d'un triangle rectangle ayant été mesurés avec la même unité linéaire :

Le carré de l'hypoténuse est égal à la somme des carrés des côtés de l'angle droit.

Il s'agit des carrés des nombres qui expriment les lignes indiquées (préliminaires, n° 134).

$$\overline{BC}^2 = \overline{AB}^2 + \overline{AC}^2 \text{ (fig. précédente).}$$

Pour le démontrer, j'abaisse du sommet A de l'angle droit une perpendiculaire sur l'hypoténuse. D'après le théorème précédent, égalités (5) et (6),

$$BC \times BD = \overline{AB}^2$$
$$BC \times DC = \overline{AC}^2$$

En additionnant ces égalités, membre à membre, et mettant BC en facteur commun, on trouve

$$BC \, (BD + DC) = \overline{AB}^2 + \overline{AC}^2 , \qquad (^*)$$

(*) En mettant par la pensée des nombres à la place de BD et de DC, on comprend aisément ce calcul. Si par ex. BD et DC ont les valeurs précédentes, BD = 16 et DC = 9, BC = 9+16 : en additionnant (5) et (6) (n° 153), on a $\overline{AB}^2 + \overline{AC}^2 = $ 16 fois BC + 9 fois BC; ce qui fait bien BC $\times$ (16 + 9) ou BC $\times$ BC.

ce qui revient à

$$BC \times BC \quad \text{ou} \quad \overline{BC}^2 = \overline{AB}^2 + \overline{AC}^2 \qquad (7) \qquad \text{C. Q. F. D.}$$

Corollaire. De l'égalité $\overline{BC}^2 = \overline{AB}^2 + \overline{AC}^2$ résulte celle-ci :

$$\overline{AB}^2 = \overline{BC}^2 - \overline{AC}^2.$$

Le carré d'un des côtés de l'angle droit est égal au carré de l'hypoténuse, moins le carré de l'autre côté.

Applications. Faisons encore une application des formules (4), (5), (6), (7). Soient $AB = 4$ mètres; $AC = 3$ mètres; on demande les valeurs numériques de AD, BD, DC, BC.

$\overline{BC}^2 = 3^2 + 4^2 = 9 + 16 = 25;$ $BC = \sqrt{25} = 5$ mètres. BC étant connu et AB donné, d'après la formule (5),

$$4^2 = 5 \times BD; \quad \text{d'où} \quad BD = \frac{16}{5}.$$

De même l'égalité donne

$$3^2 = 5 \times DC; \quad \text{d'où} \quad DC = \frac{9}{5}.$$

Enfin l'égalité (4) donne

$$\overline{AD}^2 = \frac{16}{5} + \frac{9}{5} = \frac{144}{25}; \quad AD = \sqrt{\frac{144}{25}} = \frac{12}{5}.$$

154 bis. Théorème. *La diagonale d'un carré n'a pas une mesure commune avec son côté.* **Le rapport de ces deux lignes est égal à** $\sqrt{2}$, *qui ne peut s'évaluer que par approximation.*

Soit le carré ABCD. Le triangle ABC étant rectangle,

$$\overline{AC}^2 = \overline{AB}^2 + \overline{BC}^2 = \overline{2AB}^2;$$

d'où l'on déduit $\quad \dfrac{\overline{AC}^2}{\overline{AB}^2} = 2 \quad$ ou $\quad \left(\dfrac{AC}{AB}\right)^2 = 2.$

Aucune ligne ne peut être contenue un nombre entier de fois dans AC et un nombre entier de fois dans AB, puisqu'il n'existe pas deux nombres entiers dont le quotient élevé au carré soit égal à 2 (*Arith.*, n° 269); autrement dit, AC n'a pas de mesure commune avec AB. Le rapport de AC à AB est égal à

$\sqrt{2}$ qui ne peut pas s'évaluer exactement; c'est ce qu'on appelle un nombre *incommensurable*. Mais on peut l'évaluer à moins de 0,1, de 0,01,... avec l'approximation que l'on veut. (V. l'*Arithmétique*.)

155. Il existe entre les valeurs numériques des côtés d'un triangle obliquangle (non rectangle) des relations que nous allons faire connaître. Ces relations sont fondées sur les deux principes suivants que l'on démontre en arithmétique ou en algèbre.

1er Principe. *Le carré de la somme de deux nombres est égal au carré du premier nombre, plus le carré du second, plus deux fois le produit du premier par le second.*

$$(a+b)^2 = a^2 + b^2 + 2ab. \qquad (^*)$$

2e Principe. *Le carré de la différence de deux nombres est égal au carré du premier nombre, plus le carré du second, moins deux fois le produit du premier par le second.*

$$(a-b)^2 = a^2 + b^2 - 2a \times b. \qquad (^*)$$

Définition. On appelle *projection* d'une ligne AB sur une autre ligne XY, la partie *ab* de XY comprise entre les pieds des perpendiculaires abaissées sur XY des extrémités de AB.

Dans la figure suivante BD est la projection de BA sur BC, et DC la projection de AC. Un point, tel que B, qui est sur la ligne de projection, est lui-même sa projection.

<h2 align="center">Théorème.</h2>

156. *Le carré du côté d'un triangle opposé à un angle* AIGU *est égal à la somme des carrés des deux autres côtés du triangle,* MOINS *deux fois le produit de l'un de ces derniers côtés par la projection de l'autre sur celui-là.*

$$\overline{AC}^2 = \overline{AB}^2 + \overline{BC}^2 - 2BC \times BD.$$

(*) Ce premier principe est démontré en arithmétique.

Il s'agit des nombres qui expriment les lignes indiquées, et des carrés de ces nombres. (Prélim., n° 131.)

Dans le triangle rectangle ADC, on a

$$\overline{AC}^2 = \overline{AD}^2 + \overline{DC}^2. \tag{1}$$

Mais DC = BC — BD; d'après le 2° principe n° 155,

$$\overline{DC}^2 = \overline{BC}^2 + \overline{BD}^2 - 2BC \times BD.$$

Remplaçant $\overline{DC}^2$ par cette valeur dans l'égalité (1), on trouve :

$$\overline{AC}^2 = \overline{AD}^2 + \overline{BC}^2 + \overline{BD}^2 - 2BC \times BD. \tag{2}$$

Mais $\overline{AD}^2 + \overline{BD}^2 = \overline{AB}^2$ (triangle rectangle BAD). En remplaçant dans l'égalité (2), $\overline{AD}^2 + \overline{BD}^2$ par $\overline{AB}^2$, on obtient :

$$\overline{AC}^2 = \overline{BC}^2 + \overline{AB}^2 - 2BC \times BD. \qquad \text{C. Q. F. D.}$$

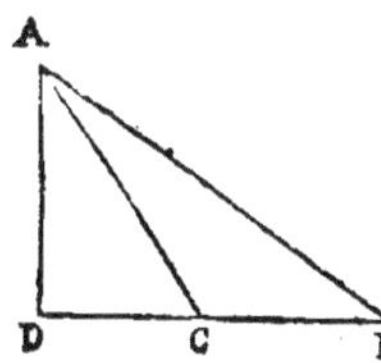

Il peut arriver que la perpendiculaire tombe en dehors du triangle comme dans cette figure.

Si l'on y considère le côté AC opposé à un angle aigu B, on n'en a pas moins

$$\overline{AC}^2 = \overline{AB}^2 + \overline{BC}^2 - 2BC \times DB.$$

En effet, le triangle rectangle ACD donne

$$\overline{AC}^2 = \overline{AD}^2 + \overline{DC}^2. \tag{1}$$

Mais DC = DB — BC; donc $\overline{DC}^2 = \overline{DB}^2 + \overline{BC}^2 - 2BC \times DB.$

On remplace $\overline{DC}^2$ par cette valeur dans (1), et on achève comme précédemment.

Théorème.

157. *Le carré du côté d'un triangle opposé à un angle* OBTUS *est
égal à la somme des carrés des deux autres côtés,* PLUS *deux fois le
produit de l'un de ces derniers côtés multiplié par la projection de
l'autre côté sur celui-là.*

$$\overline{AB}^2 = \overline{AC}^2 + \overline{BC}^2 + 2BC \times CD \quad \text{(fig. précédente)}.$$

Dans le triangle ABD, on a

$$\overline{AB}^2 = \overline{AD}^2 + \overline{DB}^2. \tag{1}$$

Mais DB = DC + BC; donc, d'après le 1er principe indiqué n° 155,
$$\overline{DB}^2 = \overline{DC}^2 + \overline{BC}^2 + 2DC \times BC.$$

En remplaçant $\overline{DB}^2$ par cette valeur dans (1), on a

$$\overline{AB}^2 = \overline{AD}^2 + \overline{DC}^2 + \overline{BC}^2 + 2BC \times DC. \tag{2}$$

Ma s $\overline{AD}^2 + \overline{DC}^2 = \overline{AC}^2$ (triangle rectangle ADC); en remplaçant $\overline{AD}^2 + \overline{DC}^2$ par $\overline{AC}^2$, on a enfin

$$\overline{AB}^2 = \overline{AC}^2 + \overline{BC}^2 + 2BC \times DC. \quad \text{C. Q. F. D.}$$

REMARQUE. Chacune des égalités **qui** concernent les côtés d'un
triangle *non rectangle* comprend les valeurs numériques de quatre
lignes; de sorte que chacune de ces égalités, prises isolément, ne
peut donner une de ces valeurs que si on connaît les trois autres.

158. Des trois derniers théorèmes résulte le principe suivant :

*Suivant que le carré du nombre qui exprime le plus grand côté d'un triangle
est égal à la somme des carrés des nombres qui expriment les deux autres
côtés, ou est plus petit, ou est plus grand que cette somme, le plus grand angle
du triangle est droit, ou aigu, ou obtus.*

1er EXEMPLE. Les côtés d'un triangle sont 5 mètres, 3 mètres, 4 mètres.

$$5^2 = 25; \quad 3^2 = 9; \quad 4^2 = 16; \quad 25 = 9 + 16.$$
$$5^2 = 3^2 + 4^2.$$

Ce triangle est rectangle, puisque le carré du plus grand côté d'un triangle n'est égal à la somme des carrés des deux autres que dans le cas où le plus grand angle est droit. (Voir les autres cas.)

REMARQUE. *Un triangle est rectangle quand ses côtés sont respectivement proportionnels aux nombres 3, 4, 5.*

En effet, ce triangle est semblable à un triangle dont les côtés auraient des longueurs respectivement égales à 3, 4, 5.

De là un moyen très-simple et souvent employé de construire une équerre ou de mener une perpendiculaire sur le terrain.

2° EXEMPLE. *Les trois côtés d'un triangle sont* 5^m, 7^m, 8^m.

$$8^2 = 64; \qquad 7^2 = 49; \qquad 5^2 = 25; \qquad 64 < 25 + 49$$
$$\text{ou} \quad 8^2 < 7^2 + 5^2.$$

Le plus grand angle de ce triangle est aigu, puisque c'est dans cette hypothèse seulement qu'on peut avoir $8^2 < 7^2 + 5^2$.

3° EXEMPLE. Les côtés d'un triangle sont : 5^m, 7^m, 10^m.

$$10^2 = 100; \qquad 5^2 = 25; \qquad 7^2 = 49; \qquad 100 > 25 + 49.$$
$$10^2 > 5^2 + 7^2.$$

Le plus grand angle de ce triangle est *obtus* (même démonstration).

Théorème.

159. *Si l'on joint le sommet* A *d'un triangle* ABC *au milieu* I *du côté opposé* BC, *on a entre les carrés des nombres qui expriment les côtés et la* MÉDIANE AI, *la relation suivante :*

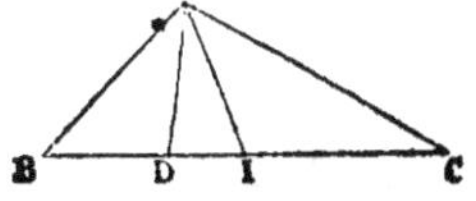

$$\overline{AB}^2 + \overline{AC}^2 = \overline{2AI}^2 + \overline{2BI}^2 = \overline{2AI}^2 + 2\left(\frac{BC}{2}\right)^2$$

En effet, dans le triangle AIB, l'angle I étant aigu, on a

$$\overline{AB}^2 = \overline{AI}^2 + \overline{BI}^2 - 2BI \times ID. \qquad (1) \ (\text{n}^o\ 156).$$

L'angle I du triangle AIC étant obtus, on a

$$\overline{AC}^2 = \overline{AI}^2 + \overline{IC}^2 + 2IC \times ID.$$

Ajoutant ces égalités membre à membre, on trouve, en ayant égard à ce que BI = IC,

$$\overline{AB}^2 + \overline{AC}^2 = \overline{2AI}^2 + \overline{2BI}^2.$$

EXERCICES.

Théorèmes à démontrer.

21. On construit deux carrés ABDE, ACGF, sur les côtés de l'angle droit A d'un triangle rectangle, puis on mène les droites BG et CE et la hauteur correspondante à l'hypoténuse. Ces trois droites concourent au même point.

22. Le carré d'un des côtés égaux d'un triangle isocèle est égal au carré d'une transversale issue du sommet, plus le produit des segments de la base.

23. La somme des carrés des côtés d'un parallélogramme est égale à la somme des carrés des diagonales.

24. La somme des carrés des côtés d'un quadrilatère quelconque est égale à la somme des carrés des diagonales augmentée de quatre fois le carré de la droite qui joint les milieux des diagonales.

25. Dans un trapèze, la somme des carrés des diagonales est égale à la somme des carrés des côtés non parallèles, plus deux fois le produit des côtés non parallèles.

26. La somme des carrés des côtés d'un triangle est triple de la somme des carrés des lignes qui joignent ses sommets au point de concours des médianes.

27. Dans un quadrilatère, la somme des carrés des diagonales est double de la somme des carrés des lignes qui joignent les milieux des côtés opposés.

160. Voici de nouvelles formules qui ont lieu également entre quatre lignes, mais qui concernent les sécantes et les tangentes d'un cercle.

Théorème.

161. *Si, d'un point pris dans le plan d'un cercle, on mène des sécantes, le produit des distances de ce point aux deux points d'intersection de chaque sécante avec la circonférence, est constant quelle que soit la direction de la sécante.*

1° *Le point donné O peut être dans le cercle.*

Je mène par le point O deux sécantes quelconques AB, CD, et je trace CB, AD. Les triangles COB, AOD, sont semblables; car les angles en O opposés par le sommet sont égaux; l'angle A et l'angle C ont même mesure $\left(\frac{1}{2}\,BD\right)$; de même l'angle B = l'angle D. Donc le côté OB opposé à l'angle C est à OD opposé à l'angle A, dans le même rapport que OC opposé à l'angle B est à OA opposé à l'angle D;

$\dfrac{OB}{OD} = \dfrac{OC}{OA}$. En réduisant ces rapports au même dénominateur (n° 135), on trouve les numérateurs égaux $OB \times OA = OC \times OD$. Le produit des segments de la première sécante est égal au produit des segments de la seconde. On peut comparer ainsi une première sécante AOB successivement à toutes les sécantes qui passent par le point O. Le produit des segments de chaque sécante est donc le même quelle que soit la direction de la sécante.

2° *Le point peut être donné hors du cercle.*

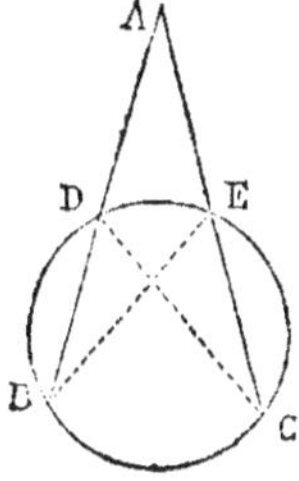

Par un point donné A quelconque extérieur au cercle, je mène les sécantes ADB, AEC et je joins, DC, EB. Les triangles ABE, ADC ont l'angle A commun, l'angle B $=$ l'angle C $\left(\text{même mesure } \dfrac{1}{2} \text{ DE}\right)$; ces triangles sont donc semblables. On en conclut que le côté AB opposé à l'angle AEB est à AC opposé à ADC, dans le même rapport que AE opposé à l'angle B est à AD opposé à l'angle C.

$\dfrac{AB}{AC} = \dfrac{AE}{AD}$; d'où l'on déduit (n° 135) $AB \times AD = AC \times AE$. Le produit de la 1re sécante par sa partie extérieure est égal au produit de la 2e sécante par sa partie extérieure. En comparant successivement la même sécante ADB à toutes les sécantes qui passent par le point A, on obtiendrait évidemment le même résultat. Le produit d'une sécante issue de A par sa partie extérieure est donc constant quelle que soit la direction de la sécante.

3° *L'une des sécantes peut devenir tangente.*

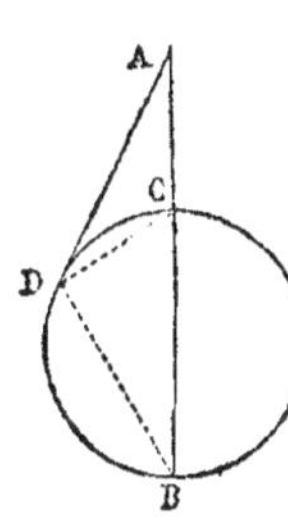

Si l'une des sécantes ACB restant fixe, l'autre tourne autour du point A, jusqu'à devenir tangente en D à la circonférence, les deux points de rencontre finissent par se confondre en D, et les deux distances de A à la circonférence, comptées sur la même sécante, se confondent en une seule AD. Le produit étant le même, on a encore, à la limite, $AB \times AC = AD \times AD$ ou $AB \times AC = \overline{AD}^2$. De là cette proposition :

Théorème.

162. *Si l'on mène par le même point* A *une tangente et diverses sécantes, le carré de la tangente est égal au produit d'une sécante quelconque par sa partie extérieure.*

Autrement dit : *La tangente est moyenne proportionnelle entre une sécante quelconque et sa partie extérieure* (134 *bis*).

Ce théorème peut d'ailleurs se démontrer directement :

Menons DB, DC. Les triangles DAC, DBA sont semblables; car l'angle A est commun, l'angle ADC et l'angle ABD ont la même mesure. En comparant les côtés homologues, on vérifie aisément que $\dfrac{AB}{AD} = \dfrac{AD}{AC}$; d'où l'on déduit (n° 135), $AB \times AC = \overline{AD}^2$.

RÉCIPROQUES. *Si deux droites données* AOB, COD (n° 161, 1°) *se coupent de telle manière que les produits* OA$\times$OB *et* OC$\times$OD *soient égaux, les quatre points* A, B, C, D *appartiennent à la même circonférence.*

En effet, faisons passer une circonférence par les trois points A, B, C, et désignons un instant par D' le second point de rencontre de cette courbe avec la droite CO. En vertu du théorème précédent, AO$\times$OB$=$OC$\times$OD'; on a, par hypothèse, AO$\times$OB $=$ OC $\times$ OD; donc OC $\times$ OD $=$ OC $\times$ OD', et OD$=$OD'. Le point D' n'est autre que le point D.

On démontre de la même manière les réciproques des propositions 2° et 3° (n° 162).

EXERCICES.

Théorèmes à démontrer.

28. La somme des carrés de deux cordes qui se coupent en D' à angles droits dans un cercle est égale au carré du diamètre, plus le carré de la plus petite corde qui passe par D'.

29. Deux sécantes qui se coupent à angles droits en N hors du cercle, produisent deux cordes dont la somme des carrés est égale au carré du diamètre, moins quatre fois le carré de la tangente menée de N à la circonférence.

30. Dans un triangle quelconque, le produit de deux côtés est égal au carré du diamètre du cercle circonscrit multiplié par la hauteur abaissée sur le troisième côté.

31. Dans un triangle ABC, le produit de deux côtés AB, BC est égal au carré de la bissectrice AD de l'angle A plus le produit des segments BD et DC du troisième côté BC.

32. Dans un quadrilatère circonscrit le produit des diagonales est égal à la somme des produits des côtés opposés.

33. Si on coupe les trois côtés d'un triangle ABC par une transversale E,D,F quelconque, le produit de trois segments non adjacents est égal au produit des trois autres.

On appelle *segments* les distances du sommet de chaque angle aux points d'intersection de la transversale et des côtés (2 cas).

34. On joint un point O aux trois sommets d'un triangle ABC, et on prolonge les lignes OA, OB, OC à la rencontre des côtés opposés BC, AC, BA en D, E, F. Le produit de trois segments non adjacents ainsi déterminés est égal au produit des trois autres.

35. Trois points donnés sur les côtés d'un triangle ou sur leurs prolongements sont tels que les produits des trois segments non adjacents qu'ils déterminent sur ces côtés est égal au produit des trois autres. Ces trois points sont en ligne droite, ou sont tels qu'en les joignant aux trois sommets du triangle, on obtient trois droites qui concourent au même point, suivant que le nombre des points donnés est *impair* (1 ou 3) sur les *prolongements* des côtés, ou *impair* (1 ou 3) sur les *côtés* eux-mêmes.

Lieux géométriques.—*On déterminera ou on vérifiera chaque lieu indiqué, et on complétera chaque énoncé, de manière à rendre l'indication du lieu tout à fait précise.* (On dira quelle est la droite ou la circonférence annoncée.)

36. Le lieu des points, tels que le rapport des distances de chacun à deux droites données est un nombre donné, est une ligne droite.

37. Le lieu des points, tels que le rapport des distances de chacun à deux points fixes A et B est un nombre donné, est une circonférence.

38. Le lieu des points, tels que deux circonférences données sont vues de chacun sous deux angles égaux, est une circonférence

39. Un triangle ABC rectangle en A se meut dans un angle droit XOY, de manière que les sommets B et C glissent sur OX et OY. Le sommet A glisse lui-même sur une droite fixe.

40. Le lieu des points, tels que la somme des carrés des distances de chacun aux côtés d'un angle droit est constante, est une circonférence.

41. Le lieu des points, tels que la somme des carrés des distances de chacun à deux points fixes est égal à un nombre donné, est une circonférence.

42. Le lieu des points, tels que la somme des carrés des tangentes menées de chacun à deux circonférences données est égale à un nombre donné, est une circonférence.

43. Le lieu des points, tels que la différence des carrés des distances de chacun à deux points fixes est constante, est une ligne droite.

44. Le lieu des points, tels que la différence des carrés des tangentes menées de chacun à deux circonférences données est constante, est une ligne droite.

45. Le lieu des points, tels que les tangentes menées de chacun à deux circonférences données sont égales, est une ligne droite qui s'appelle l'*axe radical* des deux cercles.

46. Les axes radicaux de trois cercles quelconques sont parallèles ou concourent au même point.

Le point de concours des axes radicaux de trois cercles s'appelle *centre radical*.

47. L'axe radical de deux circonférences est le lieu des centres des circonférences qui coupent à angles droits les deux circonférences données.

48. Toutes les circonférences qui coupent à angles droits deux circonférences données ont pour axe radical commun la ligne des centres de ces deux circonférences.

49. Le point de concours des hauteurs d'un triangle est le centre radical des circonférences qui ont ses côtés pour diamètres.

50. Le centre du cercle inscrit à un triangle est le centre radical des circonférences décrites des sommets A, B, C comme centres avec les rayons $p - BC$, $p - AC$, $p - AB$ (p *demi-périmètre*).

Problème.

163. *Diviser une ligne donnée* AB *en un certain nombre de parties égales.*

Soit à diviser la droite AB en sept parties égales. Par le point

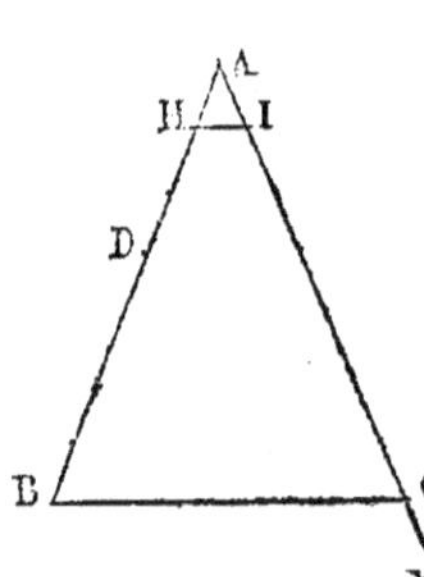

A on mène une ligne indéfinie AX sous un angle quelconque. Sur cette ligne AX, on porte, à partir de A et consécutivement, sept longueurs AI... etc. égales entre elles, ni trop petites ni trop grandes. On joint la dernière extrémité C au point B; puis on mène par le point I une parallèle IH à BC. La ligne AH est la septième partie de AB; car $\dfrac{AH}{AB} = \dfrac{AI}{AC}$, et AI est la

septième partie de AC. On achève en portant consécutivement sur AB, avec le compas, sept longueurs égales à AH, dont on marque les extrémités.

Pour prendre une fraction donnée d'une ligne donnée AB, par exemple les $\frac{3}{7}$, il suffit d'en prendre le septième, comme tout à l'heure AH, et de porter trois fois cette longueur jusqu'au point D;

$$AD = \frac{3}{7} AB.$$

Problème.

164. *Diviser une droite* AB *en parties proportionnelles à trois lignes données* m, n, p.

Je mène par le point A une seconde droite AX, sous un angle
quelconque; je porte sur AX, à partir de A,
et à la suite les unes des autres, des longueurs
$AC = m$, $CD = n$, $DE = p$; je joins la dernière extrémité E au point B; puis par chacun des points D et C je mène une parallèle
à BE; les deux parallèles ainsi menées DI,
CH, divisent AB de la manière demandée.

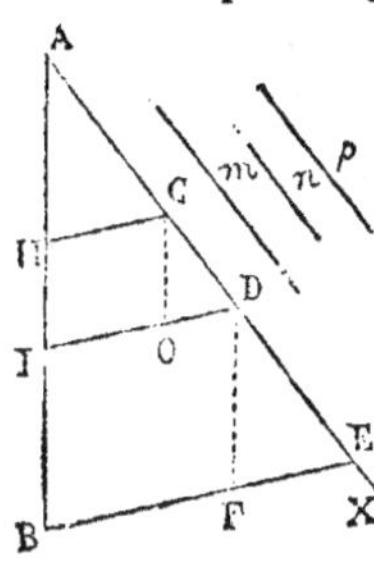

$$\frac{AH}{AC} = \frac{HI}{CD} = \frac{IB}{DE}.$$

En effet, si l'on mène les parallèles CO et DF à AB, on forme
des triangles semblables au triangle AHC. En égalant les rapports
des côtés homologues, on a justement les égalités précédentes
($CO = HI$, $DF = IB$).

Il est aussi facile de diviser une droite en parties proportionnelles
à des nombres donnés, 5, 3, 4, par exemple.

Pour cela, ayant tiré une seconde ligne AX, on prend une longueur arbitraire AM, par exemple, que l'on porte cinq fois sur AX
à partir de A; supposons qu'on arrive ainsi au point C. A partir
de C, en continuant, on porte encore trois fois AM jusqu'en D;
puis encore quatre fois jusqu'en E. On joint BE, puis on mène les
parallèles DI, CH;   AB est divisé en parties proportionnelles à
$AC = 5$, $CD = 3$ et $DE = 4$ (AM sert d'unité).

Remarque. Cette construction revient à diviser AB en $5 + 3 + 4$
ou 12 parties égales, puis à marquer les points où se terminent la
5ᵉ et la 8ᵉ division.

Problème.

165. *Trouver une quatrième proportionnelle à trois lignes données* m, n, p.

C'est-à-dire qu'il faut trouver une quatrième ligne *x*, telle que
l'on ait l'égalité de rapports $\dfrac{m}{n} = \dfrac{p}{x}$.

Je trace deux droites indéfinies AX, AY; sur la première, je prends à partir de A, et à la suite l'une de l'autre, les longueurs

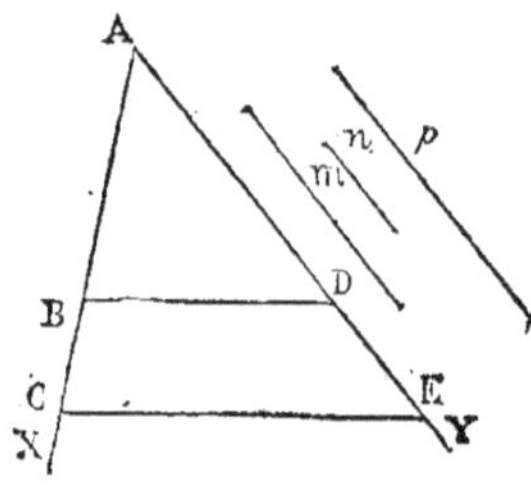

AB $= m$, BC $= n$, puis sur AY, AD $= p$; je mène BD; puis par le point C je tire CE parallèle à BD; la ligne DE répond à la question. En effet, la ligne BD étant parallèle à CE, on a (n° 137), $\dfrac{\text{AB}}{\text{BC}} = \dfrac{\text{AD}}{\text{DE}}$, ou

$\dfrac{m}{n} = \dfrac{p}{\text{DE}}$; donc DE répond à la question.

On pourrait prendre les longueurs m et n, toutes deux à partir de A; par ex. : AC $= m$, AB $= n$, AE $= p$; la longueur cherchée x serait AD et non DE. Les deux dernières lignes données peuvent être égales; on dit alors qu'il faut trouver une troisième proportionnelle à deux lignes données m, n. Traduisez : trouver une quatrième proportionnelle à trois lignes m, n, p; la construction est la même.

Remarque. Rappelons-nous qu'on doit chercher une quatrième proportionnelle aux lignes m, n, p, quand il faut avoir une ligne x, telle que $\dfrac{m}{n} = \dfrac{p}{x}$, ou bien $m \times x = n \times p$, ou bien encore $x = \dfrac{n \times p}{m}$; car ces trois égalités sont équivalentes.

Problème.

166. *Trouver une moyenne proportionnelle entre deux lignes données* m *et* n.

Il s'agit de trouver une ligne x telle que $\dfrac{m}{x} = \dfrac{x}{n}$, ou bien telle que $m \times n = x^2$, ou $x = \sqrt{m \times n}$ (134 *bis*).

On peut donner de ce problème diverses solutions fondées sur les théorèmes précédents, dans l'énoncé desquels il est question de moyenne proportionnelle.

Première solution. Sur une droite indéfinie, on prend une longueur $AB = m$, puis $BC = n$; on construit, sur la ligne AC

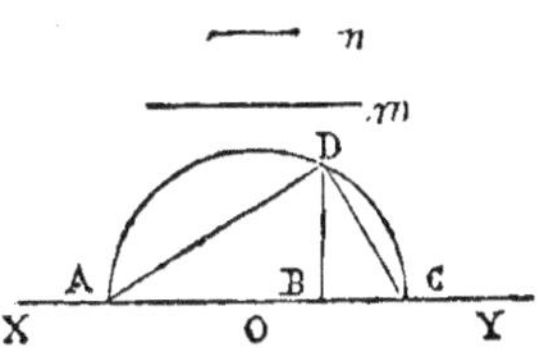

comme diamètre, une demi-circonférence; on élève au point B sur AC une perpendiculaire BD. terminée à la circonférence; BD est la moyenne proportionnelle demandée.

En effet, si l'on tire AD, DC, on forme un triangle ADC, rectangle en D (n° 110). Dans ce triangle ADC, la perpendiculaire DB abaissée du sommet de l'angle droit sur l'hypoténuse, est moyenne géométrique entre les segments $AB = m$ et $BC = n$ (n° 153, 1°). C. Q. F. D.

Deuxième solution. Sur la ligne indéfinie XY on prend, à partir du même point A, successivement, $AC = m$, $AB = n$; sur AC, comme diamètre, on décrit une demi-circonférence; au point B on élève sur AC la perpendiculaire BD, terminée à la circonférence; on tire AD; AD est la moyenne proportionnelle entre $AC = m$ et $AB = n$. En effet, dans le triangle rectangle ADC, un côté de l'angle droit AD est moyen proportionnel entre l'hypoténuse entière AC, et le segment adjacent AB (153, 2°).

Troisième solution. Sur une ligne indéfinie on prend, à partir du

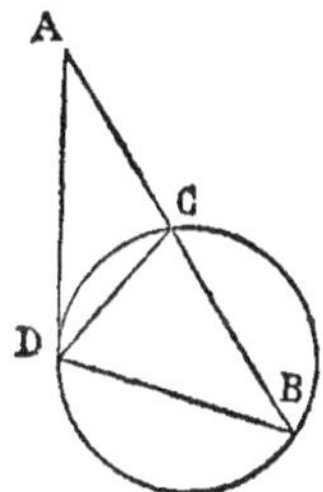

même point A, successivement $AB = m$, puis $AC = n$; sur $CB = AB - AC$, comme corde, on décrit une circonférence; du point A on mène une tangente AD à cette circonférence; AD est la moyenne proportionnelle cherchée. En effet, d'après un théorème précédent (n° 162)

$$\overline{AD}^2 = AB \times AC = m \times n.$$

Problème.

167. *Partager une ligne donnée* AB *en moyenne et extrême raison.*

Partager une ligne AB *en moyenne et extrême raison, c'est la diviser en deux parties* AC, BC, *telles que la plus grande partie* BC *soit moyenne proportionnelle entre la ligne entière* AB *et l'autre partie* AC.

On doit avoir $\dfrac{AB}{BC} = \dfrac{BC}{AC}$.

Au point A sur AB, j'élève une perpendiculaire AO que je prends égale à la moitié de AB; du point O comme centre avec le rayon OA, je décris une circonférence; je mène, par le point B et par le centre, la sécante BDE; puis je prends BC=BD, au moyen de l'arc de cercle DC; la ligne AC est divisée au point C en moyenne et extrême raison.

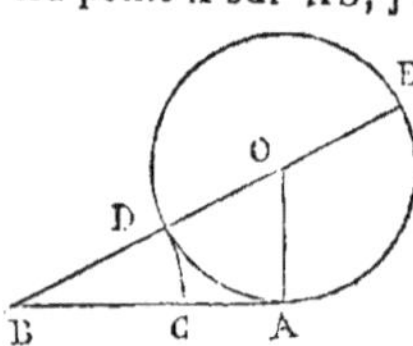

En effet, la sécante DE et la tangente BA étant issues du même point, on a (n° 162), $\dfrac{BE}{BA} = \dfrac{BA}{BD}$. Retranchant 1 des deux membres il vient $\dfrac{BE}{BA} - 1 = \dfrac{BA}{BD} - 1$ ou $\dfrac{BE-BA}{BA} = \dfrac{BA-BD}{BD}$; or BE — BA = BE — DE = BD, BA — BD = BA — BC = CA; la dernière égalité n'est donc autre que celle-ci $\dfrac{BD}{BA} = \dfrac{CA}{BD}$; ou $\dfrac{BC}{BA} = \dfrac{CA}{BC}$; BC est donc une moyenne proportionnelle entre BA et CA.

REMARQUE. Soit la ligne donnée AB $= a$; alors AO $= \dfrac{1}{2} a$. Dans le triangle rectangle AOB, on a $\overline{BO}^2 = \overline{BA}^2 + \overline{AO}^2 = a^2 + \dfrac{a^2}{4} = \dfrac{5a^2}{4}$; donc BO $= \sqrt{\dfrac{5a^2}{4}} = \dfrac{a}{2}\sqrt{5}$. Mais BC = BD = BO — OD $= \dfrac{a}{2}\sqrt{5} - \dfrac{a}{2} = \dfrac{a}{2}(\sqrt{5} - 1)$.

Le plus grand segment d'une ligne a, divisée en moyenne et extrême raison est égal à $\dfrac{a}{2}(\sqrt{5} - 1)$.

Problème.

163. *Construire sur une droite donnée un polygone semblable à un polygone donné.*

Sur une ligne ab donnée comme côté homologue à AB, il faut construire un polygone semblable au polygone donné ABCDEF.

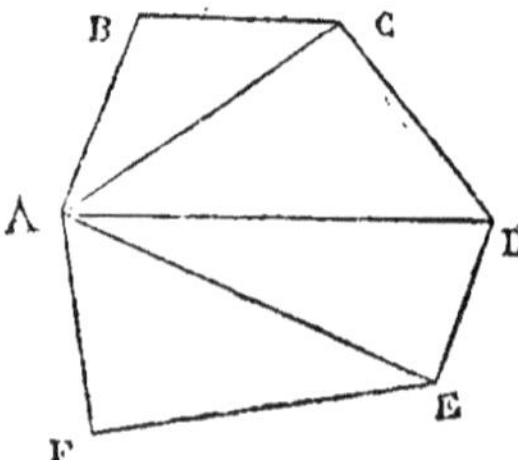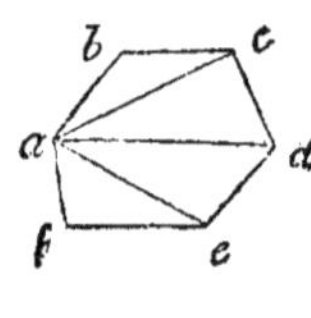

Pour cela, je décompose ABCDEF en triangles par des diagonales issues du même sommet A. Puis avec *ab* au point *b*, je fais un angle *b* égal à l'angle B, et au point *a* un angle *bac* égal à l'angle BAC; je forme ainsi un triangle *abc* équiangle et semblable à ABC.

Maintenant avec *ac*, au point A, je fais un angle *cad* égal à CAD, et au point *c* un angle *acd*=ACD; les deux nouvelles droites ainsi menées se rencontrent en *d*, et forment avec *ac* le triangle *acd* équiangle et semblable au triangle ACD. Sur AD je construis de même un triangle *ade* équiangle au triangle ADE, et enfin sur *ae* un triangle *aef* équiangle au triangle AEF.

Le polygone *abcdef* ainsi construit est semblable au polygone proposé ABCDEF (n° 151).

Problème.

169. *Construire un polygone semblable à un polygone donné, et dont le périmètre* p *soit les* $\frac{5}{7}$ *du périmètre* p *de ce polygone donné.*

Supposons que le polygone donné soit ABCDEF (fig. précé-dente). Puisque le rapport des périmètres est le même que celui de deux côtés homologues quelconques (n° 152), si l'on appelle *ab* le côté du nouveau polygone homologue à AB, comme $\frac{P}{p} = \frac{5}{7}$, on devra avoir $\frac{ab}{AB} = \frac{5}{7}$, ou $ab = \frac{5}{7}$ AB. On construira donc une ligne *ab* égale aux $\frac{5}{7}$ de AB (n° 163); puis sur *ab*, comme côté homologue à AB, on construira un polygone semblable à ABCDEF (n° 168).

EXERCICES.

Remarque. Nous proposons ici des problèmes graphiques et des problèmes numériques à la fois, que nous séparerons pour plus de netteté. Mais le mieux sera de composer chaque devoir, soit de problèmes graphiques et de problèmes numériques, soit alternativement de problèmes des deux genres.

PROBLÈMES GRAPHIQUES.

51. Construire une droite dont on connaît les 5/9.

52. Construire une droite qui soit à une droite donnée dans le rapport de $2\,^3/_4$ à $5\,^1/_2$.

53. Diviser une droite en parties proportionnelles à $2\,^1/_4$, $1\,^1/_8$, $1\,^2/_7$ à l'aide d'une parallèle auxiliaire.

54. a, b, c, m, n étant des droites données, construire une droite x telle que

$$- \quad x = \frac{a \times b \times c}{m \times n}.$$

55. $\quad - \quad x = \frac{3a^2 \times b}{m \times n} + \frac{5a^2}{m} - \frac{3a^2 \times b}{5m \times n}.$

56. $\quad - \quad \dfrac{x^2}{a^2} = \dfrac{m}{n};\ x^2 = \dfrac{3}{7}\,a^2.$

57. Construire deux droites connaissant leur rapport

    — et leur somme.

58.   - et leur différence.

59.   — et une moyenne proportionnelle entre ces droites.

60. Marquer sur AD, tangente en A à une circonférence, un point D, tel que sa plus courte distance à la circonférence soit la moitié de AD.

61. Marquer sur une droite AD, tangente en A à une circonférence, un point D tel que si on le joint à l'extrémité du diamètre AB par une sécante DCB, DB $+$ CB $= l$ (droite donnée).

62. Construire deux droites connaissant leur moyenne géométrique

    — et leur somme.

63.   — et leur différence.

64. Construire deux droites a et b, connaissant une droite m telle que $m^2 = a^2 + b^2$ ou $m^2 = a^2 - b^2$

    — et la somme des droites a et b.

65.   — et leur différence.

66.   — et leur rapport $= \dfrac{3}{5}.$

67.   — et la moyenne proportionnelle entre a et b.

68. Une droite est divisée par un point *en moyenne et extrême raison*, quand la plus grande partie est moyenne proportionnelle entre la ligne entière de l'autre partie.

69. Diviser une droite donnée en moyenne et extrême raison d'après l'*ex.* 63.

70. Trouver le rapport de chaque partie d'une ligne divisée en moyenne et extrême raison à la ligne entière (n° 467).

71. Deux droites, divisées en moyenne et extrême raison, sont divisées en partie proportionnelles.

72. Par un point O intérieur à un angle, mener une droite inscrite IOH, de manière que — OI $=$ OH.

73.   — OI $= \dfrac{3}{7}$ OH, ou $\dfrac{\text{OI}}{\text{OH}} = \dfrac{m}{n}$ (m et n lignes données).

74   — IOII soit divisée au point O en moyenne et extrême raison.

Par un point donné O, extérieur à un angle, mener une droite OIII qui rencontre les côtés en II et en I, de manière que :

75   — $\dfrac{OI}{OII} = 3/8$, ou $\dfrac{OI}{OII} = \dfrac{m}{n}$ (*m* et *n* droites données).

76.   — que le point I divise OIII en moyenne et extrême raison.

77, 78, 79, 80 et 81. Résoudre les mêmes problèmes 72, 73, 74, 75, 76 en remplaçant l'angle donné par une circonférence.

82. Tracer sur le plan d'un triangle une droite, telle que les perpendiculaires abaissées des trois sommets, sur cette droite soient proportionnelles à 3, 4 et 5, ou à des lignes données *m*, *n*, *p*.

83. Construire un trapèze connaissant les milieux de ses diagonales, le rapport des bases, leur distance, et un des côtés non parallèles.

84. Construire un polygone semblable à un polygone donné, ayant un périmètre donné.

85. Inscrire dans une circonférence
un triangle semblable à un triangle donné.

86.   — un rectangle semblable à un rectangle donné.

87.   — un quadrilatère semblable à un quadrilatère inscriptible donné.

88. Circonscrire à une circonférence donnée
un losange semblable à un losange donné.
un quadrilatère semblable à un quadrilatère circonscriptible donné.

89. Par l'un des points d'intersection de deux circonférences, mener une sécante telle que les deux cordes soient égales entre elles.
— soient entre elles dans un rapport donné.

90. Construire un triangle connaissant
deux côtés et la bissectrice de leur angle.

91.   — un côté, l'angle opposé et le rapport des deux autres côtés.

92.   — un côté, l'angle opposé et une moyenne proportionnelle entre les deux autres côtés. (L'angle opposé peut être remplacé dans les deux problèmes par le rayon du cercle circonscrit.)

93.   — un côté, la bissectrice de l'angle opposé et une moyenne proportionnelle entre les deux autres côtés.

94.   — un côté, la bissectrice de l'angle opposé et le rapport des deux autres côtés.

95. Décrire une circonférence passant par deux points donnés
— et tangente à une droite donnée.

96.   — interceptant sur une droite donnée une corde de longueur donnée.

97.   — et tangente à une circonférence donnée.

98.   — interceptant sur une circonférence donnée une corde de longueur donnée, ou sous-tendant un segment capable d'un angle donné.

99.   — divisant une circonférence donnée en deux parties égales.

100. Décrire une circonférence passant par un point donné
— tangente à deux droites données.

101. — à une droite et à une circonférence données.

102. Décrire une circonférence tangente à une droite donnée et à deux circonférences données.

103. Décrire une circonférence tangente à une droite donnée et à deux circonférences données.

104. Construire un triangle ABC, connaissant deux de ses sommets A et B, une droite qui contient le sommet C, et la somme ou la différence des côtés AB et AC.

105. Trouver le point d'une droite ou d'une circonférence donnée d'où on voit deux points donnés sous le plus grand angle possible.

106. Construire deux triangles semblables, ayant un sommet commun, sur deux lignes données en grandeur et en position comme côtés homologues. ·

107. Construire un triangle semblable à un triangle donné, ayant ses sommets sur trois circonférences concentriques données.

Problèmes numériques.

108. On prend sur deux droites parallèles deux systèmes de trois points. 1° A. B, C, A′, B′, C′, 2° tels que $AB = 2^m, BC = 5^m, A'B' = 1^m,24$; $B'C' = 3^m,10$. Les droites AA′, BB′, CC′, prolongées, concourent-elles au même point ?

109. Les côtés de l'angle droit d'un triangle rectangle sont 3^m et 5^m; déterminer à moins d'un centimètre

     — l'hypoténuse et la hauteur correspondante.

110.   — les projections des côtés de l'angle droit sur l'hypoténuse.

111.   — le rayon du cercle circonscrit et le rayon du cercle inscrit.

112.   — les segments déterminés par les points de contact du cercle inscrit.

113.   — les segments déterminés sur chaque côté par la bissectrice de l'angle opposé.

114.   — les trois bissectrices.

115.   — les trois médianes.

116. L'hypoténuse d'un triangle rectangle est $3^m,5$; la hauteur correspondante est $0^m,68$. Trouver, à moins d'un centimètre, chacune des lignes indiquées dans les sept problèmes précédents.

117. Deux cercles dont les rayons sont $1^m,2$ et $0^m,9$ se coupent à angles droits; on demande de calculer : 1° la corde commune; 2° la partie de la ligne des centres comprise entre les deux circonférences.

118. Les rayons de deux circonférences et la ligne des centres sont $3^m,5^m$, et $5^m,6$. on demande si l'angle sous lequel elles se coupent est droit, ou aigu, ou obtus

119. Le rayon d'une circonférence égal à 2 mètres est divisé par une circonférence concentrique à la 1ʳᵉ, en moyenne et extrême raison. On demande la longueur d'une corde de la grande circonférence tangente à la petite.

120. Les côtés d'un triangle étant 3^m, 5^m et 6^m, calculer à 0,01 près

     — les segments déterminés sur chaque côté par la bissectrice de l'angle opposé.

121.   — les segments déterminés sur les côtés par les points de contact du cercle inscrit.

122.   — les longueurs des trois bissectrices.

123.   — les segments déterminés sur chaque côté par la hauteur correspondante

124. — les trois hauteurs.

125. — les trois médianes.

126. — le rayon du cercle circonscrit.

127. — le rayon du cercle inscrit.

128. Les rayons de deux cercles sont 5^m et 6^m; la distance de leurs centres est 8^m. Calculer la longueur de la corde commune, puis la plus petite et la plus longue distance des deux circonférences *sur la ligne des centres*.

DES POLYGONES RÉGULIERS.

170. DÉFINITION. *On appelle polygone régulier, un polygone qui a ses côtés égaux et ses angles égaux.*

En divisant une circonférence en un certain nombre de parties égales, et en joignant ensuite les points de division consécutifs par des droites, on obtient un polygone régulier; car ce polygone a évidemment ses côtés égaux et ses angles égaux. Il existe donc des polygones réguliers d'un nombre de côtés quelconque.

On dit qu'un polygone est inscrit dans un cercle quand tous ses sommets sont situés sur la circonférence. Réciproquement, on dit alors que le cercle est circonscrit au polygone.

On dit qu'un polygone est circonscrit à un cercle quand tous ses côtés sont tangents à la circonférence. Réciproquement, on dit alors que le cercle est inscrit dans le polygone.

Théorème.

171. *Tout polygone régulier peut être inscrit ou circonscrit à un cercle.*

Soit ABCDEF un polygone régulier quelconque. Par trois sommets consécutifs A, B, C, je fais passer une circonférence; pour cela il suffit d'élever aux points I et H, milieux de AB et de BC, des perpendiculaires qui se coupent en un point O, puis de décrire une circonférence de O, comme centre avec le rayon OA. Cette

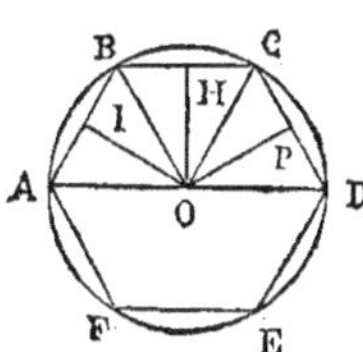

circonférence passe par les points A, B, C; je dis qu'elle passe aussi par le point D, et par tous les autres sommets du polygone.

Pour le démontrer, je tire OD, puis je fais tourner le quadrilatère OHCD, autour de OH comme charnière, jusqu'à ce qu'il soit rabattu sur le quadrilatère OHBA. Les angles en H étant égaux comme droits, le côté HC s'applique sur HB, et comme HC = HB, le point C tombe en B; mais alors, l'angle HCD étant égal à HBA, puisque le polygone est régulier, la ligne CD s'applique sur BA, et comme CD = BA, le point D tombe en A; comme d'ailleurs le point O n'a pas bougé, il se trouve que OD coïncide exactement avec OA; OD étant égal à OA, la circonférence décrite de O comme centre avec le rayon OA passe par le point D. En la considérant comme passant par B, C, D, on prouve de même qu'elle passe en E; et ainsi de suite. Cette circonférence passe donc par tous les sommets du polygone; elle est circonscrite au polygone.

C'est la seule qu'on puisse lui circonscrire, puisque le polygone a au moins trois sommets, et que, par trois points non en ligne droite, on ne peut faire passer qu'une circonférence.

2° *On peut inscrire une circonférence dans le polygone.*

En effet, les côtés AB, BC, CD,... du polygone, qui sont des cordes égales du cercle OA, sont également distants du centre O; OI = OH = OP, etc. Une circonférence décrite du point O comme centre avec un rayon égal à OH, passera donc par les points I, H, P;... et de plus sera tangente aux côtés du polygone, puisque ceux-ci sont perpendiculaires à ces rayons OI, OH, etc. Cette circonférence sera donc inscrite dans le polygone.

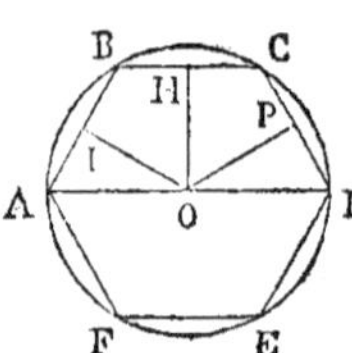

On ne peut inscrire que cette circonférence.

En effet, le centre de toute circonférence inscrite devant être également distant des côtés AB, BC, du polygone, devra se trouver sur la bissectrice de l'angle ABC (48); ce même centre devant être également distant des côtés BC, CD, se trouve aussi sur la bissectrice de l'angle BCD; ce centre doit donc se trouver à la rencontre des deux bissectrices. Celles-ci n'ayant qu'un point commun, il n'y a qu'un centre O, qu'un rayon OI, et par suite qu'une seule circonférence inscrite.

REMARQUE. Le centre de la circonférence circonscrite et le centre de la circonférence inscrite à un polygone régulier sont un seul et même point O; ce point s'appelle le *centre* du polygone.

Les lignes qui vont du centre à tous les sommets du polygone sont les *bissectrices* de ses angles.

172. Chacun des angles AOB, BOC, etc..., est dit un angle *au centre* du polygone; tous ces angles sont égaux.

Il y a autant de ces angles au centre que de côtés dans le polygone, et leur somme est égale à 4 droits; chacun d'eux est donc égal à 4 angles droits, ou à 360 degrés, divisés par le nombre des côtés du polygone, $\dfrac{4^{\text{droits}}}{n}$. S'il s'agit par exemple d'un hexagone régulier, l'angle au centre est égal à $\dfrac{4^{\text{droits}}}{6} = \dfrac{2}{3}$ d'angle droit.

Réciproquement, connaissant la valeur d'un angle au centre, on peut en conclure le nombre des côtés du polygone. Ex. : l'angle au centre d'un polygone régulier est de 45°; quel est le nombre de ses côtés? 4 droits $= 360°$; on écrira $\dfrac{360°}{n} = 45°$; $\dfrac{360}{n} = 45$; d'où $360 = 45n$ et $n = \dfrac{360}{45} = 8$.

Théorème.

173. *Le rapport des périmètres de deux polygones réguliers d'un même nombre de côtés est le même que celui des rayons des cercles circonscrits ou des cercles inscrits.*

Supposons, pour fixer les idées, qu'il s'agisse de deux octo-gones réguliers ayant pour côtés AB, A'B', et pour centres O et O'. Les périmètres P et P' valent respectivement 8AB et 8A'B'. Menons les rayons des cercles circonscrits OA, O'A', OB, O'B' et les rayons des cercles inscrits OI, O'I'. Les angles au centre AOB,

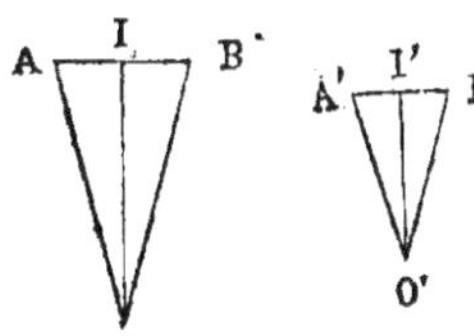

A'O'B' valent chacun un huitième de 4 droits (n° 172); ils sont donc égaux; il en est de même de leurs moitiés AOI, A'O'I'; les triangles rectangles OAI, O'A'I' sont donc équiangles et semblables,

et
$$\frac{AI}{A'I} = \frac{OA}{O'A'} = \frac{OI}{O'I'};$$

mais
$$\frac{AI}{AI'} = \frac{AB}{A'B'} = \frac{8AB}{8A'B'} \text{ ou } \frac{P}{P'};$$

donc
$$\frac{P}{P'} = \frac{OA}{O'A'} = \frac{OI}{O'I'}. \quad \text{C. Q. F. D.}$$

174. Remarque. *Deux polygones réguliers d'un même nombre de côtés sont des figures semblables.*

En effet, 1° les angles sont égaux; car pour obtenir la valeur d'un angle d'un polygone régulier, il suffit de diviser la somme des angles de ce polygone par le nombre des côtés; or le nombre des côtés et la somme des angles sont les mêmes pour nos deux polygones; 2° les côtés sont proportionnels...

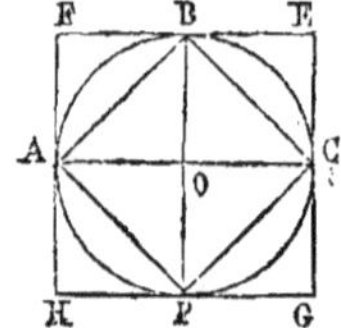

$$\frac{AB}{ab} = \frac{BC}{bc} = \frac{CD}{cd}, \text{ etc...,} \quad \text{puisque } AB = BC = CD, \text{ etc., et } ab = bc = cd,\dots. \text{ Les polygones sont donc semblables.}$$

Théorème.

175. *Inscrire un carré dans un cercle.*

On mène deux diamètres AC, BP, qui se coupent à angles droits; on joint leurs extrémités par des droites AB, BC...; le quadrilatère inscrit ABCP est un carré. En effet, ses côtés qui sont des cordes d'arcs égaux sont égaux, et chacun de ses angles, ex. : BAP, est droit comme inscrit dans un demi-cercle.

On obtient un carré circonscrit, FEGH, en menant des tangentes aux extrémités des diamètres AC, BP. En effet, chaque côté du quadrilatère obtenu est égal au diamètre opposé (FH = PB), et ses angles sont évidemment droits.

176. Il existe entre la valeur numérique du rayon R et celle du côté du carré inscrit, que nous appellerons c, une relation remarquable. Dans le triangle rectangle AOB, $\overline{AB}^2 = \overline{AO}^2 + \overline{OB}^2$; autrement dit : $c^2 = R^2 + R^2 = 2R^2$; d'où $c = \sqrt{2R^2} = R\sqrt{2}$.

Si le rayon est l'unité linéaire, si $R = 1$, $c = \sqrt{2}$.

Connaissant la valeur de R, on aura celle de c en évaluant $\sqrt{2}$ avec une approximation plus ou moins grande, et en multipliant la valeur de R par le résultat.

Le côté du carré inscrit et le rayon n'ont pas de commune mesure.

Problème.

177. *Inscrire un hexagone régulier dans un cercle donné.*

A l'aide d'un compas, on inscrit consécutivement six cordes
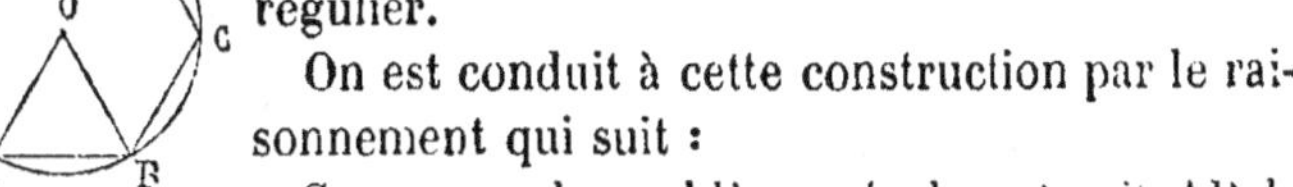
AB, BC, CD,... égales au rayon; on revient ainsi au point de départ, et ABCDEF est un hexagone régulier.

On est conduit à cette construction par le raisonnement qui suit :

Supposons le problème résolu, et soit AB le côté de l'hexagone régulier inscrit : menons les rayons AO, OB.

L'angle au centre $\text{AOB} = \dfrac{4^{\text{droits}}}{6} = \dfrac{2}{3}$ droit; la somme des autres

angles A et B du triangle *isocèle* AOB vaut 2 droits $-\dfrac{2}{3} = \dfrac{4}{3}$ de

droit. Ces deux angles étant égaux, chacun d'eux vaut $\dfrac{2}{3}$ de droit

comme l'angle O; $\text{A} = \text{B} = \text{O}$. Le triangle AOB est équiangle, et par suite équilatéral; $\text{AB} = \text{AO}$.   C. Q. F. D.

Le côté de l'hexagone régulier inscrit dans une cercle est égal au rayon : $c = R$.

178. *Triangle équilatéral.* Pour inscrire un triangle équilatéral, on marque sur la circonférence les extrémités de six cordes égales au rayon; mais on ne joint les points marqués que de 2 en 2; on trace AC, CE, EA; on obtient ainsi un triangle équilatéral ACE.

En effet, l'arc $\text{AB} = \text{BC} = \dfrac{1}{6}$ de la circonfé-

rence; donc l'arc $\text{ABC} = \dfrac{2}{6} = \dfrac{1}{3}$ de la circonférence.

De la valeur numérique du rayon on déduit aisément la longueur du côté du triangle équilatéral inscrit : $AC = R\sqrt{3}$.

Pour le démontrer, on mène OA, OB, OC, AB, BC. La figure OABC est un losange ; ses diagonales OB, AC, se coupent donc en deux parties égales et à angles droits. Le triangle AOI étant rectangle, $\overline{AO}^2 = \overline{OI}^2 + \overline{AI}^2$; c'est-à-dire $R^2 = \left(\dfrac{R}{2}\right)^2 + \left(\dfrac{AC}{2}\right)^2$ ou $= \dfrac{R^2}{4} + \dfrac{\overline{AC}^2}{4}$. Multipliant de part et d'autre par 4, on trouve $4R^2 = R^2 + \overline{AC}^2$; d'où enfin $\overline{AC}^2 = 3R^2$ et $AC = R\sqrt{3}$.

On obtient la valeur numérique du côté du triangle équilatéral inscrit en multipliant la valeur du rayon par $\sqrt{3}$.

On évalue $\sqrt{3}$ en décimales avec l'approximation que comporte la question. Si $R = 1$, $AC = \sqrt{3}$. Le côté du triangle équilatéral inscrit et le rayon n'ont pas de commune mesure.

Problème.

178 bis. *Inscrire un décagone régulier dans un cercle.*

Supposons le problème résolu et soit AB le côté du décagone régulier inscrit.

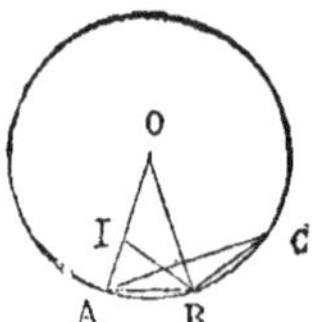

L'angle au centre $O = \dfrac{4^{\text{droits}}}{10} = \dfrac{2}{5}$ dr. Les deux angles à la base, A et B, du triangle isocèle OAB, valent ensemble 2^{dr} — $AOB = 2^{\text{dr}} - \dfrac{2}{5}dr. = \dfrac{8}{5}dr.$; donc $A = B = \dfrac{4}{5}dr.$ L'angle OBA est double de O. Je divise cet angle B en deux parties égales par la ligne BI ; l'angle $OBI = O$ et le triangle OIB est isocèle : $OI = IB$. Dans le triangle AIB, nous avons l'angle $ABI = \dfrac{2}{5}dr.$, $IAB = \dfrac{4}{5}dr.$; donc $AIB = 2^{\text{dr}} - \dfrac{6}{5}dr. = \dfrac{4}{5}dr. = A$; le triangle AIB est isocèle et $AB = IB$; donc $AB = OI$. Cela posé, observons que BI étant la bissectrice de l'angle B du triangle AOB, on a (n° 140) l'égalité $\dfrac{OB}{AB} = \dfrac{OI}{IA}$, qui revient à $\dfrac{OA}{OI} = \dfrac{OI}{IA}$, à cause de $OB = OA$ et de $AB = OI$. La ligne OI, égale au côté AB du décagone régulier inscrit, est donc le plus grand segment du rayon OA divisé en moyenne et extrême raison.

Pour inscrire un décagone régulier dans un cercle, il suffit de diviser le rayon en moyenne et extrême raison, puis de porter le plus grand segment dix fois sur la circonférence; on revient au point de départ.

Ayant inscrit le décagone régulier, si l'on joint ses sommets de deux en deux, on obtient le pentagone régulier inscrit. On construit aisément les polygones inscrits de 20, de 40, de 80... côtés (V. n° 180).

Problème.

170. *Un polygone régulier étant inscrit dans une circonférence, circonscrire un polygone régulier semblable.*

On mène un rayon OI perpendiculaire à chaque côté du polygone inscrit, et à

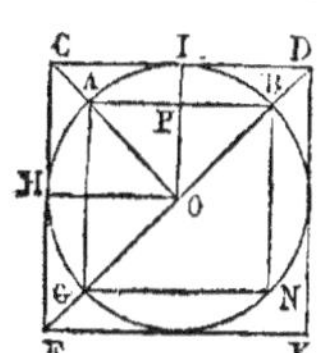

l'extrémité I de chaque rayon, une tangente à la circonférence; les tangentes ainsi menées forment un polygone régulier circonscrit semblable au polygone inscrit donné.

En effet, d'abord les angles du polygone circonscrit sont égaux à ceux du polygone inscrit; car, comparés deux à deux, ces angles ont les côtés parallèles et dirigés dans le même sens. Ex. : BAG, DCF.

En second lieu, les côtés homologues des deux polygones sont proportionnels; pour le démontrer, nous allons faire voir d'abord que les sommets des deux polygones sont deux à deux en ligne droite avec le centre O de la circonférence; par exemple, O, A, C sont en ligne droite. En effet, les deux triangles rectangles OIC, OHC ont l'hypoténuse OC commune, les côtés OI, OH égaux comme rayons. Ces deux triangles étant égaux, l'angle COI=COH; la ligne CO divise l'angle IOH en deux parties égales; elle doit donc passer au milieu A de l'arc IH qui mesure IOH; les points O, A, C sont donc en ligne droite. Cela posé, les deux triangles AOB, COD sont semblables (équiangles) et

donnent $\dfrac{AB}{CD} = \dfrac{OA}{OC}$; de même les triangles semblables OAG, OCF donnent

$\dfrac{AG}{CF} = \dfrac{OA}{OC}$; de ces deux égalités résulte celle-ci : $\dfrac{AB}{CD} = \dfrac{AG}{CF}$. On trouverait de

même $\dfrac{AG}{CF} = \dfrac{GN}{FK}$; etc. Les deux polygones sont équiangles et ont les côtés homologues proportionnels; ils sont donc semblables. Le polygone inscrit est régulier; l'autre l'est aussi.

On peut donc circonscrire à une circonférence tous les polygones réguliers qu'on y sait inscrire.

Problème.

180. *Un polygone régulier étant inscrit, inscrire un polygone régulier d'un nombre double de côtés.*

On divise en deux parties égales chacun des arcs sous-tendus par les côtés du polygone donné; puis on joint chaque point de division aux deux sommets voisins.

Un carré ABCD étant inscrit dans un cercle, on obtient par 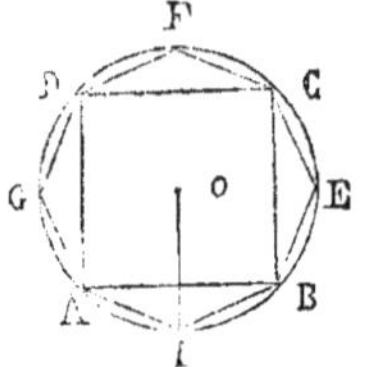 cette construction l'octogone inscrit; puis successivement les polygones de 16, de 32, de 64..... côtés.

Ayant inscrit un hexagone régulier, on peut obtenir successivement les polygones inscrits de 12, de 24, de 48 ..... côtés.

Théorème.

181. *Connaissant la valeur numérique du côté d'un polygone régulier inscrit et le rayon du cercle,* calculer *le côté du polygone régulier inscrit d'un nombre de côtés double.*

Soit AB le côté d'un polygone régulier inscrit; abaissons la per- 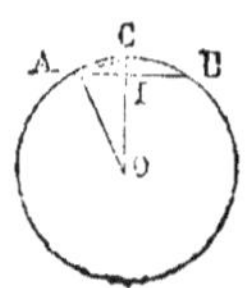 pendiculaire OC, et tirons AC; AC est le côté du polygone inscrit d'un nombre de côtés double. Désignons par c la valeur numérique de AB, par R celle du rayon, et par c' celle de AC.

Dans le triangle acutangle ACO, on a (nº 156) :

$$\overline{AC}^2 = \overline{AO}^2 + \overline{OC}^2 - 2OC \times OI, \quad \text{ou} \quad c'^2 = 2R^2 - 2R \times OI;$$

mais
$$OI = \sqrt{\overline{OA}^2 - \overline{AI}^2} = \sqrt{R^2 - \frac{c^2}{4}},$$

donc
$$c'^2 = 2R^2 - 2R \times \sqrt{R^2 - \frac{c^2}{4}},$$

ou
$$c'^2 = 2R \times \left(R - \sqrt{R^2 - \frac{c^2}{4}} \right).$$

RAPPORT DE LA CIRCONFÉRENCE AU DIAMÈTRE. — MESURE DE LA CIRCONFÉRENCE.

182. *Préliminaires.* Concevons un polygone régulier d'un très-grand nombre de côtés inscrit dans un cercle; on voit que le péri-

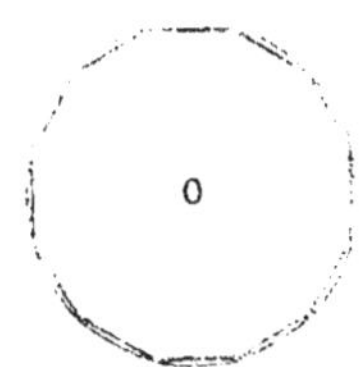

mètre de ce polygone se confond sensiblement avec la circonférence. Si le nombre des côtés du polygone augmente indéfiniment, son périmètre s'approche de plus en plus de la circonférence de manière à en différer aussi peu qu'on voudra.

On est ainsi conduit *à considérer la circonférence comme la limite vers laquelle tend le périmètre d'un polygone régulier inscrit dont le nombre des côtés augmente indéfiniment.*

D'après cela, pour plus de simplicité, on considère une circonférence quand il s'agit de sa longueur, comme le périmètre d'un polygone régulier d'un très-grand nombre de côtés, et on lui attribue toutes les propriétés qui appartiennent aux périmètres des polygones réguliers indépendamment du nombre des côtés.

Théorème.

183. *Le rapport d'une circonférence à son diamètre est un nombre constant.*

Autrement dit : *Ce rapport est toujours le même quelle que soit la circonférence que l'on considère.*

Une circonférence peut être considérée comme la limite vers laquelle tend le périmètre d'un polygone régulier inscrit dont le nombre des côtés augmente indéfiniment (n° 182). Cela posé, con-

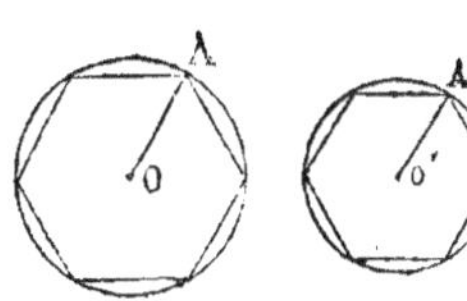

sidérons deux circonférences quelconques, circ. OA et circ. O'A'. Inscrivons-y deux polygones réguliers du même nombre de côtés. On sait que le rapport des périmètres de ces polygones est égal à celui des rayons des cercles cir-

conscrits; $\dfrac{P}{P'} = \dfrac{O'A'}{OA}$ (n° 173). Cette égalité de rapports a lieu quelque grand que soit le nombre des côtés du polygone inscrit; elle ne cesse donc pas d'avoir lieu lorsque, le nombre des côtés devenant infiniment grand, les périmètres se confondent avec circ. OA et circ. O'A'. On a donc, à la limite (n° 182) :

$$\frac{\text{circ. OA}}{\text{circ. O'A'}} = \frac{\text{OA}}{\text{O'A'}}.$$

De cette égalité résulte celle-ci :

$$\frac{\text{circ. OA}}{\text{circ. O'A'}} = \frac{2\text{OA}}{2\text{O'A'}}.$$

Le rapport de deux circonférences est le même que le rapport de leurs rayons ou de leurs diamètres.

En multipliant les deux derniers rapports par circ. O'A' et les divisant par 2OA, on trouve après réduction,

$$\frac{\text{circ. OA}}{2\text{OA}} = \frac{\text{circ. O'A'}}{2\text{O'A'}}.$$

Le rapport d'une circonférence à son diamètre est le même que celui d'une autre circonférence quelconque à son diamètre. Notre proposition est donc démontrée.

Le rapport constant de la circonférence au diamètre se désigne habituellement par la lettre grecque π. Ce nombre ne peut être évalué que par approximation; mais on peut l'obtenir avec autant d'approximation qu'on veut; c'est ce qu'on appelle un nombre incommensurable. Il y a diverses manières d'en obtenir une valeur approchée.

CALCUL DE π.

1re MÉTHODE.

184. $\pi = \dfrac{\text{circ.}}{\text{D}}$. Quand D = 1, π = circ.; c'est-à-dire que π n'est autre que le nombre qui exprime la circonférence dont le diamètre est l'unité linéaire. Trouver π revient donc à trouver la longueur de la circonférence dont le diamètre est 1.

Or on sait que le périmètre d'un polygone régulier diffère d'autant moins de la circonférence circonscrite que le nombre de ses côtés est plus grand, et peut en différer d'aussi peu que l'on veut. On aura donc une valeur aussi approchée que l'on voudra de π

quand on saura mesurer le périmètre d'un polygone régulier d'un nombre de côtés aussi grand que l'on voudra, inscrit dans la circonférence dont le diamètre est égal à l'unité. Pour y arriver on résout ce problème.

Étant donné le périmètre P *d'un polygone régulier de* n *côtés inscrit dans la circonférence de diamètre égal à l'unité, trouver le périmètre* P′ *du polygone régulier inscrit de* 2n *côtés.*

Pour cela, on se sert de la formule trouvée n° 181

$$c'^2 = 2\mathrm{R}\left(\mathrm{R} - \sqrt{\mathrm{R}^2 - \frac{c^2}{4}}\right).$$

Si nous supposons que le diamètre 2R de la circonférence donnée soit égal à l'unité, ou R = 1/2, la formule devient

$$c'^2 = \frac{1}{2} - \sqrt{\frac{1}{4} - \frac{c^2}{4}} = \frac{1}{2}\left(1 - \sqrt{1 - c^2}\right).$$

Multiplions les deux membres de cette égalité par $4n^2$, en observant que pour multiplier le second membre par $4n^2$, il suffit de multiplier le premier facteur par $4n$ et le second par n :

$$4n^2 c'^2 = 2n\left(n - \sqrt{n^2 - n^2 c^2}\right);$$

mais
$$nc = \mathrm{P},$$
$$2nc' = \mathrm{P}'; \quad 4n^2 c'^2 = \mathrm{P}'^2.$$

Donc enfin
$$\mathrm{P}'^2 = 2n\left(n - \sqrt{n^2 - \mathrm{P}^2}\right). \qquad (a)$$

L'usage de cette formule est facile à comprendre. En général, le côté du carré inscrit dans une circonférence est représenté par $\mathrm{R}\sqrt{2}$. Si nous supposons le diamètre égal à l'unité, nous aurons $\mathrm{R} = \frac{1}{2}$; le côté du carré sera $\frac{1}{2}\sqrt{2}$ et son périmètre $2\sqrt{2}$. Cela posé, si dans la formule $\mathrm{P}'^2 = 2n\left(n - \sqrt{n^2 - \mathrm{P}^2}\right)$, établie précédemment, nous faisons $n = 4$ et $\mathrm{P} = 2\sqrt{2} = 2{,}8284\ldots\ldots$, P′ y représentera le périmètre de l'octogone régulier inscrit dans la circonférence de diamètre égal à 1, et la formule nous permettra de calculer la valeur de ce périmètre.

Le périmètre de l'octogone régulier une fois calculé, si dans la même formule (a) nous faisons $n = 8$. P′ y représentera le périmètre de l'octogone régulier inscrit que l'on vient de calculer et qu'on remplacera par sa valeur, et P sera le périmètre du polygone régulier de 16 côtés, dont la formule donnera la valeur.

On passera du polygone de 16 côtés au polygone de 32 côtés comme on a passé du polygone de 8 côtés au polygone de 16 côtés, et ainsi de suite. La formule (a) permet donc de calculer, de proche en proche, les périmètres des polygones réguliers de 8, de 16, de 32, de 64... côtés, c'est-à-dire finalement le périmètre d'un polygone régulier inscrit d'un nombre de côtés aussi grand que l'on veut. Cette formule résout donc le problème de la détermination de π.

REMARQUE. Nous avons supposé dans ce qui précède que l'on partait du polygone régulier de 4 côtés pour calculer successivement les périmètres des polygones de 8, de 16, de 32, de 64..... côtés. On pourrait tout aussi bien partir de l'hexagone régulier inscrit, dont le côté, dans notre hypothèse du diamètre égal à l'unité, est représentée par $\frac{1}{2}$, et le périmètre par 3; la formule permettrait alors de calculer, de proche en proche, les périmètres des polygones réguliers de 12, de 24, de 48, de 96... côtés, inscrits dans la circonférence en question. On obtiendrait encore de cette manière la valeur de π avec une approximation indéfinie.

Voici cette valeur à moins de 0,00000000000001,

$$\pi = 3,14159265358979.$$

Archimède, en partant de l'hexagone et allant jusqu'au polygone de 96 côtés, a trouvé $\frac{22}{7}$ pour valeur approchée de π. Cette fraction très-simple exprime la valeur de π avec une erreur absolue moindre que 0,0013..., et une erreur relative moindre qu'un demi-millième. $\frac{22}{7} = 3,1428...$

Adrien Métius a trouvé $\frac{355}{113}$. Cette fraction réduite en décimales équivaut à 3,1415920..., elle ne diffère de la vraie valeur de π qu'à la 7ᵉ décimale : l'erreur relative est moindre que 0,0000002.

Dans les applications, on se sert habituellement du rapport exprimé en décimales. On prend très-souvent $\pi = 3,1416$. (V. le *Complément.*)

CALCUL DE π PAR LA MÉTHODE DES ISOPÉRIMÈTRES.

185. Pour trouver le nombre $\pi = \dfrac{\text{circ } R}{2R}$, nous avons, en expliquant une première méthode, donné au diamètre une valeur numérique très-simple, $D = 1$, et nous avons calculé une valeur approchée de la circonférence qui a ce diamètre. On peut faire le contraire : donner à la circonférence une valeur numérique également très-simple, par ex. circ. $R = 4$, et chercher la valeur du diamètre ou du rayon de cette circonférence. On trouve alors le rayon à l'aide de deux formules que nous allons d'abord établir.

Problème.

186. *Connaissant l'apothème d'un polygone régulier et le rayon du cercle circonscrit, calculer le rayon du cercle circonscrit et l'apothème d'un polygone isopérimètre (de même périmètre) d'un nombre de côtés double.*

Soient $AO = R$, $OH = r$ le rayon du cercle circonscrit et l'apo-

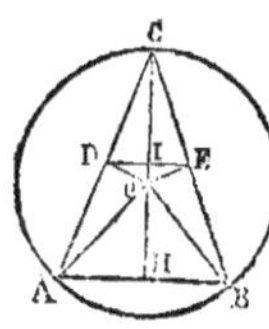

thème donnés d'un polygone régulier dont le côté est AB. Ayant tracé la circonférence circonscrite, je prolonge l'apothème HO jusqu'à cette circonférence en C, et je trace AC et CB. Je mène OD, OE, perpendiculaires à ces cordes, et je trace DE. L'angle DCE est la moitié de AOB, et DE est la moitié de AB. Si l'angle $AOB = \dfrac{360°}{n}$, l'angle $DCE = \dfrac{360°}{2n}$; si AB est le côté d'un polygone régulier de n côtés, DE est le côté d'un polygone isopérimètre de $2n$ côtés ($AB = 2DE$; donc $n \cdot AB = 2n \cdot DE$). DCE est l'angle au centre de ce polygone; $CD = R'$ le rayon du cercle circonscrit, et $CI = r'$ son apothème. Le problème à résoudre revient donc à ceci : Étant donnés $AO = R$ et $OH = r$, trouver $CD = R'$ et $CI = r'$.

On a d'abord $CI = \dfrac{1}{2} CH = \dfrac{1}{2}(CO + OH) = 1/2(R + r)$.

C'est-à-dire $r' = \dfrac{1}{2}(R + r)$ (1)   (1re formule).

Dans le triangle rectangle CDO, on a $\overline{CD}^2 = CO \times CI$, ou $R'^2 = R \times r'$.

D'où $R' = \sqrt{R \times r'} = \sqrt{R \times \dfrac{R + r}{2}}$ (2)   (2e formule).

187. Calcul de π. Nous allons maintenant expliquer l'emploi de ces formules pour le calcul de π.

On assigne à la circonférence une valeur numérique très-simple, par ex. circ. $= 4$, et on se propose de trouver le rayon de cette circonférence.

Pour cela, on considère d'abord un carré ayant le périmètre 4, ou un côté égal à 1, et on calcule son apothème OI et le rayon du cercle circonscrit OA (*fig.* suivante). L'apothème r est égal à 1/2 et le rayon $OA = \dfrac{1}{\sqrt{2}} = \dfrac{\sqrt{2}}{2}$. $\left(\text{On sait que pour le carré } C = R\sqrt{2}; \text{ d'où } R = \dfrac{C}{\sqrt{2}} = \dfrac{\sqrt{2}}{2}\right)$. On évalue $\frac{1}{2}\sqrt{2}$ en décimales. Cela fait, on se sert des formules trouvées (1) et (2) dans lesquelles on fait $r = \frac{1}{2}$ et $R = \frac{1}{2}\sqrt{2}$ pour trouver le rayon et l'apothème de l'octogone régulier du même périmètre 4. Puis à l'aide des mêmes formules, en remplaçant R et r par les valeurs qu'on vient de trouver, on calcule le rayon et l'apothème du polygone isopérimètre de 16 côtés, puis successivement des polygones isopérimètres de 32, de 64, de 128 côtés, etc., jusqu'à ce que les valeurs trouvées de R' et de r' aient un nombre suffisant de chiffres décimaux communs. Ces chiffres décimaux communs appartiennent à la vraie valeur du rayon cherché de la circonférence égale à 4; car *ce rayon est compris entre l'un quelconque des rayons calculés et l'apothème correspondant.* (V. la remarque suivante.)

Ayant trouvé ainsi une valeur approchée du rayon, on divise la valeur 4 de la circonférence par le double du rayon, et on a une valeur approchée de π. (Voyez le tableau ci-après.)

188. Remarque. *Le rayon* x *de la circonférence donnée* $2\pi x = 4$

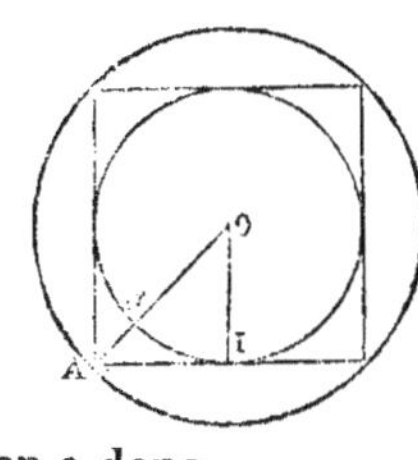

est compris entre e rayon R' *du cercle circon-scrit et l'apothème* r' *d'un polygone régulier quelconque ayant un périmètre égal à* 4.

En effet, le périmètre égal à 4 du polygone en question est compris entre la circonférence du cercle qui lui est circonscrit et la circonférence du cercle qui y est inscrit; on a donc

$$2\pi r' < 4 < 2\pi R', \text{ ou à cause de } 2\pi x = 4, \ 2\pi r' < 2\pi x < 2\pi R';$$

donc $$r' < x < R'. \qquad \text{C. Q. F. D.}$$

189. Les valeurs de r' et de R' successivement calculées se rapprochent rapidement, et on a bientôt des chiffres décimaux communs. En effet, quand on passe d'un polygone au suivant, $R'-r$ est moindre que $\frac{1}{4}(R-r)$. Nous allons le démontrer.

D'après la figure du n° 186, $\quad \overline{CD}^2 - \overline{CI}^2 = \overline{DI}^2 = \left(\dfrac{AH}{2}\right)^2 =$

$$\frac{\overline{AH}^2}{4} = \frac{\overline{OA}^2 - \overline{OH}^2}{4}, \quad \text{ou } R'^2 - r'^2 = \frac{R^2 - r^2}{4};$$

ou bien encore $(R' - r') \times (R' + r') = \dfrac{R - r}{4} \times (R + r)$; d'où enfin

$$R' - r' = \frac{R - r}{4} \times \frac{R + r}{R' + r'}.$$

Mais $\quad R + r$ ou $(CO + OH) = 2r' = r' + r' < R' + r'; \qquad$ donc

$$\frac{R + r}{R' + r'} < 1; \quad \text{par suite } R' - r' < \frac{R - r}{4}. \quad \text{C. Q. F. D.}$$

R_1 et r_1 étant les premiers rayons considérés, on a

$$R_2 - r_2 < \frac{1}{4}(R_1 - r_1); \quad R_3 - r_3 < \frac{1}{4}(R_2 - r_2);$$

$$R_4 - r_4 < \frac{1}{4}R_3 - r_3); \dots; \quad R_n - r_n < \frac{1}{4}(R_{n-1} - r_{n-1}).$$

En multipliant ces inégalités membres à membres, on trouve en simplifiant : $R_n - r_n < \dfrac{1}{4^{n-1}}(R_1 - r_1)$. Pour le carré $R_1 = \dfrac{1}{2}\sqrt{2} = 0{,}7071$, $r_1 = 0{,}5$; $R_1 - r_1 = 0{,}2071$. On peut aussi trouver une limite de l'approximation obtenue dans les calculs successifs.

Voici, d'après Legendre, le tableau des valeurs de R et de r calculées depuis le carré jusqu'au polygone de 8192 côtés.

TABLEAU *des rayons et des apothèmes des polygones réguliers ayant le même périmètre* $= 4$ (calculés à 0,0000001 près).

NOMBRE DES CÔTÉS.	APOTHÈMES.	RAYONS.
4	$r_1 = 0{,}5000000$	$R_1 = 0{,}7071068$
8	$r_2 = 0{,}6035534$	$R_2 = 0{,}6532815$
16	$r_3 = 0{,}6284174$	$R_3 = 0{,}6402789$
32	$r_4 = 0{,}6345731$	$R_4 = 0{,}6376435$
64	$r_5 = 0{,}6361083$	$R_5 = 0{,}6368754$
128	$r_6 = 0{,}6364919$	$R_6 = 0{,}6366836$
256	$r_7 = 0{,}6365878$	$R_7 = 0{,}6366357$
512	$r_8 = 0{,}6366117$	$R_8 = 0{,}6366237$
1024	$r_9 = 0{,}6366177$	$R_9 = 0{,}6366207$
2048	$r_{10} = 0{,}6366192$	$R_{10} = 0{,}6366199$
4096	$r_{11} = 0{,}6366195$	$R_{11} = 0{,}6366197$
8192	$r_{12} = 0{,}6366196$	$R_{12} = 0{,}6366196$

Une circonférence égale à 4 a donc certainement un rayon égal à 0,6366196.....

Le rapport de la circonférence au diamètre ou $\dfrac{4}{2R}$ est donc égal approximativement à $\dfrac{20000000}{6366196}$. (Le diviseur est approché à moins de 0,0000001.)

APPLICATIONS.

Calculer la longueur d'une circonférence de rayon donné.

De $\dfrac{\text{circ. R}}{2\text{R}} = \pi$, on déduit circ. $\text{R} = \pi \times 2\text{R} = 2\pi\text{R}$.   (1)

Il suffit de multiplier la valeur du diamètre par le nombre π. Soit par exemple : $\text{R} = 2^\text{m},74$; on demande la longueur de la circonférence à moins de $0^\text{m},01$.

$2\text{R} = 5^\text{m},48$; on effectuera la multiplication abrégée que voici posée :

$$
\begin{array}{r}
3,141\ 5 \\
84,5 \\
\hline
15\ 707\ 5 \\
1\ 256\ 4 \\
251\ 2 \\
\hline
17,215\ 1
\end{array}
$$

$17,22$ est la longueur demandée.

Si on demande la même longueur à moins d'une erreur relative de $0,01$, comme les deux nombres à multiplier, π et 2R, commencent tous deux par un chiffre plus grand que 1, on emploiera trois chiffres de chaque facteur, et on fera la multiplication ordinaire de $3,14$ par $5,48$. Dans ce cas, on ne peut compter que sur les deux premiers chiffres à gauche, c'est-à-dire sur la partie entière 17.

2° PROBLÈME. *La longueur d'un méridien terrestre étant 40000000 mètres, trouver le rayon de la terre à moins d'un kilomètre?*

$$\text{circ. R} = 2\pi\text{R} = 40000 \text{ kilomètres.}$$

$$\text{R} = \frac{40000^\text{Km}}{2\pi} = \frac{20000^\text{Km}}{\pi}.$$

Il faut trouver ce quotient à moins d'une unité. En posant la division, eu égard aux premiers chiffres de $\pi = 3,141\ldots$, on voit que le quotient aura 4 chiffres à sa partie entière; il faut donc prendre les 6 premiers chiffres de π, et faire la division abrégée qui suit :

$$
\begin{array}{r|l}
2000000 & 314159 \\
\cline{2-2}
115046 & 6366 \\
20801 & \\
1955 & \\
71 & \\
\end{array}
$$

Le rayon demandé est 6366 kilomètres à moins d'un kilomètre.

Trouver la longueur d'un arc de 19° 27′ 43″ appartenant à une circonférence dont le rayon est égal à 2ᵐ,74.

Soit x la longueur cherchée.

19° 27′ 43″ exprime le rapport de l'arc cherché à la circonférence $2\pi R$; on a :

$$
\frac{x}{2\pi R} = \frac{19°27'43''}{360°} = \frac{70063}{1296000}.
$$

Nous avons converti les deux termes du second rapport en secondes. On déduit de là :

$$
x = \frac{70063 \times 2\pi \times 2,74}{1296000}.
$$

EXERCICES.

Problèmes à résoudre.

129. *Trouver à moins de 0,001 le diamètre d'une circonférence égale à 542ᵐ,864.*
On emploiera la méthode de division abrégée; il faudra prendre π avec 7 décimales ? Rép. Le diamètre 2R = 172,799.

130. *Trouver à moins de 0,001 le diamètre d'un cercle, sachant qu'un arc de 52°24′32″ a pour longueur 26ᵐ,042.* Rép. Le diamètre 2R = 56ᵐ,914.

131. *Calculer le nombre de degrés, minutes et secondes de l'arc égal au diamètre.* Rép. 114° 35′ 29″.

Théorèmes à démontrer.

132. En menant des tangentes aux divers sommets d'un polygone régulier inscrit, on obtient un polygone régulier semblable.

133. Le côté du triangle équilatéral circonscrit est double du côté du triangle équilatéral inscrit.

134. On construit un carré extérieur sur chaque côté d'un hexagone régulier, puis on joint les sommets consécutifs des carrés voisins; on forme ainsi un dodécagone régulier.

135. On joint de 3 en 3 les sommets d'un décagone régulier inscrit; chaque corde ainsi inscrite est égale au rayon du cercle plus le côté du décagone.

136. Quand on est revenu au point de départ (Ex. 135), on a formé ainsi ce qu'on appelle un décagone *étoilé*; on demande la somme des angles de ce décagone.

137. Le carré du côté d'un pentagone régulier inscrit est égal à la somme des carrés du rayon et du côté du décagone.

138. Les diagonales d'un pentagone régulier se divisent mutuellement en moyenne et extrême raison.

139. Le rapport de la circonférence au diamètre est compris entre 3 et 4.

140. Une circonférence roulant à l'intérieur, sans glisser, sur une circonférence de rayon double, chaque point mobile parcourt un diamètre de la circonférence fixe.

Problèmes graphiques.

141. Mener par un point donné une droite, qui divise une circonférence donnée dans le rapport de 3 à 7.
— dans le rapport de 9 à 11.

142. Inscrire dans un cercle un pentédécagone régulier.

143. C, C', C'' étant des circonférences données, tracer une circonférence égale à $2/3\ C + 3/4\ C' - 3/5\ C''$.

144. C étant une circonférence donnée, construire une circonférence C', telle que

$$\frac{C}{C'} = \frac{C'}{C - C'}$$

Problèmes numériques.

145. Le rayon du cercle circonscrit étant pris pour unité, calculer à moins d'un centième, le côté et l'apothème de chacun des polygones réguliers suivants:
— de 3 côtés.

146. — de 4 côtés.

147. — de 8 côtés.

148. — de 5 côtés.

149. — de 10 côtés.

150. — de 12 côtés.

151. — de 20 côtés.

152. Calculer à moins d'un centième le côté du polygone circonscrit semblable à chacun des précédents.

153. Connaissant le rayon et l'apothème d'un polygone régulier, calculer le rayon et l'apothème du polygone régulier isopérimètre d'un nombre double de côtés.

154. En déduire une méthode pour calculer approximativement le rapport π.

155. On demande, à une seconde près, la graduation de l'arc sous-tendu par le côté du polygone de 17 côtés.

156. — de l'arc précisément égal au rayon du cercle.

157. — de l'arc égal à 7^m,80, le rayon étant 2^m,6.

158. On demande la longueur d'un arc de 127° 19′ 43″,5, le diamètre du cercle étant 3^m,47.

159. $\pi = 3,1415926538$. On demande l'erreur relative commise en prenant $\pi = 22/7$.

160. THÉORÈME. En retranchant des 22/7 du diamètre les 0,0004 de la valeur de ce produit, on obtient la longueur de la circonférence à moins de 1/288000 de sa valeur.

161. On demande l'erreur relative commise en prenant $\pi = 3,1416$.

162. THÉORÈME. En retranchant du produit 2R $\times$ 3,1416 le quart du cent-millième de sa valeur, on obtient la longueur de la circonférence à moins de la 7000000° de cette longueur.

LIVRE IV.

DE L'AIRE DU POLYGONE ET DU CERCLE.

PRÉLIMINAIRES.

190. On emploie généralement pour unité de surface le *carré* qui a pour côté l'unité linéaire.

Le *mètre* étant la principale unité de longueur, le *mètre carré* (le carré qui a un mètre de côté) est la principale unité de surface.

Aux subdivisions et aux multiples décimaux du mètre correspondent autant d'unités de surface plus ou moins employées. Il y a le décimètre carré, le centimètre carré, ..., le décamètre carré, plus connu sous le nom d'are, l'hectomètre carré ou hectare, le kilomètre carré. (Voy. l'*Arithmét.* pour l'usage de ces mesures.)

191. Chacune de ces unités superficielles vaut 100 unités de l'ordre immédiatement inférieur. Par ex. : le décamètre carré vaut 100 mètres carrés, le mètre carré vaut 100 décimètres carrés, etc.

C'est un fait facile à vérifier. *Construisez un carré;* puis divisez ses deux côtés adjacents chacun en dix parties égales. Menez par les points de division du premier côté des parallèles au second, et par les points de division du second des parallèles au premier (faites la figure). Le carré donné se trouve ainsi décomposé en dix bandes horizontales contenant chacune dix carrés; ce qui fait en tout 100 carrés partiels. Supposez que le carré donné soit un décamètre carré (un are); la figure montre qu'un décamètre carré vaut 100 mètres carrés. Supposez que le carré donné soit un mètre carré; la figure prouve que le mètre carré vaut 100 décimètres carrés. Etc.

Corollaire. 1 mètre carré = 100 décimètres carrés = 10000 centimètres carrés, etc. Réciproquement, un décimètre carré est un centième de mètre carré; un centimètre carré est la dix-millième partie du mètre carré, etc.

192. Le nombre d'unités de surface contenues dans une figure donnée est ce qu'on nomme l'*aire* de cette figure. On dit par exemple : l'aire d'un certain triangle est 12 mètres carrés; l'aire de cet hexagone est $12^{\text{m. q.}},75$.

On ne mesure pas une surface comme une ligne en portant l'unité de surface ou une partie aliquote de cette unité sur la surface à mesurer; cela serait difficile et le plus souvent impossible. On mesure certaines lignes qui font partie de la figure ou qu'on construit exprès pour cela; les nombres qui expriment ces lignes servent ensuite à calculer l'aire de la figure.

Les lignes dont nous venons de parler prennent en général les noms de *bases* et de *hauteurs*.

C'est ainsi que les deux côtés adjacents d'un rectangle s'appellent *base* et *hauteur*. Ex. : dans le rectangle ABCD (fig. suiv.), nous prenons pour *base* AB et pour *hauteur* AD; on pourrait faire l'inverse.

Un des côtés d'un parallélogramme prend le nom de *base;* la *hauteur* est la perpendiculaire qui mesure la distance entre la base et le côté opposé. Dans le parallélogramme ABCD (page 138), on prend AB pour base et DH pour hauteur.

L'un des côtés d'un triangle prend le nom de *base;* la *hauteur* est alors la perpendiculaire qui mesure la distance du sommet opposé à cette base. On peut prendre à volonté un côté quelconque pour base.

Les deux côtés parallèles d'un trapèze prennent le nom de *base;* la *hauteur* est la perpendiculaire qui mesure la distance des deux bases.

193. Nous avons appelé figures *égales* des figures qui peuvent coïncider dans toute leur étendue.

On appelle figures *équivalentes* deux figures qui, sans pouvoir coïncider, ont cependant la même étendue, *dont les aires sont égales.*

Exemple : **Deux figures sont** *équivalentes,* **quand elles sont composées de** figures égales chacune à chacune, assemblées différemment. C'est ainsi que le parallélogramme ABCD (page 138) est équivalent au rectangle DCIH, que le triangle ADF (page 139) est équivalent au trapèze ABCD.

Remarque. Lorsque dans les applications numériques, à propos de rapports ou de relations quelconques entre des figures planes, nous dirons simplement *triangle, rectangle, polygone, cercle*, il s'agira des *aires* de ces figures et non de leurs périmètres; ceux-ci sont toujours expressément désignés.

MESURE DU RECTANGLE.

194. *L'aire d'un rectangle est égal au produit de sa base par sa hauteur.*

En d'autres termes :

Pour mesurer un rectangle, il suffit de mesurer sa base et sa hauteur avec l'unité linéaire, puis de multiplier l'un par l'autre les deux nombres ainsi obtenus; le produit est le nombre d'unités carrées contenues dans la surface du rectangle.

Pour démontrer cette proposition, nous distinguerons deux cas :

1ᵉʳ cas. *La base et la hauteur sont exprimées par des nombres entiers.* Par ex. : AB = 5; AD = 3.

Je partage AB en 5 unités et AD en 3; par les points de division de AB, je mène des parallèles à AD, et par ceux de AD, des parallèles à AB. Le rectangle se trouve ainsi décomposé en carrés dont chacun, ayant pour côté l'unité linéaire, n'est autre que l'unité de surface. Le nombre de ces carrés est évidemment 5×3; l'aire du rectangle est donc 5×3; ce qui est précisément le produit de la base par la hauteur.

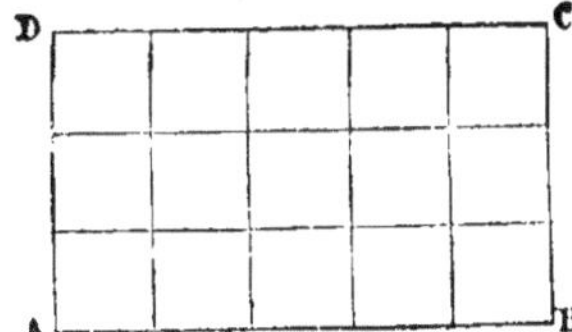

2ᵉ cas. *Les dimensions du rectangle ne sont pas toutes deux exprimées par des nombres entiers.* Ex. : AB = 3ᵐ,25 et AD = 1ᵐ,7.

Réduisons ces deux dimensions en parties décimales de la plus petite espèce indiquée : AB = 325 centimètres, AD = 170 centimètres. Prenons auxiliairement le centimètre pour unité de longueur et le centimètre carré pour unité de surface. En divisant

AB en 325 centimètres et AD en 170, puis menant des parallèles comme dans le premier cas, on voit que le rectangle contient 325×170 centimètres carrés; 325×170, c'est précisément le produit de sa base par sa hauteur.

Si l'on veut conserver le mètre pour unité, on se fonde sur ce qu'un centimètre carré est un dix-millième de mètre carré. On en conclut que 325×170 centimètres carrés $= \dfrac{325 \times 170}{10000}$ de mètre carré $= \left(\dfrac{325}{100} \times \dfrac{170}{100}\right)$ mètres carrés $= (3{,}25 \times 1{,}70)$ mètres carrés.

Ainsi, que l'unité soit le mètre ou le centimètre, le nombre qui mesure le rectangle est précisément le produit du nombre qui exprime sa base multiplié par celui qui exprime sa hauteur.

Il est clair que si les dimensions étaient exprimées par des nombres fractionnaires ordinaires, il suffirait de réduire les fractions au même dénominateur, et de prendre pour unité linéaire auxiliaire l'une des parties de l'unité principale ainsi obtenues.

Cette démonstration réussit, quelque petite que soit la subdivision de l'unité qui sert de mesure à l'une et à l'autre dimension du rectangle; nous pouvons donc dire en général, dans le sens indiqué : *Un rectangle a pour mesure le produit de sa base par sa hauteur.*

Formule. Désignons par R l'aire du rectangle, par B et par H les nombres qui expriment sa base et sa hauteur; la proposition précédente se formule ainsi :

$$R = B \times H.$$

195. Corollaire I. *Le rapport de deux rectangles quelconques est égal au produit du rapport de leurs bases par celui de leurs hauteurs; ou bien, deux rectangles sont entre eux dans le même rapport que les produits de leurs bases par leurs hauteurs.*

Désignons comme tout à l'heure l'aire du 1er rectangle par R, sa base par B et sa hauteur par H. Désignons de même par R', B', H', les mêmes nombres relatifs au 2e rectangle,

$$R = B \times H, \quad R' = B' \times H'.$$

En divisant, on trouve $\dfrac{R}{R'} = \dfrac{B \times H}{B' \times H'} = \dfrac{B}{B'} \times \dfrac{H}{H'}$.

196. Corollaire II. *Le rapport de deux rectangles de même hauteur est le même que celui de leurs bases.*

Le rapport de deux rectangles quelconques, $\dfrac{R}{R'} = \dfrac{B \times H}{B' \times H'}$; quand H′ est égal à H, cette égalité se réduit à $\dfrac{R}{R'} = \dfrac{B}{B'}$.

Le rapport de deux rectangles de même base est le même que celui de leurs hauteurs.

Même démonstration.

Remarque. L'aire du carré dont le côté est c, est égale à $c \times c$ ou c^2. De là le nom de carré donné en arithmétique au produit d'un nombre par lui-même.

197. Applications. 1ᵉʳ *Exemple*. La base d'un rectangle est 8 mètres, sa hauteur 5 mètres.

L'aire de ce rectangle est égale à (8×5) ou 40 mètres carrés.

2ᵉ *Exemple*. $B = 3^m,24$; $H = 2^m,85$; $R = (3,24 \times 2,85)$ mètres carrés ou $9^{m.q.}$, 2340.

Remarque. Nous avons vu qu'un décimètre carré n'est autre chose qu'un centième de mètre carré, qu'un centimètre carré n'est autre chose qu'un dix-millième de mètre carré, et ainsi de suite. De là cette règle indiquée en arithmétique :

Règle. *Pour énoncer un nombre décimal d'unités carrées, on partage la partie décimale en tranches de deux chiffres, à partir de la virgule, en complétant la dernière tranche à droite par un zéro si elle n'a qu'un chiffre. Cela fait, la première tranche à droite de la virgule exprime des décimètres carrés, la seconde des centimètres carrés, la troisième des millimètres carrés; etc. On énonce le nombre en conséquence.*

La dernière aire trouvée $9^{m.q.}$,2340 s'énonce ainsi : 9 mètres carrés, 23 décimètres carrés, 40 centimètres carrés.

MESURE DU PARALLÉLOGRAMME.

198. Théorème. *Tout parallélogramme ABCD est équivalent à un rectangle de même base et de même hauteur.*

Pour le prouver, j'abaisse DH et CI perpendiculaires à AB; j'obtiens ainsi un rectangle DCIH qui a même base que le parallélogramme (IH = DC = AB), et même hauteur DH. Ces deux figures sont équivalentes : en effet, le parallélogramme ABCD se compose du triangle DAH et du trapèze DCBH; le rectangle DCIH se compose du triangle CBI et du trapèze DCBH. Or les triangles rectangles DAH, CBI sont égaux comme ayant l'hypoténuse AD = BC, et le côté DH = CI (parallèles comprises entre parallèles). Donc ABCD = DCIH.   C.Q.F.D.

199. Aire d'un parallélogramme. *L'aire d'un parallélogramme est égale au produit de sa base par sa hauteur.*

Pour le démontrer, on fait voir qu'un parallélogramme quelconque est *équivalent* à un rectangle de même base et de même hauteur (198); le rectangle ayant pour mesure le produit de sa base par sa hauteur, il en est de même du parallélogramme.

Remarque. *Deux parallélogrammes de même base et de même hauteur sont équivalents.*

Le rapport de deux parallélogrammes de même hauteur est le même que celui de leurs bases, et deux parallélogrammes de même base sont entre eux dans le même rapport que leurs hauteurs (n° 196).

MESURE DU TRIANGLE.

200. *L'aire d'un triangle ABC est égale à la moitié du produit de sa base par sa hauteur.*

Pour le démontrer, on mène BD parallèle à AC et CD parallèle à AB; on obtient ainsi un parallélogramme ABDC *double* du triangle ABC; car les deux triangles ABC, BCD sont égaux (V. page 32). L'aire du parallélogramme étant égale à AC × BH, celle du

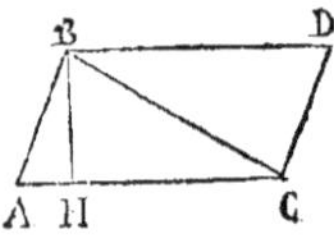

triangle est égale à $\frac{1}{2}$ AC × BH.   C.Q.F.D.

Application. Trouver l'aire d'un triangle dont la base B = 3^m,84 et la hauteur 2^m,7.

Réponse : $\frac{1}{2}$ (3,84×2,7)^{mq} = 5,184; ou 5^{mq}.18^{dmq}.40^{cmq}.

Corollaire **I.** *Deux triangles qui ont la même base et la même hauteur sont équivalents.*

II. *Deux triangles quelconques sont entre eux dans le même rapport que les produits de leurs bases par leurs hauteurs.*

De $t = \frac{1}{2} b \times h$, $t' = \frac{1}{2} b' \times h'$, on déduit $\frac{t}{t'} = \frac{b \times h}{b' \times h'}$.

III. *Le rapport de deux triangles de même hauteur est le même que celui de leurs bases. Le rapport de deux triangles de même base est le même que celui de leur hauteur.* (On démontre comme au n° 196.)

201. Mesure du trapèze. *L'aire d'un trapèze est égale à la demi-somme de ses bases parallèles multipliée par sa hauteur.*

Pour le prouver, je mène, par le milieu I de BC, la ligne DI que 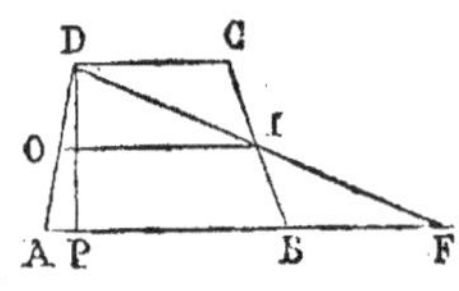 je continue jusqu'à la rencontre de AB prolongée. Les triangles DIC, IBF, sont égaux; car IB = IC, les angles en I sont égaux; et l'angle ICD = IBF (alternes-internes); donc DC = BF; DI = IF. Si du trapèze je retranche le triangle DCI pour ajouter plus bas le triangle égal IBF, j'obtiens une nouvelle figure, le triangle ADF, équivalente au trapèze. Or $ADF = \frac{1}{2} AF \times DP$; donc le trapèze

$ABCD = \frac{1}{2} AF \times DP$; mais AF = AB + BF = AB + CD; en remplaçant AF par cette valeur, on trouve $ABCD = \frac{1}{2} (AB + CD) \times DP$. C. Q. F. D.

202. L'aire d'un trapèze s'obtient aussi *en multipliant la hauteur par la ligne qui joint les milieux des côtés non parallèles.*

Par le point I, milieu de BC, je mène une parallèle IO à AB. Comme I est le milieu de DF, O est le milieu de DA (137); de plus les triangles semblables DOI, DAF donnent $\frac{OI}{AF} = \frac{DO}{DA}$; or

$DO = \frac{1}{2} DA$; donc $OI = \frac{1}{2} AF = \frac{1}{2} (AB + CD)$. On peut donc dans la mesure du trapèze, remplacer $\frac{1}{2} (AB + CD)$ par OI; le

trapèze $ABCD = OI \times DP$. C. Q. F. D.

205. **Aire d'un polygone quelconque.** Pour obtenir l'aire d'un polygone, on le décompose en triangles en joignant l'un de ses sommets à tous les autres; on calcule l'aire de chacun des triangles ainsi obtenus, puis on additionne les aires trouvées; la somme est évidemment l'aire du polygone.

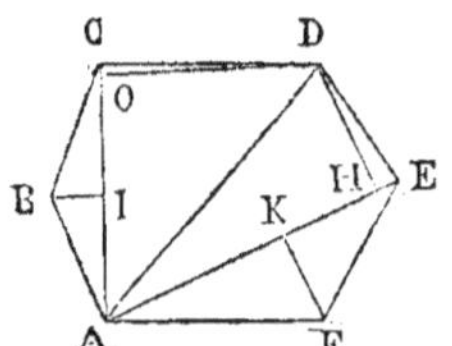

204. Quelquefois il est plus commode de décomposer le polygone en d'autres figures que l'on sait aussi mesurer. L'une des méthodes les plus usitées dans l'arpentage consiste à décomposer le polygone en trapèzes et en triangles rectangles, comme il est indiqué dans les figures suivantes :

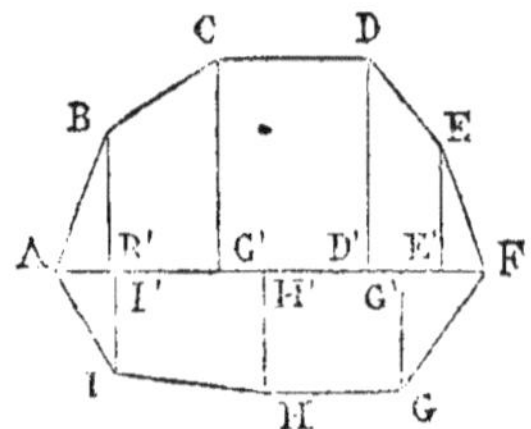
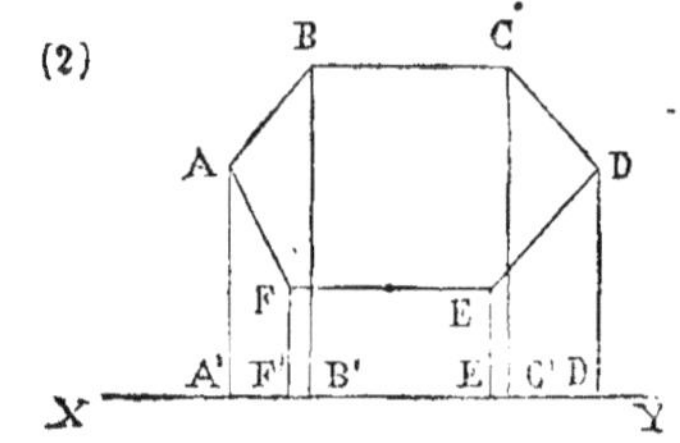

On choisit une ligne intérieure ou extérieure au polygone (ce qu'on appelle une *base*), sur laquelle on abaisse des perpendiculaires de tous les sommets du polygone. Quand la base est intérieure (fig. 1) le polygone est la somme de plusieurs trapèzes ou triangles rectangles qu'on mesure aisément. Quand elle est extérieure (fig. 2), le polygone est égal à la somme de plusieurs trapèzes $ABB'A' + BCC'B' + CDD'C'$ moins la somme de plusieurs autres $AFF'A' + FEE'F' + EDD'E'$.

Toutes les parties de la base se mesurent en même temps, puisqu'il n'y a qu'à porter le mètre ou la chaîne métrique dans une seule direction. Il en serait de même des hauteurs si on les projetait toutes sur une perpendiculaire à la base.

L'aire du premier polygone est égale à

$$\frac{(BB' \times AC' + CC' \times B'D' + DD' \times C'E' + EE' \times D'F)}{2} +$$

$$\frac{(II' \times AII' + HH' \times I'G' + GG' \times H'F)}{2}. \quad (1)$$

Chaque hauteur (ex. : BB′) appartient à deux bases que nous
avons réunies (AB′+ B′C′= AC′)

L'aire du polygone (2) est égal à

$$\frac{1}{2}(AA' \times B'F' + BB' \times A'C' + CC' \times B'D' - DD' \times E'C' -$$
$$EE' \times F'D' - FF' \times A'E').\qquad(2)$$

205. Application. Supposons qu'un terrain ait la forme du second polygone ABCDEF. On choisit une base XY; on abaisse sur
cette base les perpendiculaires AA′, BB′, etc., des divers sommets
du polygone. On fait un croquis de la figure que forment le contour du terrain, la base et les perpendiculaires; on obtient une
figure telle que la nôtre. On raisonne théoriquement sur cette figure
de manière à obtenir comme nous l'avons fait la mesure du polygone. On arrive ainsi à notre formule

$$S = \frac{1}{2}(AA' \times B'F' + \ldots\ldots - DD' \times E'C' - \ldots\ldots).\quad \text{(V. plus haut.)}$$

On mesure alors sur le terrain les perpendiculaires AA′, BB′... et
les diverses parties B′F′, A′C′..... de la base. Cela fait, il ne reste
plus qu'à effectuer les opérations indiquées.

Supposons qu'on ait trouvé :

$$AA' = 28^m,4; \quad BB' = 36^m,25; \quad CC' = 36^m,10; \quad DD' = 27^m,40;$$
$$EE' = 14^m,80; \quad FF' = 14^m,50.$$

Puis,

$$B'F' = 3^m,65; \quad A'C' = 30^m,20; \quad B'D' = 26^m,45; \quad E'C' = 3^m,10;$$
$$F'D' = 32^m,80; \quad A'E' = 27^m,42.$$

En effectuant les opérations indiquées dans la formule, on
trouve pour somme des produits additifs $2153^{mq},255$, et pour
somme des produits soustractifs $967^{mq},97$; d'où on conclut que
l'aire du polygone est $1185^{mq},285$.

EXERCICES.

Problèmes numériques.

1. Un rectangle, un parallélogramme, un trapèze, ont une base commune de $15^m,24$ et la même hauteur de $8^m,20$. La seconde base du trapèze a $10^m,50$ de long ; trouver l'aire de chaque figure.

2. Calculer à $0^m,001$ près le côté du carré équivalent à chacune d'elles.

3. Quelle doit être la longueur d'une salle large de $6^m,50$ pour recevoir 64 élèves à raison de 3/4 de mètre carré par élève ?

4. Combien faut-il de parallélogrammes de 63^{mm} de long et de 96^{mm} de large pour parqueter un salon de $4^m,20$ de long sur $3^m,6$ de large ?

5. Un champ ayant la forme d'un trapèze de $68^m,5$ de hauteur a été payé $1520^f,70$ à raison de 1800 fr. l'hectare. Calculer sa grande base, sachant que la petite est de 104 mètres.

6. Calculer l'aire et le 4ᵉ côté d'un trapèze ABCD dont les bases AB, CD sont de 612^m et de 417^m, le côté AD de 376^m, et l'angle A de 45°.

7. On demande l'aire et le côté d'un losange dont la petite diagonale est de $6^m,4$ et dont le côté vaut les 0,7 de la grande diagonale.

8. Quels sont les côtés d'un champ rectangulaire dont la diagonale est de 140^m et qui a été vendu $339^f,84$ à raison de 3550 fr. l'hectare ?

9. On donne les 4 côtés d'un trapèze isocèle ABCD, savoir : $AD = BC = 6^m$, $AB = 7^m$, et $CD = 5^m,6$. Trouver l'aire du triangle qu'on forme en prolongeant AD et BC.

10. La somme des côtés de l'angle droit d'un triangle rectangle est $2^m,36$; sa surface $6^{mq},96$. Calculer ses trois côtés à un centimètre près.

11. Étant donné un point I sur la base supérieure d'un trapèze, mener par ce point I une ligne IG qui divise la figure en parties équivalentes.

Appliquer au cas de $AB = 6^m$; $DI = 1^m,30$; $CD = 4^m,50$.

12. ARPENTAGE. Dans un terrain à arpenter, partagé pour les mesures à prendre comme l'indique la figure (1) de la page 140, $AB' = 3^m,20$; $B'C' = 6^m,34$; $C'D' = 8^m,5$; $D'E' = 3^m,6$; $E'F = 2^m,85$; $BB' = 7^m,56$; $CC' = 10^m,80$; $DD' = 10^m,75$; $EE' = 6^m,85$; $GG' = 5^m,70$; $HH' = 5^m,35$; $II' = 5^m,20$; $AI' = 2^m,79$; $I'H' = 8^m,90$; $H'G' = 8^m,15$; $G'F = 4^m,65$. On demande le prix de ce terrain à raison de 42 fr. l'are.

Problèmes graphiques.

13. Construire un carré équivalant : 1° à un rectangle ou à un parallélogramme, 2° à un triangle, 3° à un trapèze.

14. Construire un carré équivalant

   — à la moitié d'un carré donné, ou aux 3/5 d'un carré donné.

15.   — aux 4/9 de l'une des figures précédentes données (Ex. 13).

16. Construire sur une base donnée un rectangle équivalant

   — à un carré donné.

17. —   à chacune des figures précédentes données (Ex. 13).

18. —   aux 5/8 de l'une de ces figures.

19. Transformer un polygone en un polygone équivalent ayant un côté de moins.

20. Transformer un polygone en un triangle équivalent.

21. Construire un carré équivalant

—   à un polygone quelconque.—aux 7/9 d'un polygone.

22. Construire un rectangle connaissant sa surface

—   et le rapport de ses côtés.

23. —   et la somme de ses côtés.

24. —   et la différence de ses côtés.

NOTA. La surface d'une figure est donnée ou connue quand on connaît son expression numérique ou bien quand elle équivaut à un carré ou à un polygone donné quelconque.

25. THÉORÈME. Démontrer par la géométrie que le produit de deux facteurs dont la somme est constante est le plus grand possible quand les deux facteurs sont égaux.

26. Par un point donné à l'intérieur d'un angle mener une droite intérieure

telle que le rectangle de ses deux segments soit égal à un carré donné.

27. —   telle que le rectangle des longueurs interceptées sur les côtés de l'angle soit égal à un carré donné.

28. Construire un triangle connaissant

ses trois hauteurs.

29. —   sa surface et ses angles.

30. —   un côté, l'angle opposé, et sa surface.

31. —   sa surface, le rayon du cercle circonscrit, un côté ou une hauteur.

32. —   sa surface, le rayon du cercle circonscrit, et un angle.

33. —   sa surface, le rayon du cercle inscrit, et un angle, ou un côté, ou une hauteur.

34. —   sa surface, un côté, et la somme ou la différence des deux autres côtés.

Théorèmes à démontrer.

35. Deux triangles qui ont un angle égal sont entre eux dans le même rapport que les rectangles des côtés qui comprennent l'angle égal.

36. L'aire d'un trapèze est égale à un des côtés non parallèles multiplié par la distance de ce côté au milieu du côté opposé.

37. *Expression d'un triangle en fonction des trois côtés.* — a, b, c, désignent les trois côtés d'un triangle; h, h', h'' les hauteurs correspondantes, S la surface, $2p$ le périmètre $(a+b+c)$, R le rayon du cercle circonscrit, r le rayon du cercle inscrit; r, r'', r''' les rayons des cercles ex-inscrits qui touchent respectivement a, b, c.

Formules à démontrer.

38. 1° $S = p \times r$.   (1)

39. 2° $r \times p = (p - a) \times r'$; et $r \times r' = (p - b) \times (p - c)$ (*à démontrer par les triangles semblables*).

40. 3° $S = \sqrt{p \times (p - a) \times (p - b) \times (p - c)}$. (2). (*se déduit de 38 et 39*).

41. $r = \dfrac{S}{p}$; $r' = \dfrac{S}{p - a}$; $r'' = \dfrac{S}{p - b}$; $r''' = \dfrac{S}{p - c}$; d'où $r \times r' \times r'' \times r''' = S^2$;

$$\frac{1}{r'} + \frac{1}{r''} + \frac{1}{r'''} = \frac{1}{r} \qquad (3)$$

42. $R = \dfrac{a \times b \times c}{4S} = \dfrac{a \times b \times c}{\sqrt{p \times (p - a) \times (p - b) \times (p - c)}}$ (Ex. 30, liv. III.)

43. *Application.* $a = 39^m$; $b = 31^m,2$; $c = 23^m,4$. Calculer d'abord S, puis R, r, r', r'', r''', et les hauteurs h, h', et h''.

44. Déduire de la formule (2), Ex. 40, la formule qui donne l'aire du triangle équilatéral dont le côté est a.

45. Déduire de la formule (2), Ex. 40, la formule qui donne l'aire d'un triangle ABC rectangle en A $(S = 1/2\, b \times c)$, et celle-ci : $R = 1/2\, a$.

46. Calculer à 1^{mq} près l'aire d'un trapèze ABCD dont les bases AB, DC sont 427^m et 253^m et les diagonales AC, DB, 326^m et 405^m.

47. On divise les côtés du trapèze précédent en trois parties égales par des parallèles aux bases. Calculer les aires des trapèzes ainsi formés.

RELATIONS ENTRE LE CARRÉ CONSTRUIT SUR LE CÔTÉ D'UN TRIANGLE OPPOSÉ A UN ANGLE DROIT, OU AIGU, OU OBTUS, ET LES CARRÉS CONSTRUITS SUR LES DEUX AUTRES CÔTÉS.

206. Le produit de deux lignes, a, b, c'est-à-dire le produit des nombres qui expriment ces lignes, a maintenant pour nous une signification géométrique précise; il exprime l'aire du rectangle construit avec ces deux lignes, a et b, pour base et pour hauteur.

Le carré a^2 d'une ligne a, c'est-à-dire le carré du nombre qui exprime la longueur de a, exprime l'aire du carré qui a cette ligne a pour côté.

D'après cela, nous pouvons donner une signification géométrique aux formules du livre III qui renferment des produits de lignes et des carrés.

207. La formule $(a + b)^2 = a^2 + b^2 + 2ab$ (1), démontre ce théorème :

La carré construit sur la somme de deux lignes est égal à la somme des carrés construits sur ces deux lignes, plus deux fois le rectangle qui aurait ces mêmes lignes pour côtés.

Bien que l'égalité (1) n'ait été démontrée qu'en arithmétique ou en algèbre, la vérité de la proposition de géométrie que nous venons d'énoncer est parfaitement démontrée par cette égalité. Il suffit de considérer les aires que les différents termes de l'égalité représentent dans l'hypothèse où a et b sont des nombres exprimant les longueurs de deux lignes a et b.

A ce point de vue, l'égalité (1) exprime évidemment que l'aire du carré construit sur la somme des deux lignes, $(a+b)^2$, est égale à l'aire du carré construit sur la ligne a, (a^2), plus l'aire du carré construit sur la ligne b, (b^2), plus deux fois l'aire du rectangle qui aurait pour côtés les lignes a et b $(2a\times b)$.

Or c'est ce qui est dit d'une manière plus abrégée dans l'énoncé de la proposition qui nous occupe.

De même la formule $(a-b)^2 = a^2 + b^2 - 2a\times b$ (2), interprétée géométriquement, au point de vue des aires que ses termes représentent, démontre ce théorème :

Le carré construit sur la différence des deux lignes a, b, *est égal à la somme des carrés construits sur ces deux lignes moins deux fois le rectangle construit sur ces deux lignes.*

De même la formule $(a-b)\times(a+b) = a^2 - b^2$ (3) prouve que *le rectangle construit avec la somme et la différence de deux lignes pour côtés, équivaut à la différence des carrés construits sur ces deux lignes.*

208. BC, AB, AC étant les valeurs numériques de l'hypoténuse et des deux autres côtés d'un triangle rectangle ABC, nous avons démontré, nº 154, que $\overline{BC}^2 = \overline{AB}^2 + \overline{AC}^2$. Cette égalité, interprétée comme les précédentes, démontre ce théorème :

Le carré construit sur l'hypoténuse d'un triangle rectangle est égal à la somme des carrés construits sur les côtés de l'angle droit.

209. L'angle B d'un triangle ABC, étant aigu, on a trouvé (nº 156) entre les valeurs numériques des côtés AC, AB, BC du triangle et celle de la projection BD de AB sur BC, la relation que voici :

$$\overline{AC}^2 = \overline{AB}^2 + \overline{BC}^2 - 2BC\times BD.$$

Cette égalité démontre ce théorème :

Le carré construit sur le côté d'un triangle opposé à un angle aigu est égal à la somme des carrés construits sur les deux autres côtés, moins deux fois le rectangle construit sur l'un de ces derniers côtés et la projection de l'autre sur celui-là.

210. L'angle C du triangle ABC étant obtus, on a trouvé, n° 157, $\overline{AB}^2 = \overline{AC}^2 + \overline{BC}^2 + 2BC \times CD$. Cette égalité démontre la proposition suivante :

Le carré construit sur le côté d'un triangle opposé à un angle obtus est égal à la somme des carrés construits sur les deux autres côtés, plus deux fois le rectangle construit sur l'un de ces derniers côtés et la projection de l'autre sur celui-là (*).

211. Les formules que nous venons d'appliquer ont été démontrées à la fois par le calcul et par des considérations géométriques; nous allons en donner des démonstrations purement géométriques. Bien qu'aucune vérification des résultats obtenus par le calcul ne soit nécessaire, la concordance des deux méthodes ne pourra que donner au lecteur plus de confiance dans l'application du calcul à la géométrie.

Théorème.

212. *Le rectangle construit sur la somme et la différence de deux lignes a et b, est équivalent à la différence des carrés de ces lignes.*

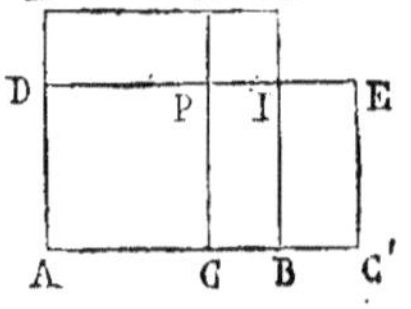

$$(a + b) \times (a - b) = a^2 - b^2.$$

Soient AB $= a$, BC $= b$, AC $= a - b$, AC' $= a + b$. Je mène AD $=$ AC perpendiculaire sur AB, et j'achève le rectangle ADEC' $=$ AC' $\times$ AD $= (a + b) \times (a - b)$. Je prolonge ensuite AD d'une longueur DK $=$ BC, et en j'achève le carré ABMK ou $\overline{AB}^2$. En comparant ce carré ABMK et le rectan ADEC', on leur trouve une partie commune ADIB;

$$\text{ADEC}' = \text{ADIB} + \text{IBC'E}.$$

$$\text{ABMK} - \text{NPIM ou } \overline{AB}^2 - \overline{BC}^2 = \text{ADIB} + \text{KDPN}.$$

Les deux rectangles IBC'E, KDPN sont égaux; car IB $=$ AD $=$ AC $=$ DP; d'ailleurs DK $=$ BC'; IBC'E étant égal à KDPN, ADEC' $= \overline{AB}^2 - \overline{BC}^2$, ou $(a + b)(a - b) = a^2 - b^2$.   C. Q. F. D.

(*) Nous croyons ces démonstrations des théorèmes relatifs aux carrés des côtés d'un triangle conformes au programme; selon nous, les suivantes ne sont pas exigées.

Théorème.

213. *Le carré construit sur la somme de deux lignes est égal à la somme des carrés construits sur ces lignes, plus deux fois le rectangle qui a ces lignes pour côtés.*

$$AC = AB + BC.$$

$$\overline{AC}^2 = \overline{AB}^2 + \overline{BC}^2 + 2AB \times BC. \qquad (1)$$

Ayant construit le carré ACIM sur AC, on peut le décomposer comme il est indiqué sur la figure; pour cela, on prend sur AM $=$ AC une longueur AD $=$ AB; il reste DM $=$ BC; par le point B on mène BH parallèle à AM, et par le point D, DF, parallèle à AC. A la seule inspection de la figure, on voit que le carré ACIM ou $\overline{AC}^2$ se compose comme l'indique l'égalité (1). Le rectangle DEHM $=$ DE $\times$ DM $=$ AB $\times$ BC; BCFE $=$ BE $\times$ BC $=$ AB $\times$ BC.

214. *Le carré construit sur la différence de deux lignes est égal à la somme des carrés construits sur ces lignes, moins deux fois le rectangle qui a ces lignes pour côtés.*

$$AC = AB - BC,$$

$$\overline{AC}^2 = \overline{AB}^2 + \overline{BC}^2 - 2AB \times BC.$$

Ayant construit le carré ABFK sur AB, je construis le carré ACED sur AC, en prenant AD $=$ AC; alors DK $=$ BC. Sur DK $=$ BC, je construis le carré DKLM $=$ $\overline{BC}^2$; enfin je prolonge CE jusqu'à rencontrer KF en I. La figure totale ABFLMDA $=$ ABFK $+$ DKLM $=$ $\overline{AB}^2 + \overline{BC}^2$. Or, si de cette figure totale on retranche (on efface) les deux rectangles CBIF, MEIL, il reste le carré MDKL fait sur BC; $\overline{AC}^2$ est donc égal à $\overline{AB}^2 + \overline{BC}^2$ moins ces deux rectangles. Or, ICBF $=$ IC $\times$ BC $=$ AB $\times$ BC; MEIL $=$ ME $\times$ ML $=$ AB $\times$ BC; donc $\overline{AC}^2 = \overline{AB}^2 + \overline{BC}^2 - 2AB \times BC$. Ce qu'il fallait démontrer.

Théorème.

215. *Le carré construit sur l'hypoténuse d'un triangle rectangle est égal à la somme des carrés construits sur les côtés de l'angle droit.*

Je construis un carré sur chaque côté du triangle. Du point A j'abaisse

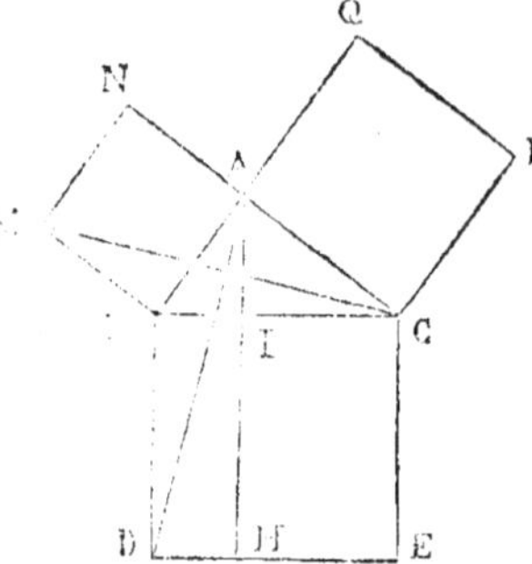

sur l'hypoténuse BC la perpendiculaire AI, que je prolonge jusqu'à la rencontre de DE en H ; je joins AD, MC. L'angle MBC = MBA + ABC = 1dr + ABC ; de même l'angle ABD = 1dr + ABC ; donc l'angle MBC = ABD. Cela posé, les deux triangles BAD, BMC sont égaux comme ayant un angle égal, ABD = MBC, compris entre des côtés égaux chacun à chacun, savoir : AB=MB (côtés d'un même carré), BD = BC (*idem*). Mais le triangle ABD et le rectangle BHHD ont même base BD et même hauteur ; car IB est égal à la perpendiculaire abaissée du sommet A sur DB prolongée ; le triangle ABD équivaut donc à la moitié du rectangle (V. leurs mesures). Le triangle MBC et le carré MBAN ont même base MB et même hauteur ; car la perpendiculaire abaissée de C sur MB prolongée est égale à AB (NAC parallèle à MB) ; le triangle MBC équivaut à la moitié du carré (V. leurs mesures). Or le triangle ABD est égal au triangle MBC ; donc la moitié du rectangle équivaut à la moitié du carré ; donc $\overline{AB}^2$ = BHHD. On démontrerait de même que le carré ACPQ est équivalent au rectangle HHEC. En résumé, BHHD = $\overline{AB}^2$, HHEC = $\overline{AC}^2$; $\overline{BC}^2$ = BHHD + HHEC ; donc $\overline{BC}^2$ = $\overline{AB}^2$ + $\overline{AC}^2$. C. Q. F. D.

COROLLAIRES. Les rectangles BHHD, HHEC, ayant même hauteur IH, sont entre eux dans le même rapport que leurs bases ; $\dfrac{\text{BHHD}}{\text{HHEC}} = \dfrac{\text{BI}}{\text{IC}}$;

donc
$$\frac{\overline{AB}^2}{\overline{AC}^2} = \frac{\text{BI}}{\text{IC}}.$$

Les carrés construits sur les côtés de l'angle droit sont entre eux dans le même rapport que les segments adjacents de l'hypoténuse.

On a de même $\dfrac{\text{BHHD}}{\text{BDEC}} = \dfrac{\text{BI}}{\text{BC}}$; donc

$$\frac{\overline{AB}^2}{\overline{BC}^2} = \frac{\text{BI}}{\text{BC}}.$$

Les carrés construits sur un des côtés de l'angle droit et sur l'hypoténuse sont entre eux dans le même rapport que le segment adjacent à ce côté et l'hypoténuse elle-même.

Quant aux théorèmes relatifs aux carrés construits sur les côtés des triangles non rectangles, nous ne pourrions que répéter les démonstrations données dans le livre III ; ce sont des conséquences des trois théorèmes qui précèdent. Nous renvoyons au livre III (nos 153 et 157).

EXERCICES.

PROBLÈMES GRAPHIQUES.

48. Construire un carré équivalant

— à la somme ou à la différence de deux carrés; — à la somme de plusieurs carrés.

49. — à $3/5\,a^2 - 2/3\,b^2 - 4/9\,c^2 + 3d^2$ (a, b, c, d, droites données).

50. — à $b^2 \times \dfrac{m}{n}$. (b, m, et n étant des droites données).

51. Prendre sur les deux côtés AB, AC d'un triangle ABC des longueurs égales AM, AN telles que le triangle isocèle AMN soit équivalent

— à ABC, — à la moitié de ABC; — aux 4/9 de ABC.

RAPPORT DES FIGURES SEMBLABLES.

Théorème.

216. *Deux triangles semblables ABC, DEF, sont entre eux dans le même rapport que les carrés des côtés homologues.*

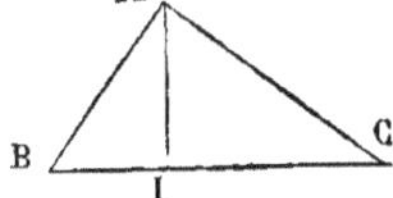

L'aire de ABC $= \dfrac{1}{2}$ BC $\times$ AI; celle de DEF

$$= \frac{1}{2}\,\text{EF} \times \text{DH}.$$

$$\frac{\text{ABC}}{\text{DEF}} = \frac{\text{BC} \times \text{AI}}{\text{EF} \times \text{DH}}. \qquad (1)$$

Les triangles ABC, DEF, étant semblables, $\dfrac{\text{BC}}{\text{EF}} = \dfrac{\text{AB}}{\text{DE}}$.

Les triangles ABI, DEH, étant semblables, $\dfrac{\text{AI}}{\text{DH}} = \dfrac{\text{AB}}{\text{DE}}$.

Multiplions ces égalités membre à membre :

$$\frac{\text{BC} \times \text{AI}}{\text{EF} \times \text{DH}} = \frac{\overline{\text{AB}}^2}{\overline{\text{DE}}^2}. \qquad (2)$$

Des égalités (1) et (2) comparées, il résulte que $\dfrac{\text{ABC}}{\text{DEF}} = \dfrac{\overline{\text{AB}}^2}{\overline{\text{DE}}^2}$.

C. Q. F. D.

Théorème.

217. *Deux polygones semblables sont entre eux dans le même rapport que les carrés de leurs côtés homologues.*

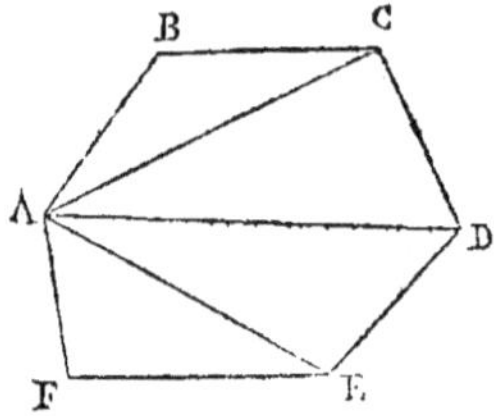 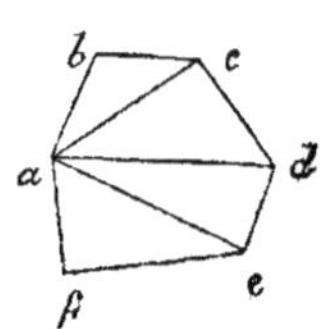

D'après le théorème précédent :

$$\frac{ABC}{abc} = \frac{\overline{BC}^2}{\overline{bc}^2}; \quad \frac{CAD}{cad} = \frac{\overline{CD}^2}{\overline{cd}^2}; \quad \frac{DAE}{dae} = \frac{\overline{DE}^2}{\overline{de}^2}; \quad \frac{AFE}{afe} = \frac{\overline{FE}^2}{\overline{fe}^2}.$$

Mais puisque $\dfrac{BC}{bc} = \dfrac{CD}{cd} = \dfrac{DE}{de}$, etc.; $\dfrac{\overline{BC}^2}{\overline{bc}^2} = \dfrac{\overline{CD}^2}{\overline{cd}^2} = \dfrac{\overline{DE}^2}{\overline{de}^2}$ etc.;

donc
$$\frac{ABC}{abc} = \frac{CAD}{cad} = \frac{DAE}{dae} = \frac{AFE}{afe}.$$

Faisant la somme des numérateurs d'une part, et la somme des dénominateurs de l'autre, on a, d'après un théorème d'arithmétique :

$$\frac{ABC+CAD+DAE+AFE}{abc+cad+dae+afe} = \frac{ABC}{abc} = \frac{\overline{BC}^2}{\overline{bc}^2}; \quad \text{c'est-à-dire} \quad \frac{ABCDEF}{abcdef}$$

$$= \frac{\overline{BC}^2}{\overline{bc}^2}. \quad \text{C. Q. F. D.}$$

PROBLÈMES GRAPHIQUES.

52. Construire un polygone semblable à un polygone donné P, et équivalant aux 4/7 de P

53. Construire un polygone semblable à deux polygones P et P', et équivalant on à P + P', ou à P — P' ou à $\frac{3}{4}$ P — $\frac{2}{5}$ P'. (3 problèmes.)

54. Construire un polygone semblable à un polygone donné P et équivalant
        —   à un autre polygone donné Q.
55.   —   aux 4/9 d'un autre polygone donné Q.

DIVISION DES FIGURES.

56. Diviser un triangle en deux parties équivalentes ou dans un rapport donné
        —   par une droite issue du sommet.
57.   —   par une droite issue d'un point donné sur un côté.
58.   —   par une parallèle à un de ses côtés.
59.   —   par une perpendiculaire à un de ses côtés.
60. Diviser de chacune de ces quatre manières un triangle en moyenne et extrême raison (2 *cas*).
61. Diviser un triangle en un nombre quelconque de parties équivalentes,
        —   par des lignes issues du sommet.
62.   —   par des parallèles à un de ses côtés.
63.   —   par des droites issues d'un point intérieur donné.
64. Diviser de chacune de ces trois manières un triangle en parties proportionnelles à des nombres donnés ou à des droites données.
65. Diviser de même un triangle en parties de grandeurs données.
66. Diviser un trapèze en deux parties équivalentes ou proportionnelles à deux nombres ou à deux droites données
        —   par une parallèle à ses bases.
67.   —   par une droite issue d'un point donné sur une base.
68.   —   par une droite de direction donnée.
69. Diviser de même un trapèze en moyenne et extrême raison.
70. Diviser un trapèze par des parallèles à ses bases
        —   en un nombre quelconque de parties équivalentes.
71.   —   en parties proportionnelles à des nombres ou à des lignes données.
72.   —   en parties de grandeurs données.
73. Diviser de même un trapèze par des droites ayant des directions données quelconques.
74. Mener par un sommet d'un quadrilatère une droite qui divise sa surface en parties équivalentes ou en parties proportionnelles à des lignes ou à des nombres donnés, ou en moyenne et extrême raison.

Théorème.

218. *L'aire d'un polygone régulier est égale au produit de son périmètre par la moitié de son apothème.*

Soit par ex. l'hexagone régulier ABCDEF; je joins le centre aux sommets A et B, et j'abaisse OI perpendiculaire à AB; la surface du polygone se compose de six triangles égaux à AOB;

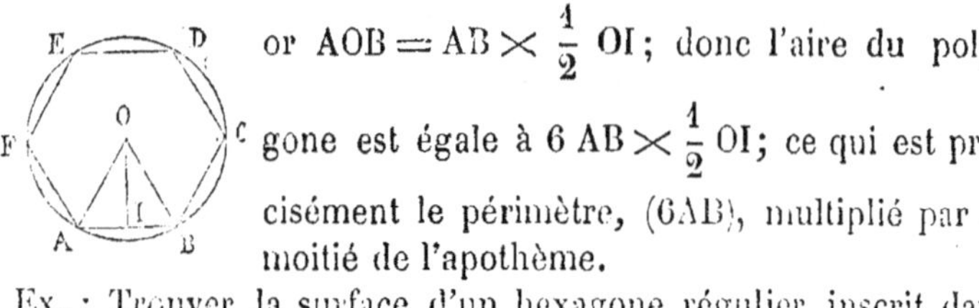

or AOB $= $ AB $\times \frac{1}{2}$ OI; donc l'aire du polygone est égale à 6 AB $\times \frac{1}{2}$ OI; ce qui est précisément le périmètre, (6AB), multiplié par la moitié de l'apothème.

Ex. : Trouver la surface d'un hexagone régulier inscrit dans un cercle dont le rayon R $= 5$ mètres.

$$S = 3AB \times OI.$$

On sait que AB $=$ R $= 5$. Pour connaître OI, on remarque que le triangle OIA étant rectangle,

$$\overline{OI}^2 = \overline{AO}^2 - \overline{AI}^2 = 5^2 - \left(\frac{5}{2}\right)^2 = 25 - \frac{25}{4} = \frac{75}{4};$$

l'on
$$OI = \sqrt{\frac{75}{4}} = \frac{\sqrt{75}}{2}.$$

Donc $S = \dfrac{15 \times \sqrt{75}}{2}$; on évalue $\sqrt{75}$ approximativement.

Théorème.

219. *L'aire d'un cercle est égale à la circonférence multipliée par la moitié du rayon.*

Inscrivons un polygone régulier dans le cercle; soient S l'aire de ce polygone, p son périmètre et a son apothème. Nous venons de voir que $S = p \times \frac{1}{2} a$.   (1)

Supposons qu'on double indéfiniment le nombre des côtés de ce polygone; à mesure que le nombre des côtés augmente, le périmètre diffère de moins en moins de la circonférence, l'apothème du rayon, et l'aire du polygone de l'aire du cercle (n° 177).

La circonférence est évidemment la limite vers laquelle tend le périmètre d'un polygone régulier dont on double indéfiniment le nombre des côtés (n° 177). Le cercle est la limite de l'aire du même polygone, et le rayon est la limite de son apothème.

Comme l'égalité (1) est vraie, quel que soit le nombre des côtés du polygone, elle s'applique encore quand on arrive à la limite ; mais alors **S** devenant cercle R, p devenant circ. R, et a égal à R, on a :

$$\text{cercle R} = \text{circ. R} \times \frac{R}{2}. \qquad (1)$$

1ʳᵉ Remarque. Circ. $R = 2\pi R$; donc cercle $R = 2\pi R \times \dfrac{R}{2} = \pi R^2$.

Pour obtenir l'aire d'un cercle de rayon donné, il suffit de multiplier le carré du rayon par le rapport constant π de la circonférence au diamètre.

Corollaire. *Les aires de deux cercles sont entre elles comme les carrés de leur rayon.*

En effet, cercle $R = \pi R^2$; cercle $R' = \pi R'^2$.

.Donc
$$\frac{\text{cercle R}}{\text{cercle R}'} = \frac{\pi R^2}{\pi R'^2} = \frac{R^2}{R'^2}. \quad \text{C. Q. F. D.}$$

Problème. *Trouver le cercle connaissant la circonférence.*

$$\text{cercle R} = \pi R^2 = \frac{\pi^2 R^2}{\pi} = \left(\frac{\text{circ. R}}{2}\right)^2 : \pi = \left(\frac{\text{circ. R}}{2}\right)^2 \times \frac{1}{\pi}.$$

Théorème.

220. *L'aire d'un secteur est égale à la longueur de son arc multipliée par la moitié du rayon.*

Pour le démontrer, je divise l'arc AE en un certain nombre de parties égales, quatre par ex. ; je mène les cordes des arcs partiels, et je joins les points de division au centre ; j'obtiens ainsi quatre triangles isocèles. L'aire de chaque triangle est égale à sa base multipliée par la moitié de l'apothème OI ; la somme des aires de tous les triangles, c'est-à-dire l'aire du secteur polygonal est égale à $4AB \times \dfrac{1}{2} OI = \text{périm. ABCDE} \times \dfrac{1}{2} OI.$ (1)

On peut doubler indéfiniment le nombre des côtés de la ligne inscrite ; l'égalité (1) est toujours vraie, quelque grand que soit le nombre des côtés. A la limite, l'arc AE pouvant être considéré comme une ligne polygonale d'un très-grand nombre de côtés infiniment petits, le secteur OAE peut être considéré comme un secteur polygonal ayant l'arc AE pour base et le rayon pour apothème. L'aire du secteur est donc égale à la longueur de son arc multipliée par la moitié du rayon. C. Q. F. D.

221. REMARQUE. On a secteur $OAE = \text{arc } AE \times \frac{1}{2} R$; cercle R $= \text{circ. } R \times \frac{1}{2} R$; on déduit de là

$$\frac{\text{sect. OAE}}{\text{cercle R}} = \frac{\text{arc AE}}{\text{circ. R}}.$$

Le rapport d'un secteur au cercle est le même que celui de son arc à la circonférence.

221 *bis.* SEGMENT DE CERCLE. *L'aire d'un segment de cercle AMB est égale à l'aire du secteur OAMB, diminuée de l'aire du triangle OAB. Or on sait évaluer ces deux aires.*

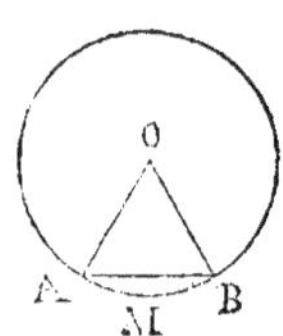

APPLICATIONS.

1er Ex. : *Le rayon d'un cercle est* 3m,84; *calculer l'aire de ce cercle à moins d'un centimètre carré.*

$$R^2 = (3,84)^2 = 14,7456.$$

Il faut calculer le produit πR^2 à moins de 0,0001.
On fera cette multiplication abrégée :

$$3,14159\ 26$$
$$6574,41$$

Le produit, borné aux dix-millièmes (V. l'*Arithm.*), exprimera l'aire demandée. (Voy. dans le *Complément* l'emploi de $\pi = 22/7$).

2ᵉ Ex. : *Calculer le rayon d'un cercle dont l'aire est égale à 32 mètres carrés.*

On a l'égalité
$$\pi R^2 = 32\,;$$

d'où
$$R^2 = \frac{32}{\pi}, \quad \text{et} \quad R = \sqrt{\frac{32}{\pi}}.$$

On peut se proposer de calculer R à moins de $0^m,01$; on calculera 4 chiffres de la racine carrée. Pour cela, il suffira de connaître 4 chiffres du quotient $\frac{32}{\pi}$; on peut employer la division abrégée en prenant π par excès avec 5 décimales.

3ᵉ Ex. : *Le rayon d'un cercle est $3^m,84$: trouver l'aire d'un secteur ayant pour base un arc de cercle de $28° 19' 41''$.*

$$\frac{\text{secteur}}{\text{cercle}} = \frac{\text{arc}}{\text{circ.}} = \frac{28° 19' 41''}{360°} = \frac{101981}{1296000}\,;$$

ou
$$\frac{\text{secteur}}{\pi R^2} = \frac{101981}{1296000}; \quad \text{d'où le secteur} = \frac{\pi R^2 \times 101981}{1296000} =$$

$$\frac{\pi \times (3,84)^2 \times 101981}{1296000}.$$

Il ne reste plus qu'à effectuer les calculs. Telle est la marche qu'il faut suivre quand on donne le nombre de degrés de l'arc d'un secteur.

(**V.** le *Complément* pour d'autres applications.)

Problème.

222. *Construire un carré dont le rapport à un carré donné soit égal à celui de deux lignes données* m *et* n.

1ʳᵉ *Méthode.* Soit x le côté du carré cherché. On doit avoir $\frac{x^2}{a^2} = \frac{m}{n}$; cela revient à $x^2 = \frac{m \times a}{n} \times a$. Je construis une ligne

$y = \dfrac{m \times a}{n}$, c'est-à-dire une 4ᵉ proportionnelle aux lignes n, m et a (n° 165), et j'ai $x^2 = y \times a$. La droite cherchée est une moyenne entre y et a. Je construis cette moyenne proportionnelle.

2ᵉ *Méthode*. Je prends sur une droite indéfinie, $AD = m$, $DB = m$. Je construis une demi-circonférence sur AB comme diamètre. Au point D, j'élève une perpendiculaire DC jusqu'à la circonférence. Je trace CA, CB. Je prends sur CB (du côté de n) une longueur $CH = a$, et je mène HI parallèle à BA. CI est le côté du carré demandé. En effet, le triangle ACB étant rectangle,

$$\text{on a } \frac{\overline{CA}^2}{\overline{CB}^2} = \frac{AD}{DB} = \frac{m}{n}.$$

$$\text{Mais } \frac{\overline{CI}^2}{\overline{CH}^2} = \frac{\overline{CA}^2}{\overline{CB}^2}; \qquad \text{donc} \qquad \frac{\overline{CI}^2}{\overline{CH}^2} = \frac{m}{n}.$$

Or $CH = a$; donc $CI = x$, d'après l'égalité proposée $\dfrac{x^2}{a^2} = \dfrac{m}{n}$.

Problème.

223. *Construire un rectangle équivalant à un carré donné* a^2, *et dont les côtés adjacents fassent une somme donnée s.*

Soient x' et x'' les côtés du rectangle; $x' + x'' = s$ et $x' \times x'' = a^2$.

Je trace $AB = s$; sur AB comme diamètre je décris une demi-circonférence. Au point A j'élève AC perpendiculaire à AB, et je prends $AC = a$. Par le point C, je mène CDD' parallèle à AB; cette parallèle rencontre la circonférence en D et en D'. De l'un de ces points, D, j'abaisse DE perpendiculaire sur AB. Les segments AE, EB, ainsi déterminés, du diamètre AB sont les côtés du rectangle demandé.

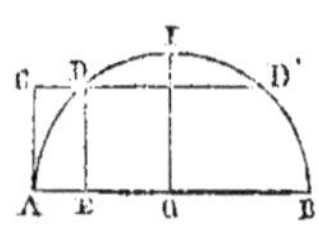

En effet, $AE + EB = AB = s$, et $AE \times EB = \overline{DE}^2 = \overline{AC}^2 = a^2$ (n° 153, 1°, du *Cours*).

Remarque. Pour que la construction précédente soit possible, il faut que le côté $AC = DE = a$ du carré donné ne surpasse pas le rayon OI; autrement la parallèle CDD′ ne rencontrerait pas la circonférence. Si $AC = OI$, les segments sont AO et OB; le rectangle cherché n'est autre que le carré donné. Ainsi donc, pour que le problème proposé soit possible, *il faut et il suffit que le côté du carré donné ne surpasse pas la moitié du demi-périmètre donné.* On démontre par l'algèbre que cette condition est nécessaire et suffisante. (*Voir* plus loin.)

Problème.

224. *Construire un rectangle équivalant à un carré donné et dont les côtés adjacents aient entre eux une différence donnée.*

J'appelle a le côté du carré donné, x' et x'' les côtés adjacents du rectangle demandé, et d leur différence.

$$(x' \times x'' = a^2, \text{ et } x' - x'' = d).$$

Construction. Je construis une circonférence ayant la différence d pour diamètre; je lui mène une tangente AB égale au côté du carré donné, et je mène par le centre O la sécante BCD. La sécante BD et sa partie extérieure BC sont les côtés adjacents du rectangle demandé. En effet, $BD - BC = CD = d$, et

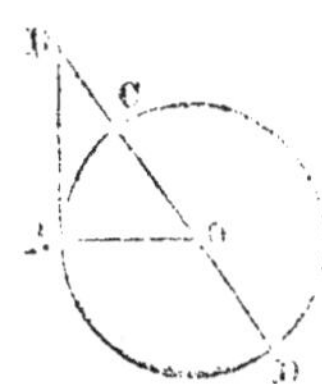

$$BD \times BC = \overline{AB}^2 = a^2.$$

Cette construction est toujours possible quelles que soient les lignes données a et d.

APPLICATION A LA CONSTRUCTION DES RACINES D'UNE ÉQUATION DU SECOND DEGRÉ A UNE INCONNUE (exigé).

225. Pour construire les racines x' et x'' d'une équation du 2e degré ramenée à la forme : $x^2 + px + q = 0$, on s'appuie sur ces deux principes :

La somme des racines d'une équation du 2e degré est égale au coefficient du 2e terme pris en signe contraire : $x' + x'' = -p$.

Le produit des mêmes racines est égal à q ; $x' \times x'' = q$.

Quand on applique l'Algèbre à la Géométrie, tous les termes de chaque équation sont homogènes, c'est-à-dire composés du même nombre de facteurs linéaires. Si l'un est un produit de lignes, chacun des autres est un produit du même nombre de lignes, ou représente le produit d'autant de lignes.

Dans l'équation $x^2 + px + q = 0$, x^2 étant le produit de deux lignes x et x, $p \times x$ est le produit de deux lignes p et x, l'une connue, l'autre inconnue, et q doit être le produit de deux lignes données qu'on peut remplacer par un carré équivalent a^2, ou, si c'est un nombre, sa valeur absolue doit être considérée comme représentant l'aire d'un certain carré connu a^2 (dont a est le côté).

Cela posé, pour que nos explications soient claires, nous représenterons par p la valeur *absolue* ou linéaire du coefficient de x, par a^2 la valeur *absolue* de q, et par x' et x'' les valeurs *absolues* des racines. Par suite p et a représentent des lignes données ou connues, et x' et x'' des lignes à construire, ces quatre lignes étant considérées en valeurs *absolues*, c'est-à-dire abstraction faite de tout signe.

La construction géométrique donne ces valeurs *absolues* x' et x''. Ces valeurs trouvées, on peut leur donner les signes indiqués par les signes de l'équation proposée et les employer en conséquence.

Eu égard aux signes de ces termes, l'équation du 2e degré peut avoir l'une de ces quatre formes :

$$(1) \qquad x^2 - px + a^2 = 0; \qquad (2) \qquad x^2 + px + a^2 = 0;$$
$$(3) \qquad x^2 - px - a^2 = 0; \qquad (4) \qquad x^2 + px - a^2 = 0.$$

1er CAS. $x^2 - px + a^2 = 0$. Le produit des racines $(+ a^2)$ étant positif, les racines sont de même signe ; leur somme $(+ p)$ étant positive, leur signe commun est $+$. Appelons-les x' et x'' ; on a $x' + x'' = p$; $x' \times x'' = a^2$.

Pour avoir x' et x'', on construit donc les côtés d'un rectangle équivalant à un carré donné a^2, tels que leur somme soit égale à p. (V. n° 223; $x' = AE$, $x'' = EB$.)

2e CAS. $x^2 + px + a^2 = 0$. Le produit des racines $(+ a^2)$ étant positif, les deux racines sont de même signe. Leur somme $(- p)$ étant négative, leur signe commun est $-$; elles sont toutes deux négatives. Appelons-les $- x'$ et $- x''$. Nous avons $x' \times x'' = a^2$ et $- x' - x'' = - p$ ou $x' + x'' = p$.

On trouvera les valeurs absolues x' et x'' des racines en construisant les côtés d'un rectangle équivalant au carré a^2, tels que leur somme soit égale à p. (V. n° 223).

Ces lignes trouvées, on leur donnera le signe $-$, et on les emploiera en conséquence. $x' = - AE$, $x'' = - EB$.

REMARQUE. Dans ces deux premiers cas, le radical des valeurs de x' et de x'' est $\sqrt{\dfrac{p^2}{4} - a^2}$. On voit que les racines ne peuvent alors être réelles, c'est-à-dire exister, que si a^2 ne surpasse pas $1/4\, p^2$, c'est-à-dire si a ne surpasse pas $1/2\, p$. C'est précisément la condition indiquée n° 223, *remarque*; cette condition est donc nécessaire ou indispensable.

3e CAS. $x^2 - px - a^2 = 0$. Le produit des racines $(- a^2)$ étant négatif, les racines sont de signes contraires ; nous les appellerons x' et $- x''$. Leur somme algébrique $x' - x'' = p$ est en réalité la différence de leurs valeurs absolues. Cette différence $x' - x''$ étant positive, la racine positive x' est la plus grande.

On a $x' \times - x'' = - a^2$, ou $x' \times x'' = a^2$, et $x' - x'' = p$; on obtiendra donc x et x'' en construisant les côtés d'un rectangle équivalant au carré donné a^2, et ayant entre eux une différence donnée p. C'est le problème du n° 224. La racine positive est la sécante BD, + BD ; la racine négative est — BC.

4° CAS. $x^2 + px - a^2 = 0$. Le produit des racines ($-a^2$) étant négatif, les deux racines sont de signes contraires ; appelons-les x' et $- x''$. Leur somme algébrique $x' - x'' = - p$, d'où $x'' - x' = p$; ce qui annonce que la racine négative est la plus grande. On a $x' \times - x'' = - a^2$, ou $x' \times x'' = a^2$ et $x'' - x' = p$; on obtiendra donc x' et x'' en construisant les côtés d'un rectangle équivalant au carré donné a^2 et ayant entre eux une différence p ; c'est le problème du n° 224. Ici la racine négative est la plus grande ; les racines sont donc + BC et — BD.

REMARQUES. Dans les deux derniers cas, le radical des valeurs de x est $\sqrt{\dfrac{p^2}{4} + a^2}$. Les racines sont toujours réelles et peuvent toujours être construites, quelles que soient les lignes données a et p.

Les racines d'une équation du 2° degré, quand elles sont réelles, peuvent toujours être construites de l'une des manières indiquées. Quand la géométrie ainsi appliquée indique l'impossibilité, *les racines ne sont pas réelles, c'est-à-dire n'existent pas.*

EXERCICES.

POLYGONES RÉGULIERS.

Théorèmes à démontrer.

75. La somme des distances d'un point intérieur aux n côtés d'un polygone régulier est égale à n fois le rayon du cercle inscrit.

76. Les diagonales de l'hexagone régulier se divisent mutuellement dans le rapport de 1 à 2.

77. L'hexagone régulier inscrit dans un cercle vaut

— le double du triangle équilatéral inscrit ;

— les trois quarts de l'hexagone régulier circonscrit ;

— la moitié du triangle équilatéral circonscrit.

78. Le dodécagone régulier inscrit dans un cercle équivaut à trois fois le carré du rayon.

79. C étant le côté d'un polygone régulier de n côtés inscrit dans le cercle R, l'aire du polygone régulier inscrit de $2n$ côtés, $\quad S = \dfrac{n \times C \times R}{4},\qquad (k)$

80. *Applications.* Calculer en fonction du rayon R du cercle circonscrit

— l'aire de l'hexagone régulier ;

81. — l'aire de l'octogone ;

82. — l'aire du dodécagone;

83. — l'aire du décagone ;

84. — l'aire du polygone de 20 côtés.

85. Appliquer les formules précédentes (Ex. 80, 81, 82, 83, 84) au cas de $R =$ $2^m,4$ (On calculera chaque surface à moins d'un *dmq.*)

PROBLÈMES GRAPHIQUES.

86. Construire un carré équivalant à un polygone régulier donné.

87. Construire un triangle équilatéral équivalant aux 3/5 d'un triangle équilatéral donné T.

88. — à la somme $T + T' + T''$ de plusieurs triangles équilatéraux donnés.

89. — à un hexagone régulier donné; — à un octogone régulier donné.

90. — à un polygone donné quelconque ou aux 4/5 de ce polygone.

91. Construire un hexagone régulier équivalant

     — à un triangle équilatéral donné;

92. — à un octogone régulier; — à un décagone régulier.

93. — à un polygone quelconque ou aux 3/7 d'un polygone donné quelconque.

PROBLÈMES NUMÉRIQUES.

(*On calculera les longueurs à* $0^m,01$ *près et les surfaces à moins d'un* dmq.)

94. Les côtés de 3 triangles équilatéraux sont 3^m, 5^m et 12^m. Quel est le côté du triangle équilatéral équivalant à leur somme ?

95. Le rayon d'un cercle étant $3^m,20$, calculer à $0^m,001$ près :

     — l'aire du triangle équilatéral inscrit, *id.* circonscrit, — l'aire de l'hexagone régulier inscrit, — l'aire de l'hexagone régulier circonscrit.

96. — l'aire de l'octogone régulier inscrit; — *id.* circonscrit.

97. — l'aire du décagone régulier inscrit; — *id.* circonscrit.

98. L'aire d'un hexagone régulier étant $8^{mq},40$, on demande de calculer l'aire du triangle équilatéral circonscrit au même cercle et celle du carré inscrit.

99. L'aire d'un carré inscrit étant 126^{mq}, on demande l'aire de l'octogone régulier inscrit et celle du dodécagone régulier inscrit dans le même cercle.

100. L'aire d'un octogone régulier étant 1200^{mq}, calculer le rayon du cercle inscrit et le rayon du cercle circonscrit.

101. L'aire d'un dodécagone régulier étant 3888^{mq}, on demande l'aire du décagone régulier inscrit dans le même cercle.

102. Le côté d'un triangle équilatéral étant $5^m,10$, calculer

     — le côté de l'hexagone régulier équivalent.

103. — le côté de l'octogone régulier équivalent.

104. Quel est le côté d'un octogone régulier dont l'aire est égale à $1^{Ha},42$ (à 1^{cm} près)?

EXERCICES SUR LE CERCLE.

Théorèmes à démontrer.

105. Une couronne circulaire équivaut au cercle qui a pour diamètre la corde de la grande circonférence tangente à la petite.

406. Le diamètre AB d'un cercle étant divisé en deux segments AC, CB, les demi-circ. décrites l'une sur AC comme diamètre d'un côté de AB, l'autre sur CB idem de l'autre côté, divisent ensemble le cercle en deux parties proportionnelles à AC et à CB.

407. Si le diamètre AB est divisé en parties égales AC, CD, DE, EB, et qu'on répète la même construction, 1° sur AC et sur CB, 2° sur AD et sur DB, 3° sur AE et sur EB, le cercle sera divisé en quatre parties équivalentes.

408. Si on construit des demi-circonférences sur les trois côtés d'un triangle rectangle, les deux aires comprises respectivement entre la grande demi-circonférence et les deux petites équivalent ensemble à l'aire du triangle rectangle.

409. Sur deux circonférences qui ont l'une pour rayon, l'autre pour diamètre la même droite OA, on prend des arcs d'égales longueurs AB, et Ab; les points O, b, et B sont en ligne droite.

PROBLÈMES GRAPHIQUES.

110. Construire un cercle équivalant
— à la somme ou à la différence de deux cercles donnés.

111. — à 3/4 C — 2/3 C′ + 3C″ (C, C′, C″ cercles donnés).

112. Diviser par une circonférence concentrique un cercle
— en deux parties équivalentes.

113. — dans un rapport donné.

114. — en moyenne et extrême raison (2 cas).

115. Construire un cercle équivalant au secteur d'un cercle donné dont la base est un arc de 32° 24′.

116. Diviser par des circonférences concentriques un cercle en un nombre quelconque
— de parties équivalentes.

117. — de parties proportionnelles à des lignes ou à des nombres donnés.

118. — de parties de grandeurs données.

PROBLÈMES NUMÉRIQUES.

119. On pave une place circulaire de 75^m de diamètre avec des pavés de 25^{cm} de long sur 24^{cm} de large qui coûtent tout posés 60 centimes la pièce. Combien coûtera ce pavage?

120. Un rond-point circulaire est planté de 72 arbres régulièrement espacés de 3^m,80; le contour de la place dépasse de 0^m,85 l'alignement des arbres. On demande la superficie totale.

121. Les roues de devant d'une voiture ont 24 centimètres de rayon; celles de derrière 40 centimètres. Combien les roues de devant font-elles de tours dans un parcours de 5 kilomètres? Combien les roues de derrière?

122. Un système de roues dentées, mises en mouvement par une manivelle, est ainsi composé : une roue de rayon r engrène avec une roue r' qui a le même axe qu'une roue de rayon r_1 qui engrène avec une roue de rayon r'_1, laquelle a le même axe qu'une roue de rayon r_2 qui engrène avec une roue r'_2. Quand la première roue a fait 100 tours, combien de tours a fait chacune des autres?

123. Même question pour le cas où le mouvement se communique par des pignons intermédiaires. (Les pignons sont des roues de plus petits diamètres.)

124. Un cheval a fait en 1^h 55^m 30^s, à raison de 68 mètres par minute, 100 fois le tour d'un manége circulaire. On demande la valeur du terrain occupé par le manége à raison de 6400 fr. l'are (à 1 fr. près.)

11

125. Combien faudrait-il de pièces de 5 fr. dont le diamètre est 37^{mm} pour recouvrir la surface de ce manége ?

126. L'aire d'un hexagone régulier étant 6400^{mq}, quelle est l'aire du cercle circonscrit ?

127. Trouver la surface du cercle inscrit et celle du cercle circonscrit au triangle équilatéral dont le côté est 6^{m}.

128. Calculer en hectares à 1^{m} près l'aire du segment compris entre un arc de 60o et sa corde dans le cercle dont le rayon est 572^{m}.

129. Calculer le rayon du cercle dans lequel le secteur correspondant à l'arc de 36° 40' a une surface de 1200^{mq}.

130. La longueur d'un arc de 124° 58′ 20″ est 150^{m}. Quelle est l'aire du secteur correspondant ?

131. De deux cercles concentriques l'un est le tiers de l'autre, et l'aire de la partie de la couronne comprise dans un angle au centre de 43° 36′ est égale à $2^{a},40$; quels sont les rayons des deux cercles (à 1^{m} près) ?

132. Un cercle et le triangle équilatéral inscrit valent ensemble 3^{mq}. Trouver le rayon du cercle à $0^{m},01$ près.

133. Un triangle équilatéral, un carré, et un cercle ont le même contour de 1 mètre ; trouver les rapports de leurs surfaces considérées 2 à 2.

134. Calculer à un $0^{m},001$ près le rayon d'un cercle dans lequel l'aire de l'octogone régulier et celle de l'hexagone régulier diffèrent de 1^{mq}.

QUESTIONS DIVERSES.

Problèmes et théorèmes.

135. Inscrire un carré dans un triangle. — Sur quel côté s'appuie le plus grand carré ?

136. Inscrire dans un triangle un rectangle d'une surface donnée; — le plus grand rectangle possible.

137. Circonscrire à un rectangle — un triangle d'une surface donnée ; — le plus petit triangle possible.

138. Circonscrire à un triangle le plus grand triangle semblable à un triangle donné.

139. Inscrire dans un cercle un rectangle d'une surface donnée ; — le plus grand rectangle possible.

140. De tous les triangles de même base et de même périmètre le plus grand est isocèle.

141. De tous les triangles de même périmètre le plus grand est équilatéral.

142. De tous les triangles rectangles dont la somme des côtés de l'angle droit est constante,

   — le triangle isocèle a la plus petite hypoténuse ;

143.   — le triangle isocèle a la plus grande hauteur correspondant à l'hypoténuse.

144. Parmi tous les triangles rectangles de même périmètre, le triangle isocèle a la plus grande hauteur issue du sommet de l'angle droit.

SECONDE PARTIE

FIGURES DANS L'ESPACE

LIVRE V

DU PLAN ET DE LA LIGNE DROITE DANS L'ESPACE

DÉFINITIONS.

225 *bis*. Le PLAN est une surface telle que si l'on y prend deux points *à volonté*, et qu'on les joigne par une ligne droite, cette ligne est tout entière située sur la surface (n° 4).

Autrement dit, le plan est une surface sur laquelle on peut appliquer une ligne droite dans toutes les directions.

On dit que deux plans sont *parallèles* quand ces deux plans ne se rencontrent pas, si loin qu'on les prolonge.

On dit qu'une droite et un plan sont *parallèles* dans le même cas.

Rappelons-nous la définition donnée dans le 1ᵉʳ livre de deux droites parallèles : ce sont deux lignes qui, *situées dans le même plan*, ne se rencontrent pas, à quelque distance qu'on les prolonge dans un sens ou dans l'autre.

Ainsi deux droites qui ne se rencontrent pas ne sont pas nécessairement parallèles; il faut de plus qu'elles soient situées dans le même plan.

Théorème.

226. *Par deux droites qui se coupent, on peut toujours faire passer un plan, et on n'en peut faire passer qu'un.*

En d'autres termes : *Deux droites qui se coupent déterminent la position d'un plan.*

Soient AB, AC deux droites qui se coupent. Une ligne droite étant tracée dans un plan indéfini, on peut la faire coïncider avec AB. Le plan passant par AB, on peut le faire tourner autour de cette ligne comme charnière, jusqu'à ce qu'il vienne passer par le point C (*); alors la ligne AC qui a deux points dans le plan y est tout entière. On peut donc faire passer un plan par les deux lignes AB, AC, mais on n'en peut faire passer qu'un; en effet, si l'on fait tourner le plan autour de AB, à partir de sa position actuelle, au moindre mouvement d'un côté ou de l'autre, il quitte le point C, et ne contient plus la ligne AC.

227. Corollaire I. *Par trois points A, B, C, non en ligne droite, on peut faire passer un plan, et on n'en peut faire passer qu'un. De même par les trois côtés d'un triangle ABC.*

En effet, ces trois points ou ces trois lignes sont dans le plan des deux lignes AB, AC.

228. Corollaire II. *Deux parallèles AB, CD, sont dans le même plan et en déterminent la position.*

1° Suivant la définition, elles sont dans le même plan.

2° Elles ne peuvent pas se trouver toutes deux à la fois dans deux plans différents, puisque, par les trois points, B, A, C, non en ligne droite, situés sur ces lignes, il ne peut passer qu'un seul plan (227).

(*) On peut se figurer le plan com   une immense feuille de papier rigide

229. REMARQUE. Quand deux droites données sont dans un même plan, comme elles en déterminent la position, nous dirons : le plan de ces deux lignes. Ex. : le plan BAC des lignes AB, AC; le plan ABCD des deux parallèles AB, CD.

Théorème.

230. *L'intersection de deux plans est une ligne droite.*

En effet, soient A et B deux points communs aux deux plans; il résulte de la définition, n° 225 *bis*, que la droite AB, continuée indéfiniment, se trouve dans les deux plans. Ceux-ci n'ont aucun point commun C en dehors de cette ligne : ils ne peuvent, en effet, avoir trois points communs A, B, C, non situés en ligne droite, puisqu'il ne peut passer qu'un seul plan par trois points ainsi situés (n° 227). L'intersection des deux plans est donc la droite AB.

DES PERPENDICULAIRES ET DES OBLIQUES A UN PLAN.

231. DÉFINITION. Une droite est *perpendiculaire* à un plan quand elle est perpendiculaire à toutes les droites qui passent par son pied dans le plan; réciproquement le plan est perpendiculaire à la droite.

Le *pied* d'une perpendiculaire est le point où elle rencontre le plan.

Théorème.

232. *Si une droite* AB *est perpendiculaire à deux autres droites* BC, BD, *qui passent par son pied dans un plan* MN, *elle est perpendiculaire à ce plan.*

Le théorème sera démontré si nous prouvons que AB est perpendiculaire à toute autre droite BE, menée par son pied dans le plan MN. Pour cela, menons dans ce plan une droite CED qui coupe

---

tournant autour de AB; dans ce mouvement, il passe successivement par tous les points de l'espace.

Pour représenter les plans dans les figures, nous sommes obligés de leur donner des limites; il faut en général les considérer comme illimités.

les trois lignes BC, BD, BE; prolongeons AB d'une longueur

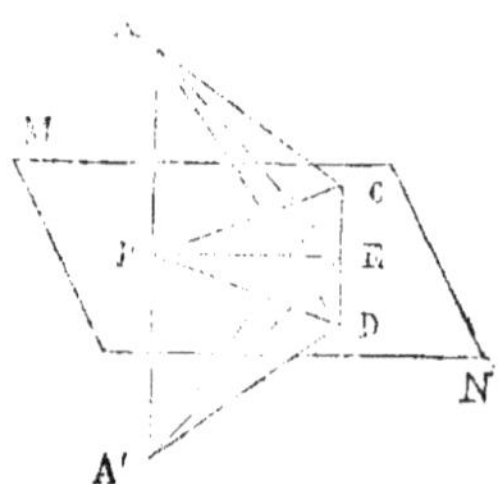

BA′ = BA, puis tirons AC, AE, AD, A′C, A′E, A′D. Dans le plan ACA′, les deux lignes CA, CA′ sont deux obliques à la droite ABA′ s'éloignant également du pied de la perpendiculaire CB; donc CA = CA′; on a de même, dans le plan ADA′, l'oblique DA = DA′. Les deux triangles ACD, A′CD, qui ont déjà un côté commun CD, ont donc les trois côtés égaux. Nous pouvons les faire coïncider en faisant tourner A′CD, autour de CD comme charnière, pour le rabattre sur ACD. Cela fait, le point E n'ayant pas bougé, et A′ étant venu en A, EA′ coïncide avec EA; EA′ étant égale à EA, le triangle AEA′ est isocèle et la ligne EB qui va du sommet au milieu de la base, AA′, est perpendiculaire à cette base (n° 36). Réciproquement ABA′ est perpendiculaire à BE; donc elle est perpendiculaire au plan MN.   C. Q. F. D.

REMARQUE. Nous venons de considérer dans cette démonstration plusieurs perpendiculaires menées à la même droite AB, par le même point B de cette droite; ce qui semble en contradiction avec ce que nous avons vu dans le 1ᵉʳ livre (n° 12); c'est que nos constructions n'ont pas lieu sur le même plan exclusivement, mais dans l'espace (V. le théorème suivant).

Théorème.

233. *Dans l'espace on peut mener une infinité de perpendiculaires à une même droite* AB *par le même point* C *de cette ligne.*

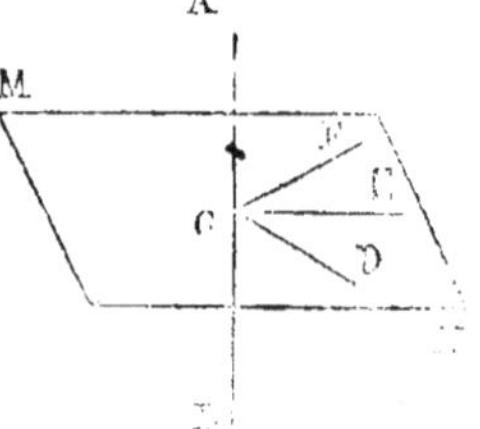

En effet, on peut faire passer par la droite AB une infinité de plans tels que ABF, ABE, ABD...., et mener dans chacun de ces plans une perpendiculaire à AB au point C; par ex. : CD dans le plan ABD, CE dans le plan ABE, etc.

233 bis. *Toutes les perpendiculaires menées à la même droite* AB *par le même point* C *de cette droite sont dans un même plan.*

Deux quelconques de ces perpendiculaires, CD, CF, par exemple;

déterminent un plan DCF (le plan MN) perpendiculaire à AB (n° 232). Toutes les autres perpendiculaires sont dans ce plan; CE, par ex. En effet, le plan ABE (de AB et de CE), rencontre le plan MN suivant une droite passant au point C et nécessairement perpendiculaire à AB (définition n° 231). Cette intersection n'est autre que CE qui est la seule perpendiculaire que l'on puisse mener à AB au point C dans le point ABE. CE est donc dans le plan MN.

234. Corollaire. *On peut toujours par un point donné mener un plan perpendiculaire à une droite donnée, AB, et on ne peut en mener qu'un.*

1° *Le point donné C est sur la droite donnée.* On fait passer par AB deux plans quelconques ABD, ABF, et on mène dans chacun une perpendiculaire à AB au point C (n° 233). Le plan DCF des deux perpendiculaires CD, CF est le plan demandé.

On n'en peut mener qu'un. En effet, si un plan est perpendiculaire à AB au point C, toutes les lignes de ce plan qui passent au point C sont des perpendiculaires à AB. Ce plan n'est donc autre que le plan unique qui contient toutes les perpendiculaires menées à AB par le point C (n° 233 *bis*).

2° *Le point donné E est situé hors de la droite donnée* AB. Menons

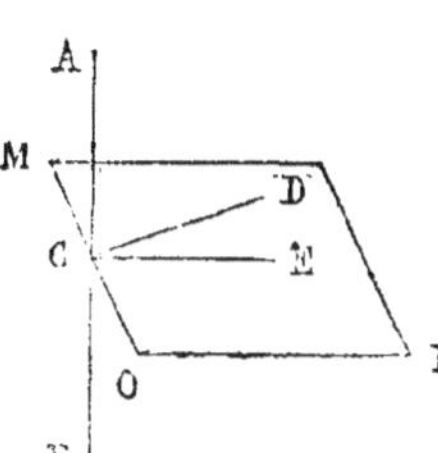

dans le plan EAB la perpendiculaire EC sur AB; puis, dans un second plan quelconque passant par AB, une autre perpendiculaire CD à cette ligne. Le plan ECD (MP) de EC et de DC est perpendiculaire à AB et passe par le point E.

C'est le seul plan qui puisse remplir à la fois ces deux conditions. En effet, un plan perpendiculaire à AB, passant par E contient une perpendiculaire menée de E sur AB (la droite qui joint le point E au point de rencontre de AB et de ce plan); or EC est la seule perpendiculaire qu'on puisse mener du point E sur AB. Tout plan perpendiculaire à AB, passant par le point E, contient donc EC et passe par le point C. Or nous venons de voir que par un point C de AB, on ne peut mener qu'un plan perpendiculaire à cette droite.

THÉORÈME.

235. *Par un point donné on peut toujours mener une perpendiculaire à un plan, et on n'en peut qu'une* (n° 236).

PREMIER CAS. *Le point donné* B *est sur le plan* MN (fig. 1). Je mène sur le plan MN une droite CD, du point B une perpendiculaire BC sur

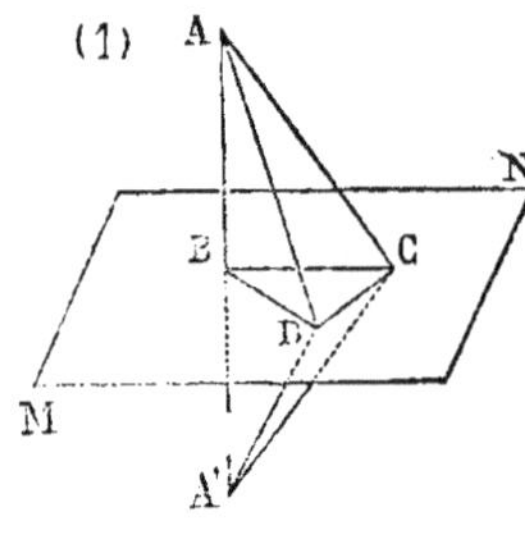

CD, au point C dans un autre plan quelconque une perpendiculaire CA à CD, et enfin au point B une perpendiculaire BA à BC dans le plan BCA ;

BA est perpendiculaire au plan MN. Pour le démontrer, je prolonge AB d'une longueur égale BA', et je mène AD, A'D, A'C. Les obliques CA, CA' à AA' sont égales (42). CD perpendiculaires aux droites CB, CA est perpendiculaire au plan ACB (232) et par suite à CA' (231). Les deux triangles ACD, A'CD rectangles en C sont égaux ; car AC = A'C et CD est commun ; donc AD = A'D et DB est perpendiculaire à AB'A' (36). AB, perpendiculaire à BC et à BD, est perpendiculaire au plan MN (232). C. Q. F. D.

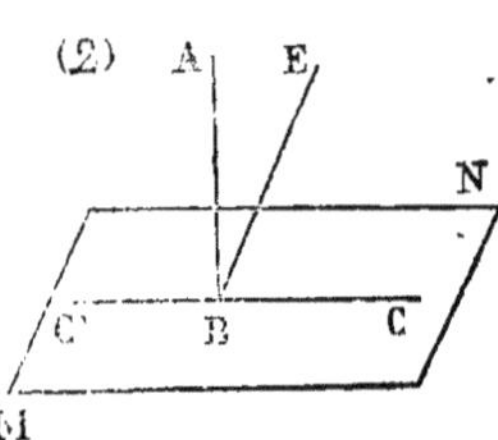

DEUXIÈME CAS. *Le point donné* A *est hors du plan* MN. Je mène sur MN une droite CD, de A une perpendiculaire AC sur CD, de C une perpendiculaire BC à CD dans le plan MN, et enfin du point A une perpendiculaire AB sur CB. AB est perpendiculaire au plan MN. On le démontre comme dans le premier cas.

236. *Par un point donné on ne peut mener qu'une perpendiculaire à un plan.*

PREMIER CAS. *Le point donné* B *est sur le plan* MN (fig. 2). Supposons qu'on puisse mener au point B deux perpendiculaires BA, BE au plan MN. Le plan ABE coupe le plan MN suivant une droite C'BC à laquelle BA et BE seraient toutes deux perpendiculaires (231). Il y aurait donc dans le même plan ABEC deux perpendiculaires à la même droite C'BC ; ce qui est impossible (12)

2° Le point donné A est hors du plan MN. Soit AC une perpendiculaire à ce plan; menons une autre droite *quelconque* AB, et tirons BC. AC étant perpendiculaire à BC (231), AB est oblique à cette même ligne BC, puisque, dans le même triangle ABC, il ne saurait y avoir deux angles droits. AB oblique à BC, est oblique au plan MN. AC est donc la seule perpendiculaire qu'on puisse mener du point A sur ce plan.

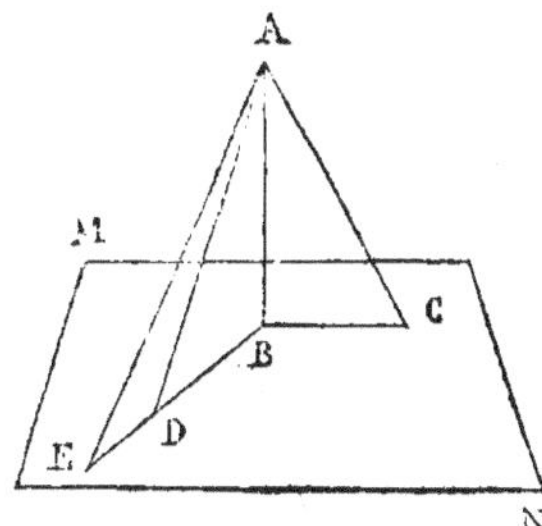

Théorème.

237. *Si du même point* A *on mène à un plan* MN *une perpendiculaire* AB, *et différentes obliques* AC, AD, AE :

1° *La perpendiculaire est plus courte que toute oblique;*

2° *Deux obliques* AC, AD, *qui s'écartent également du pied de la perpendiculaire sont égales;*

3° *De deux obliques* AE, AC, *qui s'écartent inégalement, celle qui s'écarte le plus est la plus longue.*

1° On a AB $<$ AC; en effet, dans le plan ABC, la perpendiculaire AB est plus courte qu'une oblique quelconque AC (livre I, n° 42).

La plus courte distance d'un point à un plan est donc la perpendiculaire abaissée de ce point sur le plan.

2° Si la distance BD $=$ BC, l'oblique AC $=$ AD.

En effet, les deux triangles rectangles ABC, ABD, ayant le côté AB commun, et BC $=$ BD par hypothèse, sont égaux; de là résulte AC $=$ AD.

3° Si l'on a BE $>$ BC, l'oblique AE est plus grande que AC. En effet, on peut sur BE prendre une longueur BD $=$ BC et tirer AD; l'oblique AD $=$ AC. Mais dans le plan ABDE, l'oblique AE est plus longue que AD (livre I, n° 42); donc AE $>$ AC.

238. Les réciproques des théorèmes précédents sont toutes vraies.

1° *Deux obliques égales s'écartent également de la perpendiculaire.*

2° *De deux obliques inégales, la plus longue s'écarte le plus du pied de la perpendiculaire.*

Même démonstration que dans le 1ᵉʳ livre, n° 43.

239. Remarque. Les pieds C, D, E, de toutes les obliques égales, menées d'un point A à un point MN, sont situées sur une circonférence de cercle, ayant pour centre le pied de la perpendiculaire menée du point A sur ce plan. On déduit de là un moyen mécanique de mener une perpendiculaire d'un point donné extérieur sur un plan donné : on mène du point A au plan MN au moins trois obliques égales entre elles; on fait passer une circonférence par les pieds de ces obliques sur le plan MN; la ligne qui joint le point A au centre de cette circonférence est la perpendiculaire demandée.

240. Corollaire. Le lieu des points de l'espace, également distants de deux points donnés A et B, est le plan perpendiculaire au milieu de la droite AB qui joint ces deux points (faites la figure).

En effet, soit M un de ces points; joignons-le au milieu C de AB; la figure ABCM est dans un plan, et la droite CM est dans le plan perpendiculaire au milieu de AB (n° 45). Or toutes les perpendiculaires à AB au point C se trouvent dans le plan perpendiculaire à cette ligne en ce point.

<h3 align="center">Théorème.</h3>

241. *Une droite* AB *étant perpendiculaire à un plan* MN, *si du pied* B *de cette ligne on mène une perpendiculaire* BD *à une ligne* CE *du plan* MN, *puis qu'on joigne un point quelconque* A *de* AB *au point* D, *la ligne* AD *ainsi menée est perpendiculaire à* CE.

Pour le démontrer, je prends sur EC, à partir de D, deux lon-

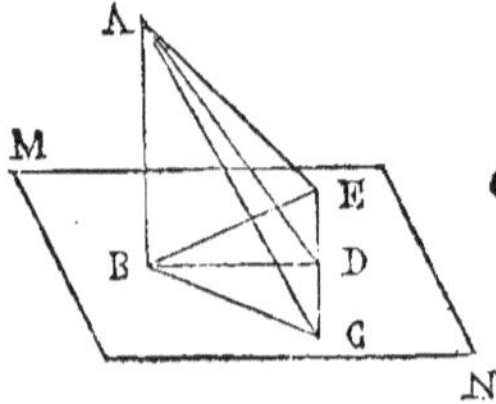

gueurs égales DC, DE ; puis je mène BE, BC, AE, AC.   DE étant égale à DC, les obliques BE, BC sont égales comme s'écartant également du pied de la perpendiculaire BD.   BE étant égale à BC, les deux obliques AE, AC, au plan MN, sont égales comme s'écartant également du pied de la perpendiculaire

AB. La ligne AD qui va du sommet du triangle isocèle ACE au milieu de la base CE est perpendiculaire à cette base (n° 36). C. Q. F. D.

Ce théorème est connu sous le nom de *théorème des trois perpendiculaires* (AB, BD, AD).

EXERCICES.

Théorèmes à démontrer.

1. Une droite également inclinée sur trois droites qui passent par son pied dans un plan est perpendiculaire à ce plan.

2. Toutes les perpendiculaires abaissées du même point sur des plans qui passent tous par la même droite sont dans un même plan.

3. Si un angle BAC tourne autour de son côté AB, chaque point de AC décrit une circonférence de cercle.

LIEUX GÉOMÉTRIQUES.

4. Quel est le lieu géométrique des points de l'espace
— également distants de deux points donnés ?

5. — également distants de trois points donnés non en ligne droite ?

6. — également distants des points d'une circonférence de cercle ?

7. Il existe un seul point également distant de quatre points non situés sur le même plan.

En est-il de même quand les quatre points donnés sont dans un même plan ?

8. Quel est le lieu géométrique des points d'un plan
— également distants d'un point donné hors de ce plan ?

9. — tels que la somme des carrés de leurs distances à deux points donnés hors de ce plan soit égale à un carré donné ?

10. — tels que la différence des carrés de leurs distances à deux points donnés hors de ce plan soit constante.

DROITES PARALLÈLES DANS L'ESPACE.

Théorème.

242. *Par un point C, donné dans l'espace, on peut toujours mener une parallèle à une droite donnée AB, mais on n'en peut mener qu'une.*

En effet, une parallèle quelconque CD à la droite AB, menée par le point C, devant être dans un même plan avec AB, est nécessairement dans le plan CAB déterminé par le point C et par AB.

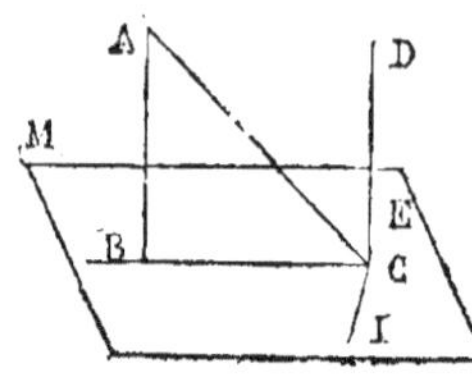

Or, dans ce plan CAB, on peut effectivement mener une parallèle à AB par le point C, mais on n'en peut mener qu'une (1ᵉʳ livre, nᵒˢ 51 et 52).

Théorème.

243. *Si deux droites* AB, DE, *sont parallèles, tout plan* (MN) *perpendiculaire à l'une* (AB) *est perpendiculaire à l'autre.*

Le plan ABCD des deux parallèles coupe le plan MN suivant une droite BC; la ligne AB (perpendiculaire au plan MN), étant perpendiculaire à BC, sa parallèle CD est aussi perpendiculaire à cette ligne (livre I, n° 55); il suffit donc de prouver que CD est perpendiculaire à une seconde droite menée par son pied C dans le plan MN. Pour cela, je mène dans ce plan une perpendiculaire IE à BC, et je trace AC. En vertu du théorème des trois perpendiculaires (n° 241), la ligne AC est perpendiculaire à IE; IE étant perpendiculaire à deux droites CB, CA, qui passent par son pied dans le plan ABCD, est perpendiculaire à ce plan, et par suite à la ligne CD qui y est située. Réciproquement CD est perpendiculaire à IE; comme elle l'est déjà à CB, elle est perpendiculaire au plan MN. C. Q. F. D.

244. *Deux droites* AB, CD *perpendiculaires au même plan* MN, *sont parallèles entre elles.*

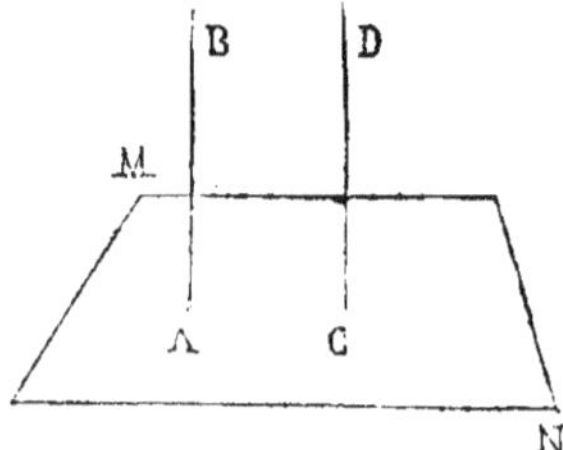

En effet, l'unique parallèle à AB qui passe par le point C doit être, d'après le théorème précédent, perpendiculaire au plan MN. Cette parallèle n'est donc autre que CD qui est la seule perpendiculaire possible à ce plan au point C (n° 233).

Nous avons défini n° 225 *bis* les droites et les plans parallèles.

Théorème.

245. *Si une droite* AB *est parallèle à une autre droite* CD *située dans un plan* MN, *elle est parallèle à ce plan.*

En effet, le plan ABCD des deux parallèles et le plan MN ont

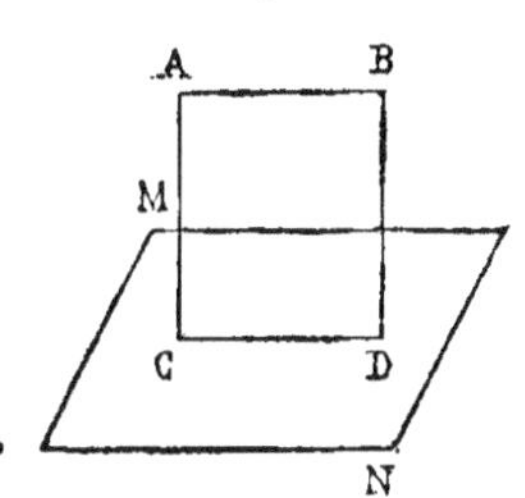

pour intersection la droite CD elle-même. La ligne AB, qui ne sort pas du plan ABCD, ne rencontre pas le plan MN ; car elle ne pourrait le rencontrer qu'en un point de l'intersection CD des deux plans ; ce qui est impossible, puisque, par hypothèse, AB et CD sont parallèles.

Théorème.

246. *Si une ligne* AB *est parallèle à un plan* MN, *l'intersection* CD *du plan* MN *et d'un plan quelconque mené par* AB *est parallèle à* AB.

En effet, AB ne peut pas rencontrer CD sans rencontrer le plan

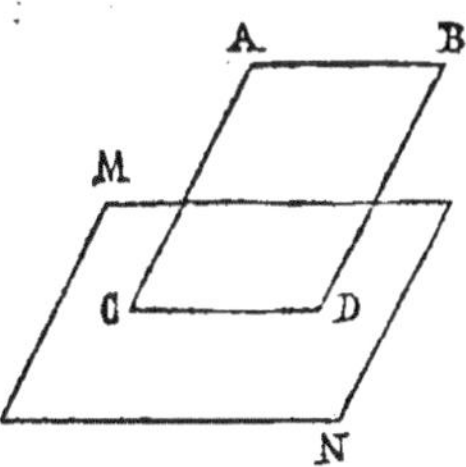

MN, ce qui est impossible d'après l'hypothèse ; donc AB ne rencontre pas CD. D'ailleurs ces deux lignes sont dans le même plan ; elles sont donc parallèles.

247. Corollaire. *Un plan* MN *et une droite* AB *étant parallèles, si on mène par un point* C *du plan une parallèle à* AB, *cette parallèle* CD *est située dans le plan* MN. En effet, d'après le théorème précédent, le plan ABCD doit couper le plan MN suivant une parallèle à AB passant par le point C (théorème précédent). Cette intersection n'est autre que CD, qui est la seule parallèle qu'on puisse mener à AB par le point C (n° 242).

Théorème.

248. *Les intersections* AB, CD, *de deux plans parallèles* MN, PQ, *par un même plan* RS, *sont parallèles entre elles.*

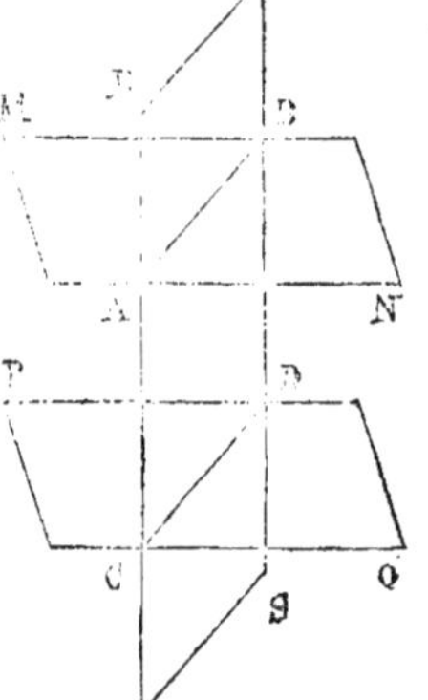

En effet, AB et CD ne peuvent pas se rencontrer, puisque les plans MN et PQ, dans lesquels elles se trouvent, ne se rencontrent pas. D'ailleurs AB, CD sont dans le même plan RS ; ces deux lignes sont donc parallèles.

Théorème.

249. *Deux plans perpendiculaires à la même droite sont parallèles entre eux.*

En effet, ces deux plans MN, PQ n'ont aucun point commun, puisque deux plans perpendiculaires à la même droite AB ne peuvent pas passer par le même point (n° 234).

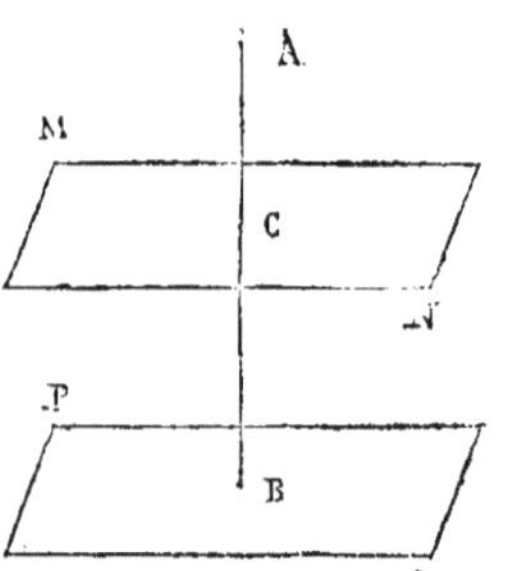

Théorème.

250. *Si deux plans* MN, PQ, *sont parallèles, toute droite perpendiculaire à l'un* (MN) *est perpendiculaire à l'autre.*

Menons par le pied C de AB, sur le plan PQ, une droite quelconque CO. Les deux lignes AB, CO déterminent un plan qui coupe le plan MN suivant une ligne DI parallèle à CO (n° 248.) Dans ce plan ACO, on remarque que AB, perpendiculaire au plan MN est perpendiculaire à DI, et par suite à sa parallèle CO. On démontrerait de même que AB est perpendiculaire à toute autre ligne, ex.: CF, passant par son pied dans le plan PQ, donc AB est perpendiculaire au plan PQ.   C. Q. F. D.

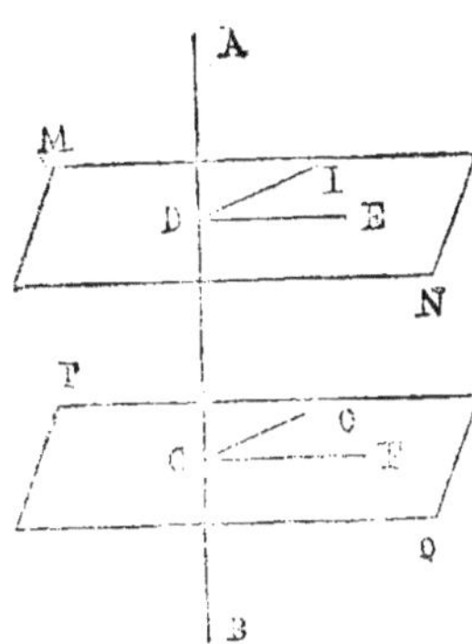

Théorème.

251. *Par un point donné dans l'espace on peut mener un plan parallèle à un plan donné, mais on n'en peut mener qu'un.*

Soient A le point donné et MN le plan donné; j'abaisse du point A une perpendiculaire AB sur le plan MN ; par le même point A je mène un plan PQ perpendiculaire à AB (n° 234); le plan PQ est parallèle à MN (n° 249).

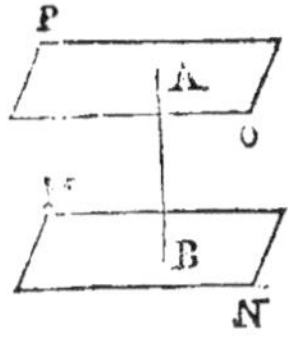

On ne peut faire passer par le point A qu'un seul plan parallèle à MN. En effet, tout plan parallèle à MN est nécessairement perpendiculaire à AB (n° 250); or nous avons vu que par le point A on ne peut mener qu'un plan perpendiculaire à AB.

252. Corollaire. Deux plans M, N, parallèles à un troisième P, sont parallèles entre eux. Ces deux plans, en effet, ne sauraient avoir de point commun, puisque par le même point il ne peut passer qu'un plan parallèle à un plan donné (n° 251).

Théorème.

253. *Deux parallèles comprises entre deux plans parallèles sont égales.*

Les parallèles AC, BD déterminent un plan ABCD dont les intersections AB, CD, avec MN et avec PQ sont parallèles. La fig. ABCD est donc un parallélogramme, et AC = BD. C. Q. F. D.

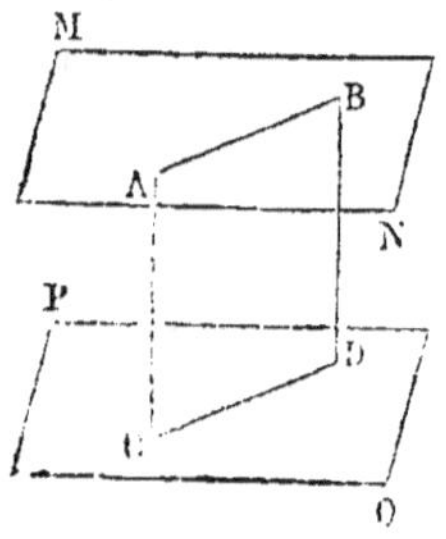

Sans changer de figure, supposons que AC et BD soient deux perpendiculaires quelconques aux plans MN, PQ ; ces deux lignes étant parallèles, et par suite égales, on conclut de là que :

Deux plans parallèles sont partout également distants.

EXERCICES.

11. Quel est le lieu géométrique des parallèles menées
— à un plan donné par un point donné ?

12. — à une droite par les points d'une autre droite ?

Théorèmes à démontrer.

13. Deux plans parallèles à la même droite sont parallèles, ou ont leur intersection parallèle à cette droite.

14. Deux plans qui passent par deux droites parallèles sont parallèles ou ont leur intersection parallèle à ces droites.

15. Deux plans, respectivement parallèles à deux plans qui se coupent, se coupent aussi, et l'intersection des premiers plans est parallèle à l'intersection des seconds.

16. Étant données deux droites non situées dans le même plan,
— on peut toujours mener par un point donné une 3ᵉ droite qui rencontre les deux premières, ou rencontre l'une et soit parallèle à l'autre.

17. Étant données deux droites AB, CD, non situées dans le même plan, et une 3ᵉ droite quelconque EF, on peut toujours mener une 4ᵉ droite parallèle à EF qui rencontre les deux premières AB, CD, ou bien rencontre l'une et soit parallèle à l'autre.

18. Les droites qui joignent les milieux des côtés d'un quadrilatère *gauche* et la droite qui joint les milieux des diagonales concourent au même point, qui est le milieu de chacune des trois droites.

(Un polygone est appelé *gauche* quand tous ses côtés ne sont pas dans un même plan.

Théorème.

254. *Deux droites quelconques* (AC, DI) *rencontrées par trois plans parallèles sont divisées en parties proportionnelles.*

On a
$$\frac{AB}{BC} = \frac{DE}{EI}.$$

Pour le prouver, je mène par le point A la droite AG parallèle à DI; AF rencontre les plans PQ, RS, aux points F et G. D'après un théorème précédent (n° 253), AF = DE; FG = EI. Le plan ACG coupe les deux plans PQ, RS suivant deux droites parallèles BF, CG. La ligne BF étant dans le triangle ACG parallèle au côté CG, on a l'égalité $\frac{AB}{BC} = \frac{AF}{FG}$, laquelle revient à $\frac{AB}{BC} = \frac{DE}{EI}$. Le théorème est donc démontré.

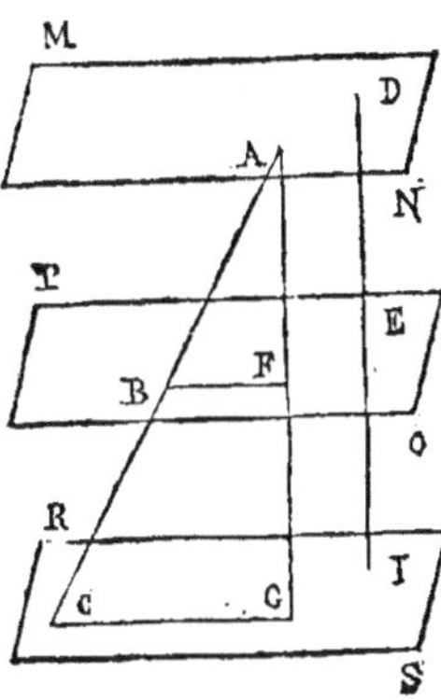

Théorème.

255. *Si deux angles* ABC, DEF, *non situés dans le même plan, ont leurs côtés parallèles, ils sont égaux ou supplémentaires, et leurs plans sont parallèles.*

Je prends BA = ED, et BC = EF, puis je mène les lignes BE, AD, CF, AC, DF. La ligne AB étant égale et parallèle à ED, la figure ABED est un parallélogramme; donc BE est égale et parallèle à AD. De même BC étant égale et parallèle à EF, la figure BCFE est un parallélogramme; donc BE est égale et parallèle à CF. Les deux lignes AD, CF égales et parallèles à une troisième BE sont égales et parallèles l'une à l'autre; il résulte de là que la figure ADCF est un parallélogramme, et AC = DF. Les deux triangles ABC, DEF, ayant les trois côtés égaux, sont égaux; donc l'angle ABC = DEF.

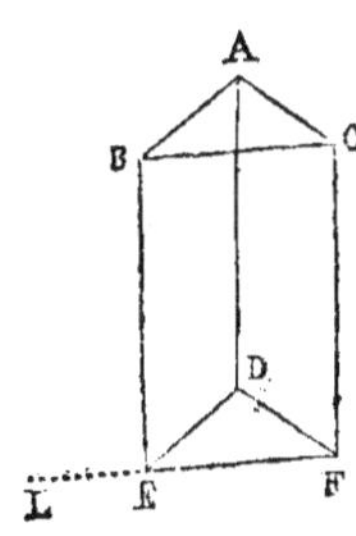

Si l'on prolongeait FE sur la gauche, on obtiendrait un angle DEL qui aurait toujours ses côtés parallèles à ceux de ABC; cependant cet angle DEL, supplément de DEF, serait également supplément de ABC.

Les angles sont égaux quand ils ont les côtés parallèles et dirigés deux à deux dans le même sens, ou deux à deux en sens contraires.

Ils sont supplémentaires dans les autres cas.

Les plans ABC, DEF, *sont parallèles.*

En effet, le plan parallèle à DEF qui passe par le point B doit intercepter sur DA à partir du point D une longueur égale à BE et par suite à DA (n° 253); ce plan passe évidemment au point A. Ce même plan doit intercepter sur FC à partir de F une longueur égale à BE et par suite à FC; il passe donc au point C. Ce plan passant par les trois points B, A, C, n'est autre que le point ABC. Notre proposition est donc démontrée.

255 bis. *Projections d'un point, d'une droite. Angle d'une droite et d'un plan.*

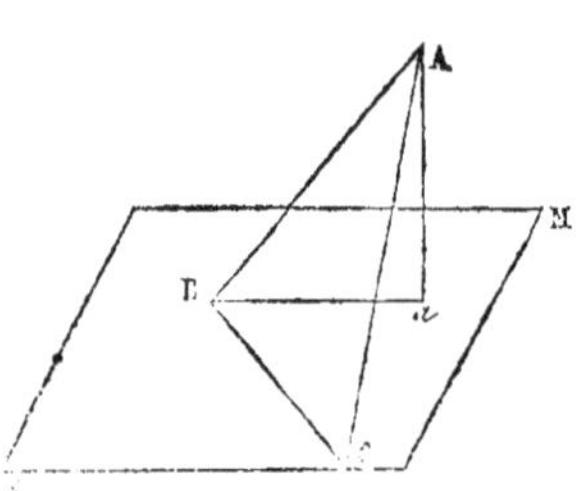

On appelle *projection* d'un point A sur un plan MN le pied *a* de la perpendiculaire abaissée de ce point A sur le plan.

La ligne AB rencontre le plan MN en B; *a* est la projection du point A; la droite B*a* est ce qu'on appelle la *projection* de AB sur le plan MN (V. ci-après, Ex. 22).

On appelle angle d'une droite et d'un plan l'angle que fait la droite avec sa projection sur le plan. Ex. : L'angle de AB et du plan MN est AB*a*.

255 ter. THÉORÈME. *L'angle d'une droite et d'un plan est le plus petit des angles que fait cette ligne avec toutes les droites qui passent par son pied dans le plan.*

Ex. : soit B*c* une droite quelconque du plan MN; l'angle AB*a* est plus petit que AB*c*. Pour le démontrer, je prends B*c* = B*a*, et je tire A*c*. Les deux triangles AB*a*, AB*c* ont le côté AB commun; le côté B*a* = B*c*; A*a* (perpendiculaire) est plus petite que A*c* oblique; par conséquent l'angle AB*a* est plus petit que AB*c* (n° 32).

Ce qu'il fallait démontrer.

EXERCICES.

19. Lieu géométrique des droites égales et parallèles
— issues des divers points d'une même droite.
20. — issues des divers points d'un même plan.

Théorèmes à démontrer.

21. Les perpendiculaires abaissées des projections d'un même point sur l'intersection de plusieurs plans qui passent par la même droite concourent au même point.

22. La projection d'une droite sur un plan est une droite ou un point. (On appelle projection d'une ligne sur un plan la ligne que forment les projections de ses points sur ce plan.)

23. Les projections de deux droites parallèles sur le même plan sont parallèles. La réciproque n'est pas vraie.

24. Si les projections de deux droites sur les deux plans qui se coupent sont parallèles, ces droites sont parallèles.

25. L'angle aigu d'une droite AB et d'une droite BD qui passe par son pied dans un plan est d'autant plus grand que BD s'écarte plus de la projection de AB sur le plan.

26. Parmi toutes les droites d'un plan issues du même point, quelle est celle qui fait le plus grand angle avec un 2ᵉ plan qui rencontre le 1ᵉʳ (ligne de plus grande pente)?

27. Par un même point d'une droite située dans un plan, on mène diverses droites dans ce plan, et une perpendiculaire à cette droite hors du plan; laquelle des premières droites fait le plus petit angle avec la dernière?

DES ANGLES DIÈDRES.

256. Définitions. Quand deux plans se coupent, la figure que forment ces plans limités à leur commune intersection se nomme un *angle dièdre.*

Les deux plans ABD, CBD sont les *faces*, et leur intersection BD est l'*arête* de l'angle dièdre.

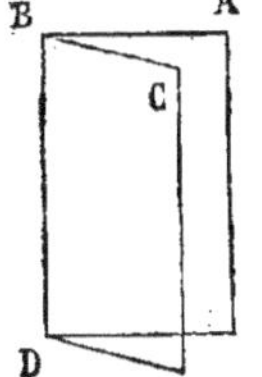

Celui-ci se désigne ordinairement par quatre lettres, parmi lesquelles les deux de l'intersection au milieu, les deux autres lettres étant prises sur les deux faces. Ex. : l'angle dièdre ABCD.

Un dièdre peut être désigné par son arête seulement, quand il n'y a pas lieu à confusion, par exemple quand l'arête indiquée n'appartient qu'à cet angle dièdre; on dit alors le dièdre BD.

257. La génération d'un angle dièdre est analogue à celle d'un angle rectiligne. Un plan P'AB d'abord coïncidant avec un plan

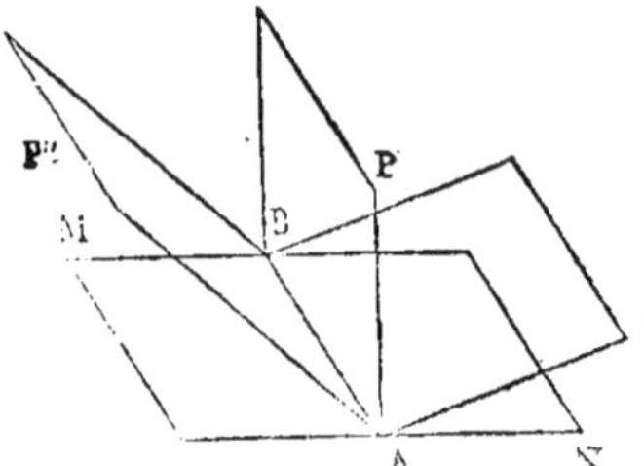

MN, se relève et tourne autour d'une droite AB de ce plan. Un angle dièdre P'ABN se forme et grandit comme l'indique la figure.

Si l'on considère le plan MN dans toute son étendue des deux côtés de la ligne AB, on remarque que le plan P'AB fait avec ce plan MN deux angles dièdres adjacents P'ABN, P'ABM, généralement inégaux. L'angle de droite P'ABN, d'abord le plus petit des deux (position P'AB), augmente progressivement, et finit par devenir le plus grand (position P"AB). Il est évident que dans l'intervalle les deux angles dièdres ont été une fois égaux (position PAB).

258. Quand un plan PQ fait avec un même plan MN, du même

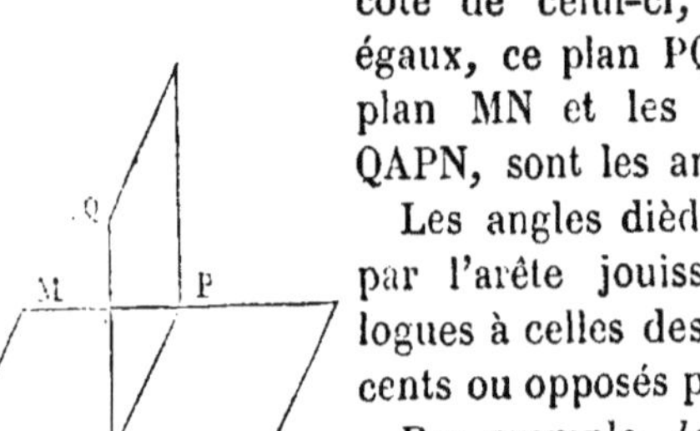

côté de celui-ci, deux angles adjacents égaux, ce plan PQ est *perpendiculaire* au plan MN et les angles dièdres QPAM, QAPN, sont les angles dièdres *droits*.

Les angles dièdres adjacents ou opposés par l'arête jouissent de propriétés analogues à celles des angles rectilignes adjacents ou opposés par le sommet.

Par exemple, *la somme de deux angles dièdres adjacents est égale à deux droits.*

Si un plan PQ est perpendiculaire au plan MN, réciproquement le plan MN est perpendiculaire au plan PQ.

Les angles dièdres opposés par l'arête sont égaux entre eux.

Toutes ces propositions se démontrent comme les théorèmes analogues du 1er livre. (V. les *Exercices* suivants.)

Mesure des angles dièdres.

259. Pour mesurer des angles dièdres, on s'appuie sur des propositions que nous allons exposer.

Définition. On appelle *angle rectiligne correspondant* à un angle dièdre donné, l'angle formé par deux perpendiculaires à l'arête menées au même point de cette ligne dans les deux faces du dièdre. Ex. : l'angle MON.

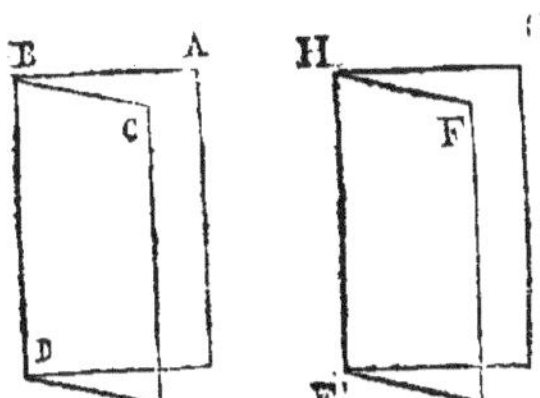

L'angle rectiligne correspondant à un dièdre est le même en quelque point de l'arête qu'on mène les perpendiculaires.

Supposons qu'on en ait mené au point O et au point B, et comparons les angles ABC, MON. Les deux lignes AB, MO perpendiculaires à la même droite BE, dans le même plan ABE, sont parallèles ; CB, NO sont parallèles par la même raison ; les angles ABC, MON, ayant les côtés parallèles et dirigés dans le même sens, sont égaux.

Théorème.

260. *A des angles dièdres égaux correspondent des angles rectilignes égaux, et réciproquement.*

1° Soient ABCD, GHEF deux dièdres égaux, auxquels correspondent les angles rectilignes ABC, GHF. Je fais coïncider les deux angles dièdres ; pour cela je pose le plan GHE sur ABD, en mettant HE sur BD et le point H en B. Cela fait, le plan FHE coïncide de lui-même avec CBD ; autrement l'angle dièdre GHEF serait plus grand ou plus petit que ABCD. Les plans coïncidant et la ligne HE étant sur BD, HG perpendiculaire à HE coïncide avec BA perpendiculaire à BD ; HF coïncide de même avec BC ; les angles rectilignes ABC, GHF coïncident et sont égaux.

Réciproquement *quand les angles rectilignes* ABC, GHF, *correspondant à des dièdres* BD, HE, *sont égaux, ces dièdres sont égaux.*

En effet, transportons la figure GHEF sur la figure ABDC, en mettant le plan GHF sur ABC ; les angles rectilignes étant égaux pourront coïncider ; HG se placera sur AB et HF sur BC. Les plans ABC, GHF coïncidant, et le point H étant en B, la ligne HE perpendiculaire au plan GHF (n° 236) coïncidera avec la ligne BD perpendiculaire au plan ABC. Cela étant, les plans GHE, ABD, passant par les mêmes droites AB, BD qui se coupent coïncideront; les plans FHE, CBD de même.

261. CorolLaire. *A un angle dièdre droit correspond un angle rectiligne droit, et réciproquement.*

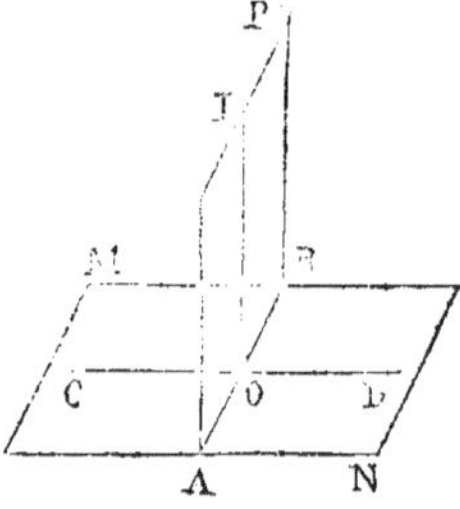

Soit le plan AP perpendiculaire au plan MN; menons à l'intersection AB une perpendiculaire IO dans le plan AP et une perpendiculaire COD dans le plan MN. Les deux angles dièdres PABN, PABM étant égaux, leurs correspondants rectilignes IOD, IOC sont égaux; ces angles rectilignes sont adjacents dans le plan ICD, donc ils sont droits. La réciproque est évidente.

Théorème.

262. *En général, le rapport de deux angles dièdres est le même que celui des angles rectilignes correspondants.*

. Supposons qu'une commune mesure ABI des angles rectilignes soit contenue trois fois dans ABC et quatre fois dans EFO; le rapport de ces angles rectilignes,

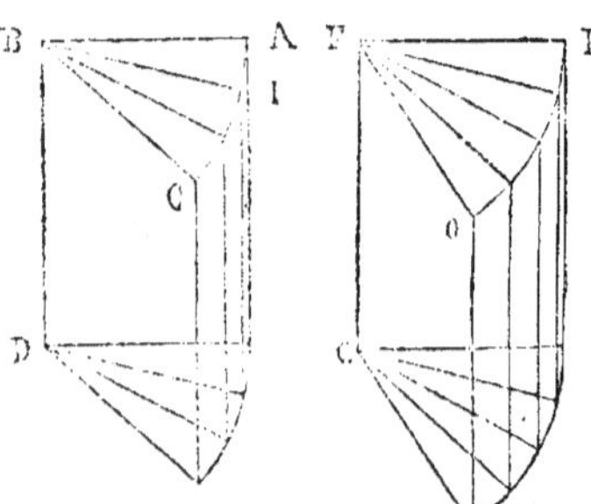

$$\frac{ABC}{EFO} = \frac{3}{4}.$$

Faisons passer un plan, dans chaque dièdre, par chaque ligne de division de l'angle rectiligne et par l'arête. Nous formons ainsi sept angles dièdres partiels, égaux comme correspondant à des angles rectilignes égaux; il y a trois de ces dièdres dans le dièdre proposé ABDC, quatre dans le dièdre EFCO; $\dfrac{ABDC}{EFCO} = \dfrac{3}{4}.$ Donc $\dfrac{ABDC}{EFCO} = \dfrac{ABC}{EFO}.$ C. Q. F. D.

Évidemment cette démonstration s'applique quelle que soit la

commune mesure des angles rectilignes ou des angles dièdres ; notre théorème est donc vrai en général.

MESURE DES ANGLES DIÈDRES.

263. *Un angle dièdre a pour mesure l'angle rectiligne qui lui correspond.*

Mesurer un angle dièdre, c'est trouver son rapport à l'unité des angles dièdres.

L'unité des angles dièdres est l'angle dièdre droit, comme l'unité des angles rectilignes est l'angle rectiligne droit; nous avons vu que ces deux unités se correspondent (n° 261).

Cela posé, si l'on considère un dièdre quelconque ABDC et l'angle rectiligne correspondant ABC, on a, d'après le théorème précédent:

$$\frac{ABDC}{1 \text{ dièdre droit}} = \frac{ABC}{1 \text{ droit}}.$$

Le nombre qui exprime la mesure de l'angle dièdre est égal à celui qui exprime la mesure de l'angle rectiligne ; c'est ce que signifie l'énoncé précédent. Ex. : si l'angle $ABC = \frac{3}{4}$ droit, l'angle dièdre ABDC vaut les 3/4 d'un angle dièdre droit.

Remarque. Mesurer un angle dièdre revient à mesurer un angle rectiligne correspondant ; mesurer celui-ci revient à mesurer l'arc de cercle décrit de son sommet comme centre et compris entre ses côtés. Mesurer un angle dièdre se réduit donc en définitive à mesurer un arc de cercle.

PLANS PERPENDICULAIRES ENTRE EUX.

Théorème.

264. *Si une droite* BC *est perpendiculaire au plan* MN, *tout plan mené par cette droite est perpendiculaire au plan* MN.

BC (située dans le plan PQ) est perpendiculaire à l'intersection AP des deux plans (n° 231); je mène BD perpendiculaire à AP, dans le plan MN ; l'angle CBD mesure l'angle dièdre CAPN

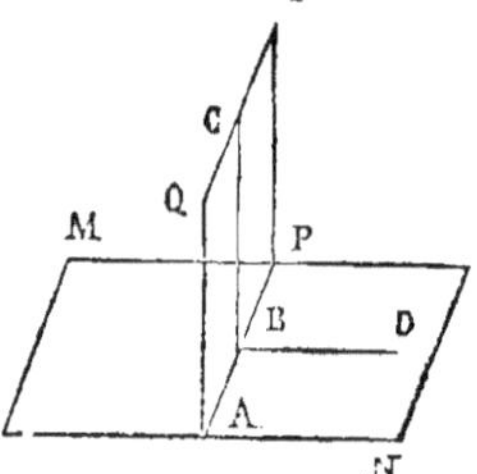

Mais cet angle CBD est droit; car CB est perpendiculaire à BD, par définition; l'angle dièdre CAPN est donc droit, et les deux plans PQ, MN sont perpendiculaires entre eux. C. Q. F. D.

Théorème.

265. *Quand deux plans* PQ, MN *sont perpendiculaires l'un à l'autre* (fig. précédente), *toute perpendiculaire* BC *à l'intersection* AP, *menée dans l'un de ces plans* (PQ) *est perpendiculaire à l'autre plan* (MN).

En effet, ayant déjà BC perpendiculaire à l'intersection AP dans le plan PQ, je mène au même point B une perpendiculaire BD à AP, dans le plan MN. L'angle rectiligne CBD correspond au dièdre QAPN, or ce dièdre est droit par hypothèse; l'angle CBD est donc droit; CB est perpendiculaire à BD. Mais CB est déjà perpendiculaire à AP par construction; cette ligne CB est donc perpendiculaire au plan MN. C. Q. F. D.

266. Corollaire. *Deux plans* PQ, MN *étant perpendiculaires, si l'on mène d'un point* C *de l'un* (PQ) *une perpendiculaire à l'autre* (MN), *cette perpendiculaire est dans le plan* PQ.

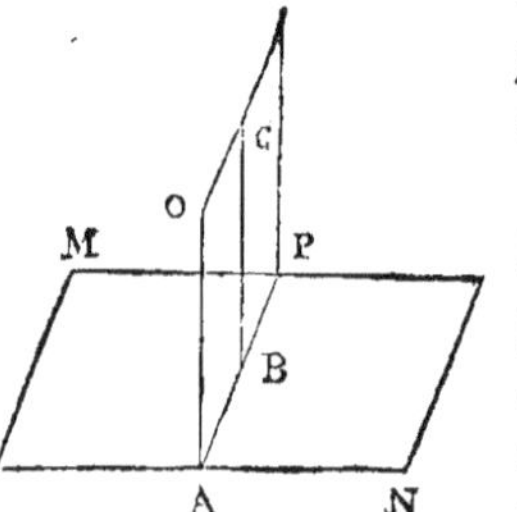

Abaissons du point C une perpendiculaire CB sur l'intersection AP des deux plans; CB est perpendiculaire au plan MN (théorème précédent), et c'est la seule qu'on puisse mener à partir du point C. Donc la perpendiculaire abaissée du point C sur le plan MN est dans le plan PQ.

Théorème.

267. *Quand deux plans* PQ, RS *sont perpendiculaires à un*

même troisième, leur intersection OI *est perpendiculaire à ce troisième plan.*

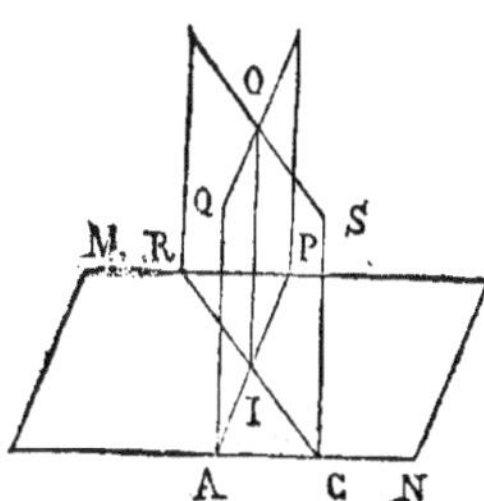

En effet, d'après le théorème précédent, la perpendiculaire abaissée du point O (de l'intersection) sur le plan MN doit être dans le plan PQ, puisque O est un point de ce plan; pour une raison semblable, cette perpendiculaire doit être dans le plan RS. Cette perpendiculaire, étant une ligne commune aux deux plans, n'est autre que leur intersection.

EXERCICES.

28. Dire et démontrer, à propos de deux ou de plusieurs plans qui passent par la même droite, les propositions analogues à celles qui sont démontrées dans le 1er livre, n°° 8, 10, 11, 12, 13, 14, 15, 16, 17, 18, 19, 20, 21, 22 et 23 (chaque côté d'un angle rectiligne est remplacé par un plan et le sommet par l'arête).

29. Deux plans parallèles coupés par un 3e forment avec celui-ci 8 angles qui, considérés 2 à 2, ont la position d'angles alternes internes, d'angles correspondants, etc. (comme les droites n° 56). Démontrer, à propos de ces angles dièdres, les propositions analogues à celles qui ont été démontrées dans le 1er livre, n° 58, 1°, 2°..., 5°.

30. Les réciproques (n° 59) ne sont pas vraies en général pour des plans. Quand. sont-elles vraies ?

31. Deux angles dièdres qui ont les faces parallèles ou perpendiculaires et les arêtes parallèles sont égaux ou supplémentaires.

32. Quand une droite et un plan sont perpendiculaires, la projection de la droite sur un 2e plan et l'intersection des deux plans sont perpendiculaires. La réciproque n'est pas vraie.

33. Une droite et un plan parallèles sont perpendiculaires aux mêmes plans.

34. Quand une droite et un plan sont perpendiculaires au même plan ou à la même droite, la droite est dans le plan ou lui est parallèle.

LIEUX GÉOMÉTRIQUES.

35. Lieu géométrique des points de l'espace tels que chacun est également distant
—   de deux droites situées sur le même plan.

36.   —   de trois droites situées dans le même plan.

37.   —   des trois arêtes d'un trièdre (n° 268).

38.   —   de deux plans donnés (plan bissecteur) (n° 275).

DES ANGLES SOLIDES TRIÈDRES OU POLYÈDRES.

268. DÉFINITIONS. On appelle angle *solide* ou angle *polyèdre* la figure que forment plusieurs plans qui se rencontrent en un point S, limités à leurs intersections consécutives SA, SB, SC,.....

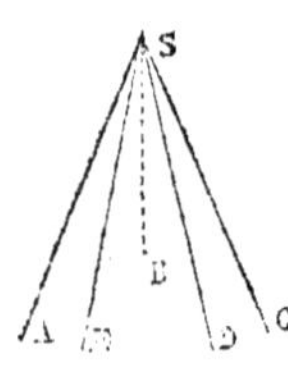

Le point commun S est le sommet de l'angle solide; les intersections SA, SB, SC,..... en sont les *arêtes;* les angles ASB, BSC, CSD, etc., que forment les arêtes, sont les *faces* ou les *angles plans* de la figure.

Nous ne considérons que des angles solides *convexes*, c'est-à-dire tels que dans chacun le plan d'une face, prolongé indéfiniment, laisse toutes les autres faces du même côté.

Quand les faces sont au nombre de *trois* seulement, l'angle solide prend le nom d'angle *trièdre*.

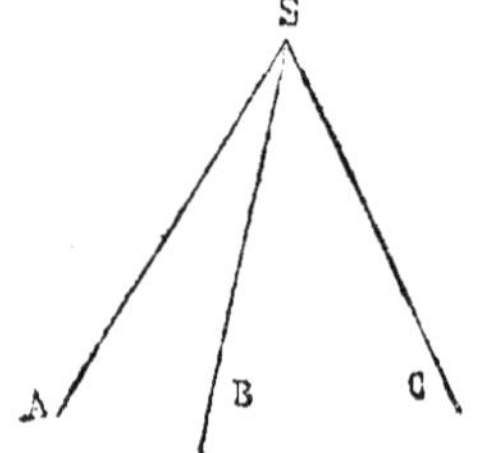

Un angle trièdre comprend six parties ou éléments déterminés; ce sont les trois faces ASB, ASC, BSC, et les trois dièdres SA, SB, SC, que celles-ci forment deux à deux.

Théorème.

269. *Dans tout angle solide trièdre, un angle plan quelconque est plus petit que la somme des deux autres.*

Il n'y a lieu évidemment à démonstration que si une des faces est plus grande que chacune des deux autres. Soit ASC cette plus grande face; je construis dans l'angle ASC l'angle CSD $=$ CSB; dans le même plan ASC, je mène une ligne ADC qui coupe les trois lignes SA, SD, SC; je prends ensuite sur la troisième arête une lon-

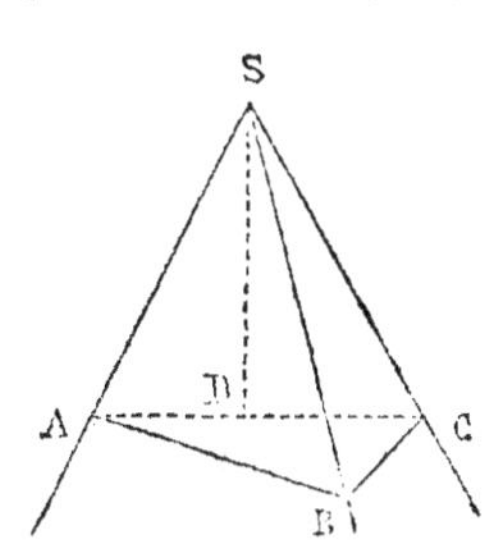

gueur SB=SD, et je mène les lignes AB, BC. Les deux triangles SCB, SCD ont le côté SC commun, SB=SD par construction, et l'angle CSB = CSD; ces deux triangles sont donc égaux, et CD=BC. Dans le triangle ABC, on a AC<AB+BC; ce qui revient à AD + CD < AB + BC; d'où, en retranchant CD = BC, on conclut AD < AB. Les deux triangles ASD,

ASB ont le côté SA commun, SD = SB et le troisième côté AD<AB; donc, en vertu d'un théorème démontré (liv. I, n° 32), l'angle ASD est plus petit que ASB. En ajoutant d'une part l'angle DSC et de l'autre son égal BSC, on trouve enfin :

$$\text{ASD} + \text{DSC} \quad \text{ou} \quad \text{ASC} < \text{ASB} + \text{BSC}. \quad \text{C. Q. F. D.}$$

Théorème.

270. *La somme des angles plans d'un angle polyèdre convexe quelconque est moindre que quatre angles droits.*

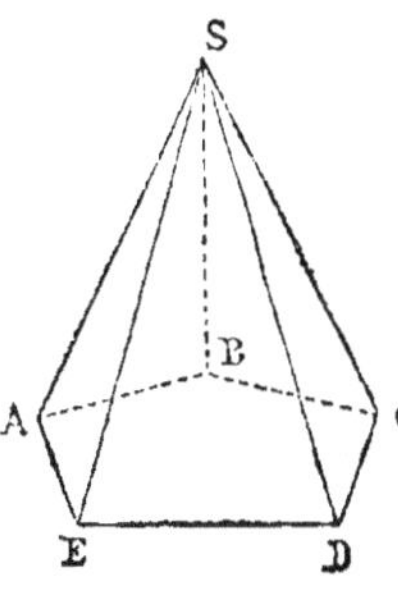

Je mène un plan qui coupe la surface de l'angle solide suivant le polygone convexe ABCDE. Cela fait, je remarque que l'on a au point A un angle solide trièdre, dans lequel l'un des angles plans

$$\text{EAB} < \text{SAE} + \text{SAB};$$
au point B, $\quad \text{ABC} < \text{SBA} + \text{SBC};$
au point C, $\quad \text{BCD} < \text{SCB} + \text{SCD};$
au point D, $\quad \text{CDE} < \text{SDC} + \text{SDE};$
et enfin en E, $\quad \text{AED} < \text{SED} + \text{SEA}.$

En additionnant ces égalités membres à membres, on trouve, d'une part, la somme des angles du polygone ABCDE, qui va ul $2n^{\text{droits}}$ — 4 droits, si n est le nombre des côtés du polygone (68), et de l'autre, la somme des angles adjacents aux bases des triangles, en même nombre n, qui ont le sommet commun S. Cette seconde somme d'angles est égale à $2n^{\text{droits}}$ — S $(2n^{\text{droits}})$, la somme de tous les angles des n triangles, moins la somme, S, des angles au sommet S, qui ne sont autres que les faces de l'angle solide proposé. L'addition faite, on a donc :

$$2n^{\text{droits}} - 4 \text{ droits} < 2n^{\text{droits}} - S.$$

Pour que l'on ait un reste moindre en retranchant 4 droits de $2n^{\text{droits}}$ qu'en retranchant S de la même grandeur, il faut évidemment que l'on ait 4 droits $>$ S, ou S $<$ 4 droits.   C. Q. F. D.

Théorème.

271. *Deux trièdres qui ont les faces égales chacune à chacune, ont leurs dièdres égaux chacun à chacun.*

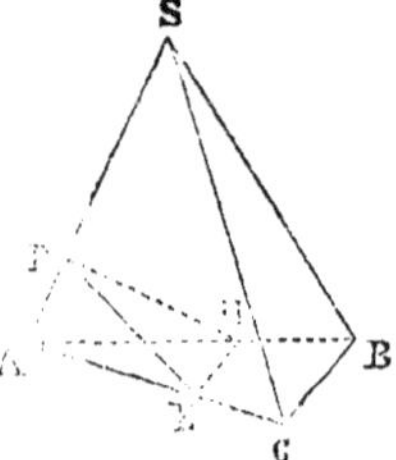

Supposons que l'on ait ASB = A'S'B'; ASC=A'S'C'; BSC=B'S'C'. Prenons, à partir de S et de S', les longueurs égales SA, SB, SC, S'A', S'B', S'C', et menons AB, BC, AC, A'B', A'C', B'C'. Nous formons ainsi quatre triangles d'une part, et quatre de l'autre, qui sont égaux chacun à chacun. Les triangles *isocèles* ASB, A'S'B' sont égaux comme ayant un angle égal (en S et en S') compris entre côtés égaux ; de même les triangles *isocèles* ASC, A'S'C'; puis BSC, B'S'C'; enfin, les triangles ABC, A'B'C' ont les trois côtés égaux chacun à chacun; AB = A'B' (égalité

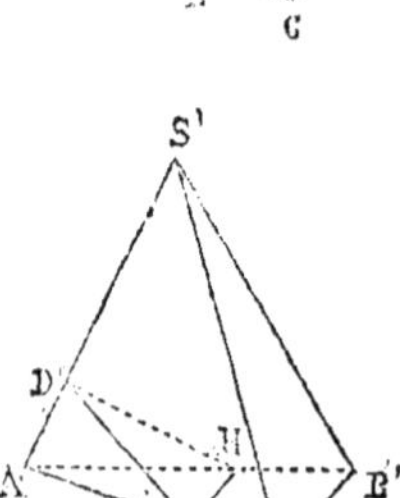

des triangles ASB, A'S'B'), etc. Cela posé, menons au point D, pris quelconque sur SA, une perpendiculaire DH à cette ligne dans le plan ASB, et une perpendiculaire DE dans le plan ASC; DE et DH (qui rencontrent AB, et AC du côté des angles aigus SAB, SAC), forment l'angle rectiligne EDH correspondant au dièdre SA du premier trièdre proposé. Prenons A'D' = AD et faisons au point D' la même construction qu'au point D; l'angle E'D'H' = dièdre S'A', il nous faut démontrer que EDH = E'D'H'. En effet, les triangles ADH, A'D'H' sont égaux comme ayant le côté AD = A'D', leurs angles en D et en D' droits, l'angle DAH=D'A'H' (égalité des triangles ASB, A'S'B'); donc AH = A'H'; DH=D'H'. De même les triangles

DAE, D'A'E' ont AD = A'D', les angles droits D et D' égaux, et les angles DAE, D'A'E', égaux ; ces triangles étant égaux, AE = A'E', DE=D'E'. Les triangles AEH, A'E'H' sont égaux ; car AH = A'H'; AE=A'E', l'angle EAH=E'A'H' (égalité des triangles ABC=A'B'C'): donc EH = E'H'. Enfin les triangles DEH, D'E'H' ayant, d'après ce qui précède, les trois côtés égaux chacun à chacun, sont égaux ; donc l'angle EDH=E'D'H', et le dièdre SA est égal au dièdre S'A'. On démontrerait, par des constructions analogues faites sur les arêtes SB, S'B', que le dièdre SB = S'B'; de même SC = S'C'. Notre théorème est donc vrai.

1**ʳᵉ** REMARQUE. Dans les trièdres qui ont les faces égales et par suite les dièdres égaux, les dièdres égaux sont compris entre des faces égales chacune à chacune.

V. les *Exercices*, p. 184.

272. 2° REMARQUE. *Deux trièdres qui ont tous leurs éléments égaux chacun à chacun ne peuvent pas toujours coïncider ; il faut que les faces égales des deux figures soient semblablement disposées.*

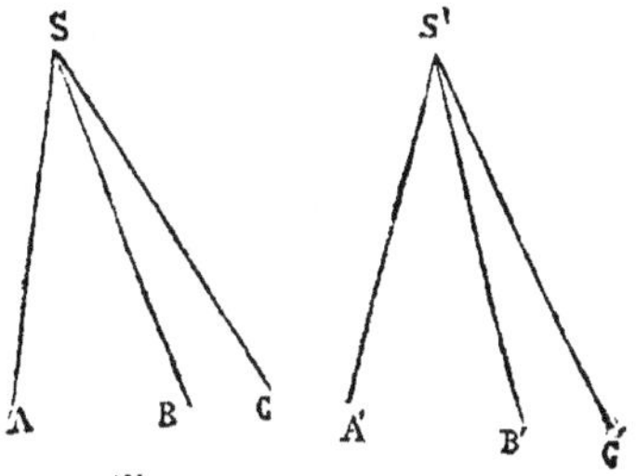

On peut placer les trièdres comme nous l'indiquons ici, 1° fig. (1) et (2) ; 2° fig. (1) et (3). Les faces égales ASC, A'S'C', ou ASC, A"S"C", sont sur le même plan (celui de la figure, par exemple) les côtés de ces angles étant parallèles deux à deux, et *dirigés dans le même sens;* les arêtes SB, S'B', ou SB, S"B", sont situées du même côté de ce plan (en avant, par exemple). Les trièdres ainsi placés, il ne peut se présenter que deux cas : ou bien, 1°, fig. (1) et (2), les faces égales ASB, A'S'B' sont semblablement placées par rapport à ASC et à A'S'C' (toutes deux à gauche) ; ou bien, 2°, fig. (1) et (3), tandis que ASB est à gauche de ASC, son égale A"S"B" est à droite de A"S"C". Dans le premier cas, les deux trièdres peuvent coïncider ; en effet, fig. (1) et (2), la face A'S'C' étant mise sur ASC, S'A' sur SA et S'C' sur SC, comme le dièdre SA = S'A', la face A'S'B' s'applique sur ASB, et SB sur S'B'. Dans l'autre cas, au contraire, (fig. (1)

et (3), si l'on essaye de faire coïncider les deux trièdres, on est obligé de placer S″C″ sur SA et S″A″ sur SC; autrement les deux trièdres se trouveraient placés de côtés différents de leur face commune. Mais S″C″ étant sur SA, comme le dièdre S″C″ n'est pas en général égal au dièdre SA, la face C″S″B″ ne s'applique pas sur ASB, pas plus que A″S″B″ sur CSB.

3ᵉ Remarque. Si la face BAS était égale à BSC, le dièdre SC serait égal au dièdre SA; les deux trièdres ne pourraient pas manquer de coïncider. Il n'y aurait plus à distinguer entre la droite et la gauche. (Les trièdres sont alors *isoèdres*.)

Théorème.

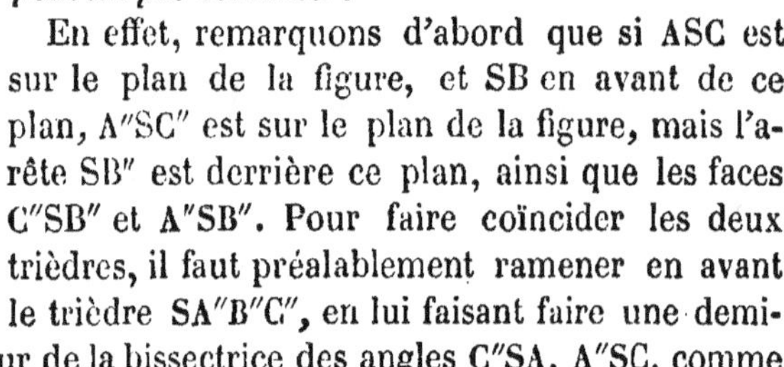

273. *Si l'on prolonge les arêtes d'un trièdre* SABC *au delà du sommet, les prolongements déterminent un nouveau trièdre dont toutes les parties sont évidemment égales à celles du trièdre proposé* (angles opposés par le sommet); *néanmoins, ces deux trièdres ne peuvent pas coïncider.*

En effet, remarquons d'abord que si ASC est sur le plan de la figure, et SB en avant de ce plan, A″SC″ est sur le plan de la figure, mais l'arête SB″ est derrière ce plan, ainsi que les faces C″SB″ et A″SB″. Pour faire coïncider les deux trièdres, il faut préalablement ramener en avant le trièdre SA″B″C″, en lui faisant faire une demi-révolution autour de la bissectrice des angles C″SA, A″SC, comme axe. Mais cela fait, les deux trièdres auront évidemment la disposition (1) et (3) (fig. précéd.). ASB est à gauche de ASC et A″SB″ sera à droite de A″SC″; les trièdres ne pourront donc pas coïncider.

Les exercices à faire sont indiqués page 184.

Théorème.

274. *Deux trièdres qui ont un angle dièdre égal, compris entre deux faces égales chacune à chacune, sont égaux dans toutes leurs parties.*

1° Les trièdres peuvent avoir la disposition (1) et (2) (fig. du n° 272); alors ils peuvent coïncider comme nous l'avons démontré tout à l'heure; ils sont donc égaux dans toutes leurs parties. Ou bien, ils ont la disposition (1) et (3); alors ils ne peuvent pas coïncider; mais si on prolonge les arêtes du trièdre (1) on obtient un trièdre qui, ramené en avant, aura ses faces disposées comme celles du trièdre (3), et pourra coïncider avec lui. Les deux trièdres proposés (1) et (3) sont donc égaux dans toutes leurs parties.

On démontre de même la proposition suivante : *Deux trièdres sont égaux dans toutes leurs parties quand ils ont une face égale adjacente à deux dièdres égaux chacun à chacun.* (V. les *Exercices.*)

EXERCICES.

43, 44, 45, 46. Dire et démontrer à propos des faces et des dièdres d'un trièdre les propositions analogues aux propositions suivantes du 1er livre, n°s 35, 36, 37, 38, 39. (*Exercices.*)

47, 48, 49, 50, 51. Dire et démontrer à propos des trièdres les propositions analogues aux propositions suivantes du 1er livre : 29, 30, 31, 32 et 33 (cas d'égalité et de symétrie). (*Exercices.*)

52. Les trois plans perpendiculaires aux faces d'un trièdre menées par les bissectrices de ces faces se coupent suivant la même droite.

53. Les trois plans perpendiculaires aux faces d'un trièdre menées respectivement par les arêtes opposées se coupent suivant la même droite.

54. Les trois plans menés respectivement par les arêtes d'un trièdre et par les bissectrices opposées se coupent suivant la même droite.

55. Les trois plans bissecteurs des dièdres d'un trièdre se coupent suivant la même droite (Ex. 39) (*).

56. Si on mène par le sommet d'un trièdre une perpendiculaire à chaque arête dans la face opposée, les perpendiculaires ainsi menées sont dans le même plan.

Théorème.

275. *Chaque point du plan bissecteur d'un angle dièdre est également distant de ses faces; tout point pris dans l'angle dièdre, ailleurs que sur le plan bissecteur, est inégalement distant des faces.*

Soit M un point du plan EBC, bissecteur du dièdre ABCD ; j'abaisse de M les perpendiculaires MI, MH sur les faces ABC, DBC ;

(*) On voit que tous les théorèmes du 1er livre (démontrés ou à démontrer) relatifs aux angles et aux triangles ont généralement leurs analogues pour les dièdres et pour les trièdres. Le rapprochement de ces propositions est intéressant (Voyez à la fin du libre) ; les démonstrations des dernières par comparaison avec les premières offrent des exercices très-utiles.

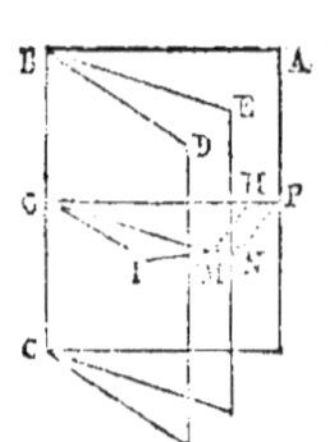

il faut prouver que MI = MH. En effet, le plan IMH perpendiculaire aux plans ABC, DBC (267) est perpendiculaire à leur intersection BC, qu'il rencontre en un point O; ses intersections avec les plans ABC, DBC, DBC, sont les droites OH, OM, OI, respectivement perpendiculaires à BC. Les angles rectilignes, HOM, MOI, qui mesurent les angles dièdres égaux ABCE, EBCD, sont égaux : les triangles MOH, MOI, rectangles en I et en H, sont donc égaux, et MI = MH.

Soit maintenant un point N, situé hors du plan bissecteur EBC; abaissons les perpendiculaires NI et NP sur les faces DBC, ABC; le plan INP perpendiculaire à ces faces, et par suite à leur intersection BC (267), coupe les trois plans suivant les lignes OI, OM, OP; OM est la bissectrice de l'angle IOP; le point N n'étant pas situé sur cette bissectrice, on a NP < NI (1ᵉʳ livre).

Le plan bissecteur d'un angle dièdre est donc le lieu géométrique des points également distants de ses faces.

Trièdres supplémentaires.

Théorème.

276. *Si d'un point pris dans l'intérieur d'un angle dièdre on abaisse des perpendiculaires sur les faces, l'angle de ces perpendiculaires est le supplément de l'angle dièdre.*

Si cette proposition est démontrée pour un point M pris dans l'intérieur du dièdre, elle le sera pour tout autre point M′ également pris dans l'intérieur. En effet, si de chacun des points M, M′, on abaisse des perpendiculaires sur les faces du dièdre, les angles M et M′ ayant les côtés parallèles et dirigés dans le même sens, seront exactement les mêmes.

Cela posé, je prends un point M du plan bissecteur du dièdre (figure précédente), et j'abaisse les perpendiculaires MH, MI. Le plan IMH perpendiculaire aux faces ABC, DBC, est perpendiculaire en O à leur intersection BC. Tirons OH et OI, l'angle HOI mesure le dièdre ABCD; mais dans le quadrilatère HOIM qui a deux angles droits, I et II, la somme des deux autres angles HOI $+$ IMH $= 2$ droits, C. Q. F. D.

Remarque. Le plan HIM coupe le plan bissecteur suivant OM; l'angle IOM $=$ HOM $= \frac{1}{2}$ HOI est aigu; les perpendiculaires MI, MH tombent donc nécessairement sur les faces mêmes de l'angle dièdre, et non sur leurs prolongements; l'arête BC traverse le plan IMH dans l'intérieur de l'angle IMH.

Théorème.

277. *Si d'un point pris dans l'intérieur d'un angle solide trièdre SABC, on mène des perpendiculaires MP, MQ, MR, aux faces ASB, BSC, ASC, le trièdre MPQR, qui a ces perpendiculaires pour arêtes, et le trièdre proposé, jouissent des propriétés suivantes : 1° les faces de MPQR sont respectivement supplémentaires des angles dièdres de SABC ; 2° réciproquement, les faces de SABC sont respectivement supplémentaires des dièdres de MPQR. A cause de ces propriétés, les deux trièdres sont dits supplémentaires l'un de l'autre.*

Remarquons d'abord que si on démontre cette proposition pour un point quelconque, M, situé dans l'intérieur du trièdre SABC, elle sera démontrée pour tout autre point M' également situé dans l'intérieur ; en effet, si de chacun de ces points on mène des perpendiculaires aux faces de SABC, les deux trièdres M et M', ayant leurs arêtes parallèles et dirigées dans le même sens, sont égaux dans toutes leurs parties, et même superposables. Nous prendrons le point M sur l'intersection, SM, des plans bissecteurs des dièdres SA, SC; ce point M, également distant des trois faces, se trouve en même temps dans le plan bissecteur du dièdre SB. Il résulte de là que chaque perpendiculaire, MP, par exemple, tombe sur la face même ASB du trièdre proposé, et non sur le prolongement de cette face; et de plus que chacune des arêtes SA (par exemple) du trièdre SABC traverse la face correspondante PMR de l'autre trièdre dans l'intérieur de l'angle PMR.

13

1° Cela posé, il résulte du théorème précédent que l'angle PMR est supplément du dièdre SA ; l'angle PMQ est supplément du dièdre SB, etc. ;

2° Le plan PMR perpendiculaire aux plans ASC, ASB, est perpendiculaire à leur intersection SA, et réciproquement. De même, SC est perpendiculaire au plan QMR, et SB au plan PMQ. De plus, les perpendiculaires SA, SC, SB, tombent ainsi que nous l'avons remarqué, dans l'intérieur des angles PMR, QMR, et non à côté (remarque précédente) ; le point S est dans l'intérieur du dièdre MR ; il est de même dans l'intérieur du dièdre MQ et dans l'intérieur du dièdre MP. Cela posé, il résulte du théorème précédent que l'angle ASC est le supplément du dièdre MR, BSC est le supplément du dièdre MQ, et ASB le supplément de MP. C. Q. F. D.

Théorème.

270. *Deux trièdres qui ont leurs dièdres égaux chacun à chacun sont égaux dans toutes leurs parties.*

En effet, soit S et T les deux trièdres proposés, S′ et T′ les trièdres supplémentaires. Les dièdres de S et de T étant égaux, chacun à chacun, leurs suppléments, c'est-à-dire les angles plans de S′ et de T′ sont égaux chacun à chacun ; les trièdres S′ et T′, ayant leurs angles plans égaux chacun à chacun, sont égaux dans toutes leurs parties. Les dièdres de S′ et de T′ étant égaux, leurs suppléments, c'est-à-dire les angles plans de S et de T sont égaux chacun à chacun.

Théorème.

270 *bis. La somme des angles dièdres d'un trièdre est comprise entre deux droits et six droits.*

En effet, soient A, B, C, les angles dièdres du trièdre donné, et a', b', c', les angles plans de l'angle trièdre supplémentaire. Nous savons que $A + a' = 2^{dr}$; $B + b' = 2^{dr}$; $C + c' = 2^{dr}$; par suite $A + B + C = 6^{dr} - (a' + b' + c')$.

Mais $a' + b' + c'$ est moindre que 4^{dr} (n° 270) ; donc la somme

A $+$ B $+$ C est moindre que 6^{dr} et plus grande que $6^{dr} - 4^{dr} = 2^{dr}$. Notre proposition est donc démontrée.

ANALOGIES ET DIFFÉRENCES ENTRE LES ANGLES TRIÈDRES ET LES ANGLES RECTILIGNES.

278 *ter.* Il y a beaucoup d'analogies et quelques différences.

Dans un triangle, on considère six éléments : trois côtés et trois angles.

Dans un trièdre, on considère trois faces et trois angles dièdres.

Les faces du trièdre correspondent aux côtés du triangle, les angles dièdres aux angles rectilignes, et les arêtes des angles dièdres aux sommets des angles rectilignes.

Si on considère dans le premier livre les propositions qui concernent l'égalité ou l'inégalité des éléments d'un même triangle, ou de deux triangles, puis qu'on essaye d'établir des propositions analogues relatives aux angles trièdres, ces propositions sont généralement vraies sauf quelques différences que nous allons indiquer.

Analogies.

1. Un côté d'un triangle est plus petit que la somme des deux autres.

1. Une face d'un angle trièdre est plus petite que la somme des deux autres.

2. Deux triangles ont tous leurs éléments égaux chacun à chacun quand ils ont :
— un angle égal compris entre deux côtés égaux chacun à chacun.

2. Deux angles trièdres ont tous leurs éléments égaux chacun à chacun quand ils ont :
— un angle dièdre égal compris entre deux faces égales chacune à chacune.

3. — Un côté égal adjacent à deux angles égaux chacun à chacun.

3. — une face égale adjacente à deux angles dièdres égaux chacun à chacun.

4. — les trois côtés égaux.

4. — Les trois faces égales.

Différences.

Dans chacun des trois cas précédents (2, 3 et 4), les deux triangles peuvent coïncider, et sont égaux. Si

Dans les trois derniers cas précédents (2, 3 et 4), les deux angles trièdres ne peuvent pas toujours coïnci-

les éléments *donnés* égaux ne sont pas d'abord semblablement disposés, il suffit de retourner, sens dessus dessous, le plan d'un des triangles pour que la disposition des côtés devienne la même, et que les triangles puissent coïncider.

En général, on peut retourner au besoin une figure plane sens dessus dessous pour la faire coïncider après cela avec une autre figure plane.

der. Il faut que les éléments donnés égaux soient semblablement disposés, comme il a été expliqué n° 272 du Cours. Autrement les angles trièdres ne coïncident pas et sont dits *symétriques* parce que l'un d'eux peut alors coïncider avec un angle trièdre symétrique de l'autre.

Une figure plane d'un côté d'une de ses faces, et convexe de l'autre, comme l'est un trièdre SABC, ne peut pas être retournée au besoin. Il faut pour la coïncidence de deux figures de ce genre que les convexités soient tournées du même côté de la face qui devient commune. (Voir n° 272 du Cours.)

Analogies.

Dans un triangle, à des côtés égaux sont opposés des angles égaux, et réciproquement.

Dans un triangle, à un plus grand angle est opposé un plus grand côté, et réciproquement.

Dans un trièdre, à des faces égales sont opposés des angles dièdres égaux, et réciproquement.

Dans un angle trièdre, à un angle dièdre plus grand est opposée une plus grande face, et réciproquement.

Les autres propriétés du triangle isocèle, énoncées n° 36, ont leurs analogues pour les trièdres.

La proposition du n° 31 et sa réciproque, n° 32, ont leurs analogues pour les trièdres.

Nous laissons aux lecteurs à énoncer et à démontrer ces propositions analogues et les précédentes.

Les théorèmes qui concernent le point de concours des médianes ou des bissectrices, ou des hauteurs, ou des perpendiculaires aux milieux des côtés d'un triangle, ont leurs analogues pour les angles trièdres. A chaque droite telle qu'une médiane, une bissectrice, une hauteur, etc., correspond un plan remplissant un rôle analogue. Les propositions analogues, sont énoncées et proposées pour être démontrées (Ex. 52, 53, 54, 55). Au lieu de droites concourant 3 à 3 au même point, ce sont des plans qui passent 3 à 3 par la même droite (*).

Différences.

<table>
<tr><td>

La·somme des angles d'un triangle est constante et égale à deux angles droits.

Par conséquent, quand deux angles d'un triangle sont donnés, le 3ᵉ est connu. Donner les trois angles d'un triangle, c'est donc donner seulement deux éléments indépendants l'un de l'autre. Les autres éléments (les côtés) ne sont pas déterminés. Il y a une infinité de triangles qui ont trois angles donnés.

Deux triangles qui ont les trois angles égaux chacun à chacun n'ont pas généralement les côtés égaux. Ils ont les côtés proportionnels et sont semblables

</td><td>

La somme des angles dièdres d'un angle trièdre varie entre deux angles droits et six angles droits.

Par conséquent, quand deux angles dièdres d'un trièdre sont donnés, le 3ᵒ n'est pas nécessairement connu. Donner les trois angles dièdres d'un trièdre, c'est donc donner trois éléments distincts les uns des autres. Les autres éléments sont déterminés.

Deux angles trièdres qui ont les trois dièdres égaux chacun à chacun ont leurs faces égales chacune à chacune. Ils sont égaux (peuvent coïncider) ou sont symétriques.

Il n'y a pas à s'occuper de la similitude des angles trièdres.

</td></tr>
</table>

(*) Parmi les autres propositions sur les triangles données à démontrer comme exercices, il y en a évidemment beaucoup qui ont leurs analogues pour les trièdres.

LIVRE VI.

DES POLYÈDRES.

DÉFINITIONS.

279. On appelle solide *polyèdre*, ou simplement *polyèdre*, un corps ou solide terminé de toutes parts par des plans ou *faces* planes. Ces plans sont eux-mêmes terminés par des lignes qui sont les *arêtes* ou les *côtés* du polyèdre.

Les faces forment des angles solides dont les sommets sont les *sommets* du polyèdre.

Le plus simple des polyèdres est celui qui n'a que quatre faces, et qu'on nomme *tétraèdre*; il faut, en effet, trois plans au moins pour former un angle solide; ces trois plans laissent un vide qui, pour être fermé, exige un quatrième plan.

On appelle encore en particulier *hexaèdre* le polyèdre qui a six faces, *octaèdre* celui qui en a huit, *dodécaèdre* celui qui en a douze, *icosaèdre* celui qui en a vingt, etc.

Un polyèdre est *régulier* quand toutes ses faces sont des polygones réguliers égaux entre eux, et que tous ses angles solides sont égaux.

280. Un *prisme* est un solide compris sous plusieurs parallélogrammes terminés de part et d'autre à deux polygones égaux et parallèles.

On peut construire un prisme de la manière suivante : étant

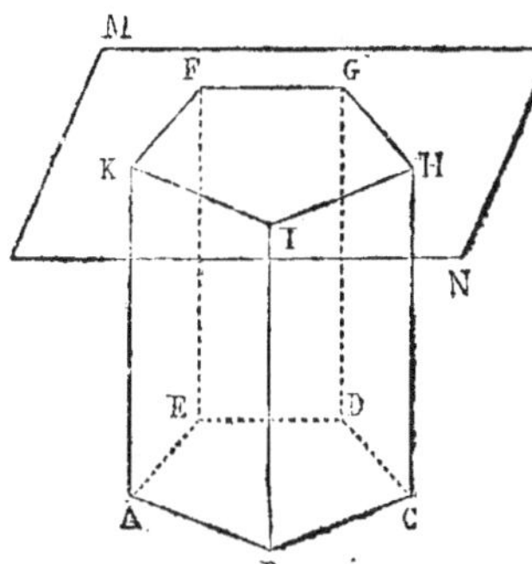

donné un polygone quelconque, ABCDE, et un plan parallèle MN, on mène des divers sommets A, B, C,... autant de droites parallèles AK, BI, CH... à la rencontre du plan MN. Les plans consécutifs ABIK, IBCH,... rencontrent MN suivant les droites KI, IH,... qui forment un polygone KIHGF égal au polygone proposé ABCDE. Ces deux polygones et les parallélogrammes ABIK, IBCH, etc., qui vont de l'un à l'autre, forment le prisme ABCDEKIHGF.

Les deux polygones ABCDE, KIHGF sont les *bases* du prisme; les parallélogrammes ABIK, IBCH, etc., sont les *pans* du prisme. et en forment la *surface latérale* ou *convexe*.

La *hauteur* d'un prisme est la distance de ses deux *bases*, c'est-à-dire la perpendiculaire menée d'un point de l'une sur l'autre.

Un prisme est *droit* quand ses arêtes *latérales*, c'est-à-dire celles qui vont d'une base à l'autre, sont perpendiculaires à ces bases; la hauteur du prisme est alors égale à l'une de ses arêtes. Dans tout autre cas, le prisme est *oblique*. Un prisme est *triangulaire*, *quadrangulaire*, *pentagonal*, etc., *polygonal*, suivant que ses bases sont des *triangles*, des *quadrilatères*, des *pentagones*, etc., ou en général des *polygones quelconques* autres que des triangles.

· Théorème.

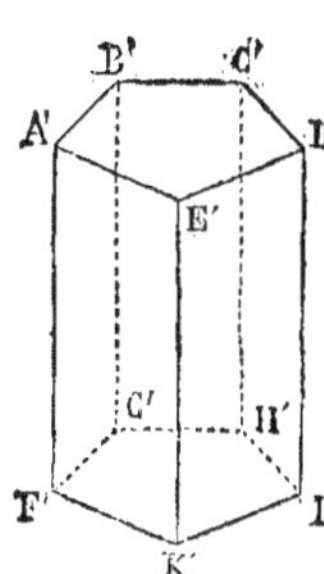

281. *Deux prismes droits qui ont des bases égales et la même hauteur sont des figures égales.*

En effet, on peut, en transportant l'une des figures sur l'autre, faire coïncider les bases inférieures FGHIK, F'G'H'I'K'. Ces bases coïncidant, les arêtes latérales FA, F'A', GB, G'B', etc., coïncident une à une : en effet, FA, F'A', par exemple, partent alors toutes

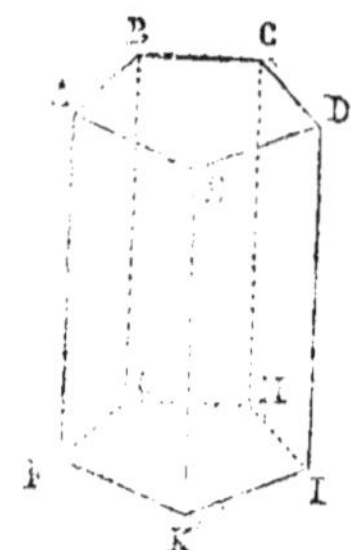

deux du même point F, et sont perpendiculaires au même plan. Ces arêtes étant d'ailleurs égales, les extrémités supérieures coïncident; les sommets des bases supérieures coïncidant, ces bases coïncident; toutes les faces coïncident.

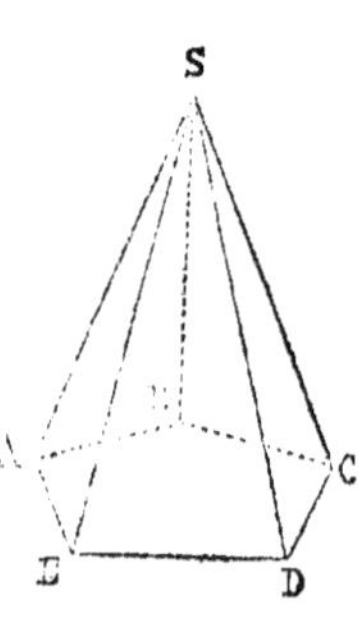

282. On nomme *pyramide* le solide formé par un polygone ABCDE, et des triangles qui ont un sommet commun S, et pour bases respectives les côtés du polygone.

Le polygone ABCDE est la *base* de la pyramide; les triangles ASB, BSC, etc., en forment la surface *latérale* ou *convexe*; leur sommet commun S est le *sommet* de la pyramide.

La hauteur d'une pyramide est la perpendiculaire abaissée du sommet sur le plan de la base.

Au lieu de *pyramide triangulaire*, on dit très-souvent *tétraèdre* qui signifie polyèdre à quatre faces.

Une pyramide est dite *triangulaire*, *quadrangulaire*, *hexagonale*, *polygonale*, suivant que sa base est un *triangle*, un *quadrilatère*, un *hexagone*, un *polygone quelconque* autre qu'un triangle.

Une pyramide est *régulière* quand sa base est un polygone régulier, et que son sommet est situé sur la perpendiculaire élevée sur le plan de ce polygone, à son centre.

Nous ne considérerons que des polyèdres *convexes*, c'est-à-dire des polyèdres tels que le plan d'une face quelconque, prolongé indéfiniment, laisse toute la figure du même côté (*).

(*) *Deux polyèdres convexes* P *et* P′ *qui ont les mêmes sommets, et en même nombre, coïncident dans toute leur étendue.*

En effet, soit ABCDE une face extérieure de P; les sommets A, B, C, D, E appartenant aussi bien à P′ qu'à P, le plan ABCDE est une face extérieure de P′, ou bien traverse P′ en laissant des sommets de ce polyèdre d'un côté et des sommets de l'autre. Admettons la dernière hypothèse et supposons que M et N

EXERCICES.

Théorèmes à démontrer.

1. Les six plans bissecteurs d'un tétraèdre ont un point commun.

2. Les six plans perpendiculaires aux milieux des arêtes d'un tétraèdre ont un point commun.

3. Les perpendiculaires menées sur les quatre faces d'un tétraèdre aux centres des cercles circonscrits concourent au même point.

4. Les quatre droites qui joignent les sommets d'un tétraèdre aux points de concours des médianes des faces opposées concourent au même point. Ce point divise chaque droite dans le rapport de 3 à 1, à partir du sommet.

5. Les droites qui joignent les milieux des arêtes opposées d'un tétraèdre concourent au même point qui est le milieu de chacune d'elles.

6. Les cinq points dont il est question à la fin des cinq exercices précédents se confondent quand le tétraèdre est régulier.

7. L'arête d'un tétraèdre régulier étant a, exprimer la distance du point de concours unique indiqué à la fin de l'exercice précédent, 1° à chaque sommet; 2° à chaque face

8. *Application.* Calculer ces distances à $0^m,01$ près pour un tétraèdre régulier dont la *hauteur* est $2^m,4$.

9. Deux tétraèdres sont égaux quand ils ont :

— un angle dièdre égal compris entre deux faces égales chacune à chacune et semblablement disposées.

10. — une face égale adjacente à trois dièdres égaux chacun à chacun et semblablement disposés.

11. — un angle solide égal dont les arêtes sont égales chacune à chacune.

12. — les six arêtes égales chacune à chacune et semblablement disposées.

DES PARALLÉLIPIPÈDES.

283. Un prisme qui a pour bases des parallélogrammes s'ap-

---

soient deux sommets de ce polyèdre P′ situés de part et d'autre du plan ABCDE. Les sommets M et N appartiennent aussi au polyèdre P ; une face ABCDE de ce polyèdre convexe P laisserait donc des sommets d'un côté et des sommets de l'autre, ce qui est contraire à la définition des polyèdres *convexes* ; donc ABCDE ne peut être qu'une face extérieure de P′. Chaque face extérieure de P coïncide donc avec une face extérieure de P′ et réciproquement ; donc ces deux polyèdres coïncident dans toute leur étendue.

Nous avons cru utile de démontrer cette proposition. Comme il est très-aisé de former les polyèdres non convexes qui, ayant les mêmes sommets et en même nombre, diffèrent essentiellement, il n'est pas évident, *à priori*, que deux polyèdres convexes doivent toujours coïncider dans ce cas.

pelle un *parallélipipède;* un parallélipipède a six faces qui sont toutes des parallélogrammes.

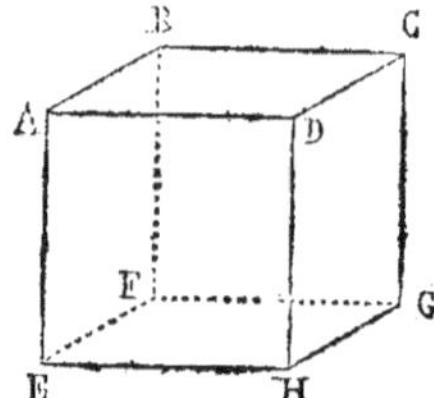

Un parallélipipède est *droit* quand ses arêtes sont perpendiculaires aux plans des bases.

Si ces bases sont en outre des rectangles, le parallélipipède est dit *rectangle.*

Dans tout autre cas, le parallélipipède est dit *oblique.*

On appelle *cube* un parallélipipède dont les six faces sont des carrés.

Théorème.

284. *Les faces opposées d'un parallélipipède sont égales et parallèles.*

Nous trouvons d'abord les bases ABCD, EFGH (fig. précédente), qui sont, par définition, égales et parallèles. Considérons deux autres faces opposées ABFE, DCGH : elles ont leurs côtés égaux et parallèles deux à deux (AE et DH sont égaux comme côtés opposés du parallélogramme ADHE, etc.). Les angles EAB, HDC sont égaux comme ayant les côtés parallèles et dirigés dans le même sens; les parallélogrammes ABFE, DCGH peuvent donc coïncider et sont égaux. On démontrerait la même chose pour les faces ADHE, BCGF.

Deux faces opposées quelconques d'un parallélipipède peuvent donc être prises pour BASES.

285. Les arêtes d'un parallélipipède sont égales et parallèles quatre à quatre. Si l'on considère les trois arêtes issues d'un même sommet A, qui sont généralement inégales, chacune d'elles est égale et parallèle à trois autres arêtes.

Étant données, à partir d'un point A, trois droites AE, AB, AD, *non situées dans le même plan,* on peut toujours construire un parallélipipède dont les arêtes soient égales et parallèles à ces droites. Pour cela, on mène par l'extrémité de chacune de ces trois droites un plan parallèle à celui des deux autres; par le point E, un plan FEH parallèle à BAD; par le point B, un plan CBF parallèle au plan EAD; par le point D, le plan CDH parallèle au plan BAE. Les six plans que nous venons de nommer forment, par leurs rencontres mutuelles le parallélipipède demandé.

Théorème.

286. *Les diagonales d'un parallépipède se coupent toutes quatre au même point, qui est le milieu de chacune d'elles.*

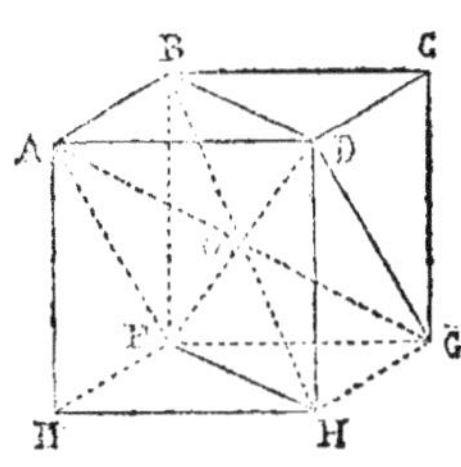

Considérons d'abord les diagonales BH, DF; ces lignes se terminent, sur la gauche, à l'arête BF, et, à droite, à l'arête DH; tirons BD, FH. Les lignes BF, DH étant égales et parallèles, la figure BDHF est un parallélogramme; BH, DF, diagonales de ce parallélogramme, se coupent en leurs milieux. Si maintenant nous considérons les diagonales AG, DF, nous voyons qu'elles se terminent, d'un côté à l'arête AD du parallélipipède, de l'autre à l'arête FG; menons les lignes AF, DG. Les arêtes AD, FG étant égales et parallèles, la figure ADGF est un parallélogramme; AG, DF, diagonales de ce parallélogramme, se coupent en leurs milieux. On prouverait de même que la quatrième diagonale CE du parallélipipède passe au milieu de DF (DF et CE se terminent aux arêtes DC, EF). La proposition est donc démontrée.

EXERCICES.

13. Le point de concours des diagonales d'un parallélipipède est le centre de la figure, c'est-à-dire que toute droite qui y passe, et se termine à la surface, est divisée à ce point en deux parties égales.

14. La distance de ce point à un plan quelconque est le huitième de la somme des distances des huit sommets du parallélipipède au même plan.

15. Si des points sont également distants de ce centre, la somme des carrés des distances de chacun aux sommets du parallélipipède est la même pour tous.

16. Les diagonales d'un parallélipipède *rectangle* sont égales.

17. La réciproque est vraie.

18. Le carré de la diagonale d'un parallélipipède rectangle est égal à la somme des carrés des trois arêtes ou dimensions du parallélipipède.

MESURE DES POLYÈDRES.

287. Préliminaires. Le *volume* d'un corps est la partie de l'espace indéfini occupée par ce corps (n° 1).

288. On prend en général pour unité de volume le cube qui a pour côté l'unité linéaire. La principale unité de volume est le mètre cube (le cube qui a pour côté un mètre).

Aux subdivisions et aux multiples décimaux du mètre correspondent autant d'unités de volume plus ou moins employées. Il y a le décimètre cube (qui a pour arête un décimètre), le centimètre cube, etc., le décamètre cube, etc.

289. Chacune de ces unités cubiques vaut 1000 fois l'unité immédiatement inférieure. Par exemple, le mètre cube vaut 1000 décimètres cubes, le décimètre cube vaut 1000 centimètres cubes, etc.

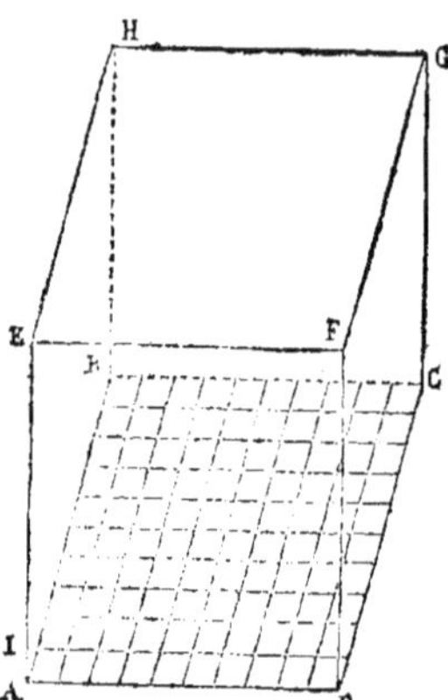

Ce fait s'explique aisément. Soit ABCDEFGH un mètre cube : la base ABCD peut être divisée en 100 décimètres carrés, comme il est indiqué (n° 191). Plaçons sur chaque décimètre carré un décimètre cube, nous formons ainsi une couche de 100 décimètres cubes qui a 1 décimètre de hauteur. Plaçons ensuite 100 nouveaux décimètres cubes sur les premiers; l'ensemble des deux couches aura 2 décimètres de hauteur. Ainsi de suite jusqu'à la hauteur de 10 décimètres. Les dix couches de 100 décimètres cubes alors superposées atteindront la base supérieure EFGH, et rempliront exactement le mètre cube. Le mètre cube vaut donc 10 fois 100 ou 1000 décimètres cubes. On démontre de même que le décimètre cube vaut 1000 centimètres cubes ; etc.

Un mètre cube vaut 1000 décimètres cubes, et 1000 × 1000 ou 1000000 centim. cub. Réciproquement, le décimètre cube est la millième partie, et le centimètre cube la millionième partie du mètre cube.

Pour mesurer les polyèdres, on ne les compare pas directement à l'unité de volume. On mesure certaines dimensions de ces corps avec l'unité linéaire; puis on se sert des nombres trouvés pour calculer les volumes, en se fondant sur des principes que nous allons faire connaître.

Théorème.

290. *Le volume d'un parallélipipède rectangle est égal au produit de sa base par sa hauteur, ou bien au produit de ses trois dimensions.*

Autrement dit :

Pour mesurer un parallélipipède rectangle, il suffit de mesurer sa base et sa hauteur, ou bien ses trois dimensions, et de multiplier entre eux les nombres obtenus. Le produit est le nombre d'unités de volume contenues dans le parallélipipède donné.

Démonstration. Supposons d'abord que les trois dimensions du parallélipipède rectangle proposé soient exprimées par des nombres entiers. Soit par exemple AB = 3ᵐ, AD = 5ᵐ et AE = 4ᵐ.

La base ABCD peut être décomposée en 3×5 ou 15 mètres

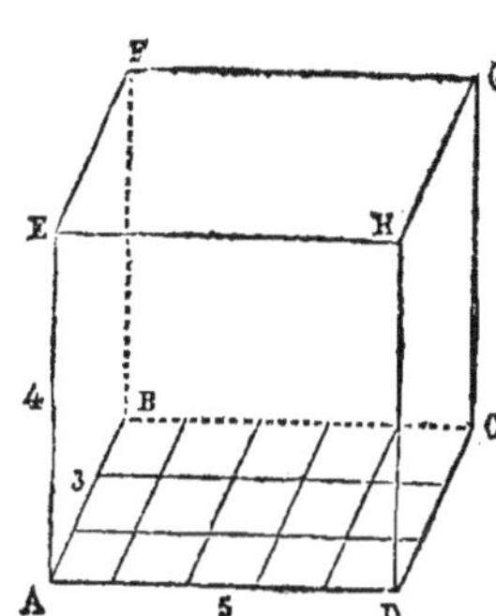

carrés, comme il est indiqué. Sur chaque mètre carré plaçons un mètre cube; nous formons ainsi une couche de 15 mètres cubes qui a 1 mètre de hauteur. Plaçons 15 nouveaux cubes sur les premiers; l'ensemble des deux couches aura 2 mètres de hauteur. Ainsi de suite jusqu'à la hauteur de 4 mètres. Les quatre couches de 15 mètres cubes alors superposées atteindront la base EFGH et rempliront exactement le parallélipipède proposé. Celui-ci contient donc 15×4 ou 60 mètres cubes; mais 15×4, c'est précisément le produit de sa base par sa hauteur.

Supposons maintenant que les trois dimensions du parallélipipède ne soient pas toutes exprimées par des nombres entiers. Supposons par exemple que AB = 3ᵐ,25, AD = 4ᵐ,7 et AE = 3ᵐ,84. Réduisons ces dimensions en unités décimales de la plus petite espèce indiquée, c'est-à-dire en centimètres, AB = 325 centim.; AD = 470 centim., et AE = 384 centim. La base ABCD peut être décomposée en 325×470 centimètres carrés. Sur ces carrés on peut poser une couche de 325×470 centimètres cubes, sur ceux-ci une nouvelle couche, et ainsi de suite jusqu'à la hauteur de 384 centimètres. On atteint ainsi la base supérieure du parallélipipède proposé; ce parallélipipède équivaut donc à $(325 \times 470) \times 384$ centimètres cubes. Or $(325 \times 470 \times 384)$ est le produit de sa base par sa hauteur, ou bien le produit de ses trois dimensions mesurées avec le centimètre.

On peut d'ailleurs tout rapporter au mètre. Il n'y a qu'à se rappeler que le centimètre cube est la millionième partie du mètre cube.

Par conséquent, $(325 \times 470 \times 384)^{\text{cent. cubes}} = \dfrac{325 \times 470 \times 384}{1000000}$

de mètres cubes, ce qui revient à

$$\left(\frac{325}{100} \times \frac{470}{100} \times \frac{384}{100}\right)^{\text{mèt. cubes}} = [(3,25 \times 4,7) \times 3,84]^{\text{mèt. cubes}}.$$

Si les trois dimensions étaient exprimées par des nombres fractionnaires ordinaires, on réduirait ces nombres en fractions de même dénominateur; puis on adopterait pour unité linéaire une partie de l'unité principale indiquée par le dénominateur. On démontrerait ensuite comme nous venons de le faire.

La proposition énoncée est donc vraie quand les trois dimensions du parallèlipipède ont une commune mesure, si petite qu'elle soit; elle est donc vraie en général.

291. Désignons par P, B et H les nombres qui expriment le volume du parallélipipède, la surface de sa base et sa hauteur; notre proposition se formule ainsi :

$$P = B \times H. \tag{1}$$

292. Corollaire I. *Le rapport de deux parallélipipèdes rectangles quelconques est égal au rapport de leurs bases multiplié par le rapport de leurs hauteurs.*

Ou bien encore :

Deux parallélipipèdes sont entre eux dans le même rapport que les produits de leurs bases par leurs hauteurs.

En effet, soient P, P' les nombres qui expriment les volumes de nos deux parallélipipèdes, B et B′ ceux qui expriment leurs bases, H et H′ leurs hauteurs. D'après le théorème précédent,

$$P = B \times H$$
$$P' = B' \times H'$$

donc
$$\frac{P}{P'} = \frac{B \times H}{B' \times H'} = \frac{B}{B'} \times \frac{H}{H'}.\quad \text{C. Q. F. D.}$$

293. Corollaire II. *Le rapport de deux parallélipipèdes rectangles de même base est égal à celui de leurs hauteurs.*

Corollaire III. *Le rapport de deux parallélipipèdes de même hauteur est égal à celui de leurs bases.*

En effet, de
$$\frac{P}{P'} = \frac{B \times H}{B' \times H'}, \text{ on déduit}$$

si $\quad B = B' \quad \dfrac{P}{P'} = \dfrac{H}{H'};$

si $\quad H = H' \quad \dfrac{P}{P'} = \dfrac{B}{B'}.$

294. Applications. *Trouver le volume d'un parallélipipède rectangle qui a pour dimensions* $2^m,5$; $3^m,8$ *et* $4^m,32$.

$$V = 2,5 \times 3,8 \times 4,32 = 41^{mc},04.$$

Le volume d'un parallélipipède rectangle est égal à $428^{mc},58$; *les dimensions de sa base sont* $7^m,84$ *et* $8^m,20$. *Trouver sa hauteur.*

L'aire de la base est $64^{mq},288$; on divisera le volume $428,58$ par $64,288$.

295. Nous croyons utile de rappeler ici la règle que nous avons donnée en arithmétique pour énoncer un nombre décimal de mètres cubes.

Cette règle est fondée sur ce que le décimètre cube est un millième, le centimètre cube un millionième de mètre cube, etc.

Règle. Pour énoncer un nombre décimal de mètres cubes, on commence par partager la partie décimale en tranches de trois chiffres, à partir de la virgule; on complète par un ou deux zéros la dernière tranche à droite, si elle a moins de trois chiffres. Cela fait, la première tranche après la virgule exprime des décimètres cubes, la seconde des centimètres cubes, etc. Exemple : $41^{mc}, 53270403 = 41^{mc}, 532,704.030$; lisez 41 mètres cubes, 532 décimètres cubes, 704 centimètres cubes, 30 millimètres cubes.

Théorème.

296. *Le volume d'un parallélipipède droit est égal au produit de base par sa hauteur.*

Soit ABCDEFGH le parallélipipède droit proposé. Je construis

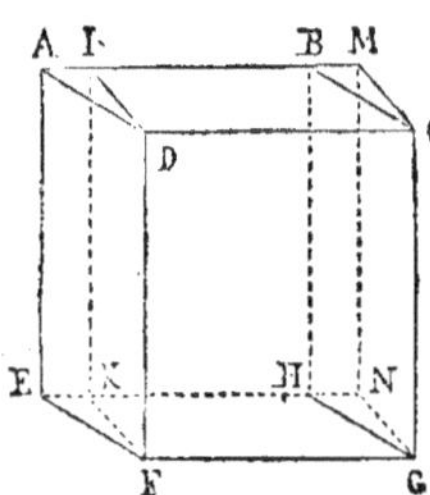

le rectangle FKNG équivalant au parallélogramme EFGH; puis je mène des perpendiculaires KI, NM au plan EFGH. KI, NM, parallèles à EA et à BH, sont dans le plan AEHB et rencontrent AB en I et en M; je mène DI, CM. Les lignes ID, FK sont égales et parallèles, parce que IK est égale et parallèle à DF; MC et GN de même; la figure IDCM est donc un rectangle égal à FGNK. Le parallélipipède rectangle, DIMCFGNK, ainsi construit, est équivalent au parallélipipède proposé ABCDEFGH; en effet, ces deux polyèdres ont une partie commune, le solide IBCDKFGH; les parties non communes sont les prismes triangulaires droits AIDEFK, BMCHNG, qui sont égaux et superposables comme ayant des bases égales HGN, EFK, et des hauteurs égales FD = GC (n° 281) (*). Le volume ou parallélipipède droit est donc égal à celui du parallélipipède rectangle : c'est-à-dire à KFGN × FD (n° 290). Mais KFGN = EFGH; le volume du parallélipipède droit est donc égal au produit de sa base EFGH par sa hauteur FD.   C. Q. F. D.

(*) Si l'on transporte le prisme BMCHNG sur AIDEFK, en plaçant sa base HGN sur son égale EFK, les arêtes HB, GC, NM coïncideront respectivement avec EA, FD, KI; comme ces lignes sont égales, B se placera en A, C en D, M en I.

Théorème.

297. *Le volume d'un parallélipipède oblique est égal au produit de sa base par sa hauteur.*

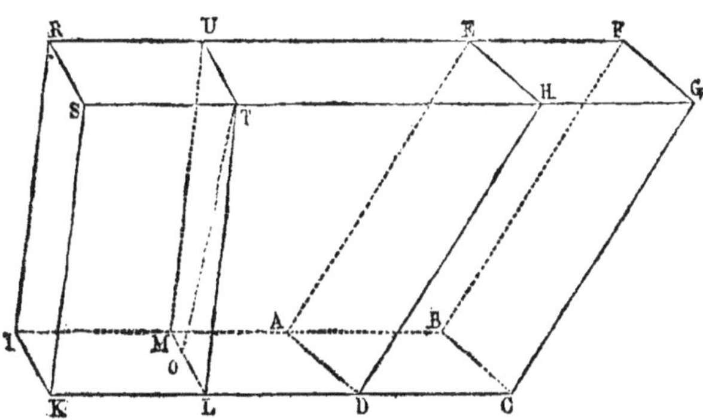

Soit ABCDEFGH le parallélipipède proposé ; nous le désignerons pour abréger par AG (*). Je prolonge BA et CD, et je prends MI = BA ; par chacun des points M et I, je mène un plan perpendiculaire à la droite IMB. Ces deux plans UMLT, RIKS, rencontrant les quatre faces latérales prolongées du parallélipipède proposé AG, forment avec elles un nouveau parallélipipède IKLMRSTU (par abréviation IT), droit par construction, ayant pour base MLTU et pour hauteur MI. *Ce parallélipipède droit* IT *est équivalent au parallélipipède proposé* AG. Pour le démontrer, considérons le solide UMLTFBCG, et faisons-le glisser le long des lignes FR, GS, CK, BI jusqu'à ce que sa base UMLT vienne coïncider avec la face égale IKSR. Le point M ayant fait alors le chemin IM, le point B aura fait le chemin égal AB et sera arrivé en A ; de même le point C arrive en D, le point G en H et le point F en E ; de sorte que le solide UMLTFBCG coïncide exactement avec le solide RIKSEADH ; ces deux solides sont donc égaux. Si, de ces deux solides égaux, on retranche la partie commune UMLTEADH, les restes sont équivalents ; or ces restes sont précisément les parallélipipèdes AG et IT.

Le parallélipipède droit IT a pour mesure le produit de sa base

---

(*) Pour cette désignation abrégée, on choisit deux lettres situées aux extrémités d'une même diagonale du parallélipipède.

14

par sa hauteur, UMLT×MI ; cette mesure est aussi celle du parallélipipède équivalent AG ; AG = UMLT×MI = AB×UMLT. Pour avoir la mesure du parallélogramme UMLT, abaissons sa hauteur TO ; UMLT=ML×TO. Donc le parallélipipède AG = AB×ML× TO. Mais la droite ML (du plan UMLT) étant perpendiculaire à MI et à KL, mesure la distance de ces deux parallèles, et aussi celle de AB et de CD; ML est la hauteur du parallélogramme ABCD. AB×ML = ABCD.

Donc parallélipipède AG = ABCD × TO.

Mais TO est une perpendiculaire menée du plan supérieur RSGF sur le plan inférieur IKCB. En effet, le plan UMLT perpendiculaire à MI est perpendiculaire au plan IKML qu'il coupe suivant ML; TO perpendiculaire à ML dans le plan UMLT est perpendiculaire au plan IKML (n° 205); TO est donc la hauteur du parallélipipède AG correspondant à la base ABCD. Ce parallélipipède a donc pour mesure le produit de sa base par sa hauteur. C. Q. F. D.

298. Corollaire. Le volume *d'un parallélipipède quelconque est donc égal au produit de sa base par sa hauteur* (n° 290, 296, 297).

APPLICATIONS.

Problème I.

Combien y a-t-il d'hectolitres de blé dans un silo, dont la forme est celle d'un parallélipipède rectangle, ayant 4ᵐ,56 de longueur, 3ᵐ,80 de largeur, et 5ᵐ,48 de profondeur?

L'hectolitre = 100 litres ou 100 décimètres cubes ou 0ᵐᶜ,1 ; la capacité du silo est en mètres cubes, 4,56 × 3,80 × 5,48 = 94ᵐ·ᶜᵘᵇᵉˢ,95744 (n° 290). Le silo contient 949 hectolitres, 57 litres 44 centilitres.

Problème II.

On demande le poids d'une pierre taillée en forme de parallélipipède rectangle ayant pour dimensions 1ᵐ,24 ; 0ᵐ,8 et 0ᵐ,64, le poids spécifique de la pierre étant 2,5.

Le poids spécifique de la pierre est 2,5 ; cela signifie que 1 centimètre cube de cette pierre pèse 2ᵍʳ,5 ; évaluons donc le volume en centimètres cubes. Si l'on prend le centimètre pour unité, les dimensions de la pierre sont 124ᶜᵐ, 80ᶜᵐ et 64ᶜᵐ; son volume est égal à 124 × 80 × 64 centimètres cubes = 634880 centimètres cubes. Le poids en est donc égal à 2ᵍʳ,5×634880 = 1587200 grammes ou 158ᴷᵍ,200.

EXERCICES.

Problèmes numériques.

19. Combien peut-on mettre de stères de bois dans un bûcher qui a $8^m,4$ de long, $14^m,85$ de large, et $3^m,6$ de hauteur?

20. Un tas de bois à brûler a la forme d'un parallélipipède rectangle long de $2^m,40$ et large de $1^m,80$; on le vend $138^f,24$ à raison de 20^f le stère. Quelle est la hauteur du tas?

21. Il faut 6^{mc} d'air par heure pour la respiration d'un élève. Une salle d'école bien close, qui reçoit 70 élèves pour une classe de 3 heures, a $7^m,80$ de long, 7^m de large et $3^m,50$ de profondeur. L'air qu'elle contient ne suffisant pas pour les 3 heures de classe, on veut y pratiquer une ouverture qui laisse entrer le supplément d'air nécessaire avec une vitesse de 5 décimètres par seconde. Quelle devra être l'étendue de cette ouverture qui a la forme d'un petit carré ?

22. Les arêtes d'un parallélipipède sont proportionnelles aux nombres 0,24; 1,8; et 4; son volume est 216^{cmc}. Calculer ses arêtes et sa surface totale.

Théorème.

299. *Un prisme triangulaire* ABDEFH *est la moitié du parallélipipède* ABCDEFGH *de base double et de même hauteur.*

Si le prisme et par suite le parallélipipède étaient droits, la

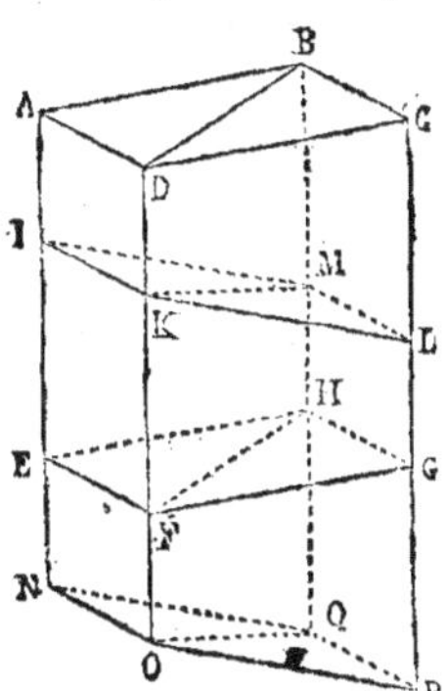

proposition serait déjà démontrée ; car ces deux prismes ABDEFH, DBCFHG ayant des bases égales EFH, FGH et des hauteurs égales, EA $=$ CG, etc., pourraient coïncider (281). Supposons-les obliques, et construisons des prismes droits qui leur soient équivalents ; pour cela, nous prendrons sur la direction AE une longueur IN $=$ AE et nous mènerons par les points I et N des plans perpendiculaires à la ligne AEN ; ces plans coupent les faces du parallélipipède oblique et leurs prolongements suivant les parallélogrammes IKLM, NOPQ, qui déterminent un parallélipipède droit IKLMNOPQ. Le plan diagonal BDFH prolongé divise ce parallélipipède en deux prismes droits *égaux*, KIMONQ, KMLOPQ ; si nous prouvons que les prismes obliques sont équivalents chacun à chacun à ces prismes droits, nous aurons démontré que les prismes obliques sont équivalents entre eux. Or le prisme oblique

ABDEFH et le prisme droit IKMNOQ ont une partie commune, le solide IKMEFH. Les parties non communes ABDIKM, EFHONQ sont égales et superposables : on le démontre (comme dans le numéro précédent) en faisant glisser le solide supérieur le long des lignes AN, DO, BQ, jusqu'à ce que la base IKM coïncide avec son égale NOQ ; alors IA est sur son égale NE et le point A se trouve en E ; D vient en F et B en H (V. la démonstration précédente) ; ces deux solides coïncident dans toute leur étendue. Le prisme oblique ABDEFH et le prisme droit KIMONQ, composés de parties égales chacune à chacune, sont équivalents. On démontrerait de même que les prismes BCDHGF, KMLOPQ sont équivalents. Les prismes obliques équivalents à des prismes droits égaux entre eux sont *équivalents*. Chacun d'eux est donc la moitié du parallélipipède ABCDEFGH.   C. Q. F. D.

Théorème.

300. *Le volume d'un prisme est égal au produit de sa base par sa hauteur.*

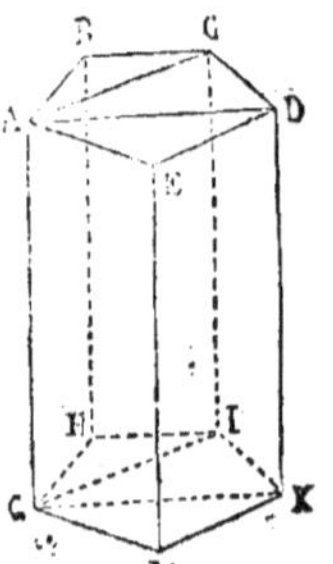

Si le prisme est triangulaire, il est la moitié d'un parallélipipède de même hauteur et de base double. Le volume du parallélipipède étant égal au produit de sa base par sa hauteur, le volume du prisme est égal à la moitié de la base du parallélipipède multipliée par sa hauteur, c'est-à-dire à sa propre base multipliée par sa hauteur.

Considérons maintenant un prisme polygonal ABCDEGHIKM ; décomposons sa base en triangles par des lignes issues du même sommet G ; les plans AGIC, AGKD décomposent le prisme polygonal en prismes triangulaires, dont chacun a pour mesure le produit de sa base par sa hauteur ; si h désigne la hauteur, les trois volumes partiels sont respectivement égaux à $HGI \times h$; $GKI \times h$; $GMK \times h$; le volume du prisme ABCDEGHIKM, qui en est la somme, est égal à $h \times (HGI \times GKI \times GMK) = GHIKM \times h$. C. Q. F. D.

300 *bis*. Remarque. La démonstration que nous avons faite deux fois n°ˢ 297 et 299, sert à établir cette proposition générale :

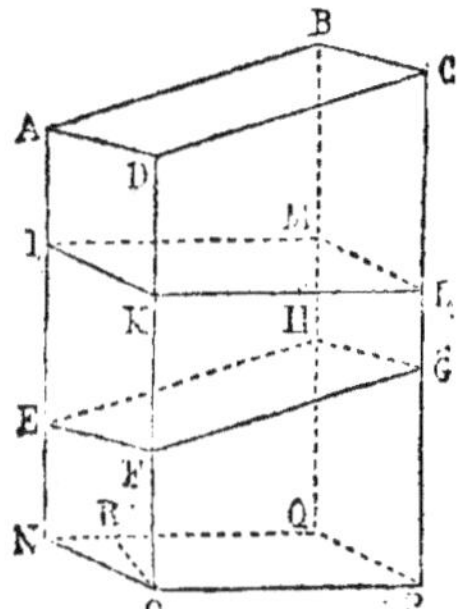

THÉORÈME. *Un prisme quelconque ABCDEFGH est équivalent au prisme droit IKLMNOPQ qui a pour base sa section droite IKLM et même arête (IN = AE).*

On appelle *section droite* d'un prisme ABCDEFGH le polygone résultant de l'intersection des faces latérales de ce prisme par un plan perpendiculaire à ses arêtes AE, DF, etc.

La superposition des solides IKLMADCB, NOPQEFGH, effectuée comme il est indiqué n°ˢ 297 et 299, réussit évidemment quel que soit le nombre des sommets de la base du prisme proposé. Le prisme oblique et le prisme droit sont équivalents.

On pourrait établir cette proposition dans les préliminaires, après le n° 281 par exemple, et s'en servir pour démontrer les théorèmes des n°ˢ 297 et 299.

Il résulte des n°ˢ 300 et 300 *bis*, qu'un *prisme quelconque*, ex. : ABCDEFG, *a pour mesure sa section droite* IKLM *multipliée par son arête* (IN = AE).

Théorème.

On demande ce que pèse un cristal de chaux carbonatée, en forme de prisme hexaèdre régulier, dont la hauteur est sextuple du côté de la base; ce côté a 0ᵐ006 de longueur, et le poids spécifique de la chaux carbonatée est 2,7.

La base d'u prisme est un hexagone régulier dont le côté AB = 0ᵐ,006, ou en

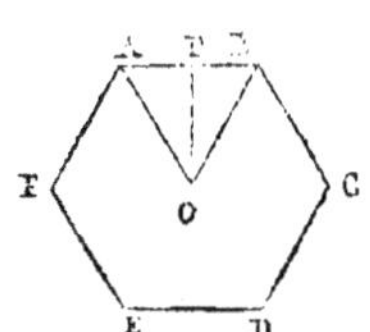

centimètres 0,6. L'apothème $OD = \sqrt{\overline{AO}^2 - \overline{AD}^2}$. AD moitié de AB = 0,3; $OD = \sqrt{0,6^2 - (0,3)^2} = \sqrt{0,36 - 0,09} = \sqrt{0,27} = 0,519$ à moins de 0,001. La surface de l'hexagone est $6AB \times \frac{1}{2}OD = 3AB \times OD = 1,8 \times 0,519$. L'arête

de l'hexaèdre est égale à 0,6×6 = 3,6; son volume est égal à 1,8 × 0,519×3,6. L'unité de longueur étant le centimètre, son poids est égal à 2ᵍʳ,7 × 1,8 × 0,519 × 3,6, ce qui fait 9ᵍʳ,08 à moins de 0,001.

EXERCICES.

Théorèmes à démontrer.

23. Le volume d'un prisme triangulaire est égal à l'une de ses faces latérales multipliée par la distance de cette face à l'arête opposée.

24. Deux prismes qui ont des arêtes latérales égales prises à volonté sur les mêmes droites parallèles sont équivalents.

Problèmes numériques.

25. Quel est le volume d'un prisme droit dont la base est un hexagone régulier de $2^m,5$ de côté, et la surface latérale (entre les bases) de 32^{mq} ?

26. Calculer le volume d'un prisme triangulaire droit ayant pour base un triangle isocèle dont la surface est 6^{mq}, sachant que la hauteur de ce triangle est la moitié de sa base, et que la surface totale du prisme est 24^{mq}.

27. Un bassin de $0^m,75$ de profondeur a la forme d'un prisme droit, dont la base est un octogone régulier de 10^m de côté. Trouver sa contenance à 1^{cme} près.

28. Un bloc prismatique de glace dont la base est un carré de $2^m,4$ de côté, flottant sur la mer, s'élève à une hauteur de 6^m au-dessus de l'eau. On demande le poids de ce bloc sachant que le litre d'eau de mer pèse $1^{Kg},026$ et le décimètre cube de glace $0^{Kg},8$. (Le poids d'un corps flottant est égal au poids de l'eau déplacée par ce corps.)

29. Un prisme droit a pour base un hexagone régulier. Calculer ses arêtes sachant que son volume est 3^{mc}, et sa surface latérale 12^{mq}.

MESURE DES PYRAMIDES.

501. *Un plan parallèle à la base d'une pyramide coupe la surface suivant un polygone semblable à la base, et divise les arêtes en parties proportionnelles.*

En effet, les lignes AB, *ab*, intersections de deux plans parallèles par un troisième SAB sont parallèles ; il en est de même de BC et *bc*, de CD et *cd*, etc. Les angles ABC, *abc* qui ont les côtés parallèles et dirigés dans le même sens sont égaux ; il en est de même des angles BCD, *bcd*, etc. ; les polygones ABCD, *abcd* sont donc équiangles. De plus, en considérant les triangles semblables qui ont le sommet commun S, on voit successivement que

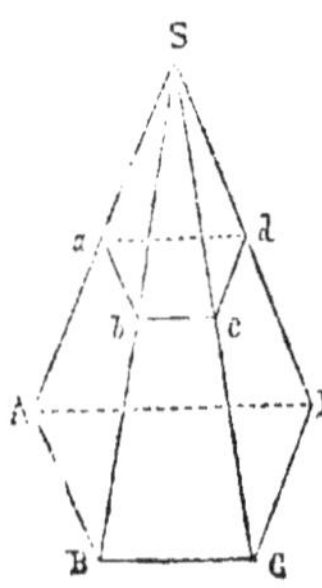

$$\frac{SA}{Sa} = \frac{AB}{ab} = \frac{SB}{Sb} = \frac{BC}{Bc} = \frac{SC}{Sc} = \frac{CD}{cd}, \text{ etc. ; les}$$

polygones ABCD, *abcd*, équiangles entre eux, ont aussi les côtés homologues proportionnels ; ils sont donc semblables. Nous venons de voir que $\dfrac{SA}{Sa} = \dfrac{SB}{Sb}$, etc. ; le plan *abcd* divise donc les arêtes en parties proportionnelles.

502. Corollaire. *Dans deux pyramides* SABC, TDEF, *de bases équivalentes et de même hauteur, les sections planes, faites à égales distances des bases, sont des polygones équivalents.*

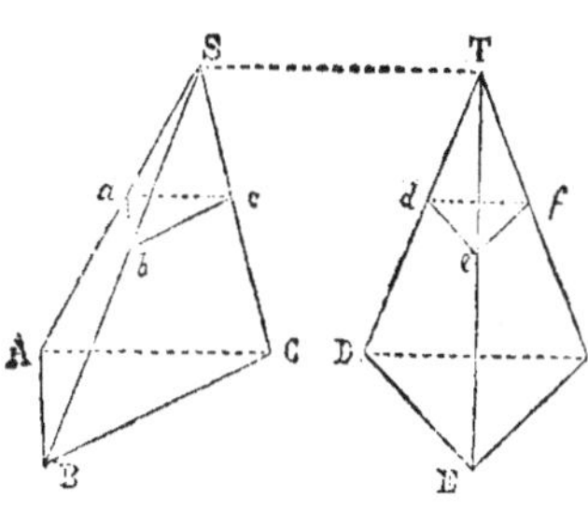

En effet, nous pouvons supposer les bases ABC, DEF, situées sur un même plan; alors les sections *abc*, *def*, équidistantes des bases, sont aussi dans un même plan parallèle au premier; les sommets S et T étant également distants des bases, on peut imaginer un troisième plan parallèle à ces deux-là, passant par les sommets S et T. Les arêtes, rencontrant ainsi trois plans parallèles, sont divisées par celui du milieu en parties proportionnelles (5° livre) ; $\dfrac{SA}{Sa} = \dfrac{TD}{Td}$. Les polygones ABC, *abc* étant semblables, on a $\dfrac{ABC}{abc} = \dfrac{\overline{AB}^2}{\overline{ab}^2} = \dfrac{\overline{SA}^2}{\overline{Sa}^2}$; de même $\dfrac{DEF}{def} = \dfrac{\overline{DE}^2}{\overline{de}^2} = \dfrac{\overline{TD}^2}{\overline{Td}^2}$, mais $\dfrac{\overline{SA}^2}{\overline{Sa}^2} = \dfrac{\overline{TD}^2}{\overline{Td}^2}$; donc $\dfrac{ABC}{abc} = \dfrac{DEF}{def}$. Les numérateurs de ces derniers rapports sont égaux par hypothèse; leurs dénominateurs doivent l'être ; $abc = def$.   C. Q. F. D.

Théorème.

303. *Des pyramides de bases équivalentes et de même hauteur sont équivalentes.*

Soient les deux pyramides PABC, P'DIK, ayant des bases équivalentes et même hauteur AH (*). Pour plus de simplicité, nous

---

(*) L'une des figures est plus grande que l'autre; c'est une erreur du graveur.

supposerons les bases ABC, DIK, situées sur le même plan. Divisons la hauteur en un certain nombre de parties égales. Imaginons par chaque point de division un plan parallèle aux bases; ce plan coupe les deux pyramides suivant deux triangles *équivalents entre eux* (n° 302); construisons ces triangles. Sur chacun des triangles ainsi obtenus, pris pour base *supérieure*, construisons un prisme compris entre ce triangle et le plan immédiatement *inférieur* (Voyez la figure) (*). Cela fait, comparons deux à deux et par ordre (en descendant) les prismes des deux pyramides. Les deux prismes (1) sont équivalents comme ayant des bases équivalentes et même hauteur; il en est de même des prismes (2) et des prismes (3). Au lieu de diviser la hauteur AH en quatre parties égales, on peut la diviser en 8, en 16, en 32..., en autant de parties égales qu'on veut, puis faire exactement les mêmes constructions. A mesure que le nombre des prismes ainsi inscrits dans chaque pyramide augmente, on voit l'ensemble de ces prismes remplir de plus en plus la pyramide et en différer de moins en moins. En inscrivant un très-grand nombre de prismes, on peut rendre la différence entre la pyramide et la somme de ces prismes aussi petite que l'on veut. Autrement dit, la pyramide est la limite vers laquelle tend la somme des prismes inscrits, quand le nombre de ces prismes augmente indéfiniment (*Arith.*, n° 169). Cela posé, comme les prismes inscrits en même nombre dans les deux pyramides proposées sont équivalents chacun à chacun, quel que soit le nombre de ces prismes, les limites vers lesquelles tendent respectivement les sommes de ces prismes, quand leur nombre augmente indéfiniment, c'est-à-dire les pyramides proposées sont équivalentes.

(*) Par deux sommets de chaque triangle (ex. : par *b* et par *c*), on mène des parallèles à la portion de l'arête PA qui passe par le 3° sommet (*a*), à la rencontre des côtés AB, AC du triangle inférieur.

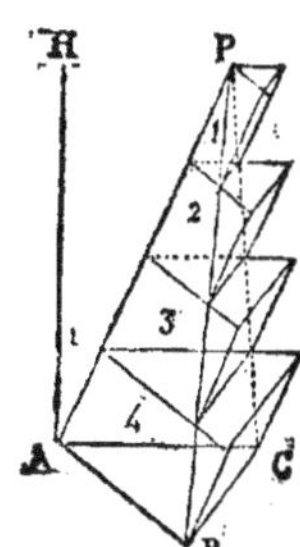

Remarque. Il est facile de démontrer rigoureusement la proposition sur laquelle nous nous sommes appuyé : *Chaque pyramide est la limite vers laquelle tend la somme des prismes intérieurs inscrits quand le nombre de ces prismes augmente indéfiniment.* Considérons toujours la première pyramide PABC et les prismes qui y sont inscrits (page 216). Plaçons à côté une autre pyramide PABC exactement égale (celle-ci), et divisons la hauteur en un même nombre de parties égales. Imaginons par les points de division des plans parallèles à la base, et construisons les triangles suivant lesquels ces plans coupent la pyramide. Sur le triangle ABC pris pour base *inférieure*, puis successivement sur *tous* les autres triangles construisons des prismes compris entre les plans parallèles (*V.* la figure). Les prismes ainsi construits débordent la pyramide; comparons-les par ordre aux prismes intérieurs de la 1ʳᵉ figure, page 216. Les prismes n° 1 sont équivalents comme ayant même base et même hauteur; il en est de même des prismes (2) et des prismes (3). Le dernier prisme excédant intérieur (4) n'a pas de correspondant. Ce prisme,

qui a pour mesure $ABC \times AI$ ou $ABC \times \dfrac{AH}{n}$ (n étant le nombre des divisions de AH), constitue la différence entre la somme S des prismes intérieurs à la pyramide proposée (page 216), et la somme S′ des prismes qui la débordent (page 217). $S' - S = ABC \times AI$.

Maintenant, concevons que le nombre des divisions de AH, et par suite le nombre des prismes augmente indéfiniment; tout ce que nous venons de

dire sera toujours exact. Mais $AI = \dfrac{AH}{n}$ devenant de plus en plus petite,

le volume $ABC \times AI$, du prisme excédant inférieur, qui constitue toujours a différence $S' - S$, diminue indéfiniment et tend vers zéro. Cela posé, remarquons que la somme S des prismes intérieurs est moindre que la pyramide P; la somme S′ des prismes qui débordent est plus grande que cette pyramide.

$$S < P < S'.$$

La différence P — S est donc plus petite que S′ — S. Cette dernière différence, diminuant indéfiniment, et tendant vers zéro quand le nombre des prismes augmente indéfiniment, il en est de même, *à fortiori,* de la différence P — S. La différence entre la pyramide proposée et la somme des prismes intérieurs inscrits diminue indéfiniment et tend vers 0 quand le nombre de ces prismes augmente. C'est ce que nous voulions démontrer; car la proposition énoncée ne signifie pas autre chose.

Théorème.

304. *Une pyramide triangulaire est le tiers d'un prisme de même base et de même hauteur.*

Soient ABCDEF un prisme triangulaire quelconque. Je mène le plan CDF; ce plan décompose le prisme en deux pyramides, l'une triangulaire CDEF, l'autre quadrangulaire CADFB (base ADFB). Je mène la diagonale AF de cette base; le plan CAF divise la pyramide quadrangulaire CADFB en deux pyramides triangulaires CABF, CADF. Le prisme se trouve ainsi décomposé en trois pyramides triangulaires CDEF, CABF, CADF. La première, CDEF, a la base DEF et la hauteur

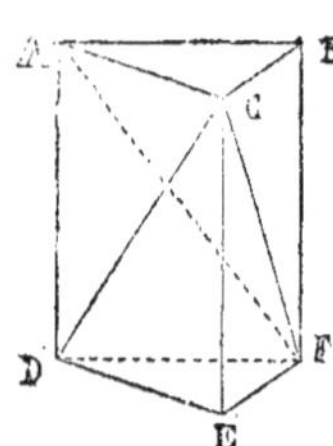

du prisme; la seconde, CABF, si on la considère comme ayant le sommet F, a la base ABC et la hauteur du prisme; ces deux pyramides ayant des bases égales et même hauteur, sont équivalentes, CDEF = CABF. Mais les pyramides CABF, CADF, qui ont le sommet commun C, ont des bases égales, ABF, ADF (moitié d'un parallélogramme), et même hauteur (la distance du point C au plan ABDF); elles sont donc équivalentes. En résumé, CDEF = CABF = CADF; les trois pyramides dont se compose le prisme étant équivalentes, l'une d'elles, CDEF, par exemple, est le tiers du prisme. C. Q. F. D.

Théorème.

305. *Le volume d'une pyramide est égal au tiers du produit de sa base par sa hauteur.* $V = \dfrac{1}{3} B \times H$.

Considérons d'abord une pyramide triangulaire; elle est le tiers d'un prisme de même base B, et de même hauteur H (n° 304); or le volume du prisme est égal à $B \times H$; le volume de la pyramide est donc égal à $\dfrac{1}{3} B \times H$.   C. Q. F. D.

Soit en second lieu une pyramide polygonale SABCDE; je dé-

(*) Une pyramide triangulaire CDEF étant donnée, on construit aisément un prisme de même base et de même hauteur; il suffit de mener des parallèles DA, FB, à l'arête EC, à la rencontre de CA parallèle à ED et de CB parallèle à EF; ce qui produit la figure ci-dessus.

compose la base en triangles par des diagonales issues du même sommet A. Les plans SAC, SAD, conduits par ces diagonales et

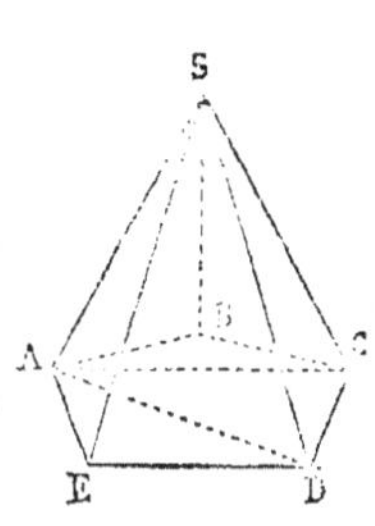

le sommet S, décomposent la pyramide proposée en pyramides triangulaires SABC, etc... qui ont toutes même hauteur que la pyramide polygonale. Or $SABC = \frac{1}{3} H \times ABC$; $SACD = \frac{1}{3} H \times CAD$, etc... La somme de ces volumes ou la pyramide $SACBDE = \frac{1}{3} H (ABC + CAD + DAE) = \frac{1}{3} H \times ABCDE$.   C. Q. F. D.

506. *Mesure d'un polyèdre quelconque.* En joignant un sommet

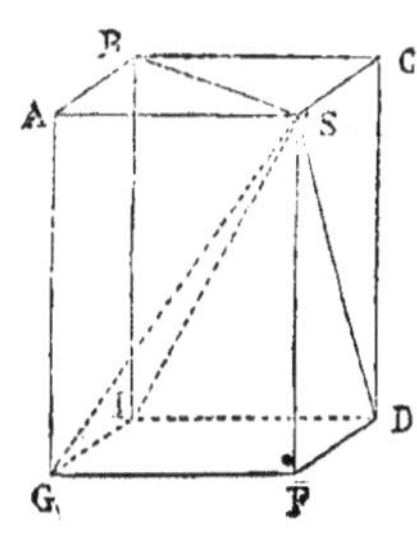

quelconque S d'un polyèdre aux sommets de toutes les faces *qui ne passent pas par ce sommet* S, puis en conduisant des plans par ce point S et les côtés de ces mêmes faces, on décompose ce polyèdre en autant de pyramides qu'il y a de ces faces. Ex. : SABIG, SDFGI, SBCDI. On mesure le volume de chacune de ces pyramides, puis on additionne; la somme de ces volumes est le volume du polyèdre.

Problème.

Combien vaut une pyramide régulière d'argent massif au titre de 0,84 dont la base est un hexagone régulier, et la hauteur quadruple du côté de la base? La densité de la matière est 9, 8; le kilogramme d'argent au titre de 0,900 vaut 198ʳ,50, et le côté de la base est 0,6 de centimètre.

On cherche d'abord le poids de la pyramide, qui est égal à son volume multiplié par la densité de la matière. Or $V = \frac{H}{3} \times B$, $\frac{H}{3} = \frac{0,6 \times 4}{3} = 0,8$; on évalue l'aire de la base comme dans le problème de la page 213; $B = 1,8 \times 0,519$; donc $V = 0,8 \times 1,8 \times 0,519$. Le poids en grammes est éga. à $0,8 \times 1,8 \times 0,519 \times 9,8$. Enfin, le gramme d'argent, au titre de 0,900 valant $0^r,19850$, le gramme d'argent au titre de $0,001$ vaut $\dfrac{0^r,19850}{900}$, et au ti-

tre de $0,840$, $\dfrac{0^r,19850 \times 840}{900}$. Le prix cherché est donc

$$\frac{0,8 \times 1,8 \times 0,519 \times 9,8 \times 0,19850 \times 840}{900}.$$

EXERCICES.

Problèmes numériques.

30. Une pyramide haute de 35^m a pour base un carré de $4^m,5$ de côté. On demande le prix de la pierre dont elle est composée à raison de 6^f le mètre cube.

31. La plus grande pyramide d'Égypte a 146^m de haut. Sa base est un carré de 237^m de côté, et ses faces latérales sont des triangles isocèles. On demande son volume, sa surface latérale, et son poids, sachant que le décimètre cube de pierre pèse $2^{Kg},64$.

32. Une pyramide régulière a pour base un hexagone régulier de 15^m de côté; ses faces sont inclinées de $60°$ sur sa base. Calculer le poids de cette pyramide, sachant que la densité de la pierre qui la compose est $2,5$.

33. On demande la valeur d'une pyramide régulière d'argent massif au titre de $0,840$ dont la base est un octogone régulier de $0^m,15$ de côté et la hauteur 75^{mm}. La densité de la matière est $9,8$ et le kilog. d'argent, au titre de $0,900$, vaut $198^f,50$.

34. Calculer le volume et la surface d'un tétraèdre régulier

    — dont l'arête est a (*formule*).

34 *bis.* — dont l'arête est $5^m,6$ (*application*).

Problèmes graphiques.

35. Marquer sur les faces d'un tétraèdre donné SABC les traces de quatre plans respectivement parallèles aux faces du tétraèdre, et concourant en un point O tel que les tétraèdres OABC, OABS, OBCS,

    — soient équivalents.

36. — soient proportionnels à 3, 4, 5 et 7.

37. — aient des volumes donnés : $2^{mc},48$; $5^{mc},836$; $15^{mc},80$; $8^{mc},506$.

Théorèmes à démontrer.

38. Un tétraèdre est divisé en deux parties équivalentes par un plan qui passe par une de ses arêtes et par le milieu de l'arête opposée.

39. Le plan bissecteur d'un dièdre d'un tétraèdre divise l'arête opposée en segments proportionnels aux faces du dièdre.

40. Deux tétraèdres qui ont un angle solide égal sont entre eux comme les produits des trois arêtes qui comprennent cet angle.

41. Si on coupe un angle trièdre par deux plans également distants du sommet, les aires de ces sections sont proportionnelles aux produits des arêtes qui aboutissent à ces sections.

42. Étant données trois droites parallèles non situées dans le même plan, tous les

tétraèdres MNCD qui ont une arête égale MN prise à volonté sur l'une quelconque des trois droites, et leurs sommets A' et B' pris à volonté sur les deux autres, sont équivalents.

43. Deux tétraèdres qui ont leur sommet sur ces mêmes droites (Ex. 42), mais pour lesquels l'arête MN n'est pas la même, sont proportionnels aux longueurs de MN.

Théorème.

307. *Si l'on coupe une pyramide par un plan parallèle à sa base, le tronc qui reste, quand on a enlevé la pyramide partielle, équivaut à trois pyramides ayant toutes même hauteur que le tronc, et pour base, l'une la grande base ABC du tronc, l'autre la petite base DEF, et la troisième une moyenne proportionnelle entre ces deux bases.*

1° Considérons d'abord un tronc de pyramide triangulaire DEFABC. Je mène le plan EAC qui décompose le tronc en deux pyramides, l'une triangulaire EABC, l'autre quadrangulaire EDACF, Je mène la diagonale DC du quadrilatère DACF, puis le plan EDC ; ce plan décompose la pyramide EDACF en deux pyramides triangulaires EDCF, EDAC. Le tronc est actuellement décomposé en trois pyramides EABC, EDCF, EDAC. La première (sommet E) a la grande

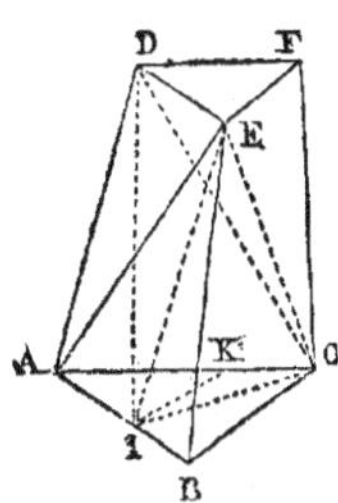

base ABC du tronc et même hauteur, H, que celui-ci ; la seconde EDCF ou CDEF (sommet C) a la petite base du tronc et même hauteur que lui ; ce sont les deux premières pyramides annoncées. Il reste la pyramide EDAC qui équivaut à la troisième pyramide annoncée.

Pour le démontrer, je mène par le point E une parallèle à DA, qui rencontre AB en I ; je tire IC, ID. La pyramide EADC est équivalente à la pyramide IADC qui a la même base, ADC, et la même hauteur (les sommets E, I, étant sur une même parallèle au plan de la base). La pyramide IADC peut être considérée comme ayant le sommet D et la base IAC ; elle a ainsi même hauteur que le tronc ; il reste à prouver que sa base IAC est moyenne proportionnelle entre les bases ABC, DEF. En effet, les triangles IAC, ABC ont le sommet commun C et leurs bases sur la même droite AB ; ils ont même hauteur, et leur rapport est égal à celui de leurs bases; $\dfrac{ABC}{AIC} = \dfrac{AB}{AI}$. Menons IK parallèle à BC; le triangle AIK est égal au triangle DEF; car ces triangles, qui sont équiangles, ont le côté AI $=$ DE. Les triangles AIK, AIC, ont le même sommet I et leurs bases sur la même droite AC; $\dfrac{AIC}{AIK} = \dfrac{AC}{AK}$. Mais à cause de IK parallèle à BC, on a $\dfrac{AB}{AI} = \dfrac{AC}{AK}$; donc $\dfrac{ABC}{AIC} = \dfrac{AIC}{AIK} = \dfrac{AIC}{DEF}$; donc enfin le triangle AIC est moyen proportionnel entre les deux bases ABC, DEF, du tronc de pyramide. La pyramide EDAC $=$ DAIC équivaut donc à la troisième pyramide annoncée.

2° Considérons maintenant un tronc de pyramide polygonale dont nous désignons les bases par B et b, et la hauteur par H. On peut achever la pyramide dont ce tronc est détaché, puis construire une pyramide triangulaire de même hauteur et dont la base B′ équivalente à B, soit sur le même plan que celle-ci (faites une figure). Le plan qui produit la section b de la première pyramide produit dans l'autre une section équivalente b'. Les deux pyramides entières sont équivalentes comme ayant des bases équivalentes et même hauteur; les deux petites pyramides sont équivalentes pour la même raison; donc ces dernières pyramides enlevées, il reste deux troncs équivalents. Mais le tronc de pyramide triangulaire équivaut, d'après 1°, à $\dfrac{1}{3} H \times B' + \dfrac{1}{3} H \times b' + \dfrac{1}{3} H \times \sqrt{B'b'}$; le tronc de pyramide polygonale équivaut à la même somme, par suite à la somme égale $\dfrac{1}{3} H \times B + \dfrac{1}{3} H \times b + \dfrac{1}{3} H \times \sqrt{Bb}$. Or cette dernière somme comprend les trois pyramides polygonales dans lesquelles doit, suivant l'énoncé, se décomposer le tronc de pyramide polygonale proposé.

508. Résumé. Si V désigne le volume d'un tronc de pyramide à bases parallèles, H la hauteur, B l'aire de sa grande base et b celle de la petite, on a $V = \dfrac{1}{3} H \times \left(B + b + \sqrt{B \times b}\right)$.

Théorème.

309. *Un tronc de prisme triangulaire,* DEFABC, *est égal à la somme de trois pyramides triangulaires ayant pour base commune l'une des bases* ABC *du tronc, et pour sommets respectifs les sommets* E, D, F, *de l'autre base.*

Pour le démontrer, je mène le plan EAC qui décompose le tronc de prisme en deux pyramides, l'une triangulaire, EABC, qui a le sommet E et la base ABC (c'est la première pyramide annoncée); l'autre quadrangulaire, EADCF. Celle-ci équivaut à la pyramide BADCF, qui a la même base DACF, et même hauteur, puisque les sommets E et B sont sur une parallèle EB à la base commune (*). Je mène la ligne DC, puis le plan BDC; ce plan décompose la pyramide quadrangulaire BDACF en deux pyramides triangulaires BDAC, BDFC. La première, BDAC ou DBAC, a le sommet D et la base ABC; c'est la seconde pyramide annoncée. La dernière pyramide BDFC équivaut à la troisième pyramide annoncée FABC; car ces pyramides qu'on peut nommer D(BCF), A(BCF), ont même base BCF et même hauteur; car leurs sommets D et A, correspondant à cette base, sont situés sur une même parallèle DA au plan de cette base. Le tronc de prisme équivaut donc aux trois pyramides indiquées.

Problème.

310. *Calculer le volume et la surface latérale d'un tronc de pyramide à bases parallèles, dont la hauteur est* 12^m,5, *et dont les bases sont des carrés ayant respectivement pour côtés* 3^m,60 *et* 0^m,80.

Le volume cherché est égal à

$$\frac{12,5}{3} \times \left(\overline{3,60}^2 + \overline{0,80}^2 + 0,80 \times 3,60 \right) \text{ (n° 308).}$$

La surface latérale se compose de quatre trapèzes égaux dont nous connais-

---

(*) Le lecteur peut mener les lignes BD, BF, que nous indiquons sans les dessiner afin de ne pas surcharger la figure; de même la droite AF.

sons les bases. La hauteur d'un de ces trapèzes joint les milieux des deux bases ; si l'on mène, par l'extrémité supérieure de cette hauteur, une parallèle à la hauteur du tronc, on forme un triangle rectangle dont le petit côté est la différence $\frac{3,60}{2} - \frac{0,80}{2} = 1,40$ des apothèmes des bases, dont l'hypoténuse est la hauteur cherchée h du trapèze, et l'autre coté de l'angle droit est égal à la hauteur 12,5 du tronc ; de sorte que $h = \sqrt{(12,5)^2 + (1,40)^2}$. Connaissant la hauteur d'un des trapèzes et ses bases, on calculera facilement sa surface.

EXERCICES.

Problèmes numériques.

44. On demande le volume d'un tronc de pyramide dont la hauteur est de 12^m, et dont les bases sont des dodécagones réguliers ayant pour rayons des cercles circonscrits 3,60 et 0^m,80.

45. On fait un remblai haut de 6^m, large de 8^m, avec des talus gazonnés dont la pente est 3/4, c'est-à-dire dont la hauteur totale est à la base horizontale dans le rapport de 3 à 4. On demande combien l'on a employé par kilomètre de mètres cubes de terre et de mètres carrés de gazon.

Théorèmes à démontrer.

46. B et b bases d'un tronc de pyramide polygonale étant décomposées respectivement en triangles (T, T', T''), (t, t', t''), démontrer directement que

$$\sqrt{B \times b} = \sqrt{T \times t} + \sqrt{T' \times t'} + \sqrt{T'' \times t''}.$$

47. Le volume d'un tronc de prisme triangulaire est égal à sa section droite multipliée par le tiers de la somme de ses trois arêtes.

48. Le volume d'un tronc de prisme triangulaire est égal à l'une de ses bases multipliée par le tiers de la distance de cette base au point de concours des médianes de l'autre base.

DES POLYÈDRES SEMBLABLES.

511. On appelle polyèdres *semblables* des polyèdres compris sous un même nombre de faces semblables chacune à chacune, et dont les angles solides homologues sont égaux. (Les angles solides homologues sont ceux qui sont formés par les faces semblables.)

Les sommets des angles solides homologues sont les *sommets homologues* des deux polyèdres. On nomme *droites homologues* les lignes qui, dans les deux figures, joignent les sommets homologues.

Théorème.

312. *Si l'on coupe une pyramide SABC, par un plan abc parallèle à la base, on détermine une nouvelle pyramide semblable à la première.*

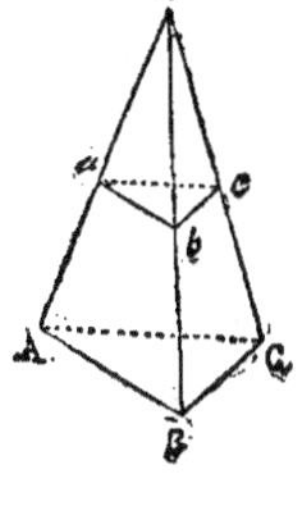

En effet, la face SAB est semblable à S*ab* (*ab* parallèle à AB); de même SAC est semblable à S*ac*; SBC semblable à S*bc*; enfin les faces ABC, *abc*, sont évidemment équiangles et semblables (n° 293).

De plus, les angles solides homologues sont égaux chacun à chacun; car S est commun; ensuite deux autres angles homologues quelconques, par ex. : A et *a*, sont évidemment composés d'angles plans égaux et semblablement disposés. Les deux pyramides ayant leurs faces semblables chacune à chacune, et leurs angles solides homologues égaux, sont semblables.

Remarque. Les arêtes homologues de nos deux pyramides sont proportionnelles : $\dfrac{SA}{Sa} = \dfrac{AB}{ab} = \dfrac{SB}{Sb} = \dfrac{BC}{bc}$, etc...

Théorème.

313. *Deux tétraèdres SABC, TDEF, qui ont un angle dièdre égal compris entre deux faces semblables et semblablement placées sont semblables.*

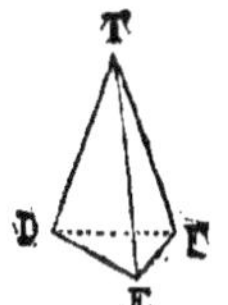

Pour le démontrer, je prends sur SA une longueur S*a*=TD, et je mène le plan *abc* parallèle à ABC; j'obtiens ainsi un tétraèdre S*abc*, semblable à SABC (342). Si je démontre que le tétraèdre TDEF est égal à S*abc*, j'aurai démontré que TDEF est semblable à SABC. Comparons donc S*abc*, TDEF : SA=TD; l'angle *aSb* = DTE; S*ab* = SAB = TDE (similitudes des faces SAB, TDE); les triangles S*ab*, TDE sont donc égaux. Les triangles S*ac*, TDF de même. Cela posé, pour faire coïncider les pyramides TDEF, S*abc*, mettons la face TDF sur son égale S*ac*; le dièdre TD étant égal au dièdre S*a*,

15

le plan TDE s'appliquera sur le plan S*ab*; la ligne TD étant déjà sur S*a*, TE tombera sur son égale S*b* et le point E se placera en *b*. Cela étant, les sommets des deux tétraèdres TDEF, S*abc* coïncident, et par suite toutes leurs faces : ces deux tétraèdres sont donc égaux. TDEF est donc semblable à SABC.   C. Q. F. D.

Il y a divers cas de similitude des tétraèdres analogues aux cas de similitude des triangles. Ils se démontrent comme le précédent.

Théorème.

514. *Deux polyèdres semblables peuvent être décomposés en un même nombre de tétraèdres semblables et semblablement disposés.*

Pour plus de netteté dans la figure, nous considérerons deux parallélipipèdes semblables; mais nous ferons le raisonnement comme

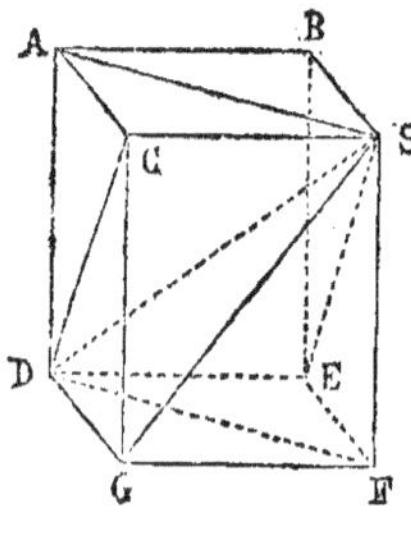

si c'étaient deux polyèdres semblables quelconques. On peut joindre le sommet S de l'un des polyèdres aux sommets de toutes les faces qui ne passent pas par ce sommet S; les lignes menées SA, SC, SD, etc... sont les arêtes de pyramides polygonales ayant toutes le sommet S; et pour bases ces faces non adjacentes à S; ex. : les pyramides SADGC, SDEFG, SABED (*).

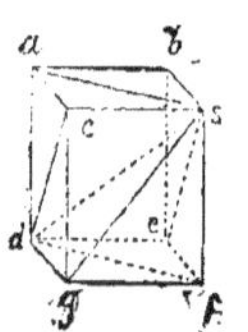

On peut ensuite décomposer chacune de ces pyramides polygonales en tétraèdres, en partageant sa base en triangles; on obtient ainsi des tétraèdres comme SDEF, SDGF; le polyèdre ABCSDEFG est ainsi décomposé en un certain nombre de tétraèdres. Soit *s* le sommet du second polyèdre, homologue à S; on peut décomposer de la même manière le polyèdre *abcsdefg* en tétraèdres homologues à ceux qui composent le premier polyèdre; on détermine ces tétraèdres en menant dans le second polyèdre des lignes homologues à celles que nous avons menées dans le premier; *sa, sc,*

(*) Ces pyramides sont distinctes les unes des autres, car le plan SDG, par exemple, correspondant à l'intersection de deux faces ADGC, EDGF, laisse entièrement d'un côté la pyramide SABGC, et de l'autre la pyramide SDGEF.

sd, etc... puis *dc*, *df*, etc... Il nous faut maintenant démontrer que les tétraèdres homologues des deux polyèdres sont semblables chacun à chacun.

1° Si l'on considère deux pyramides polygonales homologues 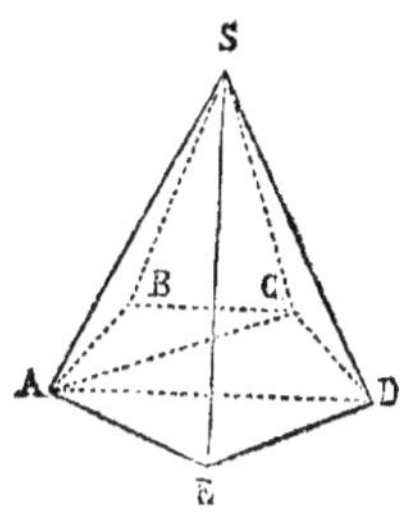 quelconques de ces polyèdres, il suffit de démontrer la similitude de deux tétraèdres homologues de ces pyramides, pour conclure la similitude de tous les autres. Considérons par exemple deux pyramides, SABCDE, *sabcde*, ayant les bases semblables comme le sont celles de nos deux polyèdres, supposons que les tétraèdres SABC, *sabc*, aient été reconnus semblables, et comparons les tétraèdres adjacents SACD, *sacd*. Le dièdre SACD = dièdre *sacd* (supplémentaires des dièdres égaux SACB, *sacb*); la face SAC est semblable à *sac* (similitude des tétraèdres SABC, *sabc*); la face ACD est semblable à *acd* (similitude des bases ABCDE,

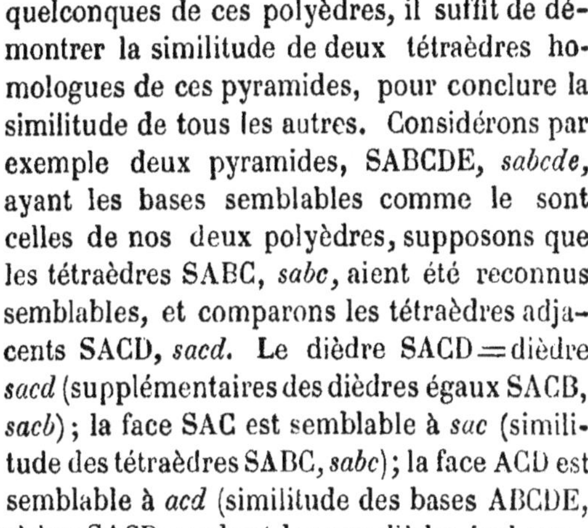

abcde); les deux tétraèdres SACD, *sacd* ont donc un dièdre égal compris entre des faces semblables et semblablement disposées; donc ils sont semblables. On démontre exactement de la même manière la similitude des tétraèdres suivant SADE, *sade*; et ainsi de suite s'il y en avait plus de trois dans chaque pyramide polygonale.

2° Considérons dans le premier polyèdre une pyramide polygonale SDEFG, *dont la base soit adjacente à l'une des faces qui passent par le sommet* S, et comparons-la à son homologue *sdefg* de l'autre polyèdre. Commençons par les tétraèdres SDEF, *sdef*, *dans lesquels se trouvent les dièdres* EF, *ef*, *des polyèdres:* dièdre EF = dièdre *ef* (par définition); la face SEF est semblable à *sef*; le triangle DEF est semblable à *def* (similitude des faces des deux polyèdres); les deux tétraèdres SDEF, *sdef* sont donc semblables. Les autres tétraèdres des pyramides polygonales SDEFG, *sdefg*, sont semblables (d'après 1°).

3° Considérons maintenant deux pyramides polygonales SACGD, sacgd, *respectivement adjacentes à deux pyramides* SDEFG, sdefg, *déjà considérées et composées de tétraèdres semblables.*

Considérons dans ces pyramides les tétraèdres SCDG, *scdg*, respectivement adjacents aux tétraèdres SDFG, *sdfg*, déjà reconnus semblables. A cause de la similitude de ces derniers tétraèdres, la face SDG est semblable à *sdg* ; le dièdre SDGF est égal au dièdre *sdgf* ; en retranchant ces dièdres des dièdres homologues égaux CDGF, *cdgf*, des deux polyèdres, il reste deux dièdres égaux SDGC, *sdgc* ; les faces CDG, *cdg* sont d'ailleurs semblables comme triangles homologues des faces semblables ADGC, *adgc* ; les deux tétraèdres SCDG, *scdg*, ont un angle dièdre égal, SDGC = *sdgc*, compris entre des faces semblables et semblablement disposées ; ils sont donc semblables. Les autres tétraèdres homologues des pyramides polygonales SACGD, *sacgd*, sont donc semblables (1°).

Notre proposition est actuellement démontrée ; les tétraèdres homologues des deux polyèdres proposés sont semblables chacun à chacun. Car, ayant commencé par comparer deux pyramides polygonales dont les bases sont adjacentes à des faces qui passent par le sommet S, on peut comparer ensuite les pyramides homologues adjacentes à ces premières pyramides, puis des pyramides adjacentes et ainsi de suite, jusqu'à ce qu'on ait considéré, de proche en proche, toutes les pyramides polygonales des deux polyèdres.

Remarque. Dans la décomposition précédente, on peut choisir pour sommets des tétraèdres deux sommets homologues quelconques des deux polyèdres :

Les droites homologues de deux polyèdres semblables sont donc proportionnelles, les arêtes comme les diagonales.

Théorème.

315. *Les volumes de deux polyèdres semblables sont entre eux dans le même rapport que les cubes de leurs arêtes homologues.*

1° Nous allons d'abord le prouver pour deux pyramides sem-

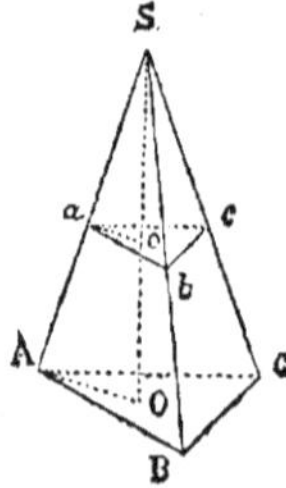

blables. En prenant sur l'arête SA de la plus grande pyramide une longueur S*a* égale à l'arête homologue de la plus petite, et menant le plan *abc* parallèle à la base, on obtient, comme nous l'avons vu (n° 313), une pyramide égale à la seconde pyramide proposée. En abaissant SO perpendiculaire à ABC, nous avons sur la même direction les hauteurs SO, S*o* des deux pyramides.

$$SABC = \frac{1}{3} ABC \times SO; \quad Sabc = \frac{1}{3} abc \times So.$$

Les triangles ABC, abc étant semblables, $\dfrac{ABC}{abc} = \dfrac{\overline{AB}^2}{\overline{ab}^2}$; mais

$\dfrac{\overline{AB}^2}{\overline{ab}^2} = \dfrac{\overline{SA}^2}{\overline{Sa}^2}$; donc $\dfrac{ABC}{abc} = \dfrac{\overline{SA}^2}{\overline{Sa}^2}$ (1). D'un autre côté, les trian-

gles SAO, Sao étant semblables (ao est parallèle à AO), on a l'é-

galité $\dfrac{SO}{So} = \dfrac{SA}{Sa}$ (2). En multipliant les égalités (1) et (2), membre

à membre, puis les deux termes du premier rapport obtenu

par $\dfrac{1}{3}$, on obtient l'égalité : $\dfrac{\frac{1}{3} ABC \times SO}{\frac{1}{3} abc \times So} = \dfrac{\overline{SA}^3}{\overline{Sa}^3}$, ou $\dfrac{SABC}{Sabc} = \dfrac{\overline{SA}^3}{\overline{Sa}^3}$.

C. Q. F. D.

2° Considérons maintenant deux polyèdres semblables P et p. Ils peuvent être décomposés en un même nombre de tétraèdres semblables chacun à chacun; T, t; T_1, t_1; T_2, t_2; T_3, t_3; etc., les arêtes homologues des polyèdres étant A, a; A_1, a_1; A_2, a_2, etc.

On a, d'après 1°, $\dfrac{T}{t} = \dfrac{A^3}{a^3}$; $\dfrac{T_1}{t_1} = \dfrac{A_1{}^3}{a_1{}^3}$; $\dfrac{T_2}{t_2} = \dfrac{A_2{}^3}{a_2{}^3}$, etc. Les arêtes

homologues de deux tétraèdres étant proportionnelles, il en est de

même de leurs cubes; $\dfrac{A^3}{a^3} = \dfrac{A_1{}^3}{a_1{}^3}$; $= \dfrac{A_2{}^3}{a_2{}^3}$, etc.; donc $\dfrac{T}{t} = \dfrac{T_1}{t_1} =$

$\dfrac{T_2}{t_2} = \dfrac{T_3}{t_3}$; d'où on déduit $\dfrac{T+T_1+T_2+T_3}{t+t_1+t_2+t_3} = \dfrac{T}{t} = \dfrac{A^3}{a^3}$, ou

$\dfrac{P}{p} = \dfrac{A^3}{a^3}$.   C. Q. F. D.

SYMÉTRIE PAR RAPPORT A UN PLAN.

16 (*). Définitions. Deux points A, A′ sont symétriques par rapport à un plan MN quand ils sont situés sur une même perpendiculaire à ce plan et à égales distances de ce plan (Aa = A′a).

(*) Ce chapitre a été publié d'abord en supplément avec des numéros d'ordre particuliers; nous laissons ces numéros afin de n'avoir pas à changer tous les numéros suivants du livre VII.

Deux polyèdres sont symétriques par rapport à un plan quand leurs sommets sont deux à deux symétriques par rapport à ce plan.

Nous appellerons *droites symétriques* des droites qui joignent des points symétriques, et *faces symétriques* celles qui sont terminées par des droites symétriques deux à deux.

Théorème.

16 *bis. Deux droites symétriques* SA, S'A' *sont égales.* (Fig. précéd.)

En effet, joignons les points a et s où les perpendiculaires AA', SS', rencontrent le plan de symétrie MN ; puis faisons tourner le quadrilatère asSA autour de as comme charnière jusqu'à ce qu'il s'applique sur asS'A'. Les angles en a étant droits, la droite aA s'applique sur son égale aA', et A s'applique sur A' ; de même sS s'applique sur sS' et S sur S'. AS coïncide avec A'S' ; AS = A'S'.

Théorème.

17. *Deux angles* ASB, A'S'B' *formés par des droites symétriques sont égaux.* (Fig. précéd.)

En effet, on peut au besoin tracer AB et A'B'. On a ainsi deux triangles ASB, A'S'B' qui sont égaux comme ayant les trois côtés égaux. Donc l'angle ASB = A'S'B'.

Théorème.

18. *Suivant qu'un point* S *est ou n'est pas dans le plan de trois autres points* A, B, C, *le point* S', *symétrique de* S, *est ou n'est pas dans le plan des points* A', B', C', *symétriques de* A, B, C.

1ᵉʳ CAS. S *est dans le plan* ABC. Alors l'angle ASC = ASB + BSC, ou ASC + ASB + BSC = 4 droits. Mais, les angles symétriques étant égaux chacun à chacun, on peut remplacer dans ces égalités chaque angle par son symétrique; on a donc $A'S'C' = A'S'B' + B'S'C'$, ou $A'S'C' + A'S'B' + B'S'C' = 4$ droits. Cela étant, le point S est dans le plan $A'B'C'$; car s'il était hors de ce plan, il serait le sommet d'un angle trièdre $S'A'B'C'$, et on aurait $A'S'C' < A'S'B' + B'S'C'$, ou $A'S'C' + A'S'B' + B'S'C' < 4$ droits; ce qui n'est pas.

2° cas. *S n'est pas dans le plan ABC.* Alors S est le sommet d'un angle trièdre SABC, et on a $ASC < ASB + BSC$ ou $ASC + ASB + BSC < 4$ droits. Mais alors on a aussi $A'S'C' < A'S'B' + B'S'C'$ ou $A'S'C' + A'S'B' + B'S'C' < 4$ droits. Cela étant, le point S' n'est pas dans le plan $A'B'C'$; c'est le sommet d'un angle trièdre $S'A'B'C'$.

Corollaire I. *A chaque trièdre SABC d'un polyèdre correspond un trièdre S'A'B'C' du polyèdre symétrique.*

Corollaire II. *A chaque face ABCDE d'un polyèdre correspond une face symétrique A'B'C'D'E' de l'autre polyèdre* (fig. du n° 20).

En effet, les sommets D, E, étant dans le plan ABC, les sommets D', E', symétriques de D et de E, sont dans le plan $A'B'C'$.

Théorème.

19. *Deux angles trièdres symétriques* SABC, S'A'B'C', *sont égaux dans toutes leurs parties, mais ne peuvent pas coïncider.* (Fig. précéd.)

En effet, 1° ces deux angles trièdres ont leurs faces égales chacune à chacune (n° 17), et par suite leurs angles trièdres égaux chacun à chacun (n° 271 du Cours).

2° Ces deux angles trièdres ne sauraient coïncider. En effet, supposons que l'arête SB soit en avant de la face ASC, l'arête S'B' est en avant du plan A'S'C' (V. la situation des points symétriques). Mais les arêtes S'A', S'B', S'C' étant dirigées de bas en haut, tandis que SA, SB, SC sont dirigées de haut en bas, il faut d'abord pour essayer de faire coïncider les trièdres faire tourner de 180° la figure S'A'B'C' autour d'un axe (B'b' par exemple) perpen-

---

(*) Tracez par la pensée sur le plan A'S'C' les demi-circonférences ayant pour rayons S'b', A'b', et C'b'. Le point B' restant fixe, les points S', A', C' parcourent ces demi-circonférences jusqu'aux extrémités S'_1, A'_1, C'_1 des diamètres S'$b'S'_1$, A'$b'A'_1$, C'$b'C'_1$. S' passe au-dessus de A'C', C' à gauche et A' à droite du lecteur. (Voy. le n° 24 ci-après.)

d:culaire en b' au plan A'S'C' (*). Cela fait, les arêtes de S'A'B'C' seront dirigées de haut en bas comme celles de SABC, l'arête S'B' étant toujours en avant de A'S'C'. Mais alors évidemment la face A'S'B' se trouvera à droite de A'S'C' tandis que son égale ASB est à gauche de ASC. La coïncidence n'est donc pas possible comme il a été expliqué n° 272 du Cours. Les trièdres sont dits *symétriques* (*).

Théorème.

20. *Deux polyèdres symétriques ont leurs faces égales chacune à chacune, et leurs angles polyèdres égaux, mais symétriques, c'est-à-dire ne pouvant pas coïncider* (**).

1° *Les faces symétriques sont égales.*

Considérons deux faces symétriques ABCDE, A'B'C'D'E' (n° 18, corollaire II). Ces deux polygones ont les côtés égaux chacun à chacun, comprenant deux à deux les angles égaux. Si on retourne le plan A'B'C'D'E' sens dessus dessous, le polygone A'B'C'D'E', disposé alors comme le polygone ABCDE, coïncidera avec ABCDE. Ces deux faces sont donc égales.

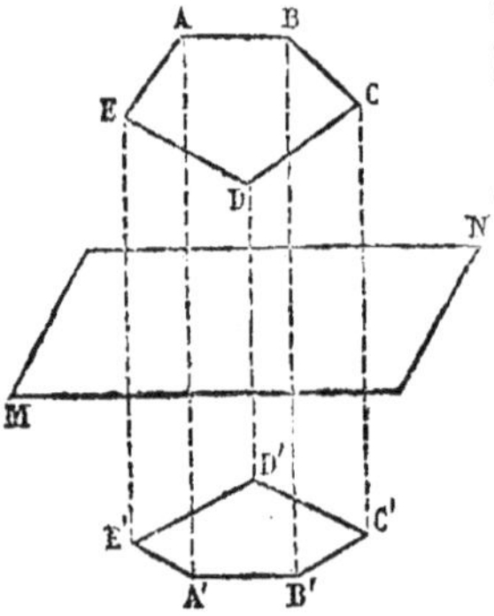

2° *Les angles polyèdres sont égaux dans toutes leurs parties, mais ne peuvent pas coïncider.*

Nous avons démontré cette proposition pour deux angles trièdres.

Soient deux angles polyèdres SABCDE, S'A'B'C'D'E' (faites la figure). Ils ont les faces égales chacune à chacune. Ces faces égales comprennent deux à deux des dièdres égaux ; par ex , l'angle dièdre SA des faces ASB, ASC est égal à l'angle S'A' des faces égales A'S'B', A'S'C'. En effet, imaginons les plans BSC, B'S'C' intérieurs

---

(*) Deux trièdres SABC, S'A'B'C' sont dits alors *symétriques* parce que si on les place l'un contre l'autre de manière que la face A'S'C' coïncide avec son égale ASC, les deux figures sont alors symétriques de position par rapport au plan ASC. L'arête S'B' par ex. est symétrique de SB par rapport à ce plan ASC. C'est ce que l'on vérifie aisément.

(**) Symétriques pour la raison indiquée dans la note précédente.

aux angles polyèdres ; ils déterminent deux angles trièdres SABC, S'A'B'C' qui ont toutes leurs faces égales chacune à chacune et par suite leurs angles dièdres égaux chacun à chacun ; donc dièdre SA = dièdre S'A'. Les deux angles polyèdres SABCDE, S'A'B'C'D'E' sont donc égaux dans toutes leurs parties. Ils ne peuvent cependant pas coïncider ; car s'ils coïncidaient, les angles trièdres intérieurs correspondants tels que SABC, S'A'B'C' coïncideraient ; ce qui est impossible (n° 19).

Théorème.

21. *Deux polyèdres symétriques sont équivalents.*
Considérons d'abord deux pyramides triangulaires SABC, S'A'B'C'.
1° *Les bases* ABC, A'B'C' *sont égales.*
2° Soit SO la hauteur de SABC. Le point O étant sur le plan

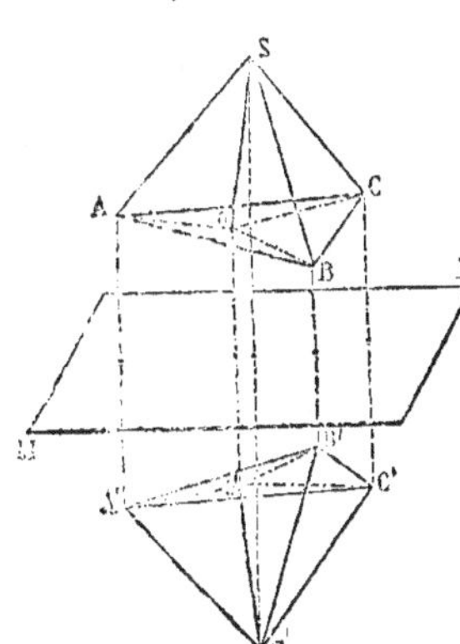

ABC, le point O' symétrique de O est sur le plan A'B'C' (n° 18). Je trace AO, BO, CO et S'O', A'O', B'O', C'O'. Les angles S'O'A', S'O'B', S'O'C' sont droits comme leurs symétriques SOA, SOB, SOC, donc S'O' est perpendiculaire au plan A'B'C' ; c'est la hauteur du tétraèdre S'A'B'C'. De plus SO = S'O' (n° 16). Les deux tétraèdres SABC, S'A'B'C', ayant des bases égales et des hauteurs égales, sont équivalents.

COROLLAIRE. *Deux polyèdres symétriques sont équivalents.*

En effet, ils sont décomposables en pyramides triangulaires symétriques équivalentes deux à deux.

22. REMARQUE. Si deux polyèdres symétriques sont dérangés de la position qu'ils occupent par rapport au plan de symétrie, les relations d'égalité existant entre leurs éléments précédemment symétriques existent toujours. Les théorèmes précédents s'appliquent donc en général à deux polyèdres qui *sont placés ou peuvent être placés* de manière que leurs sommets soient deux à deux symétriques par rapport à un plan.

25. Définitions. Deux points A, A′ sont symétriques par rapport à un point O quand ils sont situés sur une droite AOA′ passant par ce point O, de part et d'autre et à égales distances de ce point (AO = A′O).

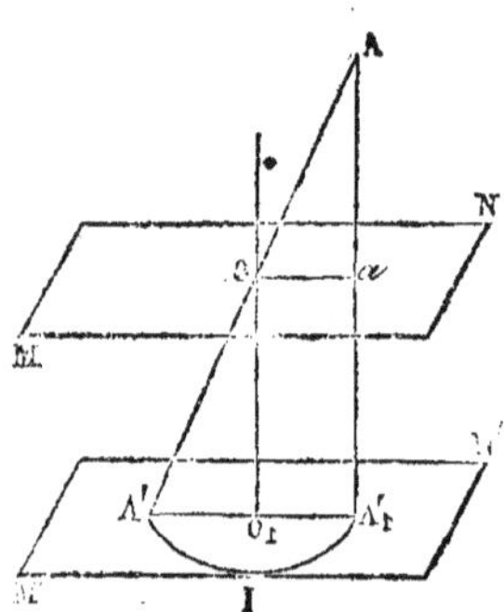

Deux droites SA, S′A′ sont *symétriques* par rapport à un point quand elles joignent deux points symétriques.

Deux figures planes ou polyèdres sont symétriques par rapport à un point O quand elles ont leurs côtés ou leurs sommets respectivement symétriques par rapport à ce point.

Le point O est le centre de symétrie des deux figures.

24. *On peut ramener l'étude de la symétrie de deux figures par rapport à un point à l'étude de la symétrie par rapport à un plan, en imprimant une rotation de 180° à l'une des figures autour d'un axe perpendiculaire à ce plan et passant par le centre de symétrie.*

En effet, soient MN un plan quelconque passant par le centre O de symétrie, et OO_1 une perpendiculaire à ce plan. Soient aussi A et A′ deux points symétriques par rapport au point O, appartenant aux figures considérées, et M′N′ un plan parallèle à MN mené par A′. Abaissons AaA'_1 perpendiculaire aux plans MN et M′N′. Le plan $AA'A'_1$ coupe ces deux plans suivant deux droites parallèles Oa et AA'_1. Puisque AO = A′O, $Aa = A'_1a$; les points A et A'_1 sont symétriques par rapport au plan MN. O étant le milieu de AA′, O_1 est le milieu de $A'A'_1$. La circonférence décrite dans le plan M′N′, avec O_1 pour centre et O_1A' pour rayon, passera par A'_1; $A'IA'_1$ est une demi-circonférence.

Supposons maintenant que les points A et A′ appartiennent à

deux figures F et F' symétriques par rapport au point O. Si on imprime à la figure F' dont A' est un sommet, une rotation de 180° autour de l'axe OO_1, le point A', décrivant la demi-circonférence $A'IA_1$, viendra se placer en A'_1, et deviendra symétrique de A par rapport au plan MN. Il en sera de même évidemment de tous les autres sommets des deux figures, considérés deux à deux. La figure F' sera donc, après la rotation, symétrique de la première F par rapport au plan MN.

25. Corollaire. D'après la remarque du n° 22 et d'après la proposition précédente, tous les théorèmes démontrés par rapport aux droites, aux polyèdres, et à toutes les figures symétriques par rapport à un plan sont vrais pour les droites, les polyèdres, et toutes les figures symétriques par rapport à un point. Les propriétés énoncées existent pour les unes comme pour les autres.

EXERCICES.

Théorèmes à démontrer.

49. Si on divise dans le même rapport les droites qui joignent le même point à tous les sommets d'une pyramide, les points de division sont les sommets d'une pyramide semblable à la pyramide proposée.

50. Les surfaces de deux pyramides semblables sont proportionnelles aux carrés de deux arêtes homologues.

Problèmes graphiques.

51. Marquer sur les faces d'une pyramide les traces du plan parallèle à la base qui divise la surface latérale :

    — en parties équivalentes.

52.   — en parties proportionnelles à 3 et 5.

53.   — en parties de grandeurs données, $2^{mq},8$ et $1^{mq},80$.

54.   — en moyenne et extrême raison (2 cas).

55. Marquer sur la surface latérale d'une pyramide SABC les traces de trois plans parallèles à la base qui divisent cette surface

    — en quatre parties équivalentes.

56.   — en parties proportionnelles aux nombres 3, 4, 5 et 6.

57.   — en parties de grandeur données $2^{mq},560$: $3^{mq},840$; $5^{mq},832$, $2^{mq},196$.

58, 59, 60, 61, 62, 63, 63 *bis* (*). Résoudre les mêmes questions concernant un tronc de pyramide donné (7 problèmes).

(*) Nous énonçons ces problèmes et d'autres suivants par séries, afin que les énoncés occupent moins de place. Nous mettons des numéros différents afin que ces problèmes puissent être proposés séparément dans un ordre quelconque.

64. Marquer sur la surface latérale d'une pyramide les traces d'un plan parallèle à sa base tel que le tronc de pyramide soit les $^{24}/_{81}$ de la pyramide proposée.

Problèmes numériques.

65. L'arête SA d'une pyramide SABC étant $4^m,80$, calculer à $0^m,01$ près les parties dans lesquelles elle est divisée par le plan parallèle à la base qui divise sa surface latérale

— en deux parties équivalentes.

66. — en parties proportionnelles à 3 et à 5.

67. — en parties de grandeurs données $2^{mq},8$ et $1^{mq},8$.

68, 69, 70. Id. dans lesquelles elle est divisée par chacun des plans sécants des ex. 55, 56, 57 (3 problèmes).

71, 72, 73, 74, 75, 76. Résoudre successivement les six problèmes précédents, relativement à l'arête latérale $aA = 4^m,80$ d'un tronc de pyramide polygonale à bases parallèles, $abcd$ ABCD, dont on divise la surface latérale par un plan parallèle ou par des plans parallèles à ses bases $abcd$, ABCD, comme la surface de la pyramide SABCD est divisée dans les six exercices 51, 52, 53, 55, 56, 57. On sait d'ailleurs que l'arête $ab = 1^m,4$ et AB $= 3^m,6$.

77, 78, 79, 80, 81, 82. Résoudre successivement les mêmes problèmes relativement à l'arête SA $= 4^m,80$ d'une pyramide SABCD, en supposant le volume au lieu de la surface divisée successivement comme il est indiqué par un plan parallèle ou par des plans parallèles à la base (6 problèmes).

Les nombres donnés sont ceux des exercices précédents (51, 52, 53, 55, 56, 57).

83, 84, 85, 86, 87, 88. Résoudre successivement les mêmes problèmes relativement à l'arête latérale $aA = 4^m,80$ d'un tronc de pyramide $abcd$ ABCD dans lequel l'arête $ab = 2^m,4$ et AB $= 6^m,40$ dont le volume est divisé de la même manière que celui de la pyramide précédente par un plan parallèle ou par des plans parallèles à ses bases $abcd$ ABCD, (6 problèmes).

89, 90, 91, 92, 93, 94. La base ABCD de la pyramide SABCD étant donnée égale à $7^{mq},56$, et l'arête SA $= 4^m,80$, calculer l'aire de la section ou les aires des diverses sections indiquées dans les exercices précédents 51, 52, 53, 55, 56, 57 (6 problèmes).

95, 96, 97, 98, 99, 100. Trouver de même les aires des sections produites dans le tronc de pyramide précédent $abcd$ ABCD dont l'arête $aA = 4^m,80$, $ab = 1^m,4$, AB $= 3^m,6$ et la base ABCD $= 7^{mq},56$.

LIVRE VII.

LES TROIS CORPS RONDS.

———

DU CYLINDRE.

316. Définitions. On appelle *cylindre* le solide produit par la révolution d'un rectangle ABCO qu'on imagine tourner autour d'un de ses côtés AO qui reste fixe.

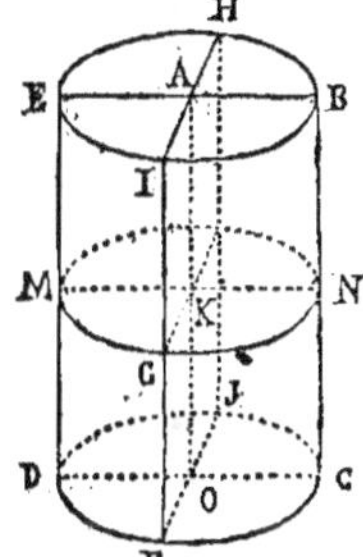

Dans ce mouvement, les côtés AB, OC, toujours perpendiculaires à l'axe, décrivent des cercles BIEH, CFDJ qu'on nomme *bases* du cylindre; la ligne BC, appelée *génératrice*, en décrit *la surface latérale.*

La ligne fixe AO est *l'axe* ou la *hauteur* du cylindre.

Toute section plane faite suivant l'axe est un rectangle double du rectangle générateur; ex. : IFJH.

Toute section, MGN, faite par un plan perpendiculaire à l'axe, est un cercle égal à chacune des bases. En effet, ce plan coupe le rectangle générateur suivant une ligne KN; dans le mouvement de ce rectangle autour de AO, cette ligne KN décrit, sans quitter le plan perpendiculaire, un cercle égal au cercle OC puisque KN = OC (233).

Deux cylindres sont *semblables* quand les rayons de leurs bases sont proportionnels à leurs hauteurs.

517. Supposons qu'ayant inscrit dans la base d'un cylindre un polygone régulier ABCD, on construise, sur ce polygone comme base, un prisme droit de même hauteur que le cylindre; les arêtes AE, BH, etc., de ce prisme, perpendiculaires aux bases, sont autant de positions de la génératrice mobile; elles sont donc situées sur la surface. Ce prisme, qui a la position indiquée, est dit *inscrit* dans le cylindre; le cylindre est *circonscrit* au prisme.

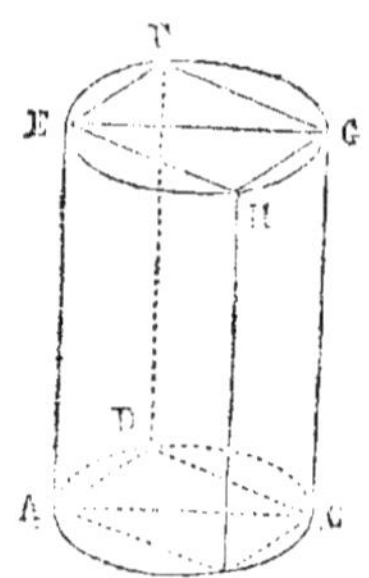

Si le nombre des côtés du polygone inscrit augmente indéfiniment, ces côtés devenant infiniment petits, les faces latérales du prisme deviennent infiniment petites; la surface latérale du prisme, composée de ces faces, se rapproche indéfiniment de celle du cylindre, jusqu'à en différer d'une quantité moindre que toute grandeur donnée. En d'autres termes :

518. On admet comme évident que *la surface latérale du cylindre est la limite de la surface d'un prisme inscrit dont le nombre des faces croît indéfiniment, ces faces devenant infiniment petites; le volume du cylindre est la limite du volume du même prisme.*

Théorème.

519. *Le volume d'un cylindre est égal au produit de sa base par sa hauteur.*

Inscrivons dans la base du cylindre un polygone régulier, et construisons un prisme inscrit qui ait pour base ce polygone et même hauteur que le cylindre. Le volume de ce prisme est égal au produit de sa base que nous désignerons par B, par sa hauteur H; $V = B \times H$ (1).

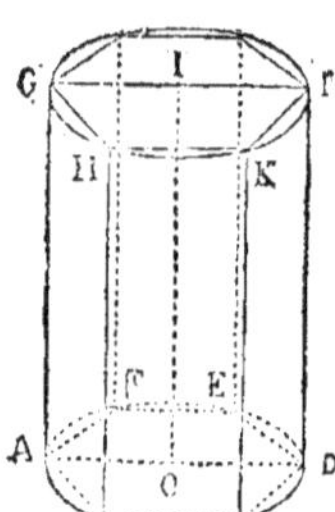

Supposons maintenant que le nombre des côtés du polygone, et par suite le nombre des faces du prisme, augmentent indéfiniment; le volume du prisme tend vers une limite qui est le volume du cylindre (318), tandis que la surface du polygone tend vers sa limite qui est le cercle; la hauteur $IO = H$ ne varie pas. L'égalité (1), toujours vraie, quel que soit le nombre des côtés du polygone, devient à la limite :

$$\text{vol. cyl.} = \text{cercle } OD \times H; \qquad \text{C. Q. F. D.}$$

REMARQUE. Si R désigne le rayon de la base d'un cylindre et H la hauteur, on a $\qquad$ vol. cyl. $= \pi R^2 \times H$.

Théorème.

320. *La surface latérale d'un cylindre a pour mesure la circonférence de sa base multipliée par sa hauteur* H.

Pour le prouver, inscrivons dans la base du cylindre un polygone régulier, et construisons un prisme inscrit qui ait ce polygone *pour base* (fig. précédente). La surface latérale de ce prisme est un assemblage de rectangles égaux dont l'un HBCK a pour mesure BC×BH ou BC×IO; la somme de ces rectangles ou la

$$\text{surf. lat. du prisme} = 6BC \times IO = \text{périm. ABCDEF} \times IO. \quad (1)$$

Supposons maintenant que le nombre des côtés du polygone inscrit, et par suite le nombre des faces latérales du prisme, augmentent indéfiniment; la surface latérale de ce prisme tend à se confondre avec la surface latérale du cylindre, tandis que le périmètre du polygone tend vers sa limite qui est circ. OD; la hauteur OI ne change pas. L'égalité (1), toujours vraie, quel que soit le nombre des côtés du polygone, devient à la limite

$$\text{surf. lat. du cylindre} = \text{circ. } OD \times IO. \qquad \text{C. Q. F. D.}$$

REMARQUE. Si l'on désigne le rayon OD par R et la hauteur IO par H, il vient

$$\text{surf. lat. cyl.} = \text{circ. } R \times H = 2\pi R \times H.$$

320 *bis.* CYLINDRE DROIT A BASE QUELCONQUE. Soit une courbe plane *quelconque* ABCDEF (fig. précédente) (*); imaginons qu'une droite

(*) Supposons, par exemple, que ABCDEF soit une ellipse. Nous conservons

de longueur donnée, AG, perpendiculaire au plan ABCDE, se meuve parallèlement à elle-même, de manière que son extrémité A parcoure la courbe ABCDEF ; l'extrémité G décrit une courbe égale et parallèle GHKL..., tandis que la ligne AG elle-même décrit une certaine surface qu'on appelle *surface cylindrique*. La figure que forment les deux aires planes ABCDEF, GHKL..., et la surface cylindrique est ce qu'on appelle en général *un cylindre droit*.

Les figures planes ABCDE, GHKL..., sont les bases du cylindre et AG est sa *hauteur*. Quand les bases sont des cercles, la figure est un *cylindre circulaire droit* ou simplement un *cylindre ;* c'est cette figure que nous avons considérée jusqu'ici.

Imaginons que dans la base d'un cylindre droit on inscrive un polygone quelconque ABCDE ; puis, qu'on construise un prisme droit ayant ce polygone pour base inférieure et AG pour hau-teur (V. la figure.) Toutes les arêtes de ce prisme coïncident avec les positions correspondantes de la génératrice et se trouvent par conséquent sur la surface du cylindre. La base supérieure du prisme est inscrite dans celle du cylindre ; et le prisme lui-même est inscrit dans le cylindre. Si l'on augmente indéfiniment le nom-bre des côtés du polygone inscrit, de manière à ce qu'ils deviennent infiniment petits, le prisme tend indéfiniment à se confondre avec le cylindre, et à la limite se confond avec lui. Nous pouvons donc appliquer au cylindre droit à base quelconque tout ce qui a été dit à propos du volume et de la surface d'un cylindre circulaire ; car tout ce que nous avons dit repose uniquement sur ce fait que les faces d'un prisme droit inscrit devenant infiniment nombreuses et infiniment petites, ce prisme se confond sensiblement avec le cylindre. Les propositions suivantes sont donc vraies :

Théorème. *Le volume d'un cylindre droit à base quelconque est égal au produit de sa base par sa hauteur.*

Théorème. *La surface convexe d'un cylindre droit à base quel-conque est égale au périmètre de sa base multiplié par sa hauteur.*

à dessein la même figure, afin de mieux montrer que tout ce qui a été dit du cylindre ordinaire s'applique au cylindre droit à base quelconque.

APPLICATIONS.

Problème I.

Un rouleau cylindrique de bois de chêne a 0^m,3 de diamètre et 2^m,5 de longueur; le poids spécifique du chêne est 1,17 ; on demande le volume et le poids du rouleau.

Prenons le centimètre pour unité de longueur; dans ce cas, le rayon de notre cylindre est 15, sa hauteur 250; son volume est donc égal à $\pi \times 15^2 \times 250$. Quant au poids, on dira : 1 centimètre cube d'eau pesant un gramme, 1 centimètre cube de chêne pèse 1^{gr},17; donc ($\pi \times 15^2 \times 250$) centimètres cubes de chêne pèsent $\pi \times 15^2 \times 250 \times 1,17$ grammes $= 206756$ grammes.

Problème II.

La densité de l'air étant $\frac{1}{770}$ du poids de l'eau, on demande le poids de l'air contenu dans un cylindre dont la circonférence de la base est 0^m,3 et la hauteur 0,8.

Prenons le centimètre pour unité linéaire; alors la circ. est égale à 30 et la hauteur à 80. Appelons r le rayon de la base du cylindre. $2\pi r = 30$; $r = \frac{15}{\pi}$; $\pi r^2 = \frac{15^2}{\pi}$, le volume du cylindre en centimètres cubes $= \frac{15^2 \times 80}{\pi}$.

Un centimètre cube d'air pèse $\frac{1^s}{770}$; le poids cherché est donc $\frac{15^2 \times 80}{\pi \times 770}$ grammes $= 7^s,44$.

Problème III.

On a un vase cylindrique dont le diamètre intérieur est 0,1. Ce vase reposant sur un plan horizontal par son fond circulaire, on y verse 12 kilogrammes de mercure. A quelle hauteur s'élèvera le liquide dont la densité est 13,596?

Désignons par x la hauteur cherchée : prenons pour unité linéaire le centimètre et pour unité de poids le gramme. Dans cette hypothèse, le diamètre intérieur $= 10$, et par suite le rayon $= 5$, le poids du mercure $= 12000$ grammes, et le poids d'un centimètre cube de mercure $= 13^s,596$. Le volume du cylindre est $\pi \times 5^2 \times x$ centimètres cubes; son poids $\pi \times 5^2 \times x \times 13,596$ g.; ce poids étant en réalité 12000 grammes, nous avons l'équation

$$\pi \times 5^2 \times x \times 13,596 = 12000,$$

de laquelle on déduit la valeur de x en centimètres

$$x = 11^{cm},24 \text{ à } 0^m,0001 \text{ près.}$$

EXERCICES.

Problèmes numériques.

AVIS *On calculera généralement chaque réponse aux problèmes de ce livre à moins d'un centième près ou d'un millième de l'unité de la réponse.*

1. On demande à raison de 0^f,35 le litre, le prix du vin qui remplirait une cuve cylindrique dont le diamètre intérieur est 1^m,56 et la profondeur 80 centimètres.

2. On verse dans cette cuve 12 hectolitres de vin. A quelle hauteur s'élèvera le liquide?

3. On fait peindre à raison de 0^f,12 le mètre carré une cuve cylindrique de 1^m,80 de diamètre et de 4^m,80 de profondeur. Combien doit-on à l'ouvrier?

4. On demande les dimensions d'un cylindre de 10$^{lit.}$ dont la hauteur est égale au diamètre de la base (à 0^m,001 près).

5. Calculer les dimensions d'un litre, d'un demi-litre, d'un double litre remplissant la même condition (à 0^m,0001 près).

6. On a employé 1$^{cmc.}$ d'or pour dorer la surface convexe d'un cylindre dont le diamètre est 2$^{dm.}$ et la hauteur 75^{mm}. Quelle est l'épaisseur de la couche ?

7, 8, 9, 10, 11, 12, 13, 14, 15, 16, 17, 18. Ces numéros désignent les problèmes proposés à la fin du complément, n°s 1, 2... jusqu'à 12 inclus qu'on peut résoudre ici.

DU CÔNE.

321. DÉFINITIONS. On appelle CÔNE le solide produit par la révolution d'un triangle rectangle SOB qu'on imagine tourner autour d'un des côtés SO de l'angle droit.

Dans ce mouvement, le côté OB décrit un cercle BCAD qu'on appelle la *base* du cône; l'hypoténuse SB en décrit la *surface latérale.*

Le point S est le *sommet* du cône, SO l'*axe* ou la *hauteur;* SB le *côté* ou l'*apothème* est dit quelquefois *la génératrice de la surface conique.*

Toute section plane faite dans un cône suivant l'axe est un *triangle isocèle,* SCD, double du triangle générateur SOB ou SOC.

En effet, le plan coupe la base suivant un diamètre COD, et la surface latérale suivant deux génératrices SC, SD.

Toute section, FGEH, faite dans le cône par un plan perpendiculaire à l'axe, est un *cercle.*

En effet, ce plan coupe le triangle générateur SOB suivant une droite IF perpendiculaire à SO ; quand SOB tourne pour engendrer le cône, IF, tournant dans le plan sécant, décrit un cercle (233) qui est l'intersection du cône et du plan.

322. Si du cône SABC on retranche, par une section parallèle à la base, le cône SEGF, le solide restant EGFHACBD est ce qu'on appelle un *cône tronqué*, ou un *tronc de cône* à bases parallèles.

Le tronc de cône peut être considéré comme décrit par la révolution du trapèze IOBF, dont les angles I et O sont droits, autour de son côté IO. Cette ligne IO se nomme l'*axe* ou la *hauteur* du tronc de cône ; FB en est le *côté ;* les deux cercles EGF, ACB en sont les *bases.*

323. Deux cônes sont *semblables* quand le rapport de leurs axes est le même que celui des diamètres de leurs bases ; les cônes SACB, SEGF, sont semblables.

324. Si dans le cercle ABCD, qui sert de base à un cône, on

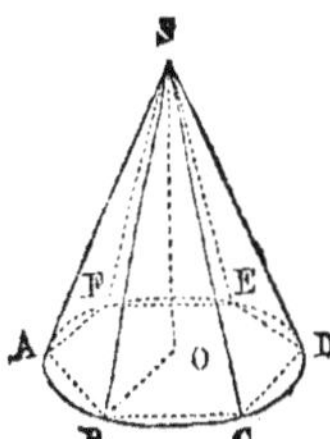

inscrit un polygone régulier ABCDEF, puis, que sur cette base ABCDEF, on construise une pyramide ayant pour sommet le point S, cette pyramide, dont les arêtes SA, SB, SC, etc., appartiennent évidemment à la surface du cône, est dite *inscrite* dans le cône ; celui-ci est *circonscrit* à la pyramide.

Si le nombre des côtés du polygone augmente indéfiniment, les faces de la pyramide deviennent elles-mêmes infiniment petites. La surface latérale de la pyramide, composée de ses faces, se rapproche de la surface du cône jusqu'à en différer infiniment peu.

On admet comme évident *que la surface latérale d'un cône est la limite de la surface latérale d'une pyramide inscrite, dont le nombre des faces augmente indéfiniment, ces faces devenant infiniment petites,* et aussi que *le volume du cône est la limite du volume de la même pyramide.*

Théorème.

325. *Le volume d'un cône est égal au tiers du produit de sa base par sa hauteur.*

Inscrivons dans la base du cône un polygone régulier (figure précédente), et construisons la pyramide SABCDEF qui a ce polygone pour base et le point S pour sommet. Le volume de cette pyramide est égal au tiers du produit de sa base B par sa hauteur H, qui n'est autre que SO;

$$V = ABCDEF \times \frac{H}{3}. \qquad (1)$$

Supposons maintenant que l'on double indéfiniment le nombre des côtés du polygone inscrit, et par suite le nombre des faces de la pyramide. Cette pyramide tend à se confondre avec le cône qui est sa limite (324), tandis que le polygone qui lui sert de base tend vers sa limite qui est le cercle; la hauteur SO = H est toujours la même; soit OB = R. L'égalité (1) toujours vraie, quel que soit le nombre des côtés du polygone inscrit, devient à la limite;

$$\text{vol. cône} = \text{cercle } R \times \frac{H}{3}. \quad \text{C. Q. F. D.}$$

ou
$$\text{vol. cône} = \frac{1}{3}\pi R^2 \times H.$$

Corollaires. Le rapport de deux cônes d'égales hauteurs est le même que celui de leurs bases.

Le rapport de deux cônes de même base est le même que celui de leurs hauteurs.

Les cônes semblables sont entre eux dans le même rapport que les cubes des diamètres de leurs bases, ou que les cubes de leurs hauteurs.

Théorème.

526. *La surface latérale d'une pyramide régulière SABCDEF est égale au périmètre de sa base, multiplié par la moitié de son apothème SI.*

(L'apothème est la perpendiculaire menée du sommet de la pyramide sur un côté quelconque de la base.)

En effet, l'un des triangles isocèles, SBC, qui composent cette surface latérale, a pour aire le produit de sa base, BC, multipliée par la moitié de sa hauteur SI;

$$\text{SBC} = \text{BC} \times \tfrac{1}{2}\text{SI}.$$ La surface latérale tout entière, composée de 6 triangles, est égale à $6\text{BC} \times \dfrac{\text{SI}}{2}$; ce qui est bien le périmètre de la base, multiplié par la moitié de l'apothème.

Théorème.

327. *La surface latérale d'un cône est égale à la circonférence de sa base multipliée par la moitié de son côté.*

Inscrivons dans la base du cône (fig. précéd.) un polygone régulier ABCDEF, et construisons la pyramide inscrite SABCDEF. La surface latérale de cette pyramide

$$S = \text{périm. ABCDEF} \times \frac{\text{SI}}{2}.$$

Imaginons maintenant que le nombre des côtés du polygone, et par suite le nombre des faces de la pyramide, augmentent indéfiniment; la surface latérale de la pyramide inscrite tend à se confondre avec la surface latérale du cône, tandis que son apothème tend vers le côté SB du cône qui est sa limite, et le périmètre de sa base vers la circonférence du cercle. L'égalité (1) toujours vraie, devient à la limite

$$\text{surf. lat. du cône} = \text{circ. } R \times \frac{A}{2} = 2\pi R \times \frac{A}{2} = \pi \times R \times A.$$

(R désigne le rayon de la base, et A l'arête SB du cône.)

Théorème.

328. *Le volume du cône tronqué dont les rayons des bases sont* $OC = R$ *et* $IF = r$ *et la hauteur* $IO = H$, *est égal à* $\dfrac{1}{3}\pi \times H \times (R^2 + r^2 + R \times r)$.

Achevons le cône dont le tronc proposé fait partie et inscrivons-y une pyramide régulière SABCD. Le plan de la petite base du tronc de cône détermine un tronc de pyramide EHFNABCD dont le volume

$$A = \frac{1}{3}H \times (B + b + \sqrt{B \times b)} \quad (1),$$

B étant l'aire du polygone ABCD et B celle de EHFN (n° 300). Imaginons maintenant que le nombre des côtés du polygone inscrit dans chacune des bases du tronc de cône, et par suite le nombre des faces du tronc de pyramide inscrit, augmentent indéfiniment. Le tronc de pyramide tend vers le tronc de cône, tandis que l'aire de chaque polygone tend vers le cercle circonscrit. La hauteur $IO = H$ ne change pas. L'égalité (1), toujours vraie, quel que soit le nombre des côtés du polygone inscrit, devient à la limite

$$\text{vol. tronc de cône} = \frac{1}{2}H \times (\text{cerc. } R + \text{cerc. } r + \sqrt{\text{cerc.} R \times \text{cerc.} r}),$$

$$\text{ou vol. tronc de cône} = \frac{1}{2}\pi . H . (R^2 + r^2 + Rr). \quad \text{C. Q. F. D}$$

Théorème.

529. *La surface latérale d'un tronc de cône a pour mesure son côté multiplié par la demi-somme des circonférences de ses bases.*

Achevons le cône dont le tronc proposé fait partie, et inscrivons-y une pyramide régulière SABCD (fig. précédente). Le plan de la petite base du tronc de cône détermine un tronc de pyramide EHFNABCD dont la surface convexe est formée de trapèzes isocèles EABH, HBCF, etc., égaux entre eux. La hauteur de chaque trapèze qu'on appelle l'*apothème* du tronc de pyramide, est la ligne qui joint les *milieux* des côtés parallèles (soit PQ celle du trapèze EABH ; menez cette ligne du milieu de EH au milieu de AB). L'aire de chaque trapèze étant égal à la demi-somme de ses bases parallèles (AB, EH par ex.), multipliée par son apothème, on trouve en additionnant toutes les aires que la surface convexe du tronc de pyramide est égale à la demi-somme des périmètres de ses bases multipliée par l'apothème (facteur commun). Mais le tronc de pyramide, quand le nombre de ses faces augmente indéfiniment, tend vers le tronc de cône, tandis que les périmètres des bases tendent vers circ. OC et circ. IF, et l'apothème PQ vers le côté EA du tronc de cône. A la limite, la surface convexe du tronc de cône est donc égale à la demi-somme des circonférences de ses bases multipliée par son côté.

REMARQUE. Soient A le côté ou l'arête d'un tronc de cône, R et r les rayons de ses bases.

Sa surface $= (\pi R + \pi r)\, A = \pi A \times (R + r)$.

AUTRE DÉMONSTRATION. Achevons le cône et menons dans le plan SAB une perpendiculaire BM à SB, égale à circ. OB : je tire SM et je mène CN parallèle à

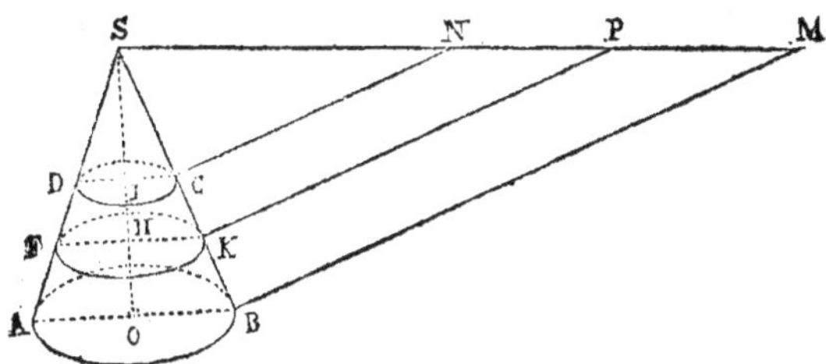

BM. Les triangles semblables SOB, SIC d'une part, SBM, SCN de l'autre, donnent $\dfrac{OB}{IC} = \dfrac{SB}{SC}$ et $\dfrac{BM}{CN} = \dfrac{SB}{SC}$; d'où résulte $\dfrac{OB}{IC} = \dfrac{BM}{CN}$ et par suite $\dfrac{2\pi.OB}{2\pi.IC} = \dfrac{BM}{CN}$.

Comme BM $= 2\pi.$OB, CN $= 2\pi.$IC. Cela posé, la surface latérale du grand cône SAB $= 2\pi$OB $\times \dfrac{1}{2}$SB, et celle du triangle SMB $=$ BM $\times \dfrac{1}{2}$ SB sont équivalentes; il en est de même des surfaces du cône SDC et du triangle SCN. La différence des surfaces coniques, ou la surface convexe du tronc de cône, équivaut donc à la différence des deux triangles qui est le trapèze CBMN. En évaluant l'aire de celui-ci (n° 201), puis remplaçant ses bases BM et CN par circ. OB et circ. IC, on trouve que la surface convexe du tronc de cône a bien la mesure annoncée.

350. REMARQUE. *La surface latérale d'un tronc de cône a aussi pour mesure son côté multiplié par la circonférence de la section équidistante de ses bases.*

Soit circ. KH cette circonférence équidistante des bases (figure précédente): H est le milieu de IO.

On sait que $KH = \frac{1}{2}(CI + OB)$ n° 202); par suite $2\pi KH = \frac{1}{2}$ $(2\pi CI + 2\pi OB)$; circ. KH est la demi-somme des circonférences des bases. En remplaçant cette demi-somme par circ. KH dans la première mesure, on trouve celle que nous venons d'indiquer.

EXERCICES.

Problèmes numériques.

19. Une meule cylindrique de blé de $3^m,60$ de rayon est terminée par un comble conique de $3^m,60$ de haut; la hauteur totale est 8^m. On demande le volume et la surface de la meule.

20. L'hypoténuse d'un triangle rectangle est 6^m; l'un des angles aigus est de $30°$. On fait tourner ce triangle successivement autour des deux côtés de l'angle droit; trouver le volume et la surface de chaque cône ainsi obtenu.

21. La hauteur d'un cône est 20^n, son volume 284^{mc}; trouver sa surface latérale.

22. Déterminer le volume et la surface d'un tronc de cône dont la hauteur $= 2^m$. $r = 7^m,50$, $R = 8^m,25$.

23. On demande les dimensions, le volume et la surface de chacun des cônes dont ce tronc est la différence.

24. Le côté d'un cône est 25^m : la surface de sa base est 4^{mq}. On demande la surface du cercle dont le plan est distant de la base de $3^m,42$.

25. Un cône dont le rayon de base $= 2^m$, et la hauteur 15^m, est coupée à 13^m du sommet par un plan parallèle à sa base; on demande le volume et la surface latérale du tronc de cône ainsi obtenu.

26. Le rayon de base d'un cône est 7 décimètres; sa hauteur $= 1^m,80$. On ouvre la surface de ce cône suivant une arête, et on la développe sur un plan. On demande le rayon et l'angle au centre du secteur circulaire ainsi obtenu.

27. On suppose qu'un baril soit formé de deux troncs de cône adossés par la grande base. Calculer sa contenance en litres sachant qu'il a $0^m,78$ de diamètre intérieur à la bonde, $0^m,60$ de diamètre à chaque fond, et $0^m,96$ entre les deux fonds.

28, 29, 30, 31, 32, 33, 33 *bis*. On peut résoudre ici les problèmes 13, 14, 15, 16, 17, 18, 18 *bis* proposés à la fin du complément.

34. Démontrer que le rapport des surfaces de deux cylindres ou de deux cônes semblables est égal au rapport des carrés des rayons de leurs bases ou des carrés de leurs hauteurs.

Le rapport de leurs volumes est égal au rapport des cubes de ces dimensions.

35. L'arête d'un cône étant $1^m,80$, calculer à 0,001 près les parties dans lesquelles elle est divisée par le cercle parallèle à la base qui divise la surface latérale du cône

— en parties équivalentes.

36. — en parties proportionnelles à 3 et à 5.

37. L'arête d'un cône est $1^m,80$ et le rayon de base 75^{cm}, un plan parallèle à la

base détermine un tronc de cône dont la surface est 1^{mq},60. Calculer à 0^m,001 près, les parties dans lesquelles l'arête est divisée par ce plan.

38. L'arête d'un cône étant 2^m,40, calculer à 0^m,001 près les parties dans lesquelles
— cette arête est divisée par trois plans parallèles à la base, qui divisent la surface latérale du cône
— en quatre parties équivalentes.

39. — en parties proportionnelles à 3, 5, 7 et 9.

40, 41, 42. Résoudre les questions 35, 36, 37 pour un tronc de cône dont l'arête est 3^m,60, $r = 1^m,20$, et $R = 3^m,6$.

43, 44. Résoudre les questions 38 et 39 pour le même tronc de cône.

45. L'arête d'un cône étant 3^m,60, calculer à 0,01 près les parties dans lesquelles elle serait divisée par un plan parallèle à la base qui diviserait le volume du cône
— en parties équivalentes.

46. — en deux parties proportionnelles à 3 et à 7.

47. — en deux parties dont l'une serait 1^{mc},728, le rayon de base du cône étant 0^m,80 (2 cas).

48. L'arête d'un cône étant 1^m,80, calculer à 0^m,01 près les parties dans lesquelles elle serait divisée par trois plans parallèles à la base qui diviseraient le volume du cône
— en quatre parties équivalentes

49. — en parties proportionnelles à 1, 2, 3 et 4.

50, 51, 52, 53, 54. Résoudre les questions 45, 46, 47, 48, 49 pour le tronc de cône dont l'arête est 3^m,60 et pour lequel on a $r = 1^m,60$ et $R = 3^m,6$.

DE LA SPHÈRE.

331. Définitions. On appelle *sphère* un solide terminé par une surface courbe dont tous les points sont également distants d'un point intérieur nommé *centre*.

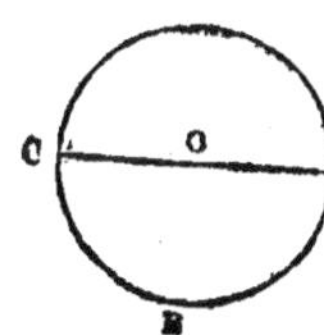

On peut regarder une sphère comme produite par la révolution d'un demi-cercle ABC tournant autour de son diamètre AC; la surface décrite dans ce mouvement par la demi-circonférence a en effet tous ses points également distants du centre O, qui reste fixe.

On appelle *rayon* d'une sphère toute droite qui va du centre à un point de la surface, ex.: OA. On appelle *diamètre*, une droite qui joint deux points de la surface en passant par le centre, ex.: AC.

Tous les *rayons* d'une sphère sont égaux; tous les diamètres sont égaux et doubles du rayon.

Un plan est *tangent* à une sphère quand il n'a qu'un point de commun avec sa surface.

Théorème.

332. *Toute section d'une sphère par un plan est un cercle.*
Soit ABCD l'intersection de la sphère O par un plan. J'abaisse du centre une perpendiculaire OI sur ce plan; je joins le pied I de cette perpendiculaire à divers points A, B, C, D du contour de la section; enfin je mène les rayons OA, OB, etc. Les triangles OIB, OIA, rectangles en I, ont l'hypoténuse OA = OB (rayons de la sphère), le côté OI commun; donc ils sont égaux et AI = IB. On démontre de même que IB = IC = ID. La section ABCD de la sphère faite par un plan est donc un cercle dont le centre est en I, au pied de la perpendiculaire abaissée du centre de la sphère sur ce plan.

333. REMARQUES. Quand la section ne passe pas par le centre de la sphère, son rayon est moindre que le rayon de la sphère, et d'autant moindre que le plan sécant est plus éloigné du centre (Voy. le triangle rectangle OIA, et discutez l'égalité $\overline{OA}^2 = \overline{OI}^2 + \overline{AI}^2$, ou $R^2 = d^2 + r^2$). De toutes les sections planes de la sphère, les plus grandes sont celles qui passent par le centre de la sphère; car chacune d'elles a pour rayon le rayon de la sphère (alors OI ou $d = 0$, $r = R$).

D'après cela, on nomme *grands cercles* de la sphère ceux qui passent par le centre de la sphère, et *petits cercles* ceux qui ne passent pas par ce centre.

Les plans de deux grands cercles se coupent suivant un diamètre; leurs circonférences se divisent donc mutuellement en deux parties égales.

334. *Par deux points A et B de la surface d'une sphère, qui ne sont pas diamétralement opposés, on ne peut faire passer qu'un grand cercle.* En effet, par ces deux points et par le centre O, on peut mener un plan, mais on n'en peut mener qu'un.

Supposons les deux points A et C (n⁰ 323) situés à l'extrémité d'un diamètre ; par la ligne droite AOC on peut faire passer une infinité de plans qui coupent tous la sphère suivant des grands cercles.

Il faut trois points sur la surface d'une sphère pour déterminer un petit cercle.

Théorème.

535. *Tout plan perpendiculaire à l'extrémité d'un rayon d'une sphère est tangent à celle-ci.*

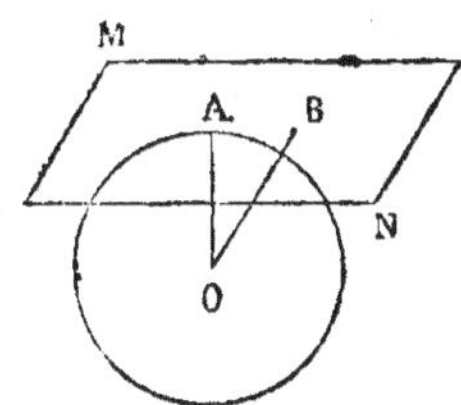

Je joins un plan quelconque B du plan au centre O de la sphère ; l'oblique OB est plus longue que la perpendiculaire OA. Tout point B du plan, autre que le point A, se trouvant à une distance du centre plus grande que le rayon OA, est situé hors de la sphère. Le plan MN, n'ayant que le point A commun, avec la sphère, est *tangent* à celle-ci.

Réciproquement, *tout plan tangent est perpendiculaire au rayon qui va au point de contact.* En effet, supposons le plan MN tangent à la sphère au point A ; joignons le centre à un autre point B quelconque de ce plan. La ligne OB qui sort de la sphère est plus longue que le rayon OA ; OA étant la plus courte ligne que l'on puisse mener du point O sur le plan MN, est la perpendiculaire menée de O sur ce plan.

Corollaire. *Par un point donné sur une sphère, on ne peut lui mener qu'un seul plan tangent.* Cela est évident, puisqu'on ne peut mener qu'un plan perpendiculaire au rayon qui va à ce point.

Théorème.

536. *L'intersection de deux sphères est une circonférence dont le plan est perpendiculaire à la ligne qui joint leurs centres, et dont le centre est sur cette ligne.*

Imaginons un plan qui passe par la ligne des centres, OO′; ce

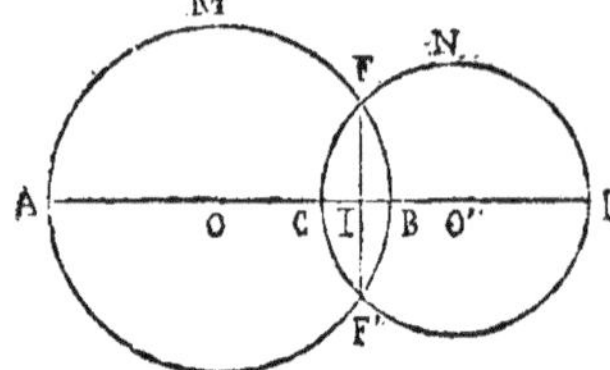

plan coupe les deux sphères suivant deux grands cercles AMBF′, CNDF′. On peut maintenant supposer les deux sphères engendrées par la révolution des deux demi-cercles AMB, CND qui tourneraient simultanément autour de la ligne AOO′D. Dans ce mouvement, le point F reste constamment commun aux deux lignes mobiles, et c'est le seul qui leur soit commun; la ligne que décrit ce point F est évidemment la ligne suivant laquelle se coupent les surfaces des deux sphères. Or cette courbe est plane, puisque la ligne FI ne cesse pas en tournant d'être perpendiculaire à l'axe AD (n° 233); et c'est une circonférence, puisque toutes les positions du point F sont à la même distance IF du point I. L'intersection des deux sphères est donc une circonférence de rayon IF, dont le plan est perpendiculaire à la ligne des centres, OO′, et dont le centre I est sur cette ligne.　C. Q. F. D.

337. Remarque. En considérant deux circonférences dans les diverses positions relatives indiquées n° 102, liv. II, et les faisant tourner autour de la ligne des centres, on obtient des sphères dont les positions relatives sont tout à fait analogues à celles des circonférences. Les relations entre leurs rayons et la distance des centres sont donc, suivant les cas, exactement les mêmes que pour les circonférences.

Deux sphères sont dites *tangentes* quand elles n'ont qu'un point de commun. Ce point, qui se trouve sur la ligne des centres, se nomme *point de contact*.

338. Des pôles. On nomme pôle d'un cercle de la sphère les extrémités du diamètre de la sphère perpendiculaire au plan de ce cercle.

339. *Tous les points de la circonférence d'un cercle de la sphère sont également distants de chacun des pôles, P, P′, de ce cercle.*

En effet, les droites PA, PB, PC, etc., qui joignent le pôle P aux divers points de la circonférence ABC, sont des obliques égales; car elles s'écartent également du pied de la perpendiculaire PI. (IA = IB = IC.) On a de même P′A = P′B = P′C.

Les arcs de grands cercles PA, PB, PC, etc., qui passent par le pôle P d'un cercle ABC et par les divers points de sa circonférence sont égaux, puisque leurs cordes sont égales. Si l'on considère un grand cercle DEF dont les pôles sont P et P', on peut remarquer, à cause de PO = OP' = OD, que l'arc PD = P'D ; PDP' étant une demi-circonférence, l'arc PD est un quadrant.

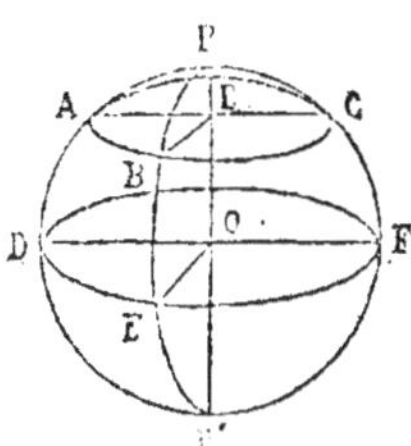

Les arcs de grands cercles, qui vont du pôle d'un grand cercle aux divers points de sa circonférence, sont des quadrants.

Pour un petit cercle, à cause de PI < IP', l'arc AP < AP' ; AP n'est pas un quadrant ; AP' non plus.

340. REMARQUE. Si les arcs PD, PE qui joignent un point P de la sphère à deux points d'un arc de grand cercle, DEF sont des quadrants, ce point P est le pôle de DEF.

En effet, si l'on tire OD, OE, on voit que les angles POD, POE sont droits ; donc P est l'extrémité du diamètre perpendiculaire au plan du cercle DEF ; c'est un des pôles de ce cercle.

341. Les propriétés des pôles permettent de tracer sur une sphère des arcs de petits cercles ou de grands cercles avec la même facilité qu'on trace des circonférences sur un plan.

On emploie à cet effet un compas appelé *compas sphérique*, disposé de telle sorte que ses pointes peuvent être inclinées l'une vers l'autre sous un angle quelconque. L'une de ces pointes étant maintenue fixe au point P de la surface d'une sphère (fig. précéd.), l'autre posée d'abord au point A, décrit, en tournant sur cette surface, une circonférence de cercle. En effet, on peut concevoir une seconde sphère dont le centre serait le point P et le rayon PA ; tous les points de la courbe ABC appartiennent à la surface de cette seconde sphère ; cette courbe ABC est donc l'intersection de la sphère proposée et de cette sphère PA ; ABC est donc une circonférence de cercle dont le plan est perpendiculaire au rayon OP, dont le centre est sur cette ligne, et qui a le point P pour pôle (n° 336).

On a vu que l'arc de grand cercle qui va du pôle d'un grand cercle à sa circonférence est un quadrant, et qu'il n'en est ainsi que pour les grands cercles.

Pour décrire un grand cercle, d'un point donné P de la sphère comme pôle, il suffit donc de donner au compas sphérique une ouverture égale à la corde d'un quadrant de grand cercle. Pour connaître cette corde, il faut connaître le rayon de la sphère.

Problème.

342. *Étant donnée une sphère solide, construire son rayon.*

On prend deux points, A, B, à volonté sur la surface de la

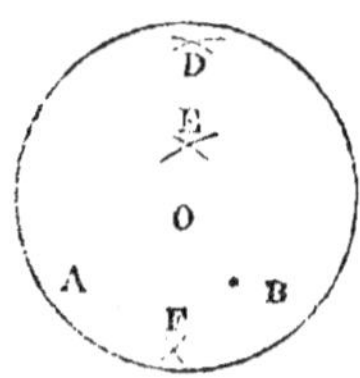

sphère; du point A comme pôle avec une ouverture de compas sphérique quelconque, on décrit un arc de cercle; du point B avec la même ouverture de compas, on décrit un second arc de cercle qui coupe le premier en D. On répète encore deux fois la même construction en changeant l'ouverture du compas; ce qui fournit deux autres points E, F, dont chacun est, comme le point D, également distant des points A et B. Cela fait, on mesure avec

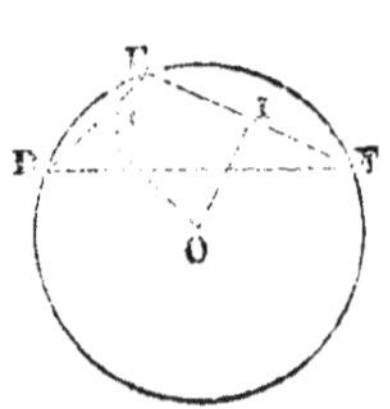

le compas sphérique les trois distances rectilignes DE, DF, EF; on construit sur un plan un triangle ayant ces trois longueurs pour côtés.

Enfin, on détermine le rayon du cercle circonscrit à ce triangle; ce rayon O'D est celui de la sphère.

En effet, les points D, E, F, également distants des points A et B, appartiennent au plan perpendiculaire à la ligne AB en son milieu (n° 240); ce plan passe par le centre O de la sphère (point également distant de A, B); il coupe donc la surface de la sphère suivant une circonférence de grand cercle, sur laquelle se trouvent les points D, E, F. Le triangle que formeraient les droites DE, DF, EF intérieures à la sphère, est donc inscrit dans un grand cercle; c'est ce grand cercle que nous reproduisons sur un plan.

EXERCICES.

Lieux géométriques.

55. **Lieu des pieds des perpendiculaires** abaissées d'un point extérieur à un plan sur toutes les droites menées dans ce plan par un point donné.

56. Lieu des points de l'espace, tels que la somme des carrés des distances de chacun d'eux à deux points fixes est égale à un carré donné.

57. Lieu des points de l'espace tels que les distances de chacun d'eux à deux points fixes sont dans un rapport constant.

58. Lieu des points de l'espace également éclairés par deux lumières fixes dont les intensités à l'unité de distance sont dans le rapport de 1 à 2,5. (L'intensité d'une lumière varie en raison inverse du carré de sa distance au point lumineux.)

59. Lieu géométrique des centres des sections faites dans une sphère par des plans qui passent
— par un point donné.

60. — par une droite donnée.

61. Lieu géométrique des points de contact des tangentes menées à une sphère par un point donné.

62. Lieu des points de contact des plans tangents à une sphère
— passant par un point donné de l'espace.

63. — parallèles à une droite donnée.

MESURE DE LA SURFACE ET DU VOLUME D'UNE SPHÈRE.

343. Inscrivons dans un demi-cercle un demi-polygone régulier ABCD, et faisons tourner la figure autour du diamètre AF, comme axe. Tandis que la demi-circonférence décrit la surface d'une sphère, le contour polygonal décrit une surface courbe, que nous appellerons une *surface polygonale*, à cause de la nature de sa génératrice. Quand le nombre des côtés du contour polygonal augmente indéfiniment, le contour se rapproche indéfiniment de la circonférence, et la surface polygonale de la surface sphérique. On admet comme évident, que le nombre des côtés du contour polygonal devenant infiniment grand, la différence entre la surface polygonale et celle de la sphère devient moindre que toute quantité donnée. En d'autres termes :

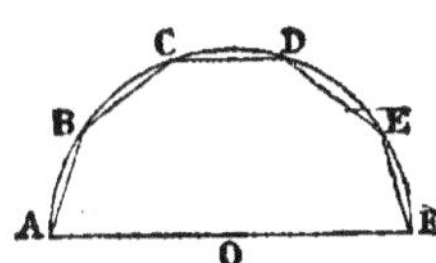

344. Définition. *La surface d'une sphère est la limite vers laquelle tend la surface décrite par le périmètre d'un demi-polygone régulier inscrit dans un demi-cercle qui fait une révolution autour de son diamètre, quand le nombre des côtés du polygone augmente indéfiniment.*

Le demi-polygone engendre dans cette révolution un certain solide que nous appellerons, pour abréger, *solide polygonal.* Quand le nombre des côtés augmente indéfiniment, le volume de ce solide polygonal se rapproche de celui de la sphère. Les mêmes considérations que précédemment conduisent à cette définition :

345. *Le volume d'une sphère est la limite vers laquelle tend le volume engendré par un demi-polygone régulier inscrit dans un demi-cercle qui fait une révolution autour de son diamètre comme axe.*

Nous allons chercher la mesure d'une surface polygonale et d'un volume polygonal tels que ceux dont nous venons d'indiquer la génération.

Pour plus de simplicité, nous supposerons que les côtés du contour polygonal *sont égaux entre eux* ; ce contour est alors ce qu'on appelle *une ligne polygonale régulière*. Afin de pouvoir mesurer certaines *parties* de la surface de la sphère, nous mesurerons la surface engendrée par un nombre quelconque de cordes inscrites égales entre elles ; de même pour le volume.

Théorème.

346. *La surface engendrée par la révolution d'une ligne polygonale régulière tournant autour d'un diamètre* AF *du cercle circonscrit, est égale à la circonférence du cercle inscrit,* circ. OI, *multipliée par la projection de la ligne polygonale sur l'axe.*

Ex. :   surface ABCDE $=$ circ. OI $\times$ AE'.

Les côtés de la ligne polygonale, quel que soit leur nombre, ne peuvent avoir que l'une de ces positions :

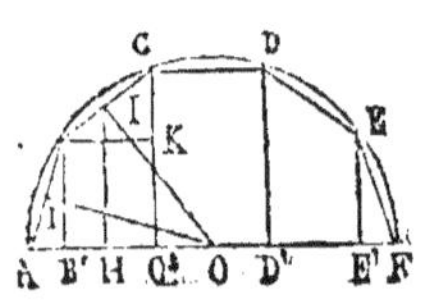

être *adjacents à l'axe,* comme AB ; *non adjacents à l'axe sans lui être parallèles,* comme BC ; *parallèles à l'axe,* comme CD. Nous allons déterminer la surface engendrée par un côté dans chacune de ces positions.

1° La surface décrite par AB, que nous appellerons surf. AB, est celle du cône engendré par la révolution du triangle rectangle ABB' autour de AB' ; on a donc (n° 326)

$$\text{surf. AB} = 2\pi BB' \times \frac{AB}{2} = 2\pi BB' \times AI. \qquad (1)$$

Cela posé, observons que les triangles rectangles, ABB′, OIA, ayant un angle aigu A commun, sont semblables; on conclut de là que $\frac{BB'}{OI} = \frac{AB'}{AI}$: d'où l'on tire $BB' \times AI = OI \times AB'$. En remplaçant dans l'égalité (1) $BB' \times AI$ par $OI \times AB'$, on trouve

$$\text{surf. } AB = 2\pi OI \times AB',$$

c'est-à-dire la surface du cercle inscrit multipliée par la projection AB′ de la ligne AB sur l'axe.

2° La surface décrite par BC est celle du tronc de cône engendré par la révolution du trapèze BCC′B′ autour de B′C′ : le point I est le milieu de BC; on a donc (n° 330)

$$\text{surf. } BC = 2\pi . IH \times BC. \qquad (2)$$

Cela posé, menons BK parallèle et égale à B′C′; les triangles BCK, OIH sont semblables comme ayant les côtés respectivement perpendiculaires; on a donc $\frac{BC}{OI} = \frac{BK}{IH}$; d'où résulte $BC \times IH = OI \times BK = OI \times B'C'$. Si nous remplaçons dans l'égalité (2) $BC \times IH$ par $OI \times B'C'$, nous trouvons surf. $BC = 2\pi OI \times B'C'$; ce qui est bien la mesure annoncée.

3° Considérons la surface décrite par le côté CD parallèle à l'axe. C'est la surface du cylindre engendré par la révolution du rectangle CDD′C′ autour de C′D′; on sait que cette surface, surf. $CD = 2\pi CC' \times C'D' = 2\pi OI \times C'D'$; ce qui est encore la mesure annoncée.

La surface décrite par un côté, quelle que soit sa position par rapport à l'axe, est donc égale à la circonférence du cercle inscrit multipliée par la projection de ce côté sur l'axe. Si l'on ajoute les surfaces décrites par différents côtés, lesquelles sont absolument distinctes les unes des autres, on arrive au même résultat. Ex. : surf. $BCDE = \text{circ. } OI \times (B'C' + C'D' + D'E') = \text{circ. } OI \times B'E'$; c'est-à-dire la circonférence du cercle inscrit multipliée par la projection sur l'axe de la ligne polygonale génératrice. C. Q. F. D.

Théorème.

347. *La surface d'une sphère est égale à la circonférence d'un de ses grands cercles multipliée par son diamètre;*

$$\text{surf. sphère} = \text{circ. R} \times 2\text{R}.$$

En effet, inscrivons dans le demi-cercle ACF qui engendre la sphère (fig. précédente) un demi-polygone régulier quelconque, ABCDEF. Nous savons que la surface décrite par ABCDEF,

$$\text{surf. ABCDEF} = 2\pi\text{OI} \times \text{AF}.$$

Imaginons que le nombre des côtés du demi-polygone augmente indéfiniment; on sait qu'alors la surface engendrée par le contour du demi-polygone tend indéfiniment à se confondre avec la surface de la sphère, tandis que le rayon du cercle inscrit tend vers le rayon de la sphère; la projection AF de la ligne polygonale reste la même; AF = 2R. L'égalité (1), constamment vraie, quel que soit le nombre des côtés du demi-polygone, devient à la limite

$$\text{surf. sph.} = 2\pi\text{R} \times 2\text{R} = 4\pi\text{R}^2.$$

348. REMARQUES. *La surface d'une sphère est égale à quatre grands cercles.*

Soit D = 2R le diamètre de la sphère; $D^2 = 4R^2$; d'où surface sphère = πD^2. *La surface d'une sphère équivaut à celle d'un cercle qui aurait pour rayon le diamètre de cette sphère.*

349. DE LA ZONE. On appelle *zone* la partie de la surface d'une sphère comprise entre deux plans parallèles. Les deux cercles, cercle BI et cercle AH, qui comprennent une zone, sont les *bases* de cette zone; la distance IH de ces deux bases est la *hauteur* de cette zone.

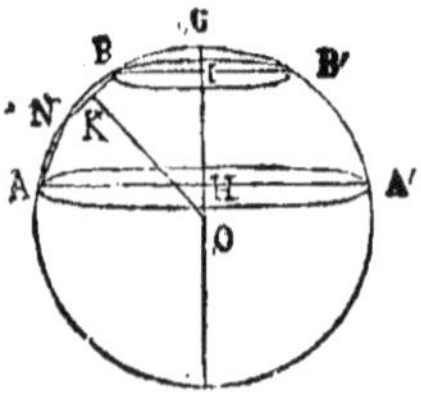

L'un des plans parallèles qui comprennent une zone peut être tangent à la sphère, au point C par exemple. Alors la zone est dite *à une base;* exemple :

zone ACA' et zone BCB'; c'est ce qu'on nomme quelquefois une *calotte sphérique.*

La zone ABB'A' est la surface que décrit l'arc AB en faisant une révolution autour de l'axe IH.

Théorème.

350. *La surface d'une zone est égale à une circonférence de grand cercle multipliée par la hauteur de cette zone;*

$$\text{surf. zone } AB = 2\pi R \times IH; \quad (OC = R).$$

En effet, imaginons qu'on inscrive dans l'arc AB une ligne polygonale régulière ANB; surf. $ANB = 2\pi OK \times IH$ (1) (n° 346.)

Imaginons ensuite que l'on double indéfiniment le nombre des côtés de ANB; la surface décrite par la ligne polygonale, tend indéfiniment à se confondre avec la zone, tandis que OK tend à devenir égal au rayon de la sphère; l'égalité (1), constamment vraie, quel que soit le nombre des côtés de la ligne polygonale, devient à la limite

$$\text{surf. zone} = 2\pi R \times IH = 2\pi R \times H,$$

si nous désignons par H la hauteur de la zone.

351. CoroLLAIRE. *Deux zones quelconques de la même sphère sont entre elles comme leurs hauteurs.*

REMARQUE. Des arcs égaux pris en divers endroits d'une demi-circonférence engendrent des zones inégales; la plus grande de ces zones est engendrée par l'arc dont la corde est parallèle à l'axe; car cette corde a la plus grande projection.

Théorème.

352. *Le volume engendré par un secteur polygonal régulier ABCDE, tournant autour d'un diamètre AF du cercle circonscrit, est égal à la surface décrite par le contour polygonal, ABCDE, BASE DU SECTEUR, multipliée par le tiers du rayon du cercle inscrit (*).*

(*) Nous appelons *secteur polygonal régulier* celui qui a pour base une *ligne polygonale régulière.*

Par exemple, vol. ABCDE = surface ABCDE $\times \dfrac{1}{3}$ OI.

Le secteur polygonal peut se décomposer en autant de triangles isocèles AOB, BOC, etc., que sa base a de côtés; ces triangles engendrent des volumes distincts les uns des autres que nous allons évaluer. Pour cela, nous remarquons que tous ces triangles ont un sommet commun O

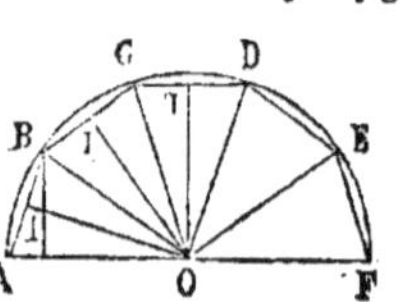

situé sur l'axe; que le côté opposé à ce sommet dans chaque triangle ne peut avoir, quel que soit le nombre des triangles, que l'une de ces trois positions : être adjacent à l'axe comme AB; non adjacent sans être parallèle, comme BC; parallèle comme CD. Nous allons considérer ces trois cas.

1° *Le côté* AB *est adjacent à l'axe.* Le volume engendré par le triangle OAB, que nous appellerons vol. OAB, est la somme des volumes des deux cônes engendrés par les triangles rectangles ABH, BHO, tournant autour de AO.

On sait que
$$\text{vol. ABH} = \frac{1}{3}\pi\,\overline{\text{BH}}^{2}\times \text{AH}$$

$$\text{vol. OBH} = \frac{1}{3}\pi\,\overline{\text{BH}}^{2}\times \text{HO}.$$

La somme
$$\text{vol. ABO} = \frac{1}{3}\pi\,\overline{\text{BH}}^{2}\times \text{AO}, \qquad (1)$$

ou vol. ABO $= \dfrac{1}{3}\pi\text{BH}\times\text{BH}\times\text{AO}$. Or le produit BH$\times$AO exprime le double de la surface du triangle ABO; la même surface 2ABO, quand on prend AB pour base, a pour mesure AB$\times$OI; donc BH$\times$AO = AB$\times$OI. Si l'on remplace BH$\times$AO par AB$\times$OI dans l'expression de vol. ABO, nous aurons

$$\text{vol. ABO} = \frac{1}{3}\pi\text{BH}\times\text{AB}\times\text{OI}.$$

Mais, d'une autre part, la surface décrite par la ligne AB (surf. AB), n'étant autre que la surface convexe du cône engendré par le triangle ABH, on a

$$\text{surf. } AB = 2\pi BH \times \frac{AB}{2} = \pi BH \times AB.$$

En remplaçant $\pi BH \times AB$ par surf. AB dans vol. ABO, on trouve enfin

$$\text{vol. } ABO = \text{surf. } AB \times \frac{1}{3} OI;$$

ce qui est la mesure annoncée.

REMARQUE. Dans cette démonstration, nous n'avons pas supposé le triangle AOB isocèle.

2° *Le côté BC opposé au sommet qui est sur l'axe n'est ni adjacent, ni parallèle à l'axe.*

Ce côté BC prolongé rencontre l'axe en M. La figure CMBO tournant autour de l'axe OM, on voit que

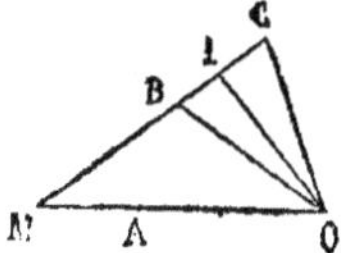

$$\text{vol. } OBC = \text{vol. } OMC - \text{vol. } OMB.$$

Chacun des triangles OMC, OMB se trouve dans le premier cas (1°). On a donc vol. OMC = surf. $MC \times \frac{1}{3} OI$; vol. $OMB = \text{surf. } MB \times \frac{1}{3} OI$; donc vol. OMC —

vol. OMB, ou vol. $OBC = \frac{1}{3} OI \times (\text{surf. } MC - \text{surf. } MB) = \frac{1}{3} OI$

$\times$ surf. BC ; ce qui est la mesure annoncée.

3° *Le côté opposé au sommet qui est sur l'axe est parallèle à cet axe.*

Le volume décrit par la révolution du triangle OCD est égal au cylindre engendré par le rectangle CNDP, diminué des deux cônes engendrés par les deux triangles COP, DNO.

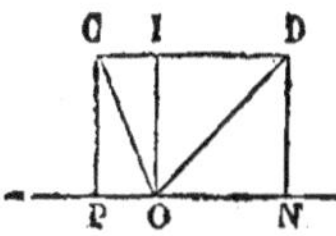

$$\text{vol. } COD = \text{vol. } CDNP - \text{vol. } COP - \text{vol. } DNO. \quad (1)$$

$$\text{vol. } CDNP = \pi . \overline{CP}^2 \times PN = \overline{\pi OI}^2 \times PN.$$

$$\text{vol. } COP = \frac{1}{3} \pi . \overline{CP}^2 \times PO = \frac{1}{3} \overline{\pi OI}^2 \times PO.$$

$$\text{vol. } DNO = \frac{1}{3} \overline{\pi DN}^2 \times ON = \frac{1}{3} \overline{\pi OI}^2 \times ON.$$

D'où l'on déduit, en vertu de l'égalité (1),

$$\text{vol. COD} = \overline{\pi.\text{OI}}^2 \left(\text{PN} - \frac{1}{3}\,\text{PO} - \frac{1}{3}\,\text{ON} \right) = \pi.\overline{\text{OI}}^2 \left(\text{PN} - \frac{1}{3}\,\text{PN} \right.$$

ou $$\text{vol. COD} = \frac{2}{3}\,\overline{\pi\text{OI}}^2 \times \text{PN}. \tag{1}$$

Mais $$\text{surf. CD} = 2\pi\text{CP} \times \text{PN} = 2\pi\text{OI} \times \text{PN};$$

d'où $$\text{surf. CD} \times \frac{1}{3}\,\text{OI} = \frac{2}{3}\,\overline{\pi\text{OI}}^2 \times \text{PN};$$

donc enfin $$\text{vol. COD} = \text{surf. CD} \times \frac{1}{3}\,\text{OI};$$

ce qui est la mesure annoncée.

Surf. AB, surf. BC, surf. CD, etc., étant **distinctes comme** vol. OAB, vol. OBC, etc., on trouve en additionnant ces volumes pris en nombre quelconque :

$$\text{vol. OABCDE} = (\text{surf. AB} + \text{surf. BC} + \text{surf. CD} + \text{surf. DE}) \times \frac{1}{3}\,\text{OI}$$

$$= \text{surf. ABCDE} \times \frac{1}{3}\,\text{OI}. \qquad \text{C. Q. F. D.}$$

Théorème.

353. *Le volume d'une sphère est égal à sa surface multipliée par le tiers de son rayon.*

Inscrivons dans le demi-cercle ACE, qui engendre le volume de la sphère, un demi-polygone régulier ABCDE.

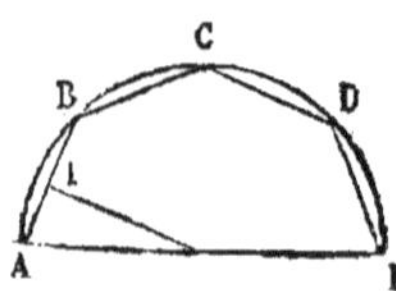

Ce demi-polygone, tournant avec le demi-cercle, engendre un volume que nous venons d'apprendre à évaluer.

$$\text{vol. ABCDE} = \text{surf. ABCDE} \times \frac{1}{3}\,\text{OI}. \tag{1}$$

Imaginons que l'on double indéfiniment le nombre des côtés du demi-polygone; le volume engendré par ce demi-polygone tend à se confondre avec le volume de la sphère (n° 345), tandis que surf. ABCDE tend vers sa limite qui est la surface de la sphère, et que OI tend vers le rayon R de la sphère. L'égalité (1), constamment vraie, quel que soit le nombre des côtés du demi-polygone régulier, devient à la limite

$$\text{vol. sphère} = \text{surf. sphère} \times \frac{1}{3}\,\text{R.} \quad \text{C. Q. F. D.}$$

Remarque. Surf. sphère $= 4\pi R^2$; donc *vol. sphère* $= \dfrac{4}{3}\,\pi R^3$.

Soit D le diamètre de la sphère; $R = \dfrac{D}{2}$; $R^3 = \dfrac{D^3}{8}$; d'où résulte

$$\text{vol. sphère} = \frac{4}{3}\pi \times \frac{D^3}{8} = \frac{4}{24}\,\pi D^3, \text{ ou}$$

$$\text{vol. sphère} = \frac{1}{6}\,\pi D^3.$$

354. Secteur sphérique. On donne le nom de *secteur sphérique* au volume engendré par un secteur circulaire tournant autour d'un diamètre adjacent ou extérieur; ex. : secteur OAC ou secteur OCB (fig. ci-après).

Théorème.

355. *Le volume d'un secteur sphérique est égal à la zone qui lui sert de base, multipliée par le tiers du rayon de la sphère.*

$$\text{sect. sphér. OBC} = \text{zone BC} \times \frac{1}{3}\,\text{OB.} \qquad (1)$$

En effet, inscrivons dans l'arc BC une ligne polygonale régulière BMC (*); le secteur polygonal OBMC engendre un volume dont nous connaissons la mesure (n° 352).

$$\text{vol. OBMC} = \text{surf. BMC} \times \frac{1}{3}\,\text{OI (**).} \qquad (1)$$

(*) Marquez le point M au milieu de l'arc BC et tirez BM, MC.
(**) OI est l'apothème de la ligne polygonale BMC.

Imaginons que l'on double indéfiniment le nombre des côtés ; 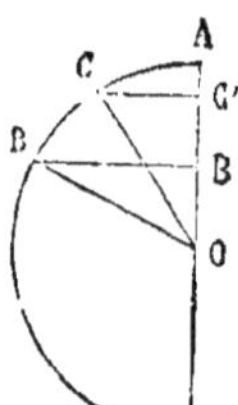 le volume polygonal OBMC tend à se confondre avec le secteur sphérique ; tandis que surf. BMC tend à se confondre avec la zone BC, et OI à devenir égal au rayon OB = R de la sphère. L'égalité (1), constamment vraie, quel que soit le nombre des côtés de la ligne polygonale régulière inscrite, devient à la limite.

$$\text{sect. sphér. OBC} = \text{zone BC} \times \frac{1}{3}\,\text{R}. \qquad \text{C. Q. F. D.}$$

Remarque. Soient R le rayon de la sphère et H la hauteur de la zone (H est la projection de l'arc BC sur l'axe) ; zone BC $= 2\pi R \times H$:

$$\text{sect. sphér. OBC} = 2\pi R \times H \times \frac{1}{3}\,R = \frac{2}{3}\,\pi R^2 . H.$$

Voy. les Exercices, page 268.

Théorème.

350. *Le volume engendré par le segment circulaire BMD est égal au sixième du cercle qui a pour rayon la corde du segment, multiplié par la projection de cette même corde sur l'axe*

$$\text{vol. seg. BMD} = \frac{1}{6}\,\pi\overline{BD}^2 \times B'D'.$$

En effet, le volume engendré par le segment circulaire BMD est la différence des volumes engendrés par le secteur circulaire OBMD et par le triangle isocèle OBD. Or on sait que

$$\text{sect. sph. OBMD} = \frac{2}{3}\,\pi\overline{OB}^2 \times B'D'$$

$$\text{vol. OBD} = \frac{2}{3}\,\pi\overline{OI}^2 \times B'D' \qquad (\text{n}^\circ\ 352,\ 3^\circ),$$

$$\text{vol. seg. OBMD} = \frac{2}{3}\,\pi B'D' \times \left(\overline{OB}^2 - \overline{OI}^2\right) = \frac{2}{3}\,\pi B'D' \times \overline{BI}^2.$$

$$BI = \frac{BD}{2}, \quad \text{et} \quad \overline{BI}^2 = \frac{\overline{BD}^2}{4}; \quad \frac{2}{3} \times \frac{1}{4} = \frac{2}{12} = \frac{1}{6}.$$

Donc
$$\text{vol. seg. OBMD} = \frac{1}{6}\,\pi\overline{BD}^2 \times B'D'. \qquad \text{C. Q. F. D.}$$

La sphère dont BD serait le diamètre aurait pour volume $\frac{1}{6}\,\pi\overline{BD}^3$; le volume engendré par le segment BMD est à cette sphère dans le rapport de B'D' à BD.

Théorème.

357. — *Le volume d'un segment de sphère, à bases parallèles, est égal à la demi-somme de ses bases multipliée par leur distance, plus le volume de la sphère qui aurait cette distance pour diamètre.*

Le segment de sphère dont il est question est la partie du volume de la sphère comprise entre deux plans parallèles, cercle DD', cercle BB' (figure précédente). Ce volume est la somme du volume engendré par le segment circulaire BMD, et du tronc de cône engendré par la révolution du trapèze BDD'B'.

Or
$$\text{vol. seg. BMD} = \frac{1}{6}\,\pi\overline{BD}^2 \times \text{B'D'}.$$

$$\text{vol. BDD'B'} = \frac{1}{3}\,\pi\text{B'D'}\left(\overline{BB'}^2 + \overline{DD'}^2 + \text{BB'} \times \text{DD'}\right) \text{ (n° 328)};$$

en additionnant après avoir remplacé $\frac{1}{3}$ par $\frac{1}{6} \times 2$, dans la seconde égalité, ce qui amène le facteur commun $\frac{1}{6}\,\pi\text{B'D'}$, nous trouvons

$$\text{vol. seg. BMDD'B'} = \frac{1}{6}\,\pi\text{B'D'}\left(\overline{BD}^2 + \overline{2BB'}^2 + \overline{2DD'}^2 + 2\text{BB'} \times \text{DD'}\right). \quad (1)$$

Mais dans le triangle rectangle BDK, nous avons $\overline{BD}^2 = \overline{DK}^2 + \overline{BK}^2 = \overline{B'D'}^2 + \overline{BK}^2$; or BK = BB' — DD'; $\overline{BK}^2 = \overline{BB'}^2 + \overline{DD'}^2 - 2\text{BB'} \times \text{DD'}$;

donc
$$\overline{BD}^2 = \overline{B'D'}^2 + \overline{BB'}^2 + \overline{DD'}^2 - 2\text{BB'} \times \text{DD'}.$$

En remplaçant $\overline{BD}^2$ par cette valeur dans l'égalité (1), on trouve en réduisant

$$\text{vol. seg. BMDD'B'} = \frac{1}{6}\,\pi\text{B'D'} \times \left(\overline{B'D'}^2 + \overline{3BB'}^2 + \overline{3DD'}^2\right);$$

ou
$$\text{vol. seg. BMDD'B'} = \frac{1}{6}\,\pi\overline{B'D'}^3 + \frac{1}{2}\,\pi\text{B'D'}\left(\overline{BB'}^2 + \overline{DD'}^2\right). \quad \text{C. Q. F. D.}$$

L'un des cercles qui limitent le segment peut être tangent à la sphère; alors le segment n'a qu'une base; on n'a qu'à supprimer une base dans l'égalité précédente, à faire DD' = 0, par exemple, pour avoir l'expression du volume dans le cas particulier dont il est question.

APPLICATIONS.

Problèmes résolus et Exercices proposés.

Problème.

La terre étant supposée sphérique, sachant que le mètre est la 10000000ième partie du quart du méridien terrestre, trouver en kilomètres le rayon de la terre, et sa surface en hectares.

Appelons R le rayon de la terre; il résulte de l'énoncé que la longueur d'un méridien ou $2\pi R = 40000000$ mètres; donc $R = \dfrac{40000000^{m}}{2\pi} = \dfrac{20000^{kilom}}{\pi}$; on calculera cette longueur à moins d'une unité. Pour obtenir en hectares la surface qui est égale à $4\pi R^2 = 2\pi R \times 2R = 40000 \times \dfrac{40000}{\pi}$ kilomètres carrés, il suffit d'observer que 1 hectare $= 10000$ mètres carrés, et 1 kilom. carré $= 1000000$ mètres carrés $= 100$ hectares; le nombre des hectares est donc $\dfrac{(40000^2) \times 100}{\pi}$

Voy. le calcul très-simple de ces valeurs au n° 23 du complément.

Problème.

On a un aérostat sphérique de 4 mètres de diamètre; on l'emplit d'hydrogène impur dont le mètre cube pèse 100 grammes. Le taffetas verni, dont est formée l'enveloppe, pèse 250 grammes le mètre carré. On demande combien il faut d'hydrogène pour remplir cet aérostat, et à quel poids il peut faire équilibre, sachant qu'un mètre cube d'air pèse 1300 grammes.

La surface d'une sphère de rayon $R = 4\pi R^2$; dans notre question $R = 2$ mètres; la surface de l'aérostat est donc $4\pi \times 2^2 = 16\pi$ mètres carrés : le poids de l'enveloppe est donc égal à $250^{gr\cdot} \times 16\pi$. Le volume intérieur est égal à $\dfrac{4}{3}\pi R^3 = \dfrac{4\pi \times 2^2}{3} = \dfrac{32\pi}{3}$ mètres cubes. Le poids de l'hydrogène qui remplit ce ballon est donc $100^{gr\cdot} \times \dfrac{32\pi}{3}$, tandis que le volume d'air qu'il déplace pèse $1300^{gr} \times \dfrac{32\pi}{3}$. Ce dernier poids doit faire équilibre au poids de l'enveloppe, au poids de l'hydrogène intérieur, et à un certain poids additionnel x. On a donc $1300 \times \dfrac{32\pi}{3} = 250 \times 16\pi + 100 \times \dfrac{32\pi}{3} + x$. D'où on déduit la valeur de x.

Problème.

Une sphère de cuivre de $0^m,18$ de rayon, creuse, contient une sphère de platine de 0,05 de rayon, de telle manière qu'il n'existe aucun vide entre les deux sphères; la densité du platine est 21,53, celle du cuivre 8,85. Calculer le poids de la masse ainsi formée.

Nous prendrons pour unité linéaire le centimètre, et pour unité de poids le gramme (*). Le plus grand rayon R $= 18$; le petit $r = 5$; le poids d'un centimètre cube de platine est $21^{gr.},53$, et celui d'un centimètre cube de cuivre $8^{gr.},85$.

Si la première sphère était pleine, son volume serait égal à $\frac{4}{3}\pi R^3 = \frac{4}{3}\pi \times 18^3$, et son poids $\frac{4}{3}\pi \times 18^3 \times 8,85$; on en a retiré une sphère de cuivre de 5 centimètres de rayon, pesant par conséquent $\frac{4}{3}\pi \times 5^3 \times 8,85$, pour la remplacer pa une sphère de platine de même rayon, pesant $\frac{4}{3}\pi \times 5^3 \times (21,53)$. Le poids de la sphère telle qu'elle est composée est donc $\frac{4}{3}\pi \times 18^3 \times 8,85 - \frac{4}{3}\pi \times 5^3 \times 8,85 + \frac{4}{3}\pi \times 5^3 \times (21,53) = \frac{4}{3}\pi [18^3 \times 8,85 + 5^3 \times (21,53) - 5^3 \times 8,85] = 22^{kg},836$ à 1 gramme près.

Problème.

On donne une sphère dont le rayon est de 13 mètres, et sur laquelle on considère une zone à deux bases, dont l'une est à 1^m de distance du centre de la sphère; la surface de cette zone est 100 mètres carrés, on demande la surface du cercle qui forme la seconde base de cette zone.

Si l'on désigne par x la hauteur de cette zone, on a $2\pi \times 13 \times x = 100$ ($n° 350$); d'où $x = \dfrac{100}{2\pi \times 13}$. Cette valeur étant plus grande que 1, la seconde base est la plus éloignée du centre; sa distance est $1 + x$. Soit y le rayon de cette seconde base; $y^2 + (1 + x)^2 = 13^2 = 169$; donc $y^2 = 169 - (1 + x)^2$.

La surface demandée de la seconde base de la zone est égale à $\pi y^2 = \pi[169 - (1 + x)^2]$. On remplacera x par sa valeur ci-dessus indiquée, et on effectuera les calculs.

Problème.

Un triangle équilatéral dont le côté est $2^m,75$ tourne autour d'un de ses côtés; trouver le volume engendré.

Si l'on abaisse la hauteur correspondante à l'axe, on voit facilement que le volume engendré est égal à $\frac{1}{3}\pi h^2 \times a$ (h étant la hauteur du triangle et a son côté); mais $h^2 = a^2 - \dfrac{a^2}{4} = \dfrac{3}{4}a^2$, le volume cherché est donc

$$\frac{\pi a^3}{4} = \frac{\pi \times (2,75)^3}{4} = 16^{mc.},334.$$

EXERCICES.

Problèmes numériques.

64. On a peint 1360 boulets de 25 centimètres de diamètre à raison de 40ᶜ le mètre carré. Quel est le prix total ?

65. Le contour d'un boulet mesuré au milieu est $0^m,48$. Quelle est sa surface?

66. Sachant que le mètre est la dix-millionième partie du quart de la circonférence d'un grand cercle de la terre supposée sphérique, calculer la surface de la terre en kilomètres carrés (à moins d'un Kmq).

67. Le rayon d'un boulet étant $0^m,18$, trouver son poids sachant que le mètre cube de la matière pèse 7800 kilog.

68. La différence des rayons de deux sphères est de $1^m,75$; la différence de leurs volumes est de 47^{mc}. Calculer chacun des deux rayons à $0^m,001$ près.

69. Trouver à 1 *gr.* près le poids de mercure que peut contenir un ballon sphérique de 40 cent. de rayon, sachant que le *cmc* de mercure pèse $13^g,6$.

70. Une boule de verre pèse 1^{kilos}.; le *dmc* de la matière pèse $2^{Kg},38$. On demande la surface de la boule.

71. Calculer le poids d'une sphère en or fondu dont la circonférence au milieu est $0^m,3248$, le *dmc* de la matière pesant $19^{Kg},26$.

72. La hauteur d'une zone est h, sa surface est πa^2. Calculer le volume de la sphère. Appliquer au cas où $h = 40^{cm}$ et $a = 48^{cm}$.

73. Un plan divise une sphère de manière que le cercle d'intersection équivaut aux 3/4 de la zone correspondante. Dans quel rapport ce plan divise-t-il le rayon qui lui est perpendiculaire?

74. Une sphère étant donnée, on mène un rayon quelconque et un plan perpendiculaire au milieu de ce rayon. Ce plan partage la sphère en 2 segments; on supprime le petit segment et on le remplace par un cône droit de même base. On demande à quelle distance doit être placé le sommet de ce cône pour que le corps composé de ce cône et du grand segment ait la même surface que la sphère.

75, 76, 77, 78, 79, 80, 81, 82, 83, 83 *bis*. Résoudre les problèmes 19, 20, 21, 22, 23, 24, 25, 26, 27, 27 *bis*, proposés à la fin du complément.

84. Calculer à moins de 1^{dmq} l'aire de la zone à une base décrite par un arc de 60°, le rayon de la sphère étant 5^m.

85. Calculer le volume d'un secteur sphérique engendré par la révolution d'un secteur circulaire dont l'angle au centre est de 30° autour de son rayon égal à $2^m.40$.

86. Calculer à 1 *dmc.* près le volume du secteur sphérique engendré par un secteur circulaire dont l'angle au centre est de 45°, et qui tourne autour d'un de ses rayons égal à $4^m,128$.

87. Par un point S pris sur le prolongement du diamètre d'un cercle, on mène une tangente SA faisant avec ce diamètre un angle de 60°, puis on fait tourner le cercle autour de ce diamètre : la circonférence décrit une sphère et la tangente SA décrit un cône dont la base est le cercle décrit par la perpendiculaire AP au diamètre. On demande de déterminer à $0^{mc},001$ et à $0^{mq},04$ près le volume et la surface du cône sachant que le rayon de la sphère est égal à $2^m,4$.

88. La surface d'une sphère est 32^{mq}. Déterminer le volume d'un segment dont la base unique est déterminée par un plan sécant dont la distance au centre est $0^m,50$.

89. Calculer le volume engendré par un triangle équilatéral, dont le côté est 2^m, tournant

— autour d'un de ses côtés.

90. — autour d'une parallèle à un de ses côtés menée par le sommet opposé.

91. — autour d'une droite passant par un de ses sommets et faisant avec un de ses côtés un angle de 45°.

92. — *id.* faisant un angle de 60°.

93. — autour d'une perpendiculaire à un de ses côtés menée à 2^m de distance du sommet le plus voisin.

94. Inscrire dans une sphère un cylindre droit dont la somme des deux bases soit le double de la surface latérale.

95, 96. Résoudre les problèmes 28 et 29 proposés à la fin du complément.

97. Dans un cercle donné, menez à angle droit deux diamètres AB et CB'; par le point A menez la tangente AE et aussi la corde CB que vous prolongerez jusqu'à son intersection E avec la tangente. Entre les droites AE, EC et l'arc AC une certaine figure est comprise: on suppose que cette figure fait une révolution complète autour de AB; on veut connaître le volume engendré par cette figure. (Désignez par R le rayon.) Après avoir trouvé la formule, appliquez-la au cas où $R = 13^m,549$.

98. Le côté AB d'un parallélogramme $ABCD = 25^m,387$, le côté $BC = 14^m,275$, l'angle $B = 30°$. On demande de calculer le volume du solide engendré par le parallélogramme tournant, 1° autour du côté AB; 2° autour de BC.

99. *Théorème.* Si on fait tourner un parallélogramme successivement autour de ses deux côtés non parallèles, le rapport des volumes engendrés est l'inverse du rapport de ces deux côtés.

100. On donne le diamètre d'un cercle : on trace deux autres cercles ayant des diamètres respectivement égaux aux deux rayons qui forment le premier. On fait tourner d'une révolution entière les trois demi-cercles autour du diamètre donné. Quelle est l'expression du volume compris entre les trois surfaces ainsi engendrées ?

101. Le côté d'un hexagone régulier est 1^m. Calculer le volume engendré par la révolution de cet hexagone tournant

— autour d'un de ses côtés.

102. — autour d'une perpendiculaire à l'extrémité du rayon qui va à l'un des sommets.

103. — Le côté d'un octogone régulier est 2^m. Calculer le volume engendré par cet octogone tournant

— autour d'un de ses côtés.

— autour d'une parallèle à un de ses côtés distante d'un mètre.

104. Couper une sphère par un plan tel que l'aire de la section soit la moitié d'une des zones déterminées par ce plan.

105. — soit la différence des deux zones formées.

106. On joint les milieux des deux côtés d'un triangle et on fait tourner la figure autour du 3° côté. Quel est le rapport des volumes engendrés par les deux parties du triangle ?

107. *Problème graphique.* Un plan divise en deux parties équivalentes le secteur

sphérique qui a pour base la plus petite des deux zones que ce plan détermine sur la sphère. On propose de construire les deux parties dans lesquelles le rayon perpendiculaire est divisé par ce plan.

108. *Théorème.* La surface d'un cylindre circonscrit à une sphère est moyenne proportionnelle entre la surface de la sphère et celle du triangle équilatéral circonscrit. La même relation existe entre les volumes de ces trois corps.

109. *Théorème.* Le volume engendré par un triangle tournant autour d'un axe situé dans son plan, est égal à l'aire de ce triangle multipliée par la circonférence décrite autour de l'axe par le point de concours des médianes.

110. Évaluer d'après ce théorème les volumes demandés dans les ex: 89, 90, 91 92, 93.

APPENDICE.

DES TRIANGLES ET DES POLYGONES SPHÉRIQUES.

358. Nous ne considérerons en général sur la sphère que des figures formées par des arcs de grands cercles.

Des angles sur la sphère. L'angle de deux arcs de grands cercles AB, AC,

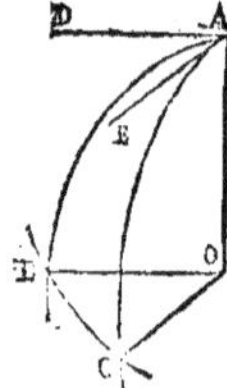

est l'angle formé par les tangentes AD, AE, menées à ces arcs à leur point de rencontre. Cet angle est égal à l'angle dièdre des plans des deux grands cercles; en effet, les tangentes AD, AE étant perpendiculaires au rayon AO, l'angle DAE mesure l'angle dièdre.

Le point A est le sommet de l'angle sphérique; les arcs AB, AC, sont les côtés.

Théorème.

359. *L'angle BAC de deux arcs de grands cercles a pour mesure l'arc de grand cercle BC, compris entre ses côtés et décrit de son sommet comme pôle* (n° 341). (Figure précédente.)

En effet, l'angle AOB ayant pour mesure l'arc AB, qui est un quadrant (n° 339), est un angle droit; AOC, de même, l'angle BOC, formé par deux perpendiculaires au rayon AO, est égal à l'angle DAE (n° 358), ou à l'angle sphérique BAC; l'arc BC, qui mesure BOC, mesure donc l'angle BAC. C. Q. F. D.

360. La comparaison des angles sur la sphère revient donc à la comparaison de certains arcs de grands cercles; en faisant usage des propriétés des pôles pour décrire des arcs de grands cercles, on peut facilement faire des angles de grandeurs données. Ces angles sphériques jouissent de propriétés analogues à celles des angles rectilignes; les angles opposés par le sommet sont égaux; les angles adjacents sont supplémentaires, etc. Pour démontrer ces propositions, il suffit de faire remarquer que les angles opposés par le sommet sont formés par les mêmes grands cercles ; que les angles dièdres adjacents sont supplémentaires, etc.

361. On appelle *polygone sphérique* une partie de la surface de la sphère terminée par des arcs de grands cercles.

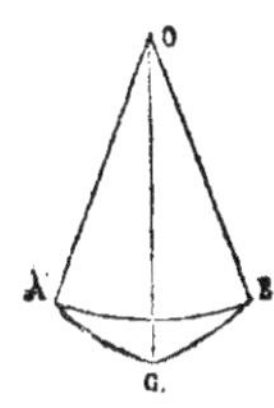

Ces arcs que nous supposerons moindres que des demi-circonférences, sont les *côtés* du polygone : leurs angles sont les *angles* du polygone; leurs points de rencontre en sont les *sommets*. Nous supposerons aussi les polygones convexes, c'est-à-dire tels que l'un des arcs prolongés laisse toute la figure du même côté.

362. Le plus simple de tous les polygones sphériques est le *triangle*. Un triangle sphérique est *rectangle, isocèle, équilatéral,* dans les mêmes cas qu'un triangle rectiligne.

363. A chaque triangle sphérique, ABC, correspond un *angle solide trièdre* OABC, formé au centre de la sphère par les plans des arcs de grands cercles AB, AC, BC, qui forment le triangle.

Les angles plans AOB, AOC, BOC de ce trièdre on pour mesure les côtés du triangle; les angles dièdres du trièdre sont précisément égaux aux angles du triangle. Il résulte de là que si deux triangles sphériques sont égaux dans toutes leurs parties, il en est de même des trièdres correspondants, et réciproquement.

364. A chaque polygone sphérique correspond de même un angle polyèdre auquel s'applique tout ce que nous venons de dire.

Théorème.

365. *Deux triangles sphériques qui ont les côtés égaux chacun à chacun sont égaux dans toutes leurs parties, c'est-à-dire ont les angles égaux chacun à chacun.*

En effet, les angles trièdres qui correspondent à ces triangles ayant leurs angles plans respectivement égaux, ont leurs dièdres égaux chacun à chacun (n° 271); donc les angles des triangles sphériques, respectivement égaux à ces dièdres, sont égaux chacun à chacun.

366. De même que deux angles trièdres égaux dans toutes leurs parties ne peuvent pas toujours coïncider (n° 272), de même deux triangles sphériques, égaux dans toutes leurs parties, ne coïncident pas nécessairement. Il faut, pour qu'ils puissent coïncider, que leurs parties égales soient semblablement disposées.

367. Étant donné un triangle sphérique ABC et le trièdre correspondant, si l'on prolonge les arêtes AO, BO, CO de celui-ci jusqu'à la surface de la sphère en A′, B′ C′, on détermine un nouveau triangle A′B′C′, dont tous les éléments sont évidemment égaux à ceux du triangle ABC (angles et côtés). Néanmoins, il est impossible de faire coïncider les deux triangles ; en effet, si

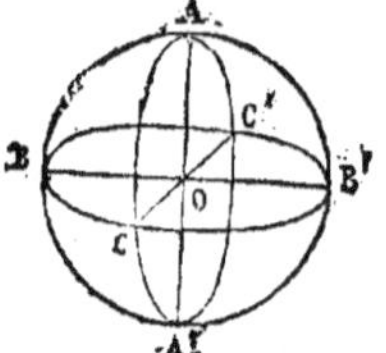

les deux triangles coïncidaient, les plans des côtés coïncidant en même temps, les deux trièdres coïncideraient ; ce que nous avons démontré impossible, n° 272.

268. On appelle *triangle sphériques symétriques* deux triangles qui, ayant leurs éléments égaux chacun à chacun, ne peuvent pas coïncider.

269. On peut encore obtenir, comme il suit, un triangle sphérique symé-

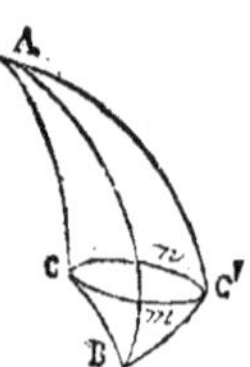

trique d'un triangle donné ABC. Du point A comme pôle, avec une ouverture de compas égale à la corde de AC, je décris un arc CmC′ ; du point B comme pôle, je décris l'arc CnC′ ; je joins le point A et le point B au point C′ par des arcs de grands cercles ; le triangle ABC′ ainsi formé et le triangle donné ABC ont évidemment les trois côtés égaux ; ils ont donc aussi les angles égaux. Cependant il est en général impossible de les faire coïncider ; ils ne peuvent coïncider que si AC = BC, et par suite AC′ = BC′. Les trièdres correspondants sont situés de part et d'autre de la face commune OAB (O centre de la sphère) : si l'on essaye de ramener l'un d'eux du même côté de ce plan que l'autre, on trouve que les faces égales sont diversement disposées. Si l'on essaye de faire coïncider directement les deux triangles sphériques, en faisant tourner l'un d'eux autour du côté commun AB, il arrive que les concavités se regardent, ou que les convexités se trouvent adossées l'une à l'autre ; la coïncidence est impossible.

270. Il résulte de ce qui précède que les propositions qui concernent les éléments des angles solides, trièdres ou polyèdres, s'appliquent aux éléments des triangles ou des polygones sphériques.

Théorème.

271. *Un côté quelconque d'un triangle sphérique est plus petit que la somme des deux autres.*

Je trace les rayons OA, OB, OC ; dans l'angle trièdre OABC, on a l'angle AOB < AOC + BOC ; en remplaçant les angles par les arcs qui les mesurent, on trouve AB < AC + BC. C. Q. F. D.

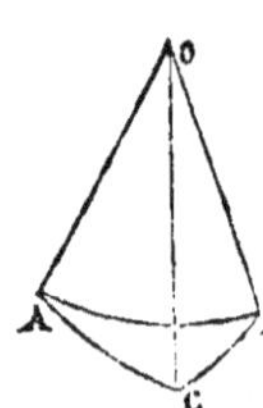

Théorème.

372. *La somme des côtés d'un triangle ou d'un polygone sphérique est moindre qu'une circonférence de grand cercle.*

En effet, si l'on considère l'angle solide correspondant au triangle ou au polygone, de ce que la somme des angles plans de cet angle solide est moindre que quatre angles droits (n° 270), on conclut que la somme des côtés du polygone qui mesurent ces angles, est moindre que quatre quadrants ou une circonférence.

373. On démontre aisément par la superposition, comme on l'a fait pour les triangles rectilignes, les théorèmes suivants :

Deux triangles sphériques sont égaux dans toutes leurs parties quand ils ont un angle égal compris entre des côtés égaux chacun à chacun.

L'un de ces triangles peut coïncider avec l'autre ou avec son symétrique.

Deux triangles sphériques sont de même égaux dans toutes leurs parties quand ils ont un côté égal adjacent à des angles égaux chacun à chacun.

On démontre encore, comme dans le premier livre, les théorèmes suivants :

Dans un triangle sphérique isocèle, les angles opposés aux côtés égaux sont égaux.

La réciproque est vraie.

Dans tout triangle sphérique, le plus grand côté est opposé au plus grand angle, et réciproquement.

TRIANGLES POLAIRES OU SUPPLÉMENTAIRES.

374. Définition. Un triangle sphérique étant donné, si des points A, B, C, 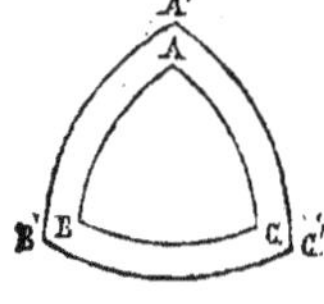 comme pôles, on décrit les arcs de grands cercles B′C′, A′C′, A′B′, ces arcs forment un triangle A′B′C′ qu'on appelle le triangle *polaire* de ABC.

Le sommet A′ *homologue* du point A, est déterminé par la rencontre des arcs décrits de B et de C comme pôles ; ces arcs A′C′, B′A′, se coupent en deux points ; mais on ne prend que le point qui est avec A sur la sphère du même côté de BC prolongé des deux parts ; de même pour les autres sommets.

Théorème.

375. *Si le triangle A′B′C′ est le polaire du triangle ABC, réciproquement ABC est le polaire de A′B′C′* (*fig.* précédente).

En effet, le point B étant le pôle de A′C′, l'arc de grand cercle qui joindrait B et A′ serait un quadrant ; de même C étant le pôle de A′B′, l'arc CA′ serait un quadrant; le point A′, étant distant d'un quadrant de deux points B et C de l'arc BC, est le pôle de cet arc (n° 340). On démontrerait de même que B′ est le pôle de AC, et C′ le pôle de AB.

Théorème.

376. *Étant donnés deux triangles polaires ABC, A′B′C′, chaque angle de l'un de ces triangles a pour mesure une demi-circonférence moins le côté opposé de l'autre triangle.*

Prolongeons les côtés de ABC jusqu'à rencontrer ceux de A′B′C′. Le point A étant le pôle de B′C′, l'angle A a pour mesure FG.

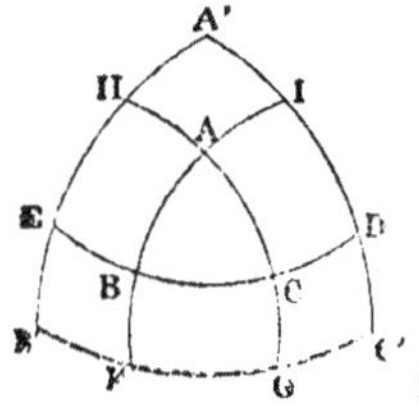

B′ étant le pôle de AC, B′G est un quadrant; C′ étant le pôle de AB, C′F est un quadrant; donc $B'G + C'F = \frac{1}{2}$ circonférence. Si l'on décompose C′F en GC′ + FG, cette égalité devient $B'G + GC' + FG = B'C' + FG = \frac{1}{2}$ circonférence; d'où $FG = \frac{1}{2}$ circonférence $- B'C'$; mais FG mesure l'angle A : donc l'angle A a bien pour mesure une demi-circonférence moins le côté opposé du triangle polaire. On démontrerait de même pour les angles B et C.

Considérons l'angle A′ qui a pour mesure l'arc ED décrit de son sommet comme pôle. Le point C étant le pôle de l'arc A′B′, $CE = 1$ quadrant; de même $BD = 1$ quadrant; donc $CE + BD = \frac{1}{2}$ circonférence; ou, en décomposant BD,

$CE + CD + CB$ ou $ED + BC = \frac{1}{2}$ circonférence; d'où $ED = \frac{1}{2}$ circ. $- BC$; mais ED est la mesure de l'angle A′ : donc celui-ci a la mesure indiquée.

Si l'on considère les deux angles trièdres correspondant respectivement aux triangles ABC, A′B′C′, on trouve que les angles plans de l'un sont les suppléments des dièdres de l'autre, et réciproquement.

Ces deux trièdres sont donc *supplémentaires* (V. l'Appendice du livre V.)

Théorème.

377. *Deux triangles sphériques qui ont les angles égaux chacun à chacun sont égaux dans toutes leurs parties.*

En effet, les triangles polaires des triangles proposés ont les côtés égaux chacun à chacun, et par suite les angles égaux (n° 365); de l'égalité de ces angles résulte celle de leurs suppléments, qui sont les côtés des triangles proposés.

Théorème.

378. *La somme des angles d'un triangle sphérique est comprise entre deux droits et six droits.*

En effet, soient A, B, C les angles du triangle; a', b', c', les côtés opposés du triangle polaire. On sait que $A + a' = 180°$; $B + b' = 180°$; $C + c' = 180°$; donc $A + B + C + a' + b' + c' = 180° \times 3$; $A + B + C = 180° \times 3 - (a' + b' + c')$. Donc, 1° la somme des mesures de A, B, C est moindre que trois demi-circonférences, mesure de six angles droits; d'ailleurs $a' + b' + c'$ est moindre qu'une circonf.; d'où il résulte que 3/2 circ. $- (a' + b' + c')$ vaut plus qu'une demi-circonférence, mesure de deux droits; donc $A + B + C > 2$ droits; donc enfin $2^{dr} < A + B + C < 6$ droits. C. Q. F. D.

379. Corollaire. *La somme $B + C$, de deux angles d'un triangle sphérique est comprise entre deux droits moins le troisième A, et deux droits plus ce troisième.*

$$2^{dr} - A < B + C > 2^{dr} + A, \quad \text{ou} \quad 180° - A < B + C < 180° + A.$$

En effet, de $A + B + C > 2^{dr}$ on déduit $B + C > 2^{dr} - A$. D'un autre côté, a', b', c' étant les côtés du triangle polaire, l'inégalité $a' < b' + c'$ revient à

$$2^{dr} - A < 2^{dr} - B + 2^{dr} - C;$$

d'où $\quad B + C < 2^{dr} + A \quad$ ou $\quad B + C < 180° + A.$

380. Remarque. Nous avons supposé, dans tout ce qui précède, chaque côté du triangle ou du polygone sphérique moindre qu'une demi-circonférence; nous ferons observer cependant qu'il existe des triangles dont certains côtés sont plus grands que des demi-circonférences. En effet, un triangle ABC ayant ses trois côtés moindres que des demi-circonférences, si l'on prolonge l'un de ces côtés, AC, de manière à achever la circonférence ACA'DA, on peut remarquer que le triangle BAC étant retranché de l'hémisphère supérieur, il reste un

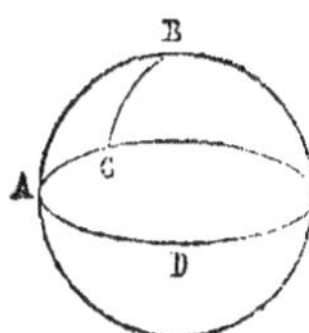

triangle formé par les côtés BC, BA et l'arc CA'DA > qu'une demi-circonférence. Mais il est facile de voir qu'à part les côtés BC. BA communs aux deux triangles, toutes les parties du second se déduisent de celles du premier (les angles sont supplémentaires, et CA'DA = 1 circ. — CA). Ayant déterminé les éléments du triangle ordinaire BAC, on connaît donc les éléments de l'autre. Toute question relative à ce dernier se ramène aisément à une question relative au premier.

DISTANCE DE DEUX POINTS SUR LA SPHÈRE.

Théorème.

381. *Le plus court chemin d'un point à un autre sur la surface de la sphère est l'arc de grand cercle qui joint ces deux points.*

Nous nous appuierons sur deux propositions auxiliaires suivantes 1° et 2°.

1° *La plus courte distance du pôle P d'une circonférence, tracée sur la sphère, à un point de cette circonférence, est la même, quel que soit le point considéré.* Par exemple, la distance du point P au point A est la même que la distance de P à B.

Cela résulte de la symétrie parfaite d'une surface sphérique, et on regarde cette proposition comme évidente.

On peut, si l'on veut, l'expliquer comme il suit : Imaginons une seconde sur-

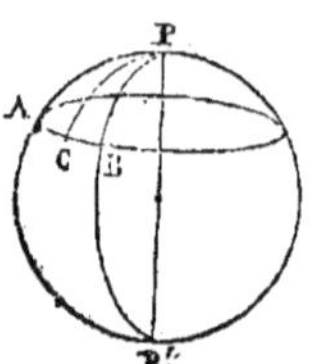

face sphérique de même rayon que la proposée, recouvrant celle-ci, les mêmes points et les mêmes lignes étant marqués sur les deux surfaces. Faisons tourner la surface enveloppante autour de PP' comme axe; le point P restant fixe, le point A, parcourant la circonférence BCA, arrive bientôt en B. Mais alors la plus courte distance entre P et A, quelle qu'elle soit, est évidemment égale à celle de P à B; or celle-ci n'a pas changé parce que la surface sphérique a tourné; donc quelle que soit la position de B sur la circonfé-rence, la plus courte distance entre P et B est la même qu'entre P et A.

2° *Deux arcs de grands cercles, PA, PD, étant issus du même point, si PD > PA, la plus courte distance sur la sphère entre P et D est plus grande que la distance entre P et A (marquez un point D sur BP').*

Du point P comme pôle avec la corde PA comme rayon, décrivons une cir-conférence; cette ligne rencontre l'arc PD au point B situé entre P et D (PB = PA doit être moindre que PD). Le plus court chemin de P en D, quel qu'il soit, rencontre quelque part la circonférence BCA; supposons que ce soit en C. Ce plus court chemin se compose du plus court chemin de P en C, qui est égal au plus court chemin de P en A (1°), plus du chemin de C en D; il est donc plus long que le chemin de P en A.   C. Q. F. D.

Soient maintenant A et B deux points quelconques de la surface de la sphère.

Admettons que le plus court chemin entre A et B ne se fasse pas en suivant exactement l'arc AB; et soit M un point de ce plus court chemin situé hors de l'arc AB. Je joins le point M aux points A et B par des arcs de grand cercle, AM, MB. Le plus court chemin de A en B se compose, d'après l'hypothèse, du plus court chemin c de A en M, plus le plus court chemin c' de M en B; ce chemin égale $c + c'$. Il résulte de là que l'arc AM est plus petit que l'arc AB, car si l'on avait AM = AB, ou AM > AB, on aurait, d'après 1° ou 2°, $c = c + c'$, ou $c > c + c'$; ce qui est absurde. AM étant moindre que AB, je puis prendre sur AB un arc AN = AM. Cela posé, j'observe que dans le triangle AMB, on a AB < AM + MB, ou AN + NB < AM + MB; d'où NB < MB. L'arc NB étant moindre que MB, il résulte de 2° que le plus court chemin de N en B que nous appellerons c'', est plus court que le plus court chemin c', de M en B. Nous conclurons de là que le plus court chemin de A en B, en passant par N, ou $c + c''$ (AN = AM) est moindre que $c + c'$, qui est le plus court chemin de A en B, en passant par M. L'hypothèse que le plus court chemin de A en B passe par un point M, situé hors de l'arc AB, est donc fausse, puisque nous trouvons un autre chemin plus court que celui-là; donc le plus court chemin ne quitte pas l'arc AB.   C. Q. F. D.

883. Définitions. On appelle *fuseau* la portion PAP'B de la surface d'une
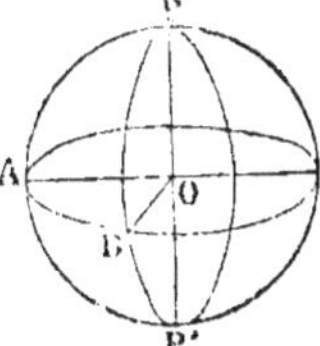
sphère comprise entre deux demi-grands cercles qui se
terminent à un diamètre commun.

Un *onglet sphérique* est la partie du volume de la
sphère comprise entre ces mêmes demi-grands cercles, et
à laquelle le fuseau sert de base.

Une *pyramide sphérique* est une partie du volume de
la sphère comprise entre les plans d'un angle solide, dont
le sommet est le centre O de la sphère, et le polygone
sphérique intercepté par les faces de cet angle. Ce polygone est la *base* de la
pyramide.

*Pour que deux pyramides sphériques coïncident, il faut et il suffit que leurs
bases coïncident.* (Deux arcs de grands cercles ne pouvant pas coïncider sans
que leurs centres coïncident.)

DE L'AIRE D'UN FUSEAU, D'UN POLYGONE, OU D'UN TRIANGLE SPHÉRIQUE.

Théorème.

883. *Le fuseau PAP'B est à la sphère entière comme l'angle APB de ce
fuseau est à quatre droits, ou bien, comme l'arc AB qui mesure cet angle est
à la circonférence entière.*

En effet, supposons qu'une commune mesure AI soit contenue 5 fois dans
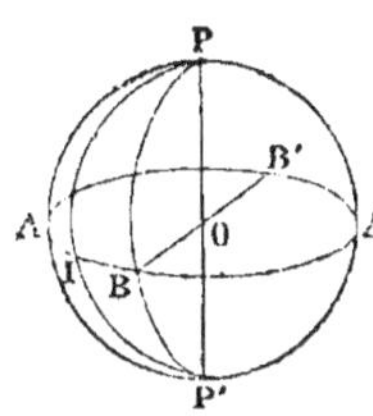
l'arc AB, et 34 fois dans la circonférence ABA'B'; on
a : $\dfrac{AB}{\text{circ. ABA'B'}} = \dfrac{5}{34}$. Par chaque point de division
de l'arc AB et de la circonférence, et les points P, P',
imaginons menée une demi-circonférence de grand
cercle, telle que PIP'; ces demi-circonférences partageront le fuseau PAP'B en 5 fuseaux tels que PAP'I,
superposables et par suite égaux, et la sphère tout entière en 34 fuseaux égaux à ceux-là. Il résulte de là que

$$\frac{\text{fuseau PAP'B}}{\text{sphère}} = \frac{5}{34}; \quad \text{donc} \quad \frac{\text{fuseau PAP'B}}{\text{sphère}} = \frac{\text{arc AB}}{\text{circ. ABA'B'}} = \frac{APB}{4 \text{ droits}}. \quad \text{C. Q. F. D.}$$

884. Mesure du fuseau. Supposons qu'on prenne pour unité le fuseau rectangle, c'est-à-dire le fuseau dont les deux demi-grands cercles sont perpendiculaires entre eux ; la sphère entière se compose de quatre fuseaux rectangles.
Si on désigne par F l'un de ces fuseaux, on a sphère = 4F. On conclut de là

$$\frac{\text{fuseau PAP'B}}{\text{sphère}} = \frac{\text{fuseau PAP'B}}{4F} = \frac{APB}{4 \text{ droits}};$$

d'où, en simplifiant, $$\frac{\text{fuseau PAP'B}}{F} = \frac{APB}{1^{\text{dr.}}}.$$

Mais $\dfrac{APB}{1^{dr.}}$ est la mesure de l'angle APB. On peut donc dire que *si le fuseau rectangle est pris pour unité, le fuseau a même mesure que son angle.*

385. L'unité des surfaces sphériques *généralement adoptée* est le triangle *tri-rectangle*. On appelle ainsi un triangle dont les trois angles sont droits; nous ne considérerons désormais que cette unité.

Imaginons trois grands cercles perpendiculaires entre eux deux à deux (*fig.* du n° 382); ils déterminent sur la sphère huit triangles sphériques tri-rectangles superposables. Si l'on appelle T l'aire du triangle rectangle, on a donc

sphère$=$8T. Il résulte de là que cette égalité, $\dfrac{\text{fuseau PAP'B}}{\text{sphère}} = \dfrac{APB}{4\,\text{droits}}$, équi

vaut à celle-ci : $\dfrac{\text{fuseau PAP'B}}{8T} = \dfrac{8\,\text{droits}}{2APB}$; d'où $\dfrac{\text{fuseau PAP'B}}{T} = \dfrac{1\,\text{droit}}{2APB}$.

Un fuseau est au triangle tri-rectangle comme le double de son angle est à un angle droit. Ce que l'on exprime autrement en disant : *Si l'unité des surfaces sphériques est le triangle tri-rectangle, un fuseau a pour mesure le double de son angle.*

Remarque 1. Ce que nous venons de dire des fuseaux s'applique aux onglets, l'unité des volumes sphériques étant l'onglet rectangle, ou la pyramide triangulaire tri-rectangle.

Théorème.

386. *Deux triangles sphériques symétriques ont des surfaces égales.*

Soient ABC, A'B'C' deux triangles sphériques égaux dans toutes leurs par-

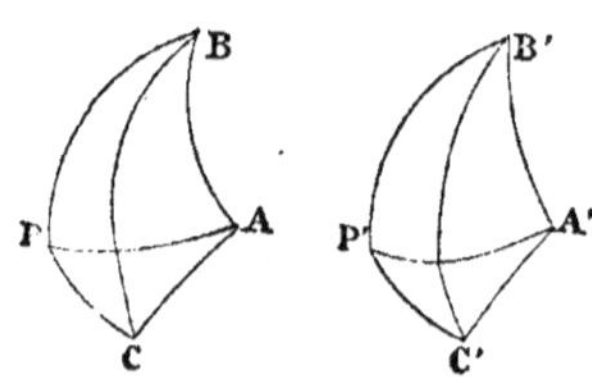

ties, mais qui ne peuvent pas être superposés (n° 366). Soit P le pôle du cercle qui passe par les trois points A, B, C; joignons-le à ces points par des arcs de grands cercles PA, PB, PC ; nous formons ainsi trois triangles isocèles PAC, PAB, PBC. Menons par le point B' un arc de grand cercle B'P', de manière que l'angle C'B'P' $=$CBP; prenons

B'P'$=$BP, et menons les arcs de grands cercles P'A', P'C'. Les triangles PBC, P'B'C' sont égaux dans toutes leurs parties, car ils ont un angle égal compris entre deux côtés égaux (PBC' $=$ P'B'C; PC $=$ P'B'; BC $=$ B'C'); ces triangles sont d'ailleurs isocèles; donc ils sont superposables (n° 369) et leurs aires sont égales. De plus, nous avons AP$=$A'P' et l'angle ABP$=$A'B'P' ; comme d'ailleurs AB$=$A'B' les triangles ABP, A'B'P' sont égaux dans toutes leurs parties; ils sont isocèles; donc ils coïncident. De BAP$=$B'A'P' et BAC$=$B'A'C' on déduit que les angles PAC, P'A'C' sont égaux; comme AC$=$A'C', AP$=$A'P', les triangles PAC$=$P'A'C' sont égaux dans toutes leurs parties; ils sont isocèles et superposables.

De l'égalité des aires des triangles que nous avons considérés, il résulte que l'aire de ABC$=$ABP$+$APC$-$BPC' est égale à l'aire de A'B'C'$=$A'B'P'$+$A'P'C' B'P'C'.   C. Q. F. D.

Remarque. Les pôles P et P' peuvent être situés dans les triangles, ou même sur les côtés; mais il résulte de l'égalité des triangles aux sommets P et P', qui se lémontre de la même manière dans tous les cas, que le pôle est en même temps à l'intérieur des deux triangles, ou à l'extérieur, ou sur un côté; on conclut facilement de là l'égalité des aires des triangles proposés dans tous les cas.

Corollaire. Deux pyramides sphériques symétriques (ayant pour bases des triangles sphériques symétriques) sont équivalentes.

Théorème.

387. *Si deux grands cercles* APA', BPB' *se coupent d'une manière quelconque sur un hémisphère* APB'A'B, *la somme des triangles opposés* APB, A'PB' *est égale au fuseau dont l'angle est* APB.

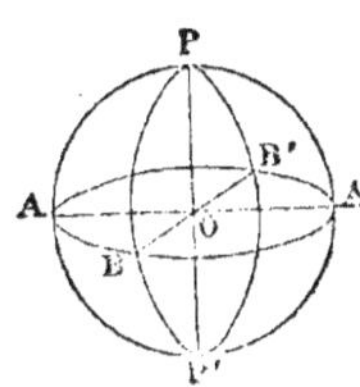

Ce fuseau se compose des triangles APB, AP'B; il suffit donc de prouver que A'PB' est équivalent à AP'B. Pour cela, on observe que l'arc A'PA = PAP'; d'où, en ôtant la partie commune PA, on déduit PA' = P'A; de B'PB = PBP' on conclut de même PB' = P'B; de A'B'A = B'AB on conclut A'B' = AB; les triangles A'B'P et ABP' ayant les côtés égaux chacun à chacun, sont égaux dans toutes leurs parties; ils sont symétriques (à cause de leur disposition); leurs aires sont égales (n° 386). Donc fuseau P = ABP + A'B'P. C. Q. F. D.

Corollaire. La somme des pyramides sphériques, qui ont les triangles PAB, PA'B' pour bases, est égale à l'onglet qui a le fuseau PAP'B pour base.

Théorème.

388. *La surface d'un triangle sphérique quelconque a pour mesure l'excès de la demi-somme de ses angles sur deux droits.*

C'est-à-dire que,

Le rapport de l'aire de ce triangle au triangle tri-rectangle, T, *est égal au rapport de l'excès susdit à un angle droit.*

Soit ABC le triangle sphérique proposé. Achevons la circonférence dont BC fait partie, et prolongeons BA et CA, à la rencontre de cette circonférence, en B' et en C'. (Il est nécessaire de prolonger ces arcs pour avoir leur deuxième rencontre avec cette circonférence, puisque chacun de ces arcs AB, CA, est moindre qu'une demi-circonférence.) Cela fait, on remarque que ABC et ABC' composent le fuseau dont l'angle est C; on conclut de là et du n° 385,

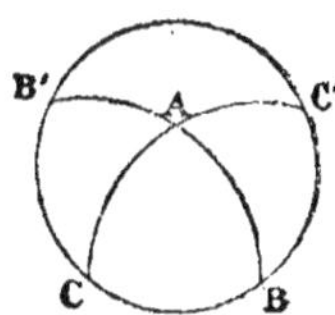

$$\frac{ABC + ABC'}{T} = \frac{\text{fuseau C}}{T} = \frac{2C}{1^{dr}};\qquad (1)$$

de même

$$\frac{ABC + A'BC}{T} = \frac{\text{fuseau B}}{T} = \frac{2B}{1^{dr}}.\qquad (2$$

Puis, d'après le théorème précédent, $ABC + AB'C' = $ fuseau A,

donc
$$\frac{ABC + AB'C'}{T} = \frac{\text{fuseau } A}{T} = \frac{2A}{1^{dr}}. \tag{3}$$

Additionnant les égalités (1), (2), (3), membres à membres, on trouve

$$\frac{2ABC + ABC + ABC' + AB'C + AB'C'}{T} = \frac{2A + 2B + 2C}{1^{dr}};$$

mais $ABC + AB'C + AC'B + AB'C'$ composent l'hémisphère entier; cette somme vaut donc 4 triangles tri-rectangles, 4T; on a donc

$$\frac{2ABC + 4T}{T} \text{ ou } \frac{2ABC}{T} + 4 = \frac{2\,(A + B + C)}{1^{dr}};$$

en divisant par 2, puis retranchant 2 d'un côté, et $\frac{2^{dr}}{1^{dr}} = 2$ de l'autre, on ob-

tient enfin

$$\frac{ABC}{T} = \frac{A + B + C}{1^{dr}} - \frac{2^{dr}}{1^{dr}} = \frac{A + B + C - 2^{dr}}{1^{dr}}.$$

Ce qu'il fallait démontrer.

COROLLAIRE. On démontrerait de même qu'*une pyramide sphérique trian-gulaire a pour mesure l'excès de la demi-somme des trois angles de sa base sur deux droits* (l'unité de volume étant la pyramide tri-rectangle, et l'unité d'angle l'angle droit).

Théorème.

389. *La surface d'un polygone sphérique a pour mesure la somme de ses angles, moins le produit de deux droits par autant d'unités moins deux qu'il y a de côtés dans le polygone.*

En effet, si l'on joint le sommet A du polygone à chacun des autres sommets par un arc de grand cercle, le polygone se trouve décomposé en autant de triangles moins deux qu'il y a de côtés dans le polygone. En écrivant la me-sure de chaque triangle d'après le théorème précédent, puis additionnant, on arrive aisément à la mesure du polygone telle qu'elle est énoncée.

REMARQUE. Soient S la somme des angles d'un polygone, et n le nombre de ses côtés; on a polygone $= \dfrac{S - 2^{dr}\,(n - 2)}{1\,\text{droit}} = \dfrac{S + 4^{dr} - 2n^{dr}}{1\,\text{droit}}.$

APPENDICE

DU

COURS DE GÉOMÉTRIE

 APPLICATIONS USUELLES ET QUESTIONS D'EXAMEN (*).

PRÉLIMINAIRES.

1. Pour appliquer facilement la géométrie, il faut avoir présentes à l'esprit les règles établies dans le *Cours* pour la mesure des surfaces et des volumes. Ces règles peuvent être en général formulées d'une manière abrégée : en voici la récapitulation.

MESURE DES POLYGONES.

2. Dans les formules suivantes, B désigne la base, H la hauteur, S la surface mesurée, autrement dit l'*aire* de la figure, *b* une seconde base. Le second numéro à droite de chaque formule indique l'endroit du *Cours* où le lecteur trouvera l'explication ou la démonstration de la formule.

RECTANGLE *ou* PARALLÉLOGRAMME. $S = B \times H$ (1)(*) (n° 194).

(*) Lisez : *la surface est égale à la base multipliée par la hauteur.* De même pour les autres formules.

1

TRIANGLE.

$$S = \frac{1}{2} B \times H \qquad (2) \ (\text{n}^o\ 200).$$

L'aire d'un triangle dont on donne les trois côtés a, b, c, peut se calculer d'après la formule suivante, dans laquelle p désigne le demi-périmètre ($2p = a + b + c$)

$$S = \sqrt{p\,(p - a)\,(p - b)\,(p - c)} \qquad (3) \ (^{**}).$$

(*V.* n° 10 ci-après.)

TRAPÈZE.

$$S = \frac{1}{2}\,(B + b) \times H \qquad (4) \ (\text{n}^o\ 201).$$

3. POLYGONE RÉGULIER.

$$S = \text{périmètre} \times \frac{1}{2}\ \text{apothème} \qquad (5) \ (\text{n}^o\ 218).$$

TRIANGLE ÉQUILATÉRAL dont le côté est a.

$$S = \frac{a^2\ \sqrt{3}}{4} \qquad (^{***})\ (6)\ (\text{n}^o\ 10\ \textit{bis}\ \text{ci-après}).$$

HEXAGONE RÉGULIER dont le côté est a.

$$S = \frac{3a^2\ \sqrt{3}}{2} \qquad (7)\ (\text{n}^o\ 10\ \textit{bis}).$$

$$\sqrt{3} = 1{,}732050807595\ldots$$

OCTOGONE RÉGULIER dont le côté est a.

$$S = 2a^2\,(1 + \sqrt{2}) \qquad (8)\ (\text{n}^o\ 10\ \textit{bis}).$$

$$\sqrt{2} = 1{,}414213562373\ldots$$

(*) C'est-à-dire : *Pour trouver l'aire d'un triangle dont les trois côtés sont donnés, on fait la somme de ces côtés et on en prend la moitié. On retranche tour à tour chaque côté de cette demi-somme. On fait le produit de la demi-somme et des trois restes, et enfin on extrait la racine carrée de ce produit ; cette racine est l'aire cherchée.*

(**) $a^2\ \sqrt{3}$ signifie $a^2 \times \sqrt{3}$; *id.* plus loin, $2\,\pi\,\text{R} = 2\pi \times \text{R}$; $\pi\,\text{D}^2 = \pi \times \text{D}^2$.

POLYGONE QUELCONQUE. On décompose le polygone en triangles ; on calcule l'aire de chaque triangle et on additionne les aires trouvées. (Les diagonales servent ordinairement de bases.)

Le plus souvent, sur le terrain surtout, on décompose le polygone en triangles, et en trapèzes rectangles.

(Voyez pour cela le Cours (nᵒˢ 204 et 205). *Evaluation des surfaces terminées par des lignes courbes.* Voyez plus loin le 2ᵉ COMPLÉMENT.

DE LA CIRCONFÉRENCE ET DU CERCLE.

4. Le rapport constant d'une circonférence à son diamètre se désigne par π; R désigne le rayon, et D ou 2R le diamètre.

LONGUEUR D'UNE CIRCONFÉRENCE.

$$\text{Circ. R} = 2\pi R \quad \text{ou} \quad \pi \times 2R \qquad (9) \ (n^o\ 188).$$

LONGUEUR d'un arc de n degrés.

$$a = \text{circ. R} \times \frac{n^o}{360^o} = \frac{2\pi R \times n}{360} \qquad (10) \ (n^o\ 188).$$

REMARQUE. Si l'arc est désigné par un nombre de degrés, minutes et secondes, il faut réduire l'arc et 360° en subdivisions de la plus petite espèce et remplacer n et 360 par les nombres ainsi obtenus.

AIRE DU CERCLE.

$$\text{Cercle R} = \pi \times R^2, \ \text{ou} \ \frac{1}{4}\pi \times D^2; \ \text{ou} \ \left(\frac{\text{circ.}}{2}\right)^2 \times \frac{1}{\pi} \ (11) \ (n^o\ 219).$$

SECTEUR dont l'arc est de n degrés.

$$S = \pi \times R^2 \times \frac{n}{360} \quad \text{ou} \quad \frac{1}{4}\pi D^2 \times \frac{n}{360} \qquad (12) \ (n^o\ 221).$$

Même remarque à propos des minutes et des secondes.

SEGMENT DE CERCLE. On retranche du secteur correspondant l'aire du triangle isocèle, qui, avec le segment, compose le secteur.

VOLUME DES POLYÈDRES.

5. V désigne le volume, B la base, H la hauteur, b une seconde base.

PARALLÉLIPIPÈDE. $V = B \times H$ (13) (n°s 290, 296 et 297.)

Le volume d'un parallélipipède *rectangle* est aussi égal au produit de ses trois dimensions.

PRISME $V = B \times H$ (14) (n° 300)

6. REMARQUE. Un *prisme oblique* a aussi pour mesure sa section droite multipliée par son arête (n° 300 ou 300 *bis*).

Un *tronc de prisme triangulaire* a de même pour mesure le produit de sa section droite par le tiers de la somme de ses arêtes (*).

7. PYRAMIDE. $V = \frac{1}{3} B \times H$ (15) (n° 305).

TRONC DE PYRAMIDES *à bases parallèles.*

$$V = \frac{1}{4} H (B + b + \sqrt{B \times b})\qquad (16)\ (\text{n° } 308).$$

TÉTRAÈDRE RÉGULIER dont le côté est a.

$$V = \frac{a^3 \sqrt{2}}{12}\qquad (17)\qquad (\text{n° } 10\ bis\ \text{ci-après}).$$

7 bis. POLYÈDRES QUELCONQUES. Pour mesurer un polyèdre quelconque, on le décompose en pyramides ayant pour som-

---

(*) La section droite d'un tronc de prisme triangulaire le décompose en deux autres troncs de prismes dont la base commune est la section droite, et dont les arêtes sont perpendiculaires à la base. En évaluant le volume de chacun de ces troncs d'après la proposition démontrée dans le *Cours* (n° 309), puis additionnant les deux volumes, on a le volume tel qu'il est indiqué.

net commun l'un des sommets du polyèdre, et pour bases les
aces qui ne passent pas ce sommet. On mesure séparément
hacune de ces pyramides, et on additionne les résultats; la
omme est le volume du polyèdre (n° 306).

DES CORPS RONDS.

8. R et r désignent les rayons des bases, H la hauteur,
A l'arête ou le côté d'un cône.

CYLINDRE CIRCULAIRE DROIT.

$$V = \pi \times R^2 \times H \qquad \text{ou} \qquad \frac{1}{4} \pi D^2 \times H \qquad (19) \ (n° 319).$$

CYLINDRE DROIT A BASE QUELCONQUE.

$$V = B \times H \qquad (20) \ (n° 320 \ bis).$$

SURFACE CONVEXE D'UN CYLINDRE CIRCULAIRE DROIT.

$$S = 2\pi . R \times H \qquad \text{ou} \qquad \pi \times D \times H \quad (21) \ (n° 320).$$

SURFACE CONVEXE *d'un cylindre droit à base quelconque.*

$$S = (\text{périm. de B}) \times R \qquad (22) \ (n° 320 \ bis).$$

CÔNE CIRCULAIRE DROIT.

$$V = \frac{1}{3} \pi R^2 \times H \qquad \text{ou} \qquad \pi R^2 \times \frac{1}{3} H \quad (23) \ (n° 325).$$

SURFACE LATÉRALE *de ce cône.*

$$S = 2\pi . R \times \frac{A}{2} = \pi \times R \times A \quad (24) \ (n° 327).$$

TRONC DE CÔNE *à bases parallèles.*

$$V = \frac{1}{3} \pi (R^2 + r^2 + R \times r) \quad (25) \ (n° 328).$$

SURFACE LATÉRALE *du même.*

$$S = A \times \frac{2\pi R + 2\pi r}{2} = \pi \times A \times (R + r) \quad (26) \ (n° \ 329).$$

SPHÈRE. $\qquad\qquad S = 4\pi R^2 \quad$ ou $\quad \pi \times D^2 \qquad (27) \ (n° \ 347).$

Id. $\qquad\qquad V = \frac{4}{3}\pi R^3 \quad$ ou $\quad \frac{1}{6}\pi D^3 \qquad (28) \ (n° \ 353).$

AIRE D'UNE ZONE SPHÉRIQUE.

$$S = 2\pi \times R \times H$$

SECTEUR SPHÉRIQUE.

$$V = \frac{2}{3}\pi R^2 \times H \qquad (30) \ (n° \ 355).$$

Volume engendré par un segment circulaire.

$$V = \frac{1}{6}\pi c^2 \times H \qquad (31) \ (n° \ 356).$$

H désigne dans ces deux formules la hauteur de la zone correspondante ; *c* est la corde du segment.

SEGMENT DE SPHÈRE *à deux bases.*

$$V = \frac{1}{6}\pi H^3 + \frac{1}{2}\pi \times H \ (r^2 + r'^2) \quad (32) \ (n° \ 357).$$

r et *r'* désignent les rayons des bases du segment.

SEGMENT DE SPHÈRE *à une base.*

$$V = \frac{1}{6}\pi H^3 + \frac{1}{2}\pi r^2 \times H \qquad (33) \ (n° \ 357).$$

FUSEAU SPHÉRIQUE. On appelle ainsi une partie de la surface de la sphère comprise entre deux demi-grands cercles limités à leur commune intersection.

L'aire d'un fuseau est égale à l'arc qui mesure l'angle de ses demi-circonférences multiplié par le diamètre de la sphère (*).

ONGLET SPHÉRIQUE. Un onglet sphérique a pour mesure le fuseau qui lui sert de base multiplié par le tiers du rayon de la sphère.

ELLIPSE OU OVALE. *L'aire d'une ellipse est égale au produit de ses deux demi-axes multiplié par* π.

$$S = \pi \times a \times b \qquad (34). \text{ (Voy. les courbes usuelles.)}$$

10. Avant de passer aux applications, nous allons démontrer les formules indiquées qui ne se trouvent pas dans le *Cours*.

AIRE D'UN TRIANGLE, *dont on donne les trois côtés* : $BC = a$, $AC = b$, $AB = c$.

Nous désignerons le périmètre par $2p$; $a + b + c = 2p$

La surface cherchée $S = \sqrt{p(p-a)\,(p-b)\,(p-c)}$.

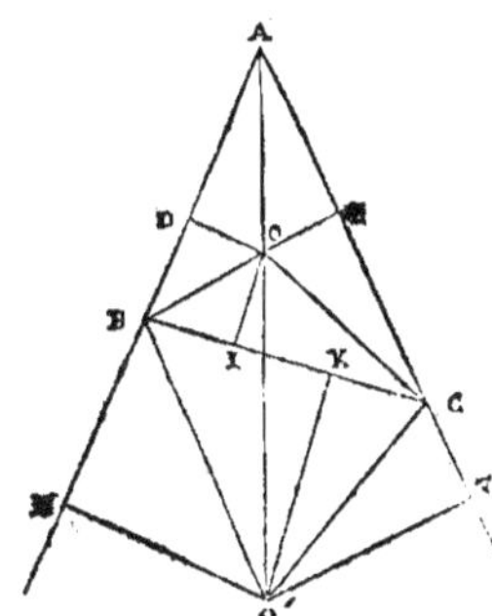

Pour le démontrer, je trace les bissectrices AO, BO des angles A et B du triangle et je joins CO : d'après la propriété de la bissectrice (n° 48) OD = OE et OD = OI; donc OE = OI et CO est la bissectrice de l'angle C. Les perpendiculaires OD, OE, OI sont des rayons, r, du cercle inscrit. Les bissectrices AO, CO, BO décomposent le triangle ABC en trois triangles OBC, OAC, OAB, dont les aires sont respectivement

$$\frac{1}{2}a \times r, \ \frac{1}{2}b \times r, \ \frac{1}{2}c \times r,$$

de sorte que l'aire de $ABC = \frac{1}{2}(a + b + c)\,r = p \times r$; $S = p \times r$.

(*) Ce principe devient évident quand on compare le fuseau à la sphère dont il fait partie, en décrivant un grand cercle de l'un de ses sommets comme pôle.

Le demi-périmètre p est connu ; il nous faut trouver r en fonction des trois côtés.

Pour cela, comparons les 2 triangles adjacents à chaque bissectrice ; ils nous donnent $AD = AE$, $BI = BD$, $CI = CE$. Ces six segments composent le périmètre $2p$ du triangle ABC ; la somme $AD + BI + CI$ des trois premiers est donc égale au demi-périmètre p. Mais $AD + BI + CI = AD + BC$ ou $AD + a$; $AD + a = p$; donc $AD = p - a$. La somme $BD + AE + CE$ des trois autres segments est aussi égale à p ; $BD + b = p$; donc $BD = p - b$.

Cela posé, menons la bissectrice BO' de l'angle extérieur MBC, à la rencontre de AO prolongée, puis tirons $O'C$. D'après la propriété de la bissectrice, $O'M = O'K$ et $O'M = O'N$; donc $O'K = O'N$; CO' est la bissectrice de l'angle C. Désignons $O'M$ par r'. En comparant les triangles adjacents à chaque bissectrice, on trouve que $AM = AN$, $BM = BK$ et $CN = CK$. Par suite $BM + CN = BK + CK$ ou $BM + CN = a$. En ajoutant ici des deux parts $BA + CA = c + b$, on trouve $BM + BA + CN + CA$ ou $AM + AN = a + b + c = 2p$. Mais $AM + AN$, c'est $2AM$; $2AM = 2p$; donc $AM = p$ et enfin $AM = AM - AM = p - c$.

Résumons :

$$AM = p, \quad AD = p - a, \quad DB = p - b, \quad BM = p - c.$$

Cela posé, les deux triangles semblables AOD, $AO'M$ donnent

$$\frac{OD}{AD} = \frac{O'M}{AM} \text{ ou } \frac{r}{p-a} = \frac{r'}{p} \tag{α}$$

Les deux bissectrices OB, $O'B$ de deux angles adjacents sont perpendiculaires ; les deux triangles OBD, $O'BM$ ont les côtés perpendiculaires et sont semblables ; ils donnent

$$\frac{OD}{BM} = \frac{DB}{O'M} \text{ ou } \frac{r}{p-c} = \frac{p-b}{r'} \tag{β}$$

Multiplions les égalités (α) et (β) membre à membre ; il vient après réduction.

$$\frac{r^2}{(p-a\ (p-c)} = \frac{p-b}{p} \, ;$$

d'où

$$r^2 = \frac{(p-a)\ (p-b)\ (p-c)}{p} \, ;$$

puis

$$p^2 r^2 = \frac{(p-a)\ (p-b)\ (p-c)\ p^2}{p} = p\ (p-a)\ (p-b)\ (p-c) \, ;$$

et enfin,

$$p \times r \ \text{ou} \ S = \sqrt{p\ (p-a)\ (p-b)\ (p-c)}. \qquad \text{C. Q. F. D. (*)}$$

(*) Voici une autre démonstration de la même formule.
L'aire du triangle ABC

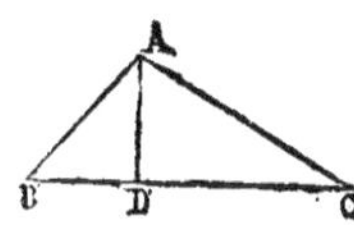

$$S = \tfrac{1}{2}\, BC \times AD = \tfrac{1}{2}\, a \times AD. \qquad (\alpha)$$

$$\overline{AD}^2 = \overline{AC}^2 - \overline{CD}^2 = b^2 - \overline{CD}^2 \, ;$$

on sait que

$$c^2 = a^2 + b^2 - 2a \times CD. \qquad (n^o\ 156)$$

On déduit de là

$$2a \times CD = a^2 + b^2 - c^2, \quad \text{puis} \quad CD = \frac{a^2 + b^2 - c^2}{2a}.$$

Donc

$$\overline{AD}^2 = b^2 - \frac{(a^2 + b^2 - c^2)^2}{4a^2} = \frac{4a^2 b^2 - (a^2 + b^2 - c^2)^2}{4a^2} :$$

En appliquant le principe qui se formule ainsi :

$$A^2 - B^2 = (A + B) \times (A - B),$$

on trouve successivement

$$\overline{AD}^2 = \frac{(2ab + a^2 + b^2 - c^2)\ (2ab - a^2 - b^2 + c^2)}{4a^2}$$

$$= \frac{[(a + b)^2 - c^2]\ [c^2 - (a - b)^2]}{4a^2}$$

$$= \frac{(a + b + c)\ (a + b - c)\ (c + a - b)\ (c + b - a)}{4a^2}.$$

Posons $a + b + c = 2p$; on en conclut $b + c - a = a + b + c - 2a = 2p - 2a = 2\ (p-a)$. De même $(a + b - c) = 2\ (p-c)$; $a + c - b = 2\ (p-b)$.

APPLICATION. *Calculer l'aire d'un triangle dont les trois côtés sont* 13^m, 14^m, 15^m.

Appliquons la formule.

$$a = 13,\ b = 14,\ c = 15;\ a + b + c\ \text{ou}\ 2p = 42;\ p = 21;$$
$$p - a = 8;\ p - b = 7;\ p - c = 6.$$

$$S = \sqrt{21 \times 8 \times 7 \times 6} = \sqrt{7056} = 84.$$

L'aire du triangle est 84 mètres carrés.

10 *bis.* TRIANGLE ÉQUILATÉRAL dont le côté est a (faites une figure).

$$\text{La hauteur } h = \sqrt{a^2 - \frac{a^2}{4}} = \sqrt{\frac{3}{4}\,a^2} = \frac{a}{2}\sqrt{3};\ = S\ \frac{1}{2}ah = \frac{a^2}{4}\sqrt{3}.$$

HEXAGONE RÉGULIER dont le côté est a (faites une figure).

Il se compose de six triangles *équilatéraux* égaux dont le côté est a.

$$S = 6.\ \frac{a^2}{4}\sqrt{3}\ = \frac{3a^2\sqrt{3}}{2}.$$

OCTOGONE RÉGULIER dont le côté est a, et le rayon du cercle circonscrit R.

$$S = 2a^2\left(1 + \sqrt{2}\right);\ a = R\left(2 - \sqrt{2}\right).$$

DÉMONSTRATION. Soit AB, le côté de l'octogone régulier. AC est le

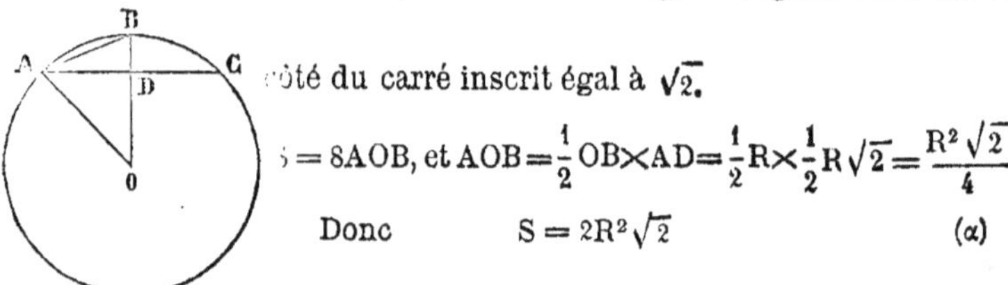

côté du carré inscrit égal à $\sqrt{2}$.

$S = 8AOB$, et $AOB = \frac{1}{2}OB \times AD = \frac{1}{2}R \times \frac{1}{2}R\sqrt{2} = \frac{R^2\sqrt{2}}{4}$

Donc $\qquad\qquad S = 2R^2\sqrt{2} \qquad\qquad\qquad (\alpha)$

En mettant les valeurs de $a + b + c$, $a + c - b$, etc., dans la valeur de $\overline{AD}^2$, on trouve

$$\overline{AD}^2 = \frac{2p \times 2(p-a) \times 2(p-b) \times 2(p-c)}{4a^2} = \frac{4p(p-a)(p-b)(p-c)}{a^2};$$

d'où
$$AD = \frac{2}{a}\sqrt{(p\,(p-a)\,(p-b)\,(p-c)}.$$

Cette valeur étant mise pour AD dans la valeur (α) de S, il vient après réduction

$$S = \sqrt{p\,(p-a)\,(p-b)\,(p-a)}. \qquad \text{C. Q. F. D.}$$

Cette première formule sert à calculer la surface de l'octogone quand on connaît le rayon du cercle circonscrit. Nous allons y substituer la valeur de R^2 en fonction du côté du polygone. Pour cela nous appliquerons la formule du n° 181, en y mettant a au lieu de c' et en y chassant le dénominateur 4.

$$a^2 = R\,(2R - \sqrt{4R^2 - c^2}).$$

c est ici le côté du carré inscrit égal à $R\sqrt{2}$; $c^2 = 2R^2$ et $\sqrt{4R^2 - c^2} = \sqrt{2R^2} = R\sqrt{2}$; donc

$$a^2 = R\left(2R - R\sqrt{2}\right) = R^2\left(2 - \sqrt{2}\right), \qquad (\beta)$$

et par suite
$$R^2 = \frac{a^2}{2 - \sqrt{2}} = \frac{a^2\left(2 + \sqrt{2}\right)}{2}.$$

En mettant cette valeur de R^2 dans la formule (α), on trouve

$$S = \frac{2a^2\left(2 + \sqrt{2}\right)\sqrt{2}}{2} = 2\,a^2\left(1 + \sqrt{2}\right) \qquad \text{C. Q. F. D.}$$

La formule (β) donne d'ailleurs $\quad a = R\sqrt{2 - \sqrt{2}}.$

TÉTRAÈDRE RÉGULIER dont l'arête est a.

Soit SO la hauteur $\qquad V = \frac{1}{3}\,SO \times ABC.$ $\qquad\qquad$ (1)

$ABC = \dfrac{a^2}{4}\sqrt{3}$ d'après la formule (6). Pour calculer SO, remarquons

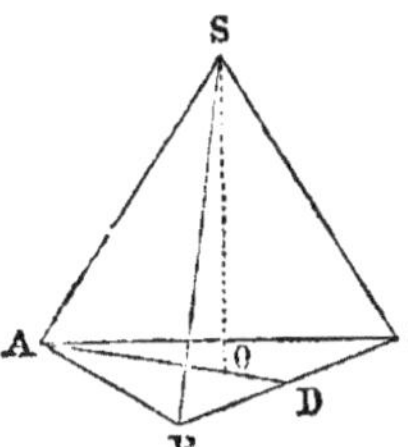

d'abord que le pied O de cette perpendiculaire est précisément le centre du cercle circonscrit au triangle ABC; car il doit être également distant des pieds A, B, C des obliques égales SA, SB, SC.

Soit AO = R ; $a = R\sqrt{3}$ et AO ou $R = \dfrac{a^2}{\sqrt{3}}$. Dans le triangle rectangle ASO,

$$\overline{SO}^2 = \overline{SA}^2 - \overline{AO}^2 = a^2 - \frac{a^2}{3} = \frac{2a^2}{3}$$

d'où $\qquad\qquad SO = \dfrac{a\sqrt{2}}{\sqrt{3}}.$

En remplaçant ABC et SO par leurs valeurs dans l'égalité (1), on trouve la formule (17), $V = \dfrac{a^3\sqrt{2}}{12}.$

APPLICATIONS DIVERSES

Pour plus de régularité, nous diviserons nos applications en deux séries : 1° *applications des formules qui ne renferment pas le nombre* π ; 2° *applications des formules qui renferment* π.

APPLICATIONS USUELLES DES FORMULES QUI NE RENFERMENT PAS LE NOMBRE π.

1. CARRELAGE. — *On veut carreler une salle de* $5^m,10$ *de longueur sur* $6^m,9$ *de largeur avec des carreaux hexagones réguliers qui ont un décimètre de côté; on remplit les vides aux angles et aux côtés avec des morceaux de carreaux. On demande à moins d'une unité le nombre de carreaux nécessaires.*

Le plus simple est de prendre le décimètre pour unité; les dimensions sont alors 51 et 69, et pour le carreau 1.

L'aire de la salle est $51 \times 69 = 3519$ décimètres carrés. Celle du carreau s'obtient en employant la formule (7).

$$S = \frac{3a^2\sqrt{3}}{2} = \frac{3 \times 1 \times \sqrt{3}}{2} ; \quad \sqrt{3} = 1,73205 ; \quad S = 2^{dmq}, 59807.$$

On divise 3519 par 2,59807.
Réponse. Il faut 1354 carreaux (à un carreau près).

2. MESURE D'UNE VOITURE DE BOIS A BRULER. — La forme du chargement est celle d'un parallélipipède rectangle. On mesure la hauteur et la largeur intérieures. Quant à la longueur, elle dépend du nombre des bûches qui se trouvent bout à bout dans le sens de la longueur de la voiture. Il faut multiplier ce nombre par la longueur moyenne de chaque bûche, qui doit être fixée; elle est à Paris de $1^m,137$. On fait le produit des trois dimensions, et le nombre des mètres cubes est le nombre des stères de bois que contient la voiture.

3. CONTENANCE D'UN TOMBEREAU. — La forme ordinaire est celle d'un tronc de pyramide à bases rectangulaires. On mesure les dimensions de la caisse à l'intérieur (*).

EXEMPLE. *Profondeur* $0^m,75$, *longueur au fond* $1^m,32$, *longueur en haut* $1^m,56$, *largeur au fond* $0^m,66$, *largeur en haut* $0^m,78$.

Il faut appliquer la formule (16), $V = \frac{1}{3} H (B + b + \sqrt{B \times b})$,

et auxiliairement la formule (1).

$$B = 1,56 \times 0,78 = 1,2168 \qquad \tfrac{1}{3} H = 0,25$$
$$b = 1,32 \times 0,66 = 0,8712 \qquad V = (3,1176 \times 0,25^{mc})$$
$$\sqrt{B \times b} \qquad 1,0296 \qquad = 0^{mc},779400$$
$$\overline{\qquad 3,1176 \qquad} \qquad = 779^{dmc}400^{cmc}$$

Le volume cherché est $0^{mc\cdot},779400$, ou $0^{mc\cdot}779^{dmc\cdot}400^{cmc}$.

On remplit ce tombereau d'une terre dont la densité est 2,68. *Quel est le poids du chargement?*

On prendra pour unité le décimètre cube et le kilogramme. En multipliant 779,400 par 2,68, on trouve $2088^{kg},792$.

Le poids des différents charbons de terre ordinaires varie de 70 à 85 kilogrammes l'hectolitre. Le poids du charbon épuré varie de 45 à 62 kilogrammes l'hectolitre.

Le tombereau précédent est chargé de charbon de terre pesant 78 *kilogrammes l'hectolitre. Quel est le poids du chargement?*

Un hectolitre ou 100 litres, c'est 100 décimètres cubes. Le chargement est de $7^{hect\cdot}79^{litres}$. Il pèse $60^{kg},932$.

OBSERVATION. Quand on mesure un tombereau ·vide ou plein, il faut examiner sa forme avec attention, voir si les côtés ne sont pas bombés, le fond concave; ce qui augmenterait la contenance. On prend alors les mesures en conséquence : on augmente un peu la longueur et la largeur

---

(*) Le volume d'un tombereau n'est rigoureusement un tronc de pyramide que si les dimensions du fond sont proportionnelles à celles du haut (V. notre exemple). Dans le cas contraire, la forme est celle d'un *ponton* renversé que nous apprendrons à mesurer, page 15 ci-après.

moyennes, et la hauteur. On voit si le chargement de charbon de terre, de chaux, de plâtre, etc., est bien nivelé à sa partie supérieure. Dans le cas contraire, on prend la hauteur moyenne à vue d'œil.

.4. Toisé d'une auge en pierre *à faces rectangulaires.*

Ce toisé peut avoir trois objets : 1° trouver la contenance de l'auge; 2° le volume de la pierre; 3° sa surface (pour payer le tailleur de pierres).

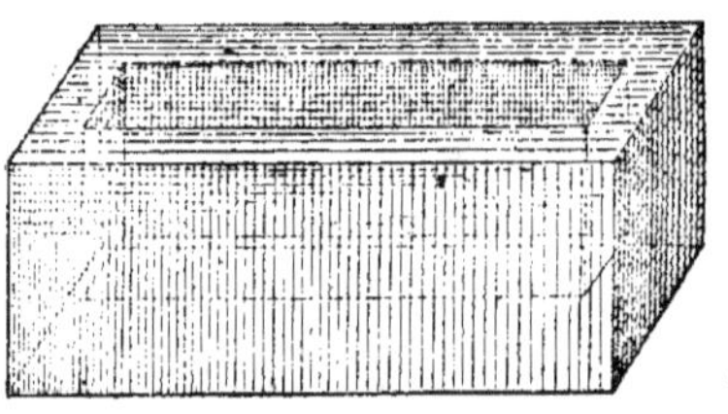

1° On mesure à l'*extérieur* la longueur, la largeur et la hauteur; on se sert de ces mesures pour calculer le volume total (le plein) qui est un parallélipipède; 2° on mesure, à l'*intérieur*, la longueur, la largeur et la profondeur; on se sert de ces mesures pour calculer le volume intérieur, c'est-à-dire la contenance. Le premier volume est celui de la pierre employée à construire l'auge.

Quant à la surface extérieure, on a tout ce qu'il faut pour la mesurer; il faut évidemment multiplier le pourtour extérieur par la hauteur. Pour la surface intérieure, c'est la même chose; il y a de plus à calculer la surface du fond.

5. Contenance d'un bassin hexagonal. — *Un bassin a la forme d'un prisme droit dont la base intérieure est un hexagone régulier de 8 mètres de côté et la hauteur 2^m,40. Calculer la contenance (à 1 litre près).*

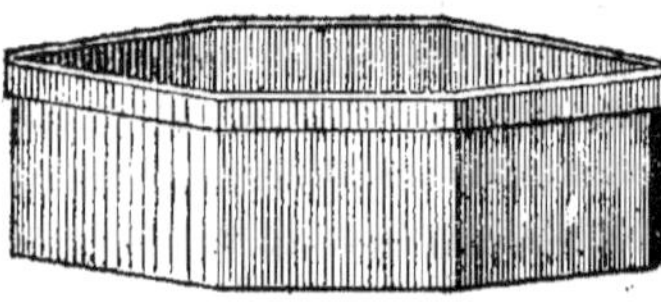

On calcule la surface du fond à l'aide de la formule (7) $S = \dfrac{3a^2}{2} \sqrt{3}$; $\sqrt{3} = 1,7320508$; puis on multiplie par la hauteur. *Réponse.* 399064 litres.

Il est plus simple de prendre le décimètre pour unité, puisque le litre est un décimètre cube. Il faut avoir soin de prendre $\sqrt{3}$ avec un nombre suffisant de décimales pour l'approximation.

6. Bassin octogonal. — *Un bassin a la forme d'un prisme droit de $0^m,75$ de hauteur dont la base est un octogone régulier de 10 mètres de côté. Trouver sa contenance en mètres cubes (à une unité près).*

On multiplie la base par la hauteur.

La base se calcule au moyen de la formule (8) $S = 2a^2 (1 + \sqrt{2})$.

Réponse. 362 mètres cubes.

7. Cube de la maçonnerie ou de la pierre d'un bassin. — On peut avoir à calculer ce volume afin d'évaluer le prix du bassin (construction et matières). On mesure alors *à l'extérieur* le côté d'en bas, puis la hauteur du bassin. Avec ces dimensions, on calcule la base totale, puis le volume total (formule 14), dont on retranche le volume intérieur. Le reste est le volume cherché.

Si le bassin a un *rebord* comme celui de la figure, il faut augmenter le volume de la pierre que l'on vient de trouver d'un volume additionnel qui s'obtient ainsi : on mesure le côté extérieur d'en haut et la hauteur du rebord; on calcule la base supérieure qui a ce côté extérieur: on en retranche la base totale inférieure, et on multiplie le reste par la hauteur du rebord.

7. Mesurage des tas de sable ou de pierres cassées *destinées à la réparation des routes.* — Ceux qui cassent les pierres sont payés au mètre cube. Afin de mesurer le volume des pierres cassées et d'en faire des tas réguliers, on emploie une

espèce de boîte ABCD *abcd*, sans fond ni dessus, appelée *ponton*, que l'on pose sur le sol qui sert de fond. Les quatre faces latérales assemblées sont des trapèzes isocèles en bois plein, inclinées à la base; le fond actuel ABCD, et le dessus ouvert *abcd*, sont des rectangles. On emplit cette boîte de pierres au ras de la face supérieure *abcd*, puis on enlève le *ponton*. Les faces latérales étant inclinées sur la base, vers l'intérieur, les pierres qui se trouvent sur ces quatre faces inclinées sont appuyées, de sorte qu'elles ne s'éboulent pas ou s'éboulent fort peu quand on soulève le ponton avec un peu de précaution. Ces tas de pierres ont un volume déterminé, un ou deux mètres cubes par exemple. Nous allons dire comment on mesure un *ponton*, afin de savoir s'il a bien la contenance qu'il doit avoir, ou bien sur place un tas de pierres ou de sable formé à l'aide de ce ponton.

On mesure les dimensions AB, BC du rectangle inférieur, les côtés *ab*, *bc* du rectangle supérieur, et la hauteur de la boîte au moyen d'un fil à plomb qu'on laisse pendre le long d'une règle divisée à partir de l'un des angles *b* du *ponton*. Quand il s'agit d'un tas de pierres ou de sable à mesurer sur place, on prend les mêmes mesures en bas et en haut du tas. Quant à la hauteur, on la mesure à l'aide du fil à plomb, à vue d'œil ou bien à l'aide d'une règle posée horizontalement sur la face supérieure du tas.

Cela posé, désignons par A et B les dimensions inférieures AB et BC, par *a* et *b* les dimensions supérieures *ab* et *bc*, et la hauteur verticale par *h*; le volume cherché se calcule d'après cette formule

$$V = \frac{1}{6} h \times [A \times (2B + b) + a \times (B + 2b)].$$

Exemple. Supposons qu'on ait trouvé AB ou A $= 1^m,80$; BC ou B $= 1$ mètre; $a = 1^m,35$; $b = 0^m,80$ et $h = 0^m,72$.

$$V = \frac{0,72}{6} \times [1,80 \times (2 + 0,80) + 1,35 \times (1 + 0,80 \times 2)].$$

En effectuant les calculs, on trouve V $= 1^{m. \text{cube.}},26$.

Démonstration de la formule. Imaginons que par *ad* (*fig.* 2) on mène le plan *ad*KI parallèle à *cb* CB. Ce plan, qui

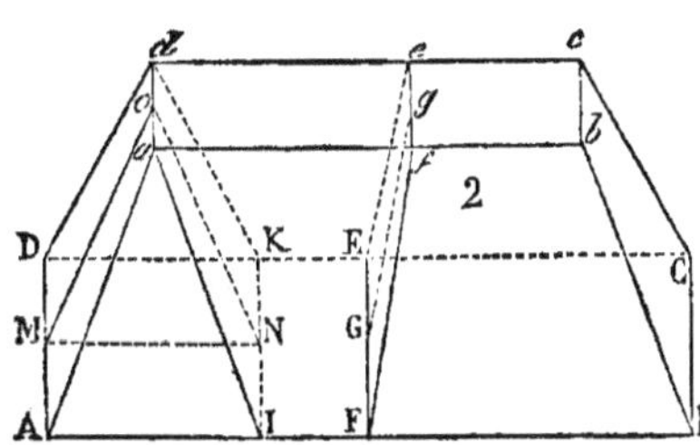

coupe la base ABCD suivant IK parallèle à BC, décompose le solide en un prisme quadrangulaire oblique adIKbcBC, et un tronc de prisme triangulaire aAIdDK. Menons la section droite de chacun de ces prismes. Celle du prisme quadrangulaire est un trapèze feEF, dont les bases EF, ef sont égales aux côtés BC ou B, et bc ou b du ponton, et la hauteur gG égale à sa hauteur verticale h. L'arête de ce prisme est ab ou a. La section droite oMN du tronc de prisme triangulaire est un triangle isocèle dont la base MN $=$ AI $=$ AB $-$ IB $=$ A $- a$, et dont la hauteur est évidemment égale à h. Les arêtes de ce tronc de prisme sont AD, IK égales à BC ou B et $ad = bc$ ou b. Cela posé, en évaluant les volumes d'après le n° 6 de ce Complément, on trouve :

$$\text{Vol. } da\text{IK}cb\text{BC} = a \times ef\text{EF} = a \times \frac{\text{B} + b}{2} \times h.$$

$$\text{Vol. } a\text{AI}d\text{DK} = o\text{MN} \times \frac{\text{AD} + \text{IK} + ad}{3} = \frac{\text{MN}}{2} \times h \times \frac{2\text{B} + b}{3}.$$

Additionnons; $\dfrac{h}{2}$ est facteur commun :

$$\text{Vol. ABCD } abcd = \frac{1}{2} h \left[(\text{B} + b) \times a + (\text{A} - a) \times \frac{2\text{B} + b}{3} \right].$$

En réduisant au même dénominateur 3 tout ce qui est entre crochets, puis effectuant les calculs, on trouve d'abord

$$\text{V} = \frac{h}{2} \times \left(\frac{3a \times \text{B} + 3a \times b + 2\text{A} \times \text{B} + \text{A} \times b - 2a \times \text{B} - a \times b}{3} \right).$$

puis, après réductions,

$$\text{V} = \frac{h}{6} \times (a \times \text{B} + 2a \times b + 2\text{A} \times \text{B} + \text{A} \times b),$$

et enfin, $\text{V} = \dfrac{1}{6} h \times [\text{A}\,(2\text{B} + b) + a\,(2b + \text{B})].$ C. Q. F. D.

PREMIÈRES APPLICATIONS DE LA PHYSIQUE ; QUESTIONS D'EXAMEN.

8. REMARQUE. — Nous ferons usage, dans les applications suivantes, de la formule de physique $P = V \times D$ (le poids d'un corps est égal à son volume multiplié par sa densité) que nous supposons connue du lecteur. Quand on fait usage de cette formule, il faut que l'unité de poids corresponde à l'unité de volume, ou, ce qui revient au même, à l'unité linéaire. D'après la physique, la densité de l'eau étant prise pour unité, le centimètre cube correspond au gramme, le décimètre cube au kilogramme. On choisit ces unités pour la plus grande simplicité du calcul, suivant la grandeur des volumes ou des dimensions données.

9. PROBLÈME. — *Avec de l'or dont la densité est 19,362, on fabrique des feuilles d'or de 0,0001 de millimètres d'épaisseur, ayant $0^m,1$ de longueur, sur $0^m,06$ de largeur. Combien fabriquera-t-on de ces feuilles avec 10 grammes d'or?*

Il nous faut appliquer la formule $P = V \times D$.

Le gramme étant l'unité de poids, nous prendrons le centimètre pour unité linéaire. Les dimensions données sont alors : *épaisseur* 0,00001, *longueur* 10, *largeur* 6.

Chaque feuille d'or est un parallélipipède rectangle dont le volume $= (0,00001 \times 10 \times 6)^{cmc} = 0^{cmc},0006$, et le poids $19^g,362 \times 0,0006 = 0^g,0116172$.

On aura le nombre de feuilles en divisant 10 par le poids. Le quotient est 860 à une unité près.

10. PROBLÈME. — *Une lame de cuivre de 0,005 d'épaisseur a la forme d'un triangle équilatéral de $1^m,25$ de côté. On la recouvre d'une lame d'argent de $0^m,00015$ d'épaisseur. Calculer le poids de la lame d'argent, sachant que la densité du cuivre est 8,85 et celle de l'argent 10,47.*

Chaque lame est un prisme triangulaire. Nous prendrons pour unités le gramme et le centimètre. Les dimensions sont alors 0,5; 125; et 0,015; il faut compter deux lames d'argent. Nous appliquerons la formule (6).

Poids de la lame de cuivre : $\dfrac{(125^2)\ \sqrt{3}}{4} \times 0,5 \times 8,85$.

Poids des 2 lames d'argent : $\dfrac{(125)^2\ \sqrt{3}}{4} \times 0,015 \times 10,47 \times 2$.

Poids total : $\dfrac{125^2}{4}\ \sqrt{3}\ [0,5 \times 8,85 + 0,015 \times 10,47 \times 2]$.

Réponse. 32^{Kg},063.

11. REMARQUE. — Avant de faire les calculs d'un problème, il importe de bien se rendre compte des opérations à effectuer, d'en faire le tableau ou la formule; de cette manière, on simplifie souvent en faisant des réductions évidentes et faciles, et on ne répète pas inutilement certaines opérations. Quand le nombre des chiffres décimaux s'accroît dans les calculs successifs, il faut abréger les multiplications et les divisions. La multiplication et la division abrégées devraient être enseignées dans les cours les plus élémentaires.

12. PROBLÈME. — *Trouver la valeur numérique de la pression exercée par l'atmosphère sur un rectangle dont un côté est* 0^m,26, *et la diagonale* 0^m,44. *La hauteur barométrique est* 0^m,76, *la température* 0°, *et la densité du mercure* 13,59.

Il est bon de prendre pour unités le gramme et le centimètre cube; car les dimensions données deviennent alors les nombres entiers 26, 44 et 76.

2e *Côté.* $\sqrt{44^2 - 26^2} = \sqrt{(44 + 26)\ (44 - 26)} = 35,49$.

La pression en grammes est égale à $26 \times 35,49 \times 76 \times 13,59$.
Réponse. 953043^{gr} ou 953^{Kg},043.

13. PROBLÈME. — *Un bloc prismatique de basalte a une base hexagonale régulière dont le côté est* 0^m,63; *sa hauteur est* 3^m,45; *sa densité* 2,85. *Trouver son poids.*

Formule : $P = V \times D = B \times H \times D$.

Nous prendrons le kilog. et le décim. pour unités. Les dimensions deviennent 6,3 et 34, 5. On calcule B par la formule (7).

Le poids est $2^{Kg},35 \times \dfrac{3 \times (6,3)^2 \times \sqrt{3} \times 34,5}{2} = 10139^{Kg}.$

14. Problème. — *On demande le poids d'une pyramide régulière de granit à base triangulaire de 12 mètres de hauteur, sachant que la base est inscrite dans un cercle de 10 mètres de rayon; la densité du granit est 2,8.*

Le kilogr. et le décim. étant pris pour unités, les dimensions deviennent 120 et 100.

Il faut calculer la base de la pyramide; dont le côté est $100\sqrt{3}$. On applique la formule (6).

$$a^2 = 100^2 \times 3 = 30000 \, ; \, \frac{a^2}{4} = 7500$$

$\sqrt{3} = 1,73205\ldots \quad$ S $= 12990,375, \quad$ à 0,001 près.
V $=$ B $\times$ H $= 12990,375 \times 120 = 1558845$
P $=$ V $\times$ D $= 1558845 \times 2,8 = 4364766.$

Réponse. La pyramide pèse 4364766^{Kg}, à 1^{Kg} près.

PROBLÈMES A RÉSOUDRE.

1. *Calculer à $0^m,01$ la hauteur d'un triangle dont la base est 647 mètres et dont la surface doit être moyenne proportionnelle entre celle de deux rectangles dont la hauteur commune est 1 mètre et dont les bases sont 853 mètres et $4257^m,2$. Réponse. $5^m,89$.*

2. *Trouver l'hypoténuse et un côté de l'angle droit d'un triangle rectangle, sachant que la somme de ces lignes est double du troisième côté qui est égal à 21 mètres. Réponses. $27^m,25$ et $15^m,75$.*

3. *Étant donné un trapèze dont les bases sont respectivement 15 mètres et 8 mètres, on propose de mener par un sommet A de la petite base une ligne qui divise le trapèze en deux parties proportionnelles aux nombres 1 et 3.*

On divise la grande base en deux parties, l'une égale à $5^m,75$ du côté du sommet A, et l'autre égale à $9^m,25$; puis on joint le sommet A au point de division.

4. *Un terrain a la forme d'un trapèze isocèle dont les bases sont 100 mètres et 40 mètres, et le côté 50 mètres. On demande 1° la surface de ce trapèze en hectares; 2° la surface du terrain* *triangulaire que l'on obtiendrait en ajoutant à ce trapèze le triangle formé par le prolongement des côtés non parallèles.*

Réponse. La surface du trapèze est 0^{Ha},28 et celle du triangle un tiers d'hectare.

APPLICATIONS DES FORMULES QUI RENFERMENT LE NOMBRE π.

15. Ces formules sont nombreuses et d'une application très-fréquente. Elles présentent une difficulté qui vient de ce que l'on ne peut employer que des valeurs approchées du nombre π. Il faut donc choisir parmi ces valeurs pour la plus grande simplicité du calcul, et en vue d'une certaine approximation du résultat.

16. VALEURS DE π. $\dfrac{22}{7}$ et 3,1416 *sont les valeurs qu'il faut employer généralement dans les applications.*

On peut employer ces valeurs ordinairement, et sans discussion préalable, même dans les calculs qui exigent une assez grande précision. Il est rare qu'elles ne fournissent pas *dans la pratique* une approximation suffisante. C'est ce que nous allons montrer.

17. PREMIÈRE VALEUR. $\pi = \dfrac{22}{7}$ ou $3 + \dfrac{1}{7}$.

Cette valeur est trop grande ; l'erreur relative est moindre que $\dfrac{1}{2484}$. C'est-à-dire qu'en employant $\dfrac{22}{7}$ au lieu de π comme multiplicateur ou comme diviseur, on commet une erreur moindre que la 2484ième partie du résultat. S'il s'agit d'une capacité par exemple, l'erreur est moindre qu'un litre tant que cette capacité est inférieure à 2484 litres; sur la contenance d'une pièce de 230 à 240 litres, l'erreur commise à propos de π serait moindre qu'un décilitre. Cette approximation suffit dans beaucoup de cas ; c'est pourquoi on prend $\pi = \dfrac{22}{7}$ dans un grand nombre d'applications vulgaires (*).

CORRECTION DU RÉSULTAT. Mais cette valeur si commode de π peut être employée beaucoup plus souvent qu'on ne le fait habituellement. En effet, quand l'approximation précédente ne suffit pas, on peut faire au résultat cette correction très-simple : *on le diminue ou on l'augmente des 0,0004 de sa valeur, suivant que* $^{22}/_7$ *a été employé comme multiplicateur ou comme diviseur. Le résultat corrigé est le nombre cherché avec une erreur moindre que la* 388000ième *partie de sa valeur* (**).

Cette approximation suffit dans la généralité des applications.

On peut donc prendre $\pi = \dfrac{22}{7}$, *même dans les calculs de précision.*

19. SECONDE VALEUR. $\pi = 3,1416$.

Cette valeur est trop grande, l'erreur relative est plus petite que $\dfrac{1}{424000}$ (***), c'est-à-dire qu'en employant 3,1416 au

---

(*) $\dfrac{22}{7} = 3,1428271\ldots$; $\dfrac{22}{7} - 3,14159265\ldots = 0,001264\ldots$

L'erreur relative $\dfrac{0,001264\ldots}{3,141592\ldots}$ est moindre que $\dfrac{1}{2484}$.

(**) $0,0004 = \dfrac{1}{2500}$; $\dfrac{1}{2484} - \dfrac{1}{2500} = \dfrac{16}{2484 \times 2500} = \dfrac{1}{388125}$.

Quand π est multiplicateur, l'erreur en plus commise d'abord est plus grande que la 2500ième partie ou les 0,0004 du résultat. On la diminue de ces 0,0004, il y a encore une erreur *en plus* moindre, d'après l'égalité précédente, que la 388000ième partie du nombre cherché.

(*) $\qquad\qquad 3,1416 - 3,1415926\ldots = 0,0000073\ldots$

L'erreur relative $\dfrac{0,0000073\ldots}{3,1415926\ldots}$ est moindre que $\dfrac{1}{424000}$.

(***) L'erreur commise en plus, avec $\pi = 3,1416$ pour multiplicateur, est plus petite que $\dfrac{1}{424000}$; en diminuant le résultat du quart du cent-millième de

lieu de π pour multiplicateur ou pour diviseur, on commet une erreur moindre que la 424000ième partie du résultat cherché. Cette approximation est généralement suffisante.

CORRECTION. On peut d'ailleurs corriger très-simplement le résultat obtenu avec 3,1416. *Il suffit de le diminuer ou de l'augmenter du quart du cent-millième de sa valeur, suivant qu'on a multiplié ou divisé par ce nombre. Le résultat corrigé est approché à moins de la 7000000ième partie de sa valeur* (**).

20. ÉVALUATION FACILE DE L'ERREUR. Ayant employé $\dfrac{22}{7}$ ou 3,1416 on peut, à la *simple inspection du résultat*, se faire une idée assez précise de l'approximation obtenue. Voici ce qui résulte des considérations précédentes d'après le 2e principe fondamental de la théorie des erreurs relatives (*Arithmétique*).

AVEC π = $^{22}/_{7}$ *sans correction*, l'erreur absolue est toujours moindre qu'un tiers de l'unité du 3e chiffre du résultat, à partir du 1er chiffre significatif à gauche; elle est moindre qu'une unité du 4e chiffre quand les quatre premiers chiffres ne font pas 2484.

AVEC π = $^{22}/_{7}$ *et la correction*, l'erreur est toujours moindre qu'un tiers de l'unité du 5e chiffre du résultat; elle est moindre qu'une unité du 6e chiffre quand les six premiers chiffres ne font pas 388000.

AVEC π = 3,1416 *sans correction*, l'erreur est toujours moindre qu'un quart de l'unité du 5e chiffre; elle est moindre qu'une unité du 6e chiffre quand les six premiers chiffres ne font pas 424000.

AVEC π = 3,1416 *et la correction*, l'erreur est toujours moindre qu'un septième de l'unité du 6e chiffre; elle est moindre qu'une unité du 7e chiffre quand les sept premiers chiffres ne font pas 7000000.

21. CONCLUSION. La 388000ième partie ou la 7000000ième partie du résultat est une quantité négligeable dans la géné-

---

sa valeur, on a un nouveau résultat trop petit, mais l'erreur *en moins* est plus petite que $\dfrac{1}{400000} - \dfrac{1}{424000}$ et à *fortiori* moindre que $\dfrac{1}{7000000}$.

ralité des applications. On fera donc bien, en général, de prendre $\pi = \dfrac{22}{7}$ ou $\pi = 3,1416$, sans discussion préalable, même dans les cas où l'approximation serait fixée d'avance. Le calcul terminé, on peut voir aisément, d'après ce que nous venons de dire, si l'approximation obtenue est suffisante. Souvent la correction ne sera pas nécessaire ; dans le cas contraire, on la fait très-simplement. Après la correction, on aura, *en général*, l'approximation voulue. Il s'agit ici de l'approximation qui suffit dans les applications usuelles, et non d'une approximation abstraite ou de fantaisie.

Dans les cas excessivement rares *dans la pratique*, où un résultat approché surpasserait 388000 ou 7000000 fois l'unité d'approximation, on serait quitte pour employer exceptionnellement une valeur plus approchée de π.

$$\pi = 3,14159265358979\ldots$$

22. Voici, à propos de π, des nombres utiles à connaître,

$$\log \pi = 0,4971498 ; \quad \log \tfrac{1}{3}\pi = 0,0200286 ; \quad \log \tfrac{4}{3}\pi = 0,6220886$$

$$\log \tfrac{1}{6} = \sqrt{\overline{1}},7199986 , \qquad \log \tfrac{1}{4}\pi = \overline{1},8950898.$$

Quand on prend $\pi = 3,1416$.

$$\tfrac{1}{8}\pi = 1,0472 ; \quad \tfrac{1}{6}\pi = 0,5236 ; \quad \tfrac{4}{3}\pi = 4,1888 ; \quad \tfrac{1}{4}\pi = 0,7854.$$

23. EMPLOI DE $\dfrac{1}{\pi} = 0,31830988619016\ldots$

Quand on emploie une valeur décimale de π, il est souvent plus commode de multiplier par le quotient $\dfrac{1}{\pi}$ évalué d'avance en décimales, que de diviser par 3,1416. En prenant $\dfrac{1}{\pi} = 0,31831$ (par excès), *on commet sur le résultat une erreur moindre que la* 1500000ième *partie de sa valeur.*

EXEMPLE. Voici un exemple où l'emploi de $\frac{1}{\pi}$ est très-avantageux. Nous avons trouvé dans le *Cours* (page 250), que le rayon de la terre est égal à $\frac{20000^{\text{kilom.}}}{\pi}$, et sa surface évaluée en hectares à $\frac{40000^2 \times 100}{\pi}$. Nous allons calculer ces valeurs à moins d'une unité, en employant $\frac{1}{\pi}$ et la multiplication abrégée.

$$
\begin{array}{ll}
0,3183098 & 0,31830988619016 \\
00002 & 000000000061 \\
\hline
6366,18 & 31830988619\ 01 \\
& 19098593171\ 40 \\
\hline
& 50929581790,41
\end{array}
$$

Le rayon de la terre est 6366 kilomètres à moins d'un kilomètre, et sa surface 50929581790 hectares (à un hectare près).

Cette simplification du calcul par l'emploi de $\frac{1}{\pi}$ (connu d'avance et de la multiplication abrégée est très-remarquable. On profite ainsi de ce que les nombres donnés sont terminés par des zéros ; il n'en serait pas de même si l'on divisait ces mêmes nombres par π.

24. REMARQUE. Nous n'avons parlé que de l'erreur commise à propos de π. Il y a souvent d'autres causes d'erreur ; mais on peut s'arranger de manière que ces autres erreurs aient lieu en sens contraire ; l'erreur finale est diminuée par compensation. (*V.* l'observation générale n° 33 *bis.*)

Nous passons maintenant aux applications. Nous emploierons simultanément $\pi = \frac{22}{7}$ et $\pi = 3,1416$ dans les trois ou quatre premières questions , afin que le lecteur puisse comparer.

PROBLÈMES ÉLÉMENTAIRES SUR LA CIRCONFÉRENCE ET SUR
LE CERCLE.

25. *Calculer la longueur d'une circonférence dont le rayon est*
2^m,567.

Formule :   circ. R $= 2$R $= 2\pi$R $\times \pi$.

RÈGLE. On multiplie le diamètre par π.

1° On prend :   2° On prend :

$$\pi = \frac{22}{7} = 3 + \frac{1}{7} \qquad\qquad \pi = 3,1416$$

$$2R = 5,134 \qquad\qquad\qquad 2R = 5,134$$

3 fois $\quad$ 15,402 $\qquad\qquad\qquad$ 3,1416

$^1/_7$ $\qquad\qquad$ 7334 (*) $\qquad\qquad$ 16,1289744

$\qquad\qquad$ 16,1354 $\qquad\qquad\qquad$ 403 (*Correction.*)

Correction : $\quad$ 6454 (**) $\qquad$ 16,1289331

$\qquad\qquad$ 16,128946

En prenant $\pi = 3,14159265\,35$, on trouve 16,1289366830690.
Les 6 premiers chiffres à gauche sont les mêmes dans les
trois résultats. Ils sont donc exacts.

26. *Calculer l'aire d'un cercle dont le rayon est* 2,567.
Formule :   cercle R $= \pi$R² $=$ R² $\times \pi$.

RÈGLE. On multiplie le carré du rayon par le nombre π.

(*) Quand le 7ième ne s'obtient pas exactement, on prend un ou deux chiffres
décimaux de plus. Au reste, l'erreur commise ainsi est une erreur en moins;
le résultat devant être approché en plus, cette erreur particulière ne fait que
diminuer celle du résultat.

(**) Pour faire la correction, on multiplie par 4 en avançant le premier chiffre
du produit de quatre rangs vers la droite, par rapport *au premier chiffre multiplié*. Nous n'avons commencé la multiplication par 4 qu'au chiffre des centièmes; mais nous avons ajouté au produit la retenue du produit de 5 par 4.

1° On prend : 2° On prend :

$$\pi = \frac{22}{7} = 3 + \frac{1}{7}$$

$$\pi = 3,1416$$

$(2,567)^2 = 6,589489$

6.589489

3,1416

3 fois 19,768467 20,7015386424

$\frac{1}{7}$ 9413555 517563 *(Correction.)*

20,7098225 20,7014868861

Correction : 82839 (*)

20,7015386

Avec $\pi = 3,1415926535$, on trouve 20,7014902327190615.
Les 5 premiers chiffres sont communs aux trois résultats.

27. *La longueur d'une circonférence est* $20^m,476$; *trouver son diamètre ou son rayon.*

circ. R $= 2\pi$R $= \pi \times 2$R. Donc 2R $= \dfrac{\text{circ. R}}{\pi}$.

RÈGLE. *On divise la longueur de la circonférence par le nombre π.*

1re *méthode.*	2e *méthode.*	3e *méthode.*
On divise par $\dfrac{22}{7}$.	On divise par 3,1416.	On multiplie par
20,476 |	204760 |31416	$\dfrac{1}{\pi} = 0,31831$.
7|22		20,476
143,332 |6,51509	|6,517698	031831
2606 *(corr.)*		
6,517696		6,51771556

Les deux premiers résultats sont trop petits, le dernier trop grand. La valeur exacte commence par 6,5177.

(*) Nous avons commencé à multiplier par 4 au chiffre 9, mais en ajoutant la retenue de 4 fois 8.

28. Résumé. Ces applications confirment la règle que nous avons énoncée d'avance.

$\pi = \dfrac{22}{7}$ ou $\pi = 3{,}1416$, et $\dfrac{1}{\pi} = 0{,}31831$ *sont les valeurs qu'il faut généralement employer dans les applications.*

29. Avec $\dfrac{22}{7}$ la correction peut ne pas être nécessaire (*); d'ailleurs cette correction se fait très-aisément. On peut donc employer cette valeur si simple beaucoup plus souvent qu'on ne le fait.

D'un autre côté, 3,1416 a l'avantage d'être divisible par 3, par 6, par 4 et par 8; ce qui est commode quand il y a $\dfrac{1}{3}\pi$ ou $\dfrac{4}{3}\pi$, ou $\dfrac{1}{6}\pi$, ou $\dfrac{1}{4}\pi$ (V. les nombres indiqués n° 22). De plus, c'est une valeur décimale avec laquelle on peut appliquer la méthode de multiplication abrégée quand le nombre des chiffres décimaux est trop grand.

Cette dernière considération milite aussi en faveur de 0,31831 employé pour $\dfrac{1}{\pi}$.

30. *La surface d'un cercle étant* $12^{\mathrm{mq}}{,}4$, *trouver son rayon.*

$$\text{cercle } R = \pi \times R^2; \quad R^2 = \frac{\text{cercle } R}{\pi} \quad \text{et} \quad R = \sqrt{\frac{\text{cercle } R}{\pi}}.$$

Règle. *On divise la surface donnée par* π *et on extrait la racine carrée du résultat.*

(*) Considérons par exemple le 1er problème. Supposons qu'on demande le résultat à moins de $0^{\mathrm{m}}{,}01$. Les quatre premiers chiffres ne font pas 2484 · le premier résultat est approché à moins de 0,01 et la correction n'est pas nécessaire.

Supposons qu'on demande le même résultat à moins de 0,0001. Le nombre cherché étant plus grand que 2484 dix-millièmes, la correction est nécessaire.

Après la correction, l'erreur est moindre qu'une unité du 6e chiffre, c'est-à-dire moindre que 0,0001; l'approximation est suffisante.

Tout ce que nous venons de dire s'applique au 2e problème.

L'approximation est ordinairement indiquée ou on se la propose soi-même. Supposons que le résultat soit demandé à moins de $0^m,01$.

$$R = \sqrt{\dfrac{12,4}{\pi}}.$$ Le quotient de 12,4 par 3,14..... a un chiffre avant la virgule; il en sera de même de sa racine carrée. Cette racine calculée jusqu'aux centièmes aura trois chiffres. Pour déterminer cette racine, à moins d'une unité de son troisième chiffre, il suffit de déterminer les trois premiers chiffres du quotient indiqué (qui commence par un 3), d'ajouter 2 ou 3 zéros, et d'extraire la racine du nombre résultant (*). Nous calculerons pour plus de sûreté le quotient en question avec quatre chiffres et nous rejetterons le 4ᵉ (**). V. la note.

1240000	3,14159	3,9400	198
297523	3,997	294	29 × 9
14788		3300	388 × 8 R = 1,98
2224		196	
26			

REMARQUE. Avec $\pi = 3,1416$ on trouve aussi 3,947.

On trouve également 3,947 en multipliant 12,4 par 0,31831. La valeur exacte commence donc ainsi 3,947.

31. *Trouver la longueur d'un arc de* 47° 28' 40" *appartenant à une circonférence dont le rayon est* $1^m,80$.

Il faut ici appliquer la formule $a = \text{circ. } R \times \dfrac{n^o}{360^o}$.

(*) *Voyez* la règle donnée en *Arithmétique*, au chapitre des erreurs relatives de la racine carrée. Nous recommandons cette règle dont l'application simplifie considérablement la résolution des questions inverses pour laquelle il faut extraire des racines carrées et des racines cubiques.

(**) Lorsqu'on veut avoir un certain nombre de chiffres exacts par une méthode qui ne donne le résultat qu'à moins d'une unité d'un ordre fixé, sans que les chiffres soient garantis tous exacts, on calcule un chiffre de plus qu'il n'en est demandé, et on efface le dernier chiffre une fois trouvé s'il est moindre que 9. Si c'était 9, il faudrait en calculer encore un de plus.

Nous réduirons d'abord l'arc donné et 360° en secondes.

$$360° = 1296000''; \quad 47° 28' 40'' = 170920'',$$

$$2R = 3,6, \quad a = \frac{3,6 \times 170920 \times \pi}{1296000}.$$

En simplifiant on trouve

$$a = \frac{17092 \times \pi}{36000}.$$

Supposons qu'on demande le résultat à moins de **0,01**. On devisera 17092 par 36000 et on fera la multiplication abrégée du quotient par $\pi = {}^{22}/_7$ (avec la correction).

Réponse. $1^m,49$.

32. *La longueur d'un arc de 38° 59' est $8^m,47$. Trouver le diamètre ou le rayon à moins de $0^m,01$.*

Prenons la formule $a = \dfrac{circ.\,R \times n°}{360} = \dfrac{2R \times n° \times \pi}{360°}$;

on en déduit $\qquad 2R = \dfrac{a \times 360°}{n \times \pi}.$

$$38° 59' = 2339'; \quad 360° = 21600';$$

$$2R = \frac{8,47 \times 21600}{2339 \times \pi} = \frac{8,47 \times 21600}{2339} \times \frac{1}{\pi} = 24^m,89$$

33. *Trouver l'aire d'un secteur dont l'arc est 53°19', sachant que le rayon du cercle est 2^m84 (à moins de 0,01).*

Nous emploierons la formule (12) ; sect. $= \dfrac{R^2 \times \pi \times n°}{360°}.$

$53°19' = 3199'; \quad 360° = 21600'; \quad$ sect. $= \dfrac{(2,84)^2 \times 3199 \times \pi}{21600}.$

Nous prendrons $\qquad \pi = \dfrac{22}{7}.$

$(2,84)^2 = 8,0656; \quad 8,0656 \times 3,199 = 25881,8544 ;$

$25801,8544 : 21600 = 1,1945$ à $0,0001$ près.

$1,1945 \times {}^{22}/_7 = 3,754148$, et après la correction $3,752643$.

Rép. Secteur $= 3^{mq},752643$.

33 *bis.* OBSERVATION GÉNÉRALE. $\pi = \dfrac{22}{7}, \pi = 3,1416, \dfrac{1}{\pi} =$

0,31831 étant des valeurs trop grandes, il en résulte qu'il n'y a pas généralement à s'occuper des erreurs en moins commises antérieurement, pourvu que ces erreurs considérées isolément, ne dépassent pas la limite d'approximation.

34. *La surface d'un secteur est* $4^{mq}{,}29$ *; l'arc correspondant est* $68° 49' 18''$ *; trouver le rayon du cercle à moins de* $0^m{,}001$.

Prenons la formule : sect. $= \dfrac{R^2 \times \pi \times n°}{360°}$.

$68° 49' 18'' = 247758''$; $360° = 1296000''$; $4{,}29 = \dfrac{R^2 \times 247758 \times \pi}{1296000}$;

donc $\qquad R = \sqrt{\dfrac{4{,}29 \times 1296000}{247758} \times \dfrac{1}{\pi}}$.

Nous laissons ce calcul à faire au lecteur. $R = 2^m{,}672$.

Le plus simple serait d'employer les logarithmes. La même remarque s'applique aux deux questions précédentes.

35. *Étant données la corde* ADB *et la flèche* DC *d'un segment de cercle, trouver le rayon et l'aire du segment.* (Faites une figure.)

Prolongeons la flèche CD jusqu'à sa deuxième rencontre avec la circonférence en I et tirons AI. Le triangle AIC étant

rectangle, on a $\qquad \overline{AD}^2 = DI \times DC, \qquad$ d'où $\quad DI = \dfrac{\overline{AD}^2}{DC}$

et $\qquad 2R = DI + DC = \dfrac{\overline{AD}^2}{DC} + DC = \dfrac{\left(\dfrac{c}{2}\right)^2}{f} + f.$

Telle est la formule qu'on peut traduire ainsi :

RÈGLE. *Pour avoir le diamètre d'un cercle, on divise le carré de la demi-corde par la flèche et l'on ajoute le diviseur au quotient.*

Pour obtenir l'aire d'un segment, on évalue l'aire du secteur OACB, celle du triangle isocèle AOB ; puis on retranche la seconde aire de la première. Nous avons ce qu'il faut pour calculer l'aire du triangle (OD $=$ R $-$ f). Mais pour trouver l'aire du secteur, il nous faut connaître le nombre de degrés de l'arc ACB. On peut pour cela employer ce moyen pratique. *Ayant joint l'extrémité* A *de l'arc à l'extrémité* C *de la flèche, on mesure avec le rapporteur l'angle* CAB, *et on multi-.*

plie le nombre de degrés de cet angle par 4. Le résultat est le nombre de degrés de l'arc ACB. (En effet, l'angle inscrit CAB a pour mesure $\frac{1}{2}$ CB $= \frac{1}{4}$ ACB.)

La corde et la flèche étant données, on peut trouver plus exactement par la trigonométrie le nombre des degrés de l'arc et le rayon, en résolvant le triangle ACD, puis le triangle AOD.

36. APPLICATION. *La corde d'un segment de cercle est* 127^m,48; *la flèche* 5^m,4, *l'arc* 19° 22′ 12″ (*); *calculer l'aire de ce segment à un mètre carré près.*

Formules. $2R = \dfrac{\left(\dfrac{c}{2}\right)^2}{f} + f$; secteur $= \pi R^2 \times \dfrac{n°}{360°}$.

Triangle $= \dfrac{1}{2} c\,(R - f)$

$$2R = \frac{(63,74)^2}{5,4} + 5,4 = 757,768; \quad R = 378^m,884.$$

$$19°22'12'' = 69732''; \quad 360° = 1296000''.$$

$$\text{Secteur} = (378,884)^2 \times \frac{69732}{1296000} \times \pi.$$

On fait le carré du rayon; on divise d'un autre côté 69732 par 1296, et on recule la virgule du quotient de trois rangs vers la gauche. Cela fait, on multiplie le carré du rayon par le quotient par la méthode abrégée. Enfin, on multiplie ce dernier produit par π.

L'aire du segment devant être trouvée à moins d'un mètre carré, on cherche l'aire du secteur et celle du triangle avec cette approximation.

L'aire du secteur est 24165 mètres carrés, celle du triangle 23806 mètres carrés; d'où il résulte que celle du segment est 359 mètres carrés, à une unité près.

(*) L'un de ces trois nombres donnés résulte des deux autres. On ne peut pas les prendre tous les trois arbitrairement ; nous avons calculé l'angle.

QUESTIONS USUELLES.

37. MESURAGE DE LA MARGELLE D'UN PUITS. Ce mesurage peut avoir un double objet : déterminer le prix de construction et le prix des matériaux (d'après le volume de la maçonnerie ou de la pierre).

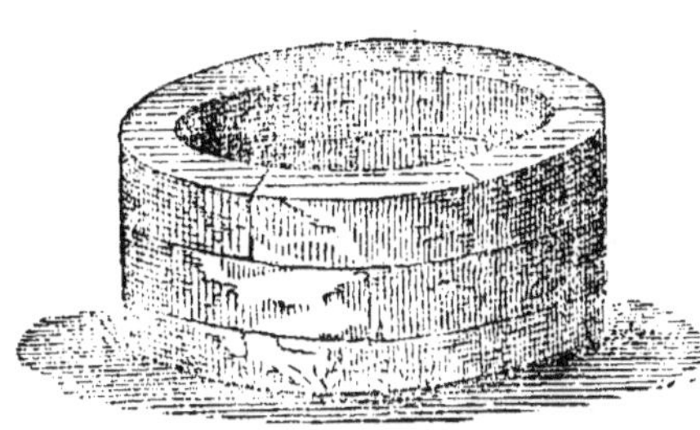

RÈGLE. Pour obtenir le volume de la margelle d'un puits, on mesure avec un ruban métrique la circonférence intérieure, puis la circonférence extérieure. On ajoute les deux résultats et on en prend la moitié. On multiplie cette circonférence moyenne par l'épaisseur de la margelle, et le produit par sa hauteur. Ce dernier produit est le produit demandé.

AUTRE MÉTHODE. On obtient le diamètre de la circonférence moyenne en mettant une règle métrique depuis un point du bord intérieur jusqu'au point diamétralement opposé du bord extérieur. On multiplie la distance de ces deux points par π, ce qui donne la circonférence moyenne. Puis on multiplie le résultat par l'épaisseur de la margelle et le nouveau produit par sa hauteur. Ce dernier produit est le volume cherché.

DÉMONSTRATION. Le moyen que nous indiquons est parfaitement exact. En effet, le volume en question est la différence de deux cylindres ayant pour bases le cercle extérieur $\pi . R^2$ et le cercle intérieur $\pi . r^2$. Le volume total est $(\pi . R^2 - \pi . r^2) \times H$ (H désignant la hauteur),

$$V = \pi \times (R^2 - r^2) \times H = \pi\ (R + r)\ (R - r) \times H = 2\pi . \frac{R + r}{2} \times$$

$(R - r) \times H$. Or $\pi (R + r)$ est précisément la circonférence moyenne : $R - r$ est l'épaisseur de la margelle, et H sa hauteur. Notre première règle est démontrée.

$R + r$ est la distance d'un point du bord intérieur au point diamétralement opposé du bord extérieur. Notre seconde méthode est donc justifiée.

APPLICATION. *Les dimensions d'une margelle de puits sont :
diamètre moyen*, 1^m,60 ; *épaisseur*, 0^m,28 ; *hauteur*, 0^m,72. *Trouver son volume.*

1,60 × $^{22}/_7$ (avec correction) = 5,026 ; 5,026 × 0,23, × 0,72 = 1,0132416. *Réponse*. Le volume est 1^mc,013.

34. MESURAGE D'UNE TOUR RONDE. Le volume de la maçonnerie et des matériaux qui composent une tour ronde se détermine précisément par la méthode précédente. Il n'y a pas un mot à changer à la règle.

APPLICATION. *Le rayon intérieur d'une tour ronde est* 1^m,15 ;
l'épaisseur, 0^m,15 ; *la hauteur*, 38^m,79. *Trouver le volume de la
maçonnerie. Réponse.* 4^mc,467.

35. MESURAGE D'UNE GARGOUILLE OU RIGOLE EN PIERRE DE TAILLE. Ce mesurage peut avoir pour objet de cuber la pierre et d'en mesurer la superficie (pour payer le tailleur de pierres).

La pierre taillée a la forme d'un parallélipipède rectangle diminué de la rigole qui a la forme d'un demi-cylindre.

RÈGLE. On mesure deux dimensions de la pierre à une extrémité (la largeur et la hauteur), et on les multiplie l'une par l'autre. On mesure le diamètre du demi-cercle au même bout, et on s'en sert pour calculer la surface de ce demi-cercle $\left(\text{la moitié de } \dfrac{1}{4}\pi D^2 \text{ ou } \dfrac{1}{8}\pi D^2\right)$. On retranche le second produit du premier, et on multiplie le reste par la longueur de la pierre. Le produit est le volume de la pierre.

DÉMONSTRATION. Volume du parallélipipède : largeur × hauteur × longueur. *Id.* du $\dfrac{1}{2}$ cylindre : $\dfrac{1}{2}\left(\dfrac{1}{4}\pi D^2\right)$ × longueur.

$$\text{Différence} \left(\text{largeur} \times \text{hauteur} - \frac{1}{8} \pi D^2 \right) \times \text{longueur}.$$

APPLICATION. *Largeur*, 0^m,50 ; *hauteur*, 0^m,18 ; *largeur*, 1^m,20. *Diamètre du vide*, 0^m,24. *Trouver le volume. Rép.* 0^mc,022250.

Pour connaître la *surface taillée*, en supposant qu'il s'agisse des deux extrémités, des deux côtés, du dessus, et de la cavité du demi-cylindre, on mesure le contour à l'une des extrémités, depuis le sommet de l'un des angles inférieurs en remontant jusqu'au sommet de l'autre angle inférieur, en parcourant en chemin la demi-circonférence. On multiplie le résultat par la longueur de la pierre ou de la rigole, et on a toute la surface taillée moins celle des deux extrémités. On complète en mesurant ces dernières dont chacune est un rectangle moins le demi-cercle que l'on connaît.

39. MESURE D'UNE BORNE. Ce mesurage peut avoir pour but de cuber la pierre ouvrée et d'évaluer la surface polie (pour payer le tailleur de pierres). Une borne se compose de deux parties distinctes qu'on appelle le *fût* et le *dé*. La pre-

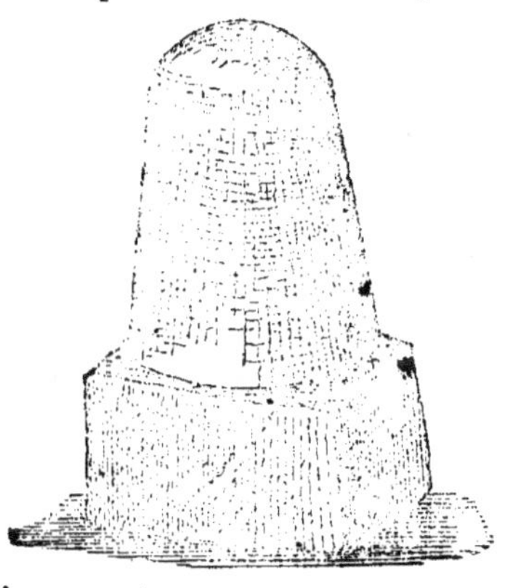

mière, destinée à rester en évidence, est taillée avec soin ; la seconde, destinée à supporter la première et à être enfouie, reste ordinairement à peu près brute. Il y a des fûts de toutes les formes et de toutes les dimensions. Beaucoup ont la forme d'un simple tronc de cône ; d'autres, celles d'un tronc de cône surmonté d'un segment de sphère. Nous ne nous occuperons que des bornes de ce genre (les bornes rondes).

Supposons d'abord un simple tronc de cône à surface supérieure plane.

On mesure la circonférence inférieure du fût, sa circonférence supérieure et sa hauteur. Cela fait, on peut calculer les deux rayons et obtenir le volume en appliquant la formule (25).

Mais il vaut mieux, sans calculer les rayons, appliquer immédiatement cette formule.

$$V = \frac{1}{5} H \left[\left(\frac{\text{circ. R}}{2} \right)^2 + \left(\frac{\text{circ. } r}{2} \right)^2 + \frac{\text{circ. R}}{2} \times \frac{\text{circ. } r}{2} \right] : \pi. (*$$

Quant au dé, qui est un parallélipipède plus ou moins régulier, on obtient son volume en faisant le produit de ses trois dimensions mesurées à partir d'un de ses sommets.

On obtient la surface du fût en mesurant sa longueur dans le sens de sa surface (l'arête du tronc de cône); puis on multiplie cette longueur par la circonférence moyenne.

Quand la partie supérieure du fût a la forme d'un segment de sphère, on calcule séparément le volume et la surface du tronc de cône; puis le volume et la surface du segment de sphère à l'aide des formules (29) et (33). Il n'y a pour cela à mesurer en plus que la hauteur de ce segment. On connaît la demi-circonférence et le demi-cercle de base.

La surface supérieure du dé est égale au produit de ses deux dimensions diminué de la base inférieure du fût. Il faut ajouter cette surface à celle du fût, pour avoir la surface polie totale.

Il est d'ailleurs facile de mesurer la surface latérale du dé si on en a besoin.

APPLICATION. *Les dimensions d'une borne ronde sont : circ. en bas du fût* $0^m,945$; *circ. sous le segment de sphère* $0^m,80$; *hauteur du fût* $0^m,45$; *hauteur du dé* $0^m,24$; *hauteur du segment de sphère* $0^m,05$. *Le dé est un parallélipipède à base carrée. Trouver le volume de cette base et celui de la surface polie au-dessus du dé.*

Réponse. Volume du fût : $0^{mc},029133$; *id.* du dé, $0^{mc},021716$; volume de la borne, $0^{mc},050849$.

Surface du fût, $0^{mq},4331$, surface supérieure du dé (circonscrite au fût); $0^{mq},0194$; surface polie totale, $0^{mq},4525$.

Nous recommandons cet exercice au lecteur.

40. MESURES DE CAPACITÉ. Il est bon de pouvoir vérifier soi-même l'exactitude des mesures en usage; cette vérification est très-facile pour les mesures de capacité. La loi veut que

---

(*) On remplace dans la formule 25 , πR^2 par $(^1/_2$ circ. R$)^2 : \pi$.

ces mesures soient cylindriques, et construites suivant ces prescriptions : pour les mesures en bois, destinées à mesurer les grains, graines et les matières sèches, *le diamètre intérieur doit être égal à la hauteur intérieure ou profondeur*, tandis que pour les mesures en étain, en zinc, ou en fer-blanc, destinées aux liquides, *la hauteur à l'intérieur est double du diamètre*. Connaissant les dimensions précises de ces mesures, on peut aisément les mesurer avec une tringle ou avec un bâton. Voici les dimensions de quelques mesures très-usitées :

MESURES	DIAMÈTRE INTÉRIEUR.	PROFONDEUR.
Litre en étain	$0^m,08602$	$0^m,17204$
Demi-litre.	$0,06828$	$0,13656$
Quart de litre	$0,05119$	$0,10838$
Litre (en bois).	$0,10838$	$0,10838$
Double décalitre (en bois). . .	$0,29418$	$0,29418$
Hectolitre (en bois).	$0,50308$	$0,50308$

On ne peut guère faire usage dans la pratique que des trois ou quatre premières décimales; alors on force au besoin la dernière.

Pour calculer ces mesures, nous avons pris provisoirement le décimètre pour unité, parce que le litre équivaut à un décimètre cube. Si l'on appelle x le diamètre intérieur de l'une des mesures, sa profondeur est $2x$ ou x, et le volume $\frac{1}{2}\pi x^3$, ou $\frac{1}{4}\pi x^3$; d'où les égalités suivantes pour déterminer les diamètres des mesures indiquées dans l'ordre du tableau précédent: 1° les 3 premières; 2° les 3 dernières.

$$1° \quad \frac{1}{2}\pi x^3=1 ; \quad \frac{1}{2}\pi x'^3=0,5 ; \quad \frac{1}{2}\pi x''^3=0,25 ;$$

$$2° \quad \frac{1}{4}\pi x^3=1 ; \quad \frac{1}{4}\pi x'^3=20 ; \quad \frac{1}{4}\pi x''^3=100.$$

Nous avons employé les logarithmes.

44. CONTENANCE DES FUTS. (*barriques, tonneaux, tonnelets, barils*).

Les fûts peuvent être plus ou moins bien confectionnés; la courbure des douves peut être plus ou moins régulière. Cette

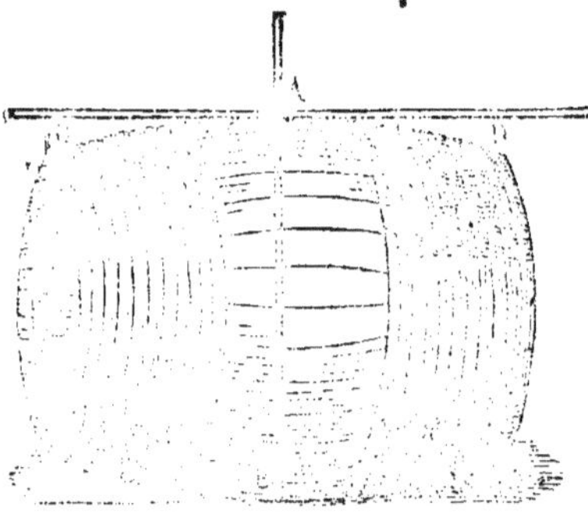

courbure est presque toujours parabolique. On a d'abord déterminé la règle à suivre pour avoir la contenance d'un fût dans cette hypothèse; puis on a modifié un peu cette règle d'après l'expérience, c'est-à-dire d'après un grand nombre de mesures vérifiées par le dépotage des liquides. Nous allons expliquer comment on mesure la contenance d'un fût quelconque, *d'après ce qui se fait à l'octroi de Paris.*

On appelle *hauteur* ou *diamètre du bouge* le plus grand diamètre du fût qui correspond habituellement au centre de la bonde.

On appelle *jables* la partie saillante qui à chaque bout du fût prend depuis le fond jusqu'à l'extrémité des douves.

Cela posé, voici la marche à suivre.

On détermine d'abord le diamètre moyen des fonds. Pour

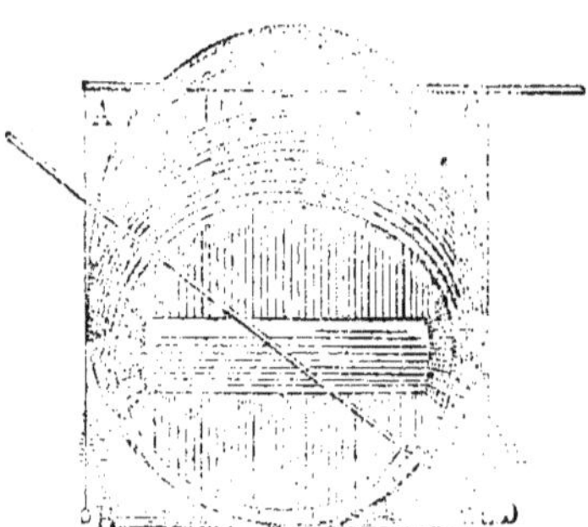

cela on mesure le diamètre de chaque fond à l'intérieur des jables dans l'endroit le plus large. (V. la fig.) On additionne les deux résultats, et on prend la moitié de la somme ; cette moyenne est ce qu'on appelle *les fonds réduits.*

On prend ensuite la hauteur et le diamètre du bouge en introduisant le mètre par la bonde. Si on ne peut pas ouvrir le fût, on peut obtenir le plus grand diamètre horizontal au moyen du mètre posé horizontalement et de niveau sur le tonneau, et du fil à plomb employé comme l'indique la seconde figure.

Il reste encore à trouver la longueur *intérieure*.

Elle est égale à la longueur extérieure d'une extrémité à l'autre, moins la profondeur des jables et l'épaisseur des fonds.

La longueur extérieure se mesure aisément. On mesure la profondeur des jables à l'aide d'un double décimètre ou d'un instrument spécial appelé *médiale* (indiqué sur la figure).

L'épaisseur du bois se prend à la bonde, ou bien pour plus d'exactitude, à l'aide d'un petit crochet introduit par un trou de foret pratiqué au milieu du fond.

Les dimensions prises ainsi, on applique cette formule :

$$V = {}^1\!/_4\, \pi.\, l\, [d + 0{,}56\, (D - d)]^2$$

dans laquelle d représente le diamètre moyen des fonds, D le diamètre du bouge, et l la longueur intérieure.

On remplace 0,56 par 0,60 pour les fûts de 300^l et au-dessus (*).

Nous pourrions indiquer d'autres formules usitées ; nous croyons devoir nous borner à celle-ci qui, d'après de nombreuses expériences, donne les résultats les plus exacts.

APPLICATION.

Mesures.

1er fond : 0^m,462 ⎫
2e fond : 0 ,460 ⎭ fonds réduits. . . . **0,461**

hauteur du bouge. **0,563**

longueur extérieure. **0,884**

profondeur des jables **0,032**

épaisseur des fonds. **0,010**

(*) Si la courbure des douves était rigoureusement parabolique, il faudrait multiplier D — d par $\frac{2}{3}$ ou 0,67 ; c'est même ce qui a été prescrit dans une

OPÉRATIONS.

$D = 0,583$; $d = 0,461$; $l = 0,884 - 0,064 \times 2 - 0,020 \times 2 = 0,800$. On prend $\pi = {}^{22}/_7$ et on applique la formule. Le fût contient 168 litres 6 décilitres.

Emploi des jauges. Prendre les mesures comme nous l'avons expliqué, puis appliquer les formules, n'est ni bien long ni bien difficile. Cependant c'est encore trop long pour des jaugeurs qui ont beaucoup à faire, comme ceux de l'octroi de Paris. Ces jaugeurs se servent d'instruments nommés *jauges* jauges (bâtons parsemés de points métalliques), à l'aide desquels ils déterminent sans calcul le nombre des litres contenus dans un fût. La graduation de ces jauges est assez compliquée, afin qu'elles puissent servir pour les fûts de toutes provenances, et il faut de l'étude et de l'exercice pour s'en bien servir. Comme l'usage n'en est pas répandu, nous avons cru utile de faire connaître ce qui précède.

42. CONTENANCE D'UN BROC. Les marchands de vin se servent de brocs dont les douves ont une courbure plus prononcée que celle des tonneaux. On en mesure la contenance de la même manière que celle des fûts, mais en employant $\frac{2}{3}$ ou 0,67 au lieu du nombre 0,56 ou 0,60 indiqué dans la formule précédente.

RÈGLE. Pour déterminer la contenance d'un broc, on détermine le diamètre intérieur du fond et celui de l'ouverture; on les additionne et on prend la moitié de la somme; cette moitié est le diamètre moyen des extrémités. On calcule le plus grand

---

Instruction officielle de l'an VII; mais l'expérience a montré que $\frac{2}{3}$ était trop fort, eu égard à la courbure réelle des douves ordinaires.

diamètre du ventre, d'après sa circonférence que l'on mesure avec une ficelle métrique. On retranche de ce diamètre deux fois l'épaisseur du bois pour avoir le grand diamètre intérieur. On retranche de celui-ci le diamètre moyen des fonds ; on ajoute les $\frac{2}{3}$ ou les 0,67 de la différence à ce même diamètre des fonds. Ce dernier résultat est le diamètre du broc converti en un cylindre parfait de même longueur. En conséquence, ayant mesuré la profondeur h du broc, on applique la formule $V = {}^1/_4 \pi h [d + 0,67 (D - d)]$ dans laquelle D et d désignent le grand diamètre ou le diamètre moyen des extrémités.

APPLICATION. *Diamètre du fond*, 0^m,24; *diamètre du col*, 0^m,10; *circonférence du ventre*, 1 mètre; *hauteur*, 0^m,28; *épaisseur du bois*, 0^m,011. *Calculer la contenance.*

On procède exactement comme nous venons de le faire pour un tonneau (n° 41). *Réponse.* 14 litres 2 décilitres.

43. CONTENANCE D'UNE CUVE. La forme est celle d'un tronc de cône. Il faut donc appliquer la formule (13).

$$V = \frac{1}{3} \pi \times H \times (R^2 + r^2 + R \times r).$$

Il faut connaître le diamètre intérieur de la cuve au fond et en haut, ainsi que la profondeur ou hauteur intérieure.

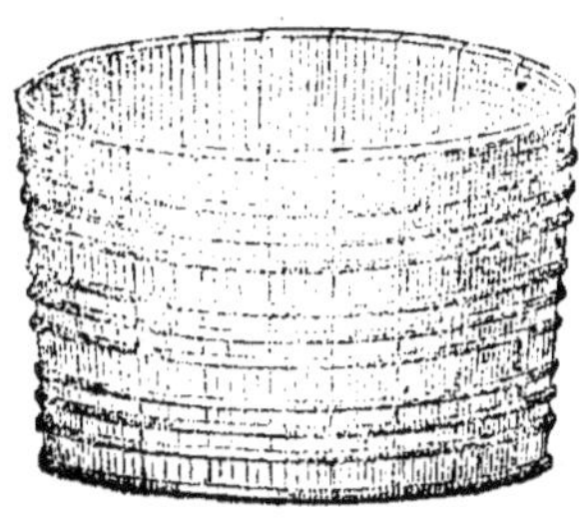

On détermine les diamètres en mesurant la circonférence de la cuve en haut, puis en bas, et en divisant les longueurs trouvées par $\frac{22}{7}$. On retranche de chaque diamètre deux fois l'épaisseur du bois, puis on prend la moitié de chaque reste, ce qui donne enfin R et r. On mesure la profondeur, et on a tout ce qu'il faut pour calculer la contenance demandée.

On peut aussi employer la formule du n° 39.

MESURAGE D'UN SAC DE CHARBON DE BOIS. Le charbon de

bois se vend souvent par sacs contenant deux hectolitres ou une *voie*. Ces sacs n'étant pas d'une grandeur régulière, il est bon de pouvoir déterminer leur contenance sans avoir besoin de les mesurer à l'hectolitre; car ce mode de mesurage, outre l'embarras et la malpropreté, a l'inconvénient d'être long et de détériorer le charbon en le brisant.

RÈGLE. Considérant le sac plein comme un cylindre, on mesure la circonférence au milieu à l'aide d'un ruban métrique; de la circonférence on déduit la surface du cercle (page 153). Enfin, on multiplie cette dernière par la hauteur du sac. Le bas du sac n'étant pas cylindrique, on compense ce défaut en diminuant la hauteur de *quatre* centimètres.

CONTENANCE DES FOSSES, DES CITERNES ET DES CAVES

44. Pour mesurer la contenance d'une fosse, d'une citerne ou d'une cave dont les parois planes s'élèvent perpendiculairement au sol, il suffit de mesurer la base d'après une de nos formules ou de nos règles, et de multiplier sa surface par la hauteur ou profondeur.

Mais ce cas, le plus facile, est aussi le plus rare. Le plus souvent les réservoirs souterrains sont voûtés et leurs voûtes affectent des formes diverses. On mesure alors, non pas la surface du sol, mais celle du mur vertical qui borne la cave ou la citerne à l'une des extrémités. On opère d'ailleurs suivant la forme de la courbe que présente la voûte. Nous allons montrer par quelques exemples la marche à suivre généralement.

1er EXEMPLE. *La voûte d'une citerne ou d'une fosse se continue jusqu'au sol; la surface du mur vertical à chaque extrémité est un demi-cercle.*

Le volume à mesurer est un demi-cylindre horizontal qui a 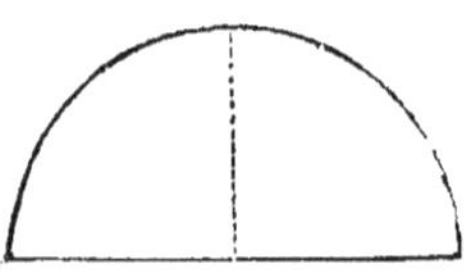 pour base le demi-cercle et pour hauteur la longueur de la citerne, c'est-à-dire la distance des deux murs verticaux. Ce volume se calcule par la formule $\frac{1}{2}\,\pi\,R^2 \times H$. Le fond de la citerne est rectangulaire : on mesure sa largeur qui est 2R et sa longueur qui est la longueur H du demi-cylindre.

2ᵉ EXEMPLE. *La voûte d'une cave ou d'une citerne ne continue pas jusqu'au sol ; elle s'appuie sur deux murs verticaux rectangulaires (qu'on appelle* pans droits) ; *la surface du mur vertical de chaque extrémité se compose d'un segment de cercle ACBE et au-dessous d'un rectangle ABB'A'.*

On mesure la flèche CE de l'arc et la hauteur DE des pans 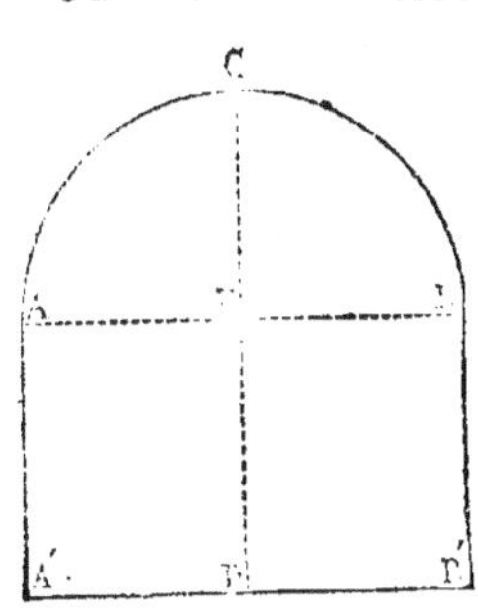 droits ; puis, sur le sol qui est rectangulaire, la largeur et la longueur de la cave. La largeur AB est à la fois la corde de l'arc et la base du rectangle.

Si la corde AB est le double de la flèche, le segment ABC est un demi-cercle. Le volume à mesurer est alors composé d'un demi-cylindre horizontal qui a pour base le demi-cercle, et d'un parallélipipède rectangle qui a pour base le rectangle ABA'B'. Tous deux ont pour hauteur la longueur de la cave ou citerne. On calcule donc la surface du demi-cercle égale à $\frac{1}{2}\pi\overline{CE}^2$, et celle du rectangle égale à AB × DE.

On additionne ces deux surfaces et on multiplie la somme par la longueur de la cave ou citerne.

Quand la corde de l'arc est plus grande que le double de la flèche (V. la fig.) la surface circulaire n'est plus un demi-cercle ; c'est un segment de cercle proprement dit. Il faut employer la formule du segment (segment = secteur — triangle). Il est plus simple d'évaluer le secteur par la formule : secteur = arc × $\frac{1}{2}$ R ; car on peut mesurer l'arc sur la voûte à l'aide d'un ruban métrique bien tendu. A cela près, les mesures à prendre sont les mêmes que dans le cas précédent. Le volume cherché, composé d'une portion de cylindre et d'un parallélipipède rectangle, est égal à la somme du segment et du rectangle inférieur multipliée par la longueur de la cave.

1re REMARQUE. Dans le premier cas (demi-cercle et rectangle), on peut simplifier le calcul. En effet, $\frac{1}{2}\pi R^2 = \frac{1}{4}\pi R \times 2R = \frac{1}{4}\pi \times CE \times AB$, l'aire du rectangle est $AB \times DE$; la somme $\left(\frac{1}{4}\pi \times CE + DE\right) \times AB$. Si l'on prend $\pi = \frac{22}{7}$; $\frac{1}{4}\pi = \frac{22}{28} = \frac{1}{2} + \frac{1}{4} +$ le 7e du quart. De là cette méthode : on prend la moitié de la flèche CE, puis le quart, puis le septième du quart; sous ces trois parties écrites pour l'addition, on met la hauteur DE; on additionne le tout, et on multiplie la somme par la base commune BA du segment et du rectangle. Enfin, on multiplie ce dernier produit par la longueur de la cave.

2e REMARQUE. Dans le cas du segment de cercle, on a besoin du rayon du cercle pour calculer le secteur et le triangle. On peut trouver ce rayon sans calcul en se servant d'une tringle à laquelle un talon est appliqué perpendiculairement. On applique successivement ce talon sur la voûte aux deux extrémités de l'arc de cercle (V. la dernière fig.), et chaque fois on trace une droite sur le mur le long de la tringle. Les deux droites menées vont concourir en un point qui est évidemment le centre du cercle; CE est le rayon.

Ayant mesuré ce rayon, on en retranche la longueur de la flèche pour avoir la hauteur du triangle à évaluer avec le secteur.

APPLICATIONS.

1.er CAS. *La courbe de la voûte sur une demi-circonférence.*

Dimensions de la citerne.

Largeur. . . . . AB = 6^m,52
Longueur. . . . . = 10^m,80
Hauteur des pans droits. . . . DE = 5^m,60

Opérations.

$$CE = \frac{1}{2} AB =$$

$CE = \frac{1}{2} AB =$	3,26	8,161 6,52
$\frac{1}{2}$	1,63	16322 4 0805 48 966
$\frac{1}{4}$	0,815	53,20972 10,80
le 7e du $\frac{1}{4}$	0,116	42 567776 532 0972
$\frac{1}{4} \pi CE =$	2,561	574,664976
$DE =$	5,60	
	8.161	

La capacité de la citerne est 574^{mc},665.

2e CAS. *La courbe de la voûte est un arc de cercle moindre que la demi-circonférence* (dernière figure).

Dimensions.

Largeur.	JK	$= 4^m,80$
Longueur.		$= 7 ,20$
Hauteur des pans droits. . . .	FJ	$= 3 ,80$
Flèche	IH	$= 1 ,40$
Rayon	EC	$= 2 ,76$
Arc.		$= 6 ,20$

Opérations.

$$Secteur = \text{arc} \times \frac{1}{2} R. \qquad Triangle = \frac{1}{2} \text{larg}^r \times (R - \text{flèche}).$$

Segment. — Secteur. — Triangle.

En appliquant ces formules, on trouve que le segment = 5^{mq},292; le rectangle 18^{mq},24; total 23^{mq},532, et enfin la contenance de la citerne $(23,532 \times 7,20)^{mc} = 169^{mc},340$.

3e EXEMPLE. *La surface du mur vertical à chaque extrémité se compose d'une demi-ellipse et d'un rectangle.*

Le volume à mesurer se compose d'un demi-cylindre droit
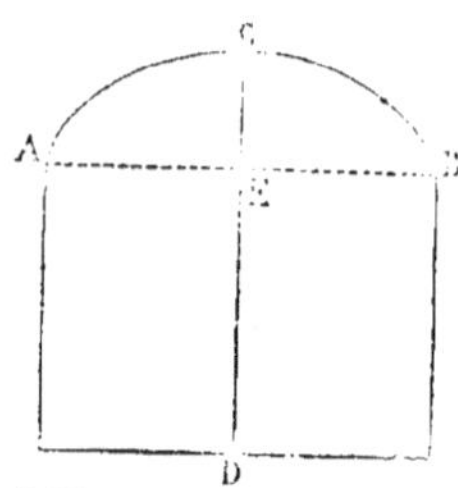
et d'un parallélipipède rectangle. On
mesure sur le sol la longueur de la cave,
la largeur AB et la hauteur CD (du milieu de la largeur au sommet de l'arc).
On mesure de même la hauteur DE qui
est celle des pans droits; CD — DE est
le petit axe de l'ellipse par la formule
$\pi \times a \times b$, puis celle du rectangle. On
additionne et on multiplie la somme par la longueur de la
cave ou citerne.

Remarquons ici que $\pi \times AB \times CE + AB \times DE = (\pi CE + DE) \times AB$. De là une simplification : on prend 3 fois CE,
$^1/_7$ de CE, on écrit au-dessous DE; puis on additionne les
trois nombres, pour multiplier la somme par AB.

5ᵉ **Exemple.** *La surface du mur vertical de chaque extrémité
se compose d'un demi-cercle et d'un trapèze dont les deux côtés
descendants sont inclinés au sol, comme l'indique la figure.* (C'est
à peu près la coupe ordinaire des égouts.)

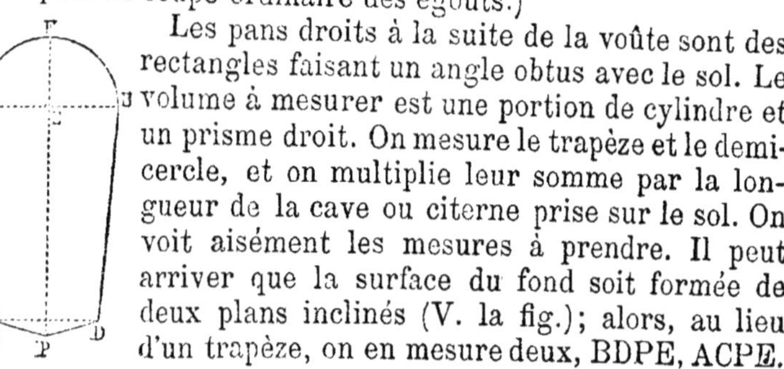
Les pans droits à la suite de la voûte sont des
rectangles faisant un angle obtus avec le sol. Le
volume à mesurer est une portion de cylindre et
un prisme droit. On mesure le trapèze et le demi-
cercle, et on multiplie leur somme par la longueur de la cave ou citerne prise sur le sol. On
voit aisément les mesures à prendre. Il peut
arriver que la surface du fond soit formée de
deux plans inclinés (V. la fig.); alors, au lieu
d'un trapèze, on en mesure deux, BDPE, ACPE.

6ᵉ **Exemple.** *La surface verticale d'un mur à chaque extrémité
se compose d'un demi-cercle ou d'un segment de cercle et d'un
quadrilatère,* ADBC.

La voûte s'appuie d'un côté sur un pan droit rectangulaire
dont la hauteur est AD, de l'autre sur un mur incliné au sol
qui a aussi la forme d'un rectangle, ayant pour dimensions
BC et la longueur de la cave.

Le volume à mesurer se compose toujours d'une portion
de cylindre et d'un prisme droit dont les bases sont le qua-

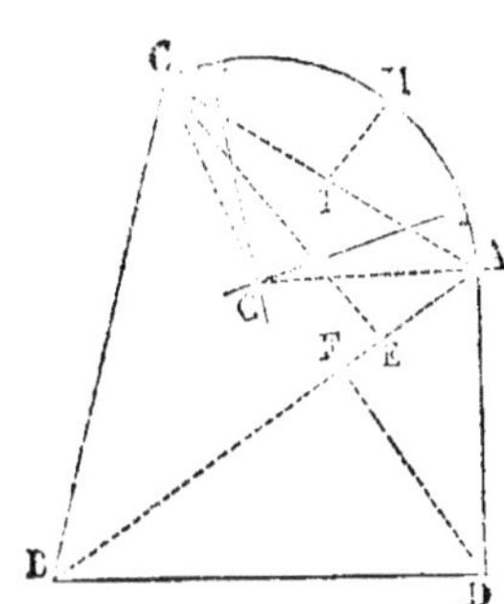

drilatère ADBC et son opposé de l'autre mur vertical.

La hauteur commune du prisme et du cylindre est la longueur de la cave. Il faut calculer la surface du quadrilatère ADBC (décomposé en deux triangles), celle du demi-cercle ou segment, ajouter, et multiplier la somme par la longueur de la cave. Les longueurs à mesurer sont celles indiquées sur la figure pour le quadrilatère, la longueur de la cave (sur le sol), et enfin le diamètre CA dans le cas du demi-cercle. Dans le cas du segment, il faut mesurer la flèche IH, la corde CA, l'arc CHA et le rayon CG.

45. Nous nous bornerons à ces exemples. Nous ne pouvons pas prévoir ici toutes les formes qu'affectent les voûtes; cela nous mènerait trop loin, et d'ailleurs nous ne pouvons pas sortir de la géométrie ordinaire.

Nous avons supposé les terrains droits, les murs unis, les lignes régulières. Dans la pratique on ne rencontre pas toujours cette régularité. Quelquefois les murs sont concaves ou bombés, accidentés de cavités ou de pierres qui débordent; il y a des angles arrondis. Nous ne pouvons prévoir théoriquement ces accidents de terrains ou ces vices de construction; c'est à l'opérateur à y avoir égard en compensant ses mesures autant que possible, en forçant ou en diminuant, suivant le cas, de manière à approcher le plus possible de l'exactitude.

Il peut y avoir dans les fosses, caves ou citernes, des piliers ou colonnes d'appui qui occupent une partie de l'espace intérieur et dont les volumes doivent être par conséquent déduits de la capacité trouvée en les négligeant d'abord. On mesure les volumes de ces piliers ou colonnes suivant leur forme, en décomposant leurs volumes au besoin.

Il peut y avoir aussi des planchers inclinés, des vides extérieurs à déduire de la capacité à mesurer; on les évalue suivant leur forme et on les retranche.

APPLICATION DE LA PHYSIQUE; QUESTIONS D'EXAMEN.

46. Problème. *Trouver le poids d'une colonne en fonte dont le diamètre est* $0^m,568$, *et la hauteur* $0^m,739$ *la; densité est* $7^m,207$.

Formule : $P = V. D = \pi R^2 \times H \times D = R^2 \times H \times D \times \pi$.

Réponse. 1350^{Kg} à moins d'un kilogramme.

Le nombre des chiffres décimaux devenant trop grand après la deuxième multiplication, nous avons employé la multiplication abrégée que nous avons faite de manière à avoir le produit à moins de 0,1. Puis nous avons employé $\pi = {}^{22}/_7$, sans faire la correction, puisque le poids cherché est moindre que 2484 kilog.

Ce calcul se fait simplement par logarithmes; nous l'avons vérifié ainsi.

47. *Trouver à un gramme près le poids du mercure à* $0°$ *que peut contenir un ballon sphérique de* 40^{cm} *de diamètre intérieur. La densité du mercure est* 13,59.

$$\text{Le poids } P = \frac{4}{3}\pi R^3 \times D = 20^3 \times 13,59 \times \frac{4}{3}\pi.$$

Nous prenons pour unité le gramme et le centimètre.

$$R = 20. \qquad \pi = 3,1416 \qquad {}^4/_3\,\pi = 4,1888$$

$R^3 = 8000.$ $P = 8000 \times 13,59 \times {}^4/_3\,\pi = 455406,336$ à une unité près. Le poids demandé est $455,40592 = 455^{Kg},405$.

Nous retranchons un gramme pour compenser l'erreur commise en prenant $\pi = 3,1416$. (Le résultat surpasse 424000 grammes.

Nous avons vérifié en faisant le calcul par logarithmes.

48. *Trouver à moins d'un centimètre le rayon d'une sphère de plomb qui pèse 527 kilogrammes. La densité est 11,35.*

Nous prendrons pour unités le centimètre et le gramme eu égard à l'unité d'approximation.

$$\text{Formule : } P = V \times D = \frac{4}{3}\pi R^3 \times D \text{ ; d'où } R = \sqrt[3]{\dfrac{P}{D \times \frac{4}{3}\pi}}.$$

$P = 527000$ grammes ; $D = 11,35$. Nous prendrons $\pi = 3,1416$.

Calcul par logarithmes. Il y a une racine cubique à extraire ; le plus simple est d'employer les logarithmes.

$$R = \sqrt[3]{\dfrac{527000}{11,35 \times \frac{4}{3}\pi}} = \sqrt[3]{\dfrac{527000}{11,35 \times 4,1888}}$$

$$\log. R = \dfrac{\log. 527000 - (\log. 11,35 + \log. 4,1888)}{3}$$

log. 527000 = 5,7218106	log. 11, 35 = 1,0549959
1,6770845	log. 4,188 = 0,6220886
4,0447261	1,6770845

$$\log. R = 1,3482420 \qquad R = 22,297.$$

Réponse. $R = 22$ centimètres (à 1 centim. près).

49. *Un creuset en forme de tronc de cône, qui a pour diamètre inférieur $0^m,04$, pour diamètre supérieur $0^m,07$, et pour hauteur $0^m,10$, contient du métal en fusion dont la face supérieure a $0^m,06$ de diamètre. On coule ce métal dans un moule sphérique qu'il remplit exactement. Trouver le rayon de ce moule.*

Pour nous débarrasser des décimales, nous prendrons pour unité le centimètre. Les dimensions données sont dans cette hypothèse 4, 7, 10 et 6.

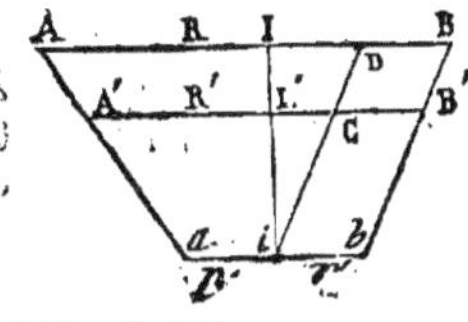

$R = 3,5$; $r = 2$; $R' = 3$. Le volume occupé par le liquide est le tronc de cône ab A'B' dont nous connaissons les diamètres et les rayons, mais dont il faut trouver la hauteur iI'. Menons iD parallèle à bB.

4

Les triangles semblables iID, iI'C, donnent $\dfrac{i\text{I}'}{i\text{I}}=\dfrac{\text{I}'\text{C}}{\text{ID}}$. Or,

$i\text{I} = 10$; $\text{I}'\text{C} = \text{R}' - r = 3 - 2 = 1$; $\text{ID} = \text{R} - r = 3,5 - 2 =$
$1,5$; donc $i\text{I}' = \dfrac{1\times 10}{1,5} = \dfrac{100}{15} = \dfrac{20}{3}$.

Le volume du liquide est donc

$$\frac{1}{3}\,\pi\times\frac{20}{3}\,(3^2 + 2^2 + 3\times 2) = \frac{1}{3}\pi\times\frac{20}{3}\times 19.$$

Si nous appelons x le rayon cherché de la sphère, nous aurons.

$$\frac{1}{3}\,\pi\times\frac{20}{3}\times 19 = \frac{4\pi x^3}{3};\ \text{d'où}\ \frac{5}{9} = 19\times x^3,$$

et enfin, $$x = \sqrt[3]{\frac{95}{3}}.$$

On extrait cette racine cubique avec l'approximation que l'on veut.

50. *Le mercure qui remplit un tube capillaire de* $0^{\mathrm{m}},411$ *de longueur pèse* $2^{\mathrm{g}},8$; *calculer le diamètre de ce tube à moins de* $0^{\mathrm{m}},00001$. *La densité du mercure est* $13,596$.

$$\text{P} = \text{V}\times\text{D} = \frac{1}{4}\,\pi.x^2.\text{H}\times\text{D};\quad \text{le diamètre } x = \sqrt{\frac{\text{D}\times\text{H}\times\pi.}{4\text{P}}}.$$

Nous prendrons pour unités le gramme et le centimètre; $\text{H} = 41,1$. Il faut trouver x à moins de $0,001$.

$$x = \sqrt{\frac{2,8\times 4}{13,596\times 41,1\times\pi}} = \frac{1}{1000}\sqrt{\frac{11200000}{13,596\times 41,1\times\pi}}.$$

Le plus simple est de calculer x par logarithmes.

Calcul par logarithmes.

Log. $11200000 = 7,0492180$	log. $13,596 = 1,1334112$
$3,2444039$	log. $41,1\ \ = 1,6138418$
$3,8048141$	log. $3,1416 = 0,4971509$
Le log. du radical est $1,9024070$	$3,2444039$

sa valeur est $79,874$.

$$R = 0.001 \text{ de } 79{,}874 = 0{,}079884.$$

Réponse. $x = 0^{cm}{,}079$ à $0{,}001$ de centimètre près.

51. Nous avons résolu assez de problèmes pour que le lecteur soit édifié sur la marche à suivre en général dans les questions du même genre. Nous compléterons notre travail en indiquant un assez grand nombre de problèmes proposés aux examens du baccalauréat dont nous donnons les solutions *vérifiées avec le plus grand soin.* Nous appelons l'attention du lecteur sur les simplifications indiquées.

EXERCICES.

PROBLÈMES A RÉSOUDRE.

1. Trouver la hauteur d'un cylindre qui contient 400 hectolitres et dont le rayon de base est $0^m{,}8$. *Réponse.* $19^m{,}894$.

On prend pour unités le litre et le décimètre.

2. On plonge dans un liquide à $0°$ un cylindre de fer dont le rayon est $0^m{,}05$ et la hauteur $0^m{,}2$. Ce cylindre pèse dans le liquide 9^{Kg}; la densité du fer est $7{,}788$. Quelle est la densité du liquide? *Réponse.* $2{,}058$.

Le poids du cylindre dans l'air est $12^{Kg}{,}233$; il perd donc dans le liquide $3^{Kg}{,}233$. Il perdrait dans l'eau $1^{Kg}{,}570796$.

3. Le rayon intérieur d'une tour ronde est $1^m{,}15$; son épaisseur $0^m{,}15$, et le volume de la maçonnerie $44^{mc}{,}4677$. Trouver sa hauteur. *Réponse.* $38^m{,}515$.

(Le volume est la différence de deux cylindres dont les rayons sont $1{,}3$ et $1{,}15$ nous avons employé $\dfrac{1}{\pi} = 0{,}31831$.)

REMARQUE. L'équation de ce problème est $44{,}4677 = \pi \times [(1{,}30)^2 - (1{,}15)^2]$.

On doit ici remplacer la différence des carrés par le produit de la somme des deux nombres par leur différence. On simplifie souvent ainsi les problèmes de ce genre.

4. La densité de l'argent est $10{,}47$; celle de l'or $19{,}26$. On veut recouvrir d'or à une épaisseur de $0{,}0002$ un fil cylindrique en argent de $0^m{,}0015$ de diamètre, pesant $3^g{,}2875$. Trouver le poids de l'or à employer.

Soient x la longueur du fil et y le poids cherché. Les unités sont le gramme et le centimètre.

$$\frac{1}{4}\pi x (0{,}15)^2 \times 10{,}47 = 3{,}2875.$$

$$\frac{1}{4}\pi x [(0{,}17)^2 - (0{,}15)^2]19{,}26 = y.$$

$$\frac{1}{4}\pi x[(0,17+0,15)(0,17-0,15)]19,26=y.$$

$$\frac{1}{4}\pi x \times 0,0064 \times 19,26=y.$$

Or $\quad \dfrac{1}{4}\pi x = \dfrac{3,2875}{(0,15)^2 \times 10,47}\quad$ donc $\quad y=\dfrac{32875\times 0,0064\times 1926}{225\times 1047}.$

Nous remarquons que 32875 et 225 sont divisibles par 25; de même 1926 et 325 sont divisibles par 9; car $9\times 25=225$;

donc $\qquad\qquad\qquad y=\dfrac{1315\times 0,0064\times 214}{1047}.$

Réponse, 1^s,7201.

Nous avons résolu ce problème à cause des simplifications que nous voulons faire remarquer. Par exemple, nous n'avons pas calculé x à part; nous avons pris sa valeur pour la substituer, et π s'est trouvé éliminé.

5. Un vase cylindrique en métal a 31^{cm} de hauteur et 50^{cm} de diamètre intérieur. Ses parois ont 1^{cm} d'épaisseur, et leur densité est 7; trouver le poids en grammes. *Réponse*. 17213 grammes.

$$\frac{1}{4}\pi\times 31\times(51^2-50^2)\times 7=x\quad \text{ou}\quad \frac{1}{4}\pi\times 31(51+50)(51-50)\times 7=x,$$
ou $\qquad\qquad\qquad 0,7854\times 31\times 101\times 7=x.$

(Nous avons pris $\pi=3,1416$, et fait la multiplication abrégée).

Trouver en centimètres la hauteur de la partie du vase qui serait immergée si on le plongeait dans l'eau. *Réponse* 8^{cm},7668.

$$\frac{1}{4}\pi.x.50^2=\frac{1}{4}\pi.31\times 101\times 7 \quad \text{ou}\quad x.2500=31\times 101\times 7.$$

6. Le diamètre intérieur d'un vase cylindrique est 0^m,175; il est posé sur un plan horizontal par son fond circulaire; on y verse 21 ^{Kg} de mercure dont la densité est 13,59; on demande la hauteur du mercure. *Réponse*. 0^m,0642.

7. Trouver le diamètre d'un fil de platine pesant 28 grammes par mètre de longueur, la densité du platine passé à la filière étant 21,04.

Réponse. 0^m,01301. (Nous avons pris $\pi=3,1416$.) Ce calcul peut se faire simplement par logarithmes.

8. Un litre est en zinc dont la densité est 7,19; sa hauteur est double du diamètre de la base; l'épaisseur du métal est 0^m,005. On demande son poids.

On connaît le volume intérieur du litre qui est 1000 centimètres cubes; en déterminant le volume du cylindre plein, on aura le volume réel du zinc en retranchant le vide du plein. Nous savons d'ailleurs que le diamètre intérieur x du litre donné par l'équation $\frac{1}{2}\pi x^3=1000$ est 8^{cm}, 60254 (p.37). Le diamètre total du plein, $x+1=9^{cm},60254$; la hauteur totale, $2x+0,5=17,70508$. Le volume total est donc $\frac{1}{4}\pi\times(9,60254)^2\times 17,70508$. En évaluant ce volume par logarithmes on trouve 1282^{cmc},21. En retranchant 1000, on trouve pour le volume du zinc, 282^{cmc}, 21. Le poids est $282,21\times 7,19$ En effectuant, on trouve 2029^{gr} ou 2^{Kg},029, à un gramme près.

9. Un vase cylindrique a 0^m,25 de rayon. On y verse 30^{Kg} de mercure dont la densité est 13,59, puis 490^g d'alcool dont la densité est 0,79. On demande la hauteur de la colonne liquide.

Réponse. Hauteur du mercure, 0^m,011 ; hauteur de l'alcool, 0^m,003. Total, 0^m,014.

10. Un vase cylindrique, dont le diamètre est 0^m,315, a été rempli d'eau. Cinq jours après il faut verser 4^{Kg},220 pour compenser l'évaporation. On demande la hauteur de la colonne évaporée.

Réponse. 0^m,05549. (Nous avons pris le *dm* et le *Kg* pour unités, et $\pi = 3,1416$.)

11. Trouver la hauteur d'un cylindre de laiton, sachant que son poids est 50^{Kg}, la circonférence de sa base 0^m,650, et la densité 8,44. *Réponse* 8^m,1762.

12. Un gramme de mercure occupe à 0° une longueur de 0^m,137 dans un tube capillaire ; la densité du mercure est 13,596. Trouver le diamètre intérieur du tube. *Réponse.* 0^m,0008268.

13. La hauteur d'un cône droit est 20^m ; son volume 387^{mc}. Déterminer par un plan parallèle à sa base un cône partiel dont le volume soit 95^{mc}. On demande l'arête du cône partiel.

14. L'arête d'un cône circulaire droit est 30^m,45 ; la hauteur 25^m,55. Calculer par logarithmes la surface latérale et le volume du cône.

$$R^2 = (30,45)^2 - (25,55)^2 = (30,45 + 25,55)\,(30,45 - 25,55) = 56 \times 4,90.$$

Le rayon étant trouvé, on applique les formules qui sont logarithmiques.

Réponse. Le volume est 287^{mc}, 350. La surface est 1584^{mq},63.

15. Étant donné un cône dont la hauteur est 6^m et le rayon de base 4^m, on le coupe par un plan parallèle à la base, 2^m de distance du sommet. On demande la surface latérale et le volume du tronc de cône.

Réponse. Sa surface latérale est 80^{mq},66 ; le volume 96^{mc}, 807. (Nous avons employé $\dfrac{22}{7}$ avec la correction.)

16. La hauteur d'un cône est 10^m, le rayon de sa base 5^m. On demande à quelle distance de la base il faut mener un plan parallèle pour que le volume du tronc de cône soit 20^{mc}.

$$V = {}^1/_3\,\pi y\,(5^2 + x^2 + 5x) = 20.$$

$$\frac{y}{OK} = \frac{AO}{CO}, \text{ ou } \frac{y}{5-x} = \frac{10}{5} = 2 ; \qquad y = 2\,(5-x) ;$$

$$V = \frac{2}{3}\,\pi\,(5^3 - x^3) = 20 ; \quad 5^3 - x^3 = \frac{30}{\pi} ; \quad x^3 = 5^3 - \frac{30}{\pi}.$$

$$x = 4,86 ; \quad y = 2\,(5-x) = 2 \times 0,14 = 0^m,28.$$

Réponse. 0^m,28. (Nous avons pris $\pi = 3,1416$.)

17. Un liquide, dont la densité est 1,82, remplit un vase ayant intérieurement la forme d'un tronc de cône dont la hauteur est 0^m,20 et les rayons des deux bases 0^m,2 et 0^m,15. Déterminer le volume et le poids de ce liquide.

Formules. 1° $V = \frac{1}{3}\pi \times 2\,[2^2 + (1,5)^2 + 2 \times 1,5]$; 2° $P = V \times 1,82$, les unités étant le *Dm* et le *Kg* *Réponse.* $19^l,873$; poids $35^{Kg},259$.

18. *La surface d'un secteur circulaire est* $3^{mq},18$; *son angle au centre* 54°18′ ; *on demande, à moins de* $0^m,001$ *le rayon de la base d'un cône circulaire droit dont ce secteur est le développement de la surface latérale sur un plan.*

18 *bis.* On trace un arc concentrique à celui du secteur précédent avec un rayon moitié moindre. La partie inférieure du secteur est le développement de la surface latérale d'un tronc de cône. On demande le volume de ce tronc à $0^{mc},001$ près.

19. Le vide intérieur d'un vase conique a $0^m,6$ de hauteur, pour diamètre à l'ouverture $0^m,4$, et au fond $0^m,3$; le vase contient jusqu'au bord de la poudre destinée à remplir des obus dont le diamètre est $0^m,10$. Combien pourra-t-on remplir d'obus ?

Si l'on prend pour unité le décimètre, tous les nombres deviennent entiers.

Vol. du vase : $\frac{1}{3}\pi \times 6\,(2^2 + (1,5)^2 + 2 \times 1,5)$; vol. d'un obus : $\frac{1}{6}\pi$.

$$\frac{1}{3}\pi \times 6 \times 9,25 = \frac{1}{6}\pi x ;\ x = 2 \times 6 \times 9,25 = 111.$$

On voit ici un nouvel exemple de l'avantage qu'il y a à formuler les opérations de chaque problème avant de les effectuer.

19. *bis.* On demande la densité de la matière qui compose une sphère de $0^m,25$ de rayon, pesant $561^{Kg},731$.

Réponse. $0^m,85825$. (Unités : le décimètre et le kilogramme. $\pi = 3,1416$; multiplication et division abrégées.)

20. Un boulet de fonte pèse 12^{Kg} : la densité est 7,35. Trouver le rayon de ce boulet et le poids de l'or nécessaire pour former tout autour une couche d'or de $0^m,0006$ d'épaisseur, la densité de l'or fondu est 19,26.

Réponse. Le rayon est $0^m,073047$; il faut $781^g,15$ d'or. (Nous avons fait en grande partie le calcul par logarithmes. $\pi = 3,1416$.)

21. Faire avec du taffetas verni, qui pèse 250^g le *mq*, un ballon qui contienne $904^{mc},78$ de gaz hydrogène. On demande le poids du taffetas employé.

Il faut calculer la surface de la sphère en mètres carrés.

$$\frac{4}{3}\pi R^3 = 904,78 ;\ \text{d'où}\ R = \sqrt[3]{\frac{904,78 \times 3}{4\pi}} ; \qquad (1)$$

$$\text{vol. sphère ou } 904,78 = \text{surf. sph.} \times \frac{1}{3} R$$

$$\text{d'où surf. sph.} = \frac{904,78 \times 3}{R}. \qquad (2)$$

On détermine log. R d'après la première formule. Puis, sans chercher le nombre correspondant, on se sert de ce logarithme pour trouver la surface d'après la seconde formule.

Réponse. La surface du ballon est $452^{mq},39$, et le poids du taffetas $113^{Kg},097$

22. Un morceau de cuivre de forme cubique, pesant $1^{Kg},75$, est posé sur un tour et réduit à une sphère dont le diamètre est égal aux trois quarts du côté du cube; la densité du cuivre est 8,85 : on demande le poids de la tournure du cuivre. *Réponse.* $1363^s,437$.

Soit c le côté du cube; les unités sont le centimètre et le gramme.

$$c^3 . 8,85 = 1750. \qquad \left(c^3 - \frac{1}{6} \pi \left(\frac{3}{4} \right)^3 c^3 \right) 8,85 = x.$$

$$x = c^3 . 8,85 \left(1 - \frac{1}{6} \pi \left(\frac{3}{4} \right)^3 \right) = 1750 \left(1 - \frac{\pi \times 9}{128} \right).$$

Nous avons pris $\pi = 3,1416$.

23. Combien pèse à 0° et sous la pression de $0^m,76$ l'hydrogène contenu dans un ballon sphérique dont la surface est 10^{mc}. La densité de l'hydrogène est 0,0692 par rapport à celle de l'air, qui est elle-même $\frac{1}{770}$ par rapport à celle de l'eau. *Réponse.* $267^s,3$.

$$4\pi R^2 = 10 : \frac{4}{3} \pi R^3 = 4\pi R^2 \times \frac{1}{3} \quad R = 10 \times \frac{1}{3} \quad R = \frac{10}{3} \sqrt{\frac{10}{4\pi}} = \sqrt{\frac{1000}{36\pi}} =$$

$$\sqrt{\frac{250}{9\pi}}, \text{ etc. (Nous avons employé } \frac{1}{\pi} \text{ et la multiplication abrégée.)}$$

Il n'est pas nécessaire, comme on le voit, de calculer R pour obtenir le volume.

24. On demande le rayon de la base d'un cône de $0^m,3$ de hauteur équivalant à une sphère dont le diamètre est $0^m,6$.   *Réponse.* $0^m,6$.

25. Calculer la pression atmosphérique exercée sur une sphère de $1^m,25$ de rayon quand le baromètre marque $0^m,76$.

$$\textit{Formule. } x = 4\pi (12,5)^2 \times 7,6 \times 13,596.$$

Réponse. 202887 kilogrammes; $(\pi = 3,1416)$.

26. Un vase cylindrique vertical, dont le fond est un cercle horizontal de $0^m,05$ de rayon intérieur, contient de l'eau à 4° pesant 4^{Kg}. On y plonge une boule sphérique de $0^m,03$ de rayon, et il arrive que l'eau monte exactement au bord du vase. Quelle est la hauteur de celui-ci?   *Réponse.* $2^m,0047$.

27. Partager par un plan la surface d'une sphère en deux parties qui aient pour moyenne géométrique le triple du cercle qui les sépare.

27 bis. THÉORÈME (*à démontrer*). Si la hauteur d'un tronc de cône est égale à quatre fois la différence des rayons des bases, son volume est égal à la différence des volumes de deux sphères qui auraient ces rayons.

28. Dans un cercle dont le rayon OH est égal à 1 mètre, on prend le milieu B d'un quadrant AH; par le point B on mène BC parallèle à OA; on joint BA et CA. On demande d'évaluer, à un centimètre cube près, le volume engendré par le triangle ABC tournant autour de AO. (*Tracez BI perpendiculaire sur AO.*)

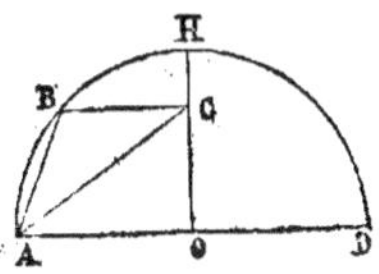

$BC = \frac{1}{2}\sqrt{2}$. Le volume ABC est égal à vol. BCOI + vol. BAI — vol. ACO.

$$V = \frac{1}{6}\pi R^3 \sqrt{2} = \frac{1}{6}\pi\sqrt{2}.$$

Réponse. $V = 740481^{mc}$.

29. Étant données une circ. et deux perpendiculaires aux extrémités d'un dia-

mètre, on propose de lui mener une tangente telle que le volume engendré par le trapèze ainsi formé, tournant autour du diamètre, soit équivalent à une sphère donnée.

Soient $OB = R$ le rayon de la sphère donnée, $BC = x$, $AD = y$.

$$CE = BC = x; \quad DE = DA = y.$$

Les équations du problème sont

$$(x + y)^2 - xy = \frac{2a^3}{R} \quad \text{et} \quad x \times y = R^2.$$

30. Les décimes actuels pèsent 10^g et sont composés d'un alliage de 0,95 de cuivre 0,4 d'étain, et 0,1 de zinc. La densité du cuivre est 8,85 ; celle de l'étain, 7,29 ; celle du zinc, 6,86. Combien faudrait-il de ces pièces pour fournir le métal nécessaire à la fabrication d'un boulet sphérique dont le diamètre est $0^m,25$ à $0°$?

Le volume d'un décime est $1^{cmc},142893$; et le nombre de pièces demandé est 57266. (Nous avons pris $\pi = 3,1416$).

FIN DU PREMIER COMPLÉMENT.

CHAPITRE ADDITIONNEL

COURBES USUELLES (*)

NOTIONS PRÉLIMINAIRES.

1. SYMÉTRIE. Nous aurons souvent à parler de *points symétriques*. Rappelons-nous ces définitions :

1° Deux points sont dits *symétriques par rapport à une droite* quand ils sont situés sur une perpendiculaire à cette droite, à égale distance de cette ligne.

2° Deux points sont dits *symétriques par rapport à un point* quand ils sont en ligne droite avec ce point, à égale distance de ce point.

2. On dit qu'une courbe est *plane* quand elle a tous ses points dans le même plan. Dans le cas contraire, on dit qu'elle est *gauche* ou à *double courbure*.

3. AXES. On appelle *axe d'une courbe plane* une droite par rapport à laquelle tous les points de la courbe sont symétriques deux à deux.

Il résulte de cette définition que les deux parties dans lesquelles l'axe divise la courbe coïncident point à point quand on fait faire à l'une d'elles une rotation de 180° autour de cette droite. Cette propriété peut servir à définir les axes.

SOMMETS. Les points de rencontre d'un axe et de la courbe s'appellent *sommets*.

4. CENTRE. On appelle *centre d'une courbe* un point par rapport auquel tous les points de la courbe sont symétriques deux à deux ; c'est-à-dire que tous les points de la courbe

---

(*) Ce chapitre a ses numéros d'ordre spéciaux. Les nombres ainsi indiqués, (n° 19), renvoient à un numéro du chapitre ; celui-ci, (109), renvoie à un numéro du Cours.

sont deux à deux les extrémités d'une corde dont le centre est le milieu.

5. DIAMÈTRES. On appelle *diamètre* d'une courbe une droite qui divise en deux parties égales toutes les cordes parallèles à une certaine direction. Cette direction est dite *conjuguée* à celle du diamètre.

On appelle diamètres conjugués deux diamètres dont chacun est parallèle aux cordes que l'autre divise en parties égales.

Tous les diamètres d'une courbe à centre passent évidemment par le centre.

Un diamètre perpendiculaire aux cordes qu'il divise en deux parties égales est un *axe* de la courbe, et réciproquement.

6. TANGENTES. On appelle *tangente à une courbe* la limite des positions que prend une sécante MM' qui se meut de manière que deux points d'intersection M, M', se rapprochent indéfiniment jusqu'à se confondre en un seul. Le point unique M s'appelle alors *point de contact* (position MT).

On appelle *normale* la perpendiculaire MN menée à une tangente au point de contact.

7. Une courbe est dite *convexe* quand elle ne peut pas être rencontrée par une droite en plus de deux points (*).

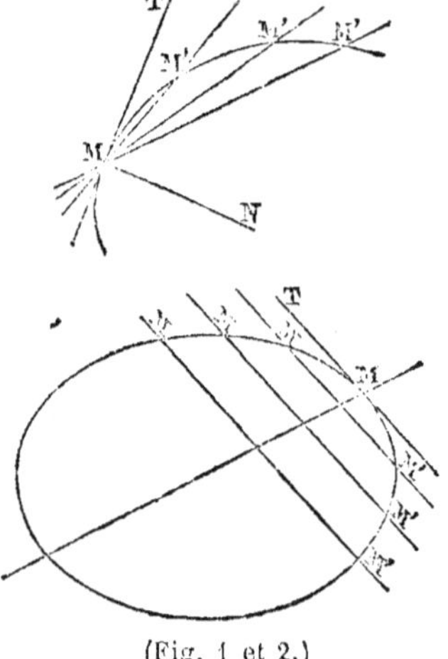

(Fig. 1 et 2.)

Quand les deux points de rencontre se confondent en un seul, la droite, devenue tangente, n'a qu'un point de commun avec la courbe. *La courbe est tout entière d'un même côté de la tangente.* On définit quelquefois les courbes *convexes* par cette propriété.

(*) On démontre à priori, en se fondant sur la définition de la courbe, que l'ellipse, ou l'hyperbole, ou la parabole, ne peut être rencontrée par une droite en plus de deux points. Ces courbes sont donc *convexes*.

8. Coordonnées. On détermine souvent la position d'un point **M** d'un plan par ses distances MP, MQ à deux droites rectangulaires YOY', XOX' tracées dans ce plan (fig. 3). La perpendiculaire MP à XOX', ou la ligne égale OQ mesurée sur YY', s'appelle ordinairement *l'ordonnée* du point M ; la perpendiculaire MQ à YOY', ou la ligne égale OP mesurée sur XX' s'appelle *l'abscisse*. MP et MQ, ou OQ et OP, s'appellent ensemble les *coordonnées* du point M. Les droites YOY', XOX' s'appellent les *axes des coordonnées*.

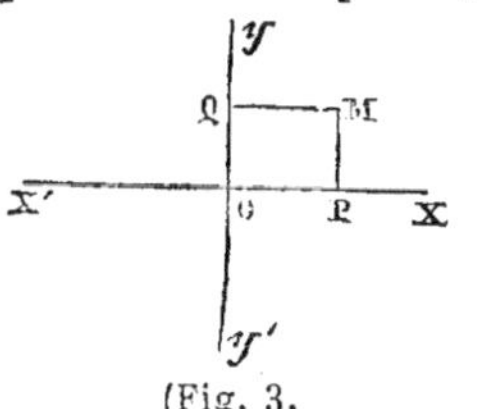

(Fig. 3.

On donne aux coordonnées les signes $+$ et $-$ pour distinguer les points du plan compris dans les quatre angles YOX, YOX', Y'OX, Y'OX'.

I. ELLIPSE.

9. On appelle ellipse une courbe plane telle que la somme des distances de chacun de ses points à deux points fixes, situés dans son plan, est constante. Les deux points fixes s'appellent *foyers*. Soit, par exemple, l'ellipse ABA'B' dont les foyers sont F et F' (fig. 4). La somme FM $+$ F'M est la même, quel que soit le point M sur la courbe.

Les droites FM, F'M qui joignent un point M de l'ellipse aux foyers s'appellent les *rayons vecteurs* de ce point.

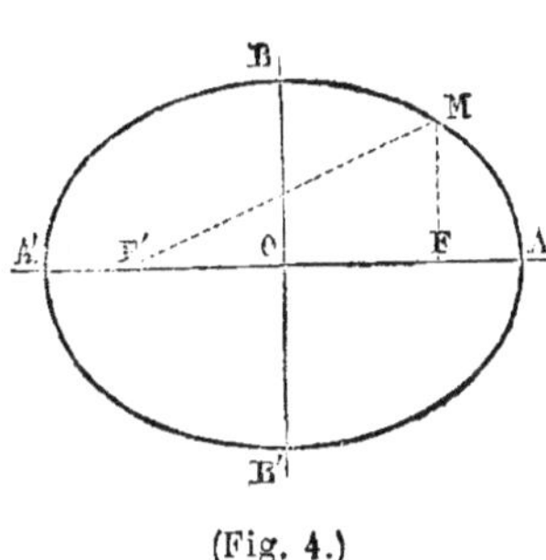

(Fig. 4.)

La somme constante, MF $+$ MF', est ordinairement représentée par 2a, et la distance FF' des foyers (la distance *focale*) par 2c. Le triangle FMF' donne MF $+$ MF' $>$ FF' ou 2a $>$ 2c.

10. Tracés de l'ellipse. On peut aisément tracer une ellipse quand on connaît la somme constante, 2a, des rayons vecteurs et les foyers F et F'.

Tracé continu (fig. 4). On attache aux foyers F et F' un fil d'une longueur égale à $2a$. Puis on tend le fil avec une pointe à tracer (crayon ou tire-ligne) qu'on fait mouvoir dans le plan, successivement au-dessus et au-dessous de FF', en maintenant le fil tendu, jusqu'à ce qu'on soit revenu au point de départ. La courbe ainsi décrite est une ellipse, puisque, pour chacun de ses points M, $FM + F'M = 2a$. Cette construction montre que l'ellipse est une courbe limitée et fermée.

Tracé par points (fig. 5). On trace FF' dont on détermine le milieu O et on prend à droite et à gauche les longueurs OA, OA' égales à a. Cela fait, on emploie comme il suit une série de points O, n, m, ...F, suffisamment rapprochés, pris sur OF.

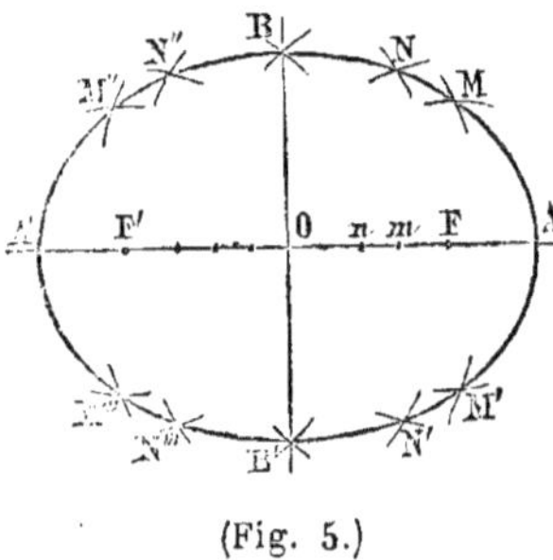

(Fig. 5.)

On décrit, de chacun des foyers F et F' comme centre, avec mA pour rayon, deux arcs de cercle situés l'un au-dessus, l'autre au-dessous de AA' (voyez la fig.). On décrit de même, avec mA' pour rayon, quatre arcs de cercle qui rencontrent les premiers en M, M', M'', M'''. Ces quatre points appartiennent à l'ellipse; en effet, pour le point M, par exemple on a $FM + FM' = m$A $+ m$A' $= $ AA' $= 2a$ (*). En employant de même le point n, on a quatre autres points N, N', N'', N''' de l'ellipse. Ainsi de suite, jusqu'à ce qu'on ait obtenu des points assez rapprochés qu'on joint par un trait continu (**).

(*) En opérant comme nous l'indiquons, on ne change, pour chaque point ainsi employé, que *deux fois* d'ouverture de compas au lieu de *quatre*.

(**) Vérification. Il existe pour chaque courbe usuelle des méthodes servant à construire des tangentes à cette courbe indépendamment de son tracé, qui s'appliquent quand ce tracé n'existe pas encore. On construit d'avance, en employant ces méthodes, des tangentes qui touchent la courbe en des points déjà trouvés, ou qu'on trouve en construisant les tangentes. Ces tangentes guident le tracé par points de la courbe ou servent à vérifier et à corriger ce tracé effectué sans elles.

Remarques. Pour chaque point m, pris entre O et F, on a $mA + mA' = AA' > FF'$. D'un autre côté, $mA' = a + Om$, et $a = mA + Om$; par suite $mA' = mA + 2Om$, et $mA' - mA = 2Om < 2OF$ ou FF'. Par conséquent, les arcs de cercle décrits de F' et de F comme centres, avec mA' et mA comme rayons, se coupent au-dessus et au-dessous de AA'. Quand on emploie ainsi le point O, les rayons OA, OA', étant égaux, les arcs décrits se coupent en B et en B' sur la perpendiculaire BB' élevée au milieu de FF'. Enfin, pour le point F, la différence des rayons $FA' - FA = FF'$; les arcs décrits se touchent en A et en A' qui sont des points de l'ellipse (*).

11. CENTRE. *L'ellipse a pour centre le milieu O de la ligne des foyers.*

Pour le démontrer, considérons un point quelconque M de

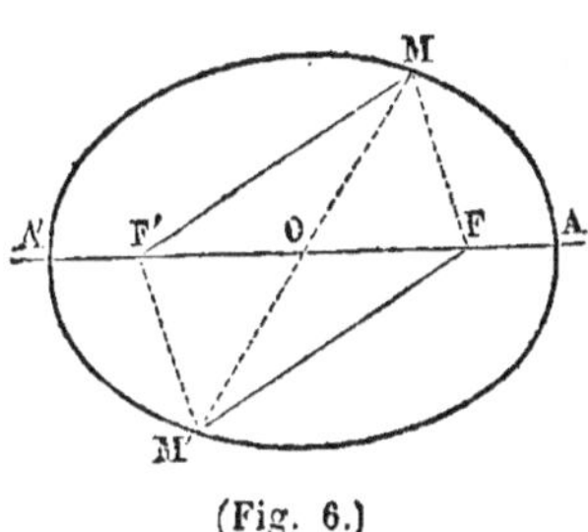

(Fig. 6.)

l'ellipse (fig. 6). Tirons MO et prolongeons cette droite d'une longueur égale OM'. Le point M', *symétrique du point* M *par rapport au point* O (n° 1), est un point de l'ellipse. En effet, traçons les droites FM, F'M, FM', F'M'. Le quadrilatère FMF'M' ainsi formé est un parallélogramme, puisque le point O est le milieu des diagonales FF', MM'. On a donc $F'M = FM'$ et $FM = F'M'$; par suite $FM' + F'M' = F'M + FM = 2a$. Le point M' est donc sur l'ellipse. M et M' sont d'ailleurs deux points *quelconques* de l'ellipse. Tous les points de l'ellipse sont donc deux à deux symétriques par rapport au point O; ce point est donc le centre de la courbe (n° 4).

12. AXES. *L'ellipse a pour axes la ligne FF' des foyers et la perpendiculaire BB' menée au milieu de FF'.*

1° FF' (fig. 7). En effet, abaissons d'un point *quelconque*

(*) Il n'y pas lieu d'employer ainsi ni des points analogues pris sur OF' ni des points pris à droite de F ou à gauche de F'. Dans le premier cas, on retrouverait symétriquement les points de l'ellipse déjà obtenus ; dans le 2° cas, on tracerait des arcs qui ne se rencontreraient pas, $2Om$ étant alors $> 2OF = FF'$.

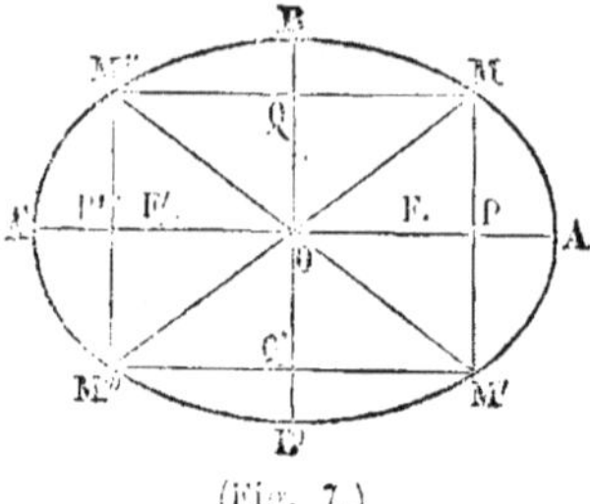

(Fig. 7.)

M de l'ellipse une perpendiculaire MP sur FF′ et prolongeons-la d'une longueur égale PM′. Le point M′, *symétrique du point* M *par rapport à* FF′ (n° 1) est un point de l'ellipse. En effet, d'après la construction, FM = FM′ et F′M = F′M′. Par suite FM′+F′M′=FM + F′M=2a; le point M′ est donc sur l'ellipse. FF′ est un axe de la courbe.

2° BB′. Traçons les cordes MOM‴, M′OM″ et les droites MM″, M″M‴ et M‴M′. A cause de OM = OM′ les cordes M′OM″, MOM‴ sont égales, et le quadrilatère MM″M‴M′ est un rectangle. La droite POP′ perpendiculaire à MM′ et à M″M‴ est parallèle à MM″ et à M′M‴ D'ailleurs OP = OP′; BB′ perpendiculaire au milieu de POP′ est perpendiculaire aux milieux de MM″ et de M′M‴; MQ=QM″ et M′Q′=Q′M‴. BB′ est donc un 2ᵉ axe de l'ellipse.

L'ellipse a donc deux axes *rectangulaires* FF′, BB′, passant par le centre, et quatre *sommets* A, A′, B, B′ (*).

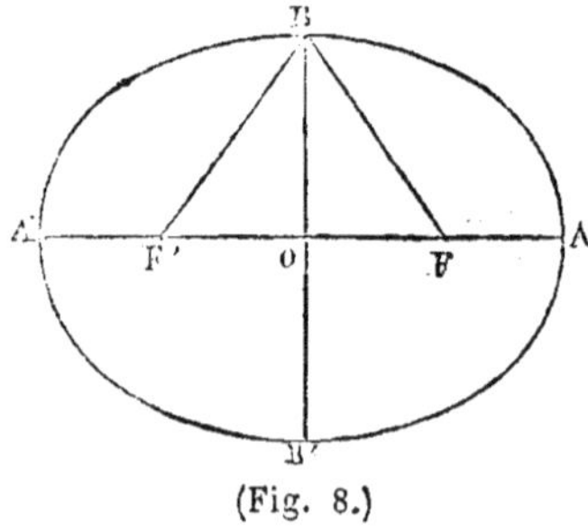

(Fig. 8.)

13. *Longueurs des axes.* Traçons F′B et FB (fig. 8). On a F′B = FB et FB = a puisque F′B + FB =2a. L'axe BOB′ est représenté ordinairement par 2b. On a OB < FB ou b < a. L'axe AA′ = 2a est le *grand axe*, et BB′ = 2b le *petit axe* de l'ellipse. Le triangle OBF donne $b^2 + c^2 = a^2$. (1)

14. EXCENTRICITÉ. Le rapport $\dfrac{c}{a}$ s'appelle *l'excentricité* de l'ellipse. Ce rapport est toujours plus petit que 1. Quand *c*

(*) Il résulte de notre démonstration que si une courbe à centre a un axe tel que **FF′**, elle en a *nécessairement* un autre tel que **BB′**.

diminue par rapport à a et tend vers 0, l'excentricité diminue; b augmente d'après l'égalité (1) et à la limite devient égal à a. L'ellipse s'arrondit et finit par devenir un cercle. Quand c augmente par rapport à a, l'excentricité augmente; b diminue et tend vers 0; l'ellipse s'aplatit et tend à se confondre avec son grand axe (*).

15. THÉORÈME. *Pour tout point* C *(extérieur à l'ellipse* (fig. 9)), on a CF′ + CF > 2a, *et pour tout point* C′ *intérieur,* C′F′+C′F < 2a.

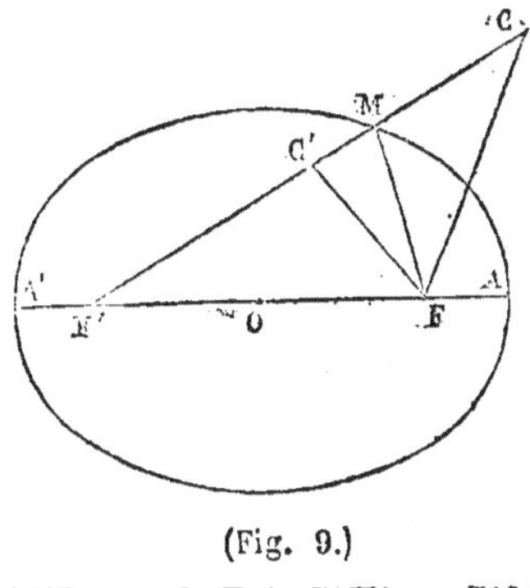
(Fig. 9.)

En effet, 1° la droite F′C rencontre l'ellipse en M; menons MF. On a CF + CM > MF, et en ajoutant des deux parts MF′, CF + CM + MF′ > MF + MF′, ou CF+CF′>2a. 2° La droite F′C′ prolongée rencontre l'ellipse en M; menons MF. On a FC′ < C′M + MF, et en ajoutant C′F′, C′F+C′F′ < C′M + MF′ + F′C′ ou C′F + C′F′ < MF + MF′ = 2a.

L'ellipse est le lieu des points M de son plan tels que MF + MF′ = 2a.

TANGENTE ET NORMALE.

16. THÉORÈME. *Une tangente à l'ellipse fait des angles égaux avec les rayons vecteurs du point de contact. Elle divise en deux parties égales l'angle formé par un rayon vecteur et le prolongement de l'autre.*

(*) Les orbites des planètes principales sont des ellipses dont les excentricités sont très-petites; chacune de ces orbites est donc à peu près circulaire. Voici ces excentricités d'après M. Faye :

Mercure, 0,20562; *Vénus*, 0,00632; *La Terre*, 0,01678; *Mars*, 0,09325; *Jupiter*, 0,04822; *Saturne*, 0,05603; *Uranus*, 0,04660; *Neptune*, 0,009.

Pour le démontrer, considérons une sécante quelconque MM′

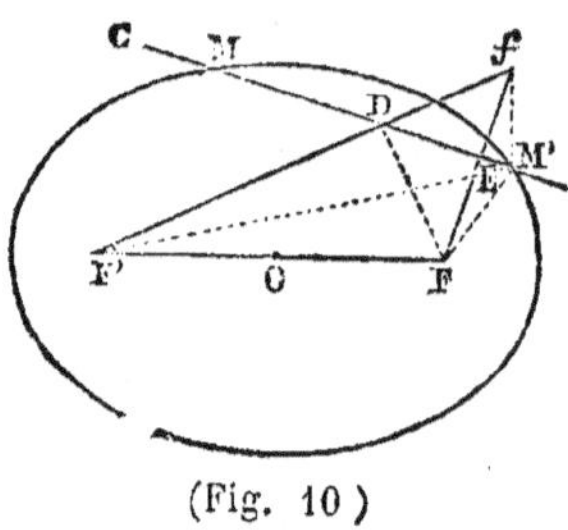

(Fig. 10)

(fig. 10). Menons une perpendiculaire FE sur MM′ et prolongeons FE d'une longueur égale Ef. Menons F′f qui rencontre M′M en D; puis menons DF, Df, M′F, M′f, M′F′. On a F′Df ou DF′ + Df < M′F′ + M′f; d'où résulte à cause de Df = DF et M′f = M′F, DF′ + DF < M′F′ + M′F = 2a. Le point D est donc intérieur à l'ellipse (n° 15) et par suite situé entre M et M′. On a d'ailleurs EDF = EDf = CDF′. On a constamment ces égalités pour toutes les positions que prend MM′ se mouvant pour devenir tangente. A la limite,

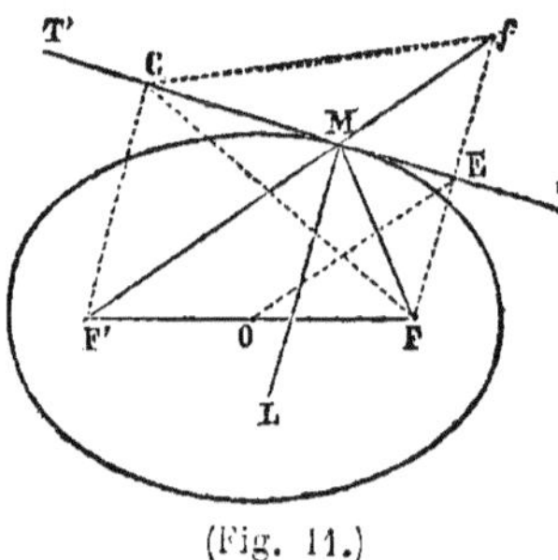

(Fig. 11.)

quand cette droite est devenue tangente (fig. 11), les trois points M, D, M′ étant confondus en un seul, M, on a encore EMF = EMf = T′MF′. Ce Q. F. D.

17. NORMALE. *La normale, ML,* (fig. 11) *est la bissectrice de l'angle des rayons vecteurs du point de contact.* En effet, les angles FML, F′ML, compléments des angles égaux TMF, T′MF′ sont égaux.

18. *Tout point C d'une tangente, autre que le point de contact, est extérieur à l'ellipse* (fig. 11).

En effet, menons Cf, CF et CF′, on a Cf + CF′ > F′Mf = MF′ + Mf; ce qui revient à cause de Cf = CF et Mf = MF à CF + CF′ > MF′ + MF = 2a. Le point C est donc extérieur à l'ellipse (n° 7).

19. REMARQUES utiles pour les applications (fig. 11).
La droite (F′f) qui joint un des foyers au point symétrique de l'autre par rapport à une tangente quelconque (MT) est égale à 2a, et passe au point de contact.

La tangente MT, *étant perpendiculaire au milieu de* Ff, *on a pour chacun de ses points* TF = Tf; MF = Mf (*).

20. CERCLE DIRECTEUR. On appelle *cercle directeur* d'une ellipse un cercle qui a pour centre l'un des foyers et 2a pour rayon. Ex. cercle F'f, fig. 12 (**).

Le cercle directeur qui a pour centre le foyer F' *est le lieu du point symétrique de l'autre foyer* F *par rapport à une tangente quelconque* (n° 19).

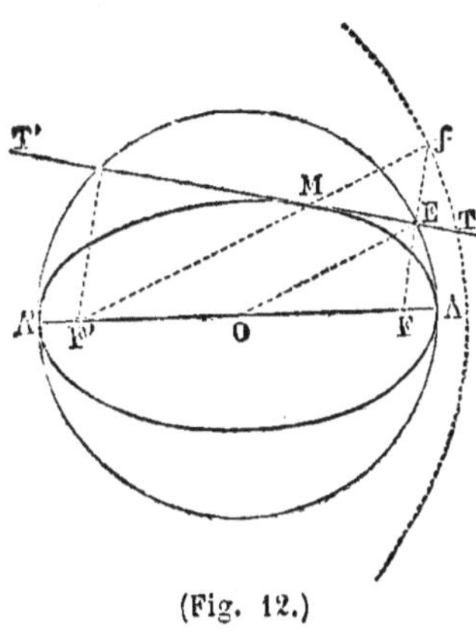
(Fig. 12.)

CERCLE PRINCIPAL. On appelle *cercle principal* d'une ellipse le cercle qui a pour centre le centre de l'ellipse et a pour rayon. Ex. cercle OA (fig. 12).

Le cercle principal d'une ellipse est le lieu de la projection, E, *de l'un ou l'autre foyer sur une tangente quelconque.*

En effet, menons OE. Le point O étant le milieu de FF' et E le milieu de Ff, la droite OE est parallèle à F'f, et de plus, OE = $\frac{1}{2}$ F'f = a. Le point E est donc sur cercle OA.

21. Les tangentes aux sommets A, A', B, B' sont perpendiculaires aux axes AA', BB'. Cela résulte de ce qui vient d'être dit.

Autrement : la perpendiculaire au sommet A, par ex., est la limite des positions que prend la corde MM', qui joint deux points symétriques, en se déplaçant parallèlement à elle-même; les deux points M, M' qui se rapprochent continuellement, se confondent en un seul au point A.

22. PROBLÈME. *Mener une tangente à une ellipse par un point* M *donné sur la courbe* (fig. 13).

On mène les rayons vecteurs F'M, FM; on prolonge F'M d'une longueur MH = MF; on mène FH et on abaisse de

---

(*) On résout aisément, en se fondant sur ces remarques, les trois problèmes énoncés n°s 22, 23, 24,

(**) Le mot *cercle* est employé ici pour *circonférence*.

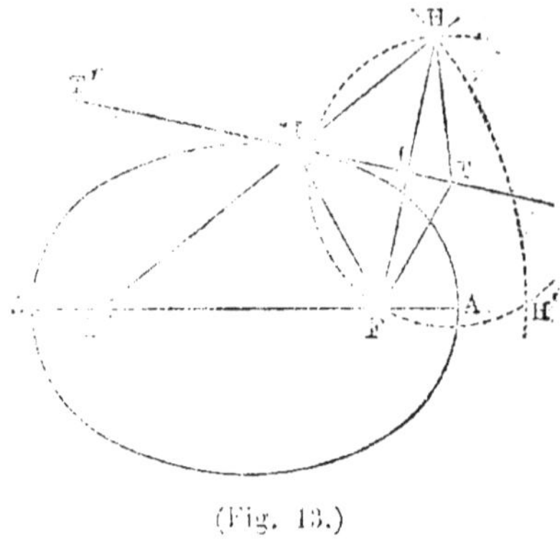

(Fig. 13.)

M une perpendiculaire MI sur FH. MI est la tangente cherchée. En effet, dans le triangle isocèle FMH , MI perpendiculaire à la base est bissectrice de l'angle FMH et par suite tangente à l'ellipse en M (n° 16).

On peut aussi tracer simplement un arc du cercle principal (cercle OA) qui rencontre FH en I et mener MI (n° 20).

23. PROBLÈME. *Mener une tangente à la courbe par un point donné extérieur* T.

On décrit une circonférence du foyer F′ le plus éloigné de T comme centre avec $2a$ pour rayon ; puis une circonférence du point T comme centre avec TF pour rayon. Les deux circonférences se coupent en H et en H′. On mène FH et on abaisse de T une perpendiculaire TI sur FH. TI est la tangente demandée et son point de rencontre M avec F′H prolongée est le point de contact.   En effet, puisque TF = TH, TI est perpendiculaire au milieu de FH et MH = MF. Par suite F′M + MH = F′M + MF = $2a$; le point M est sur l'ellipse et TMI bissectrice de l'angle FMH est une tangente à la courbe au point M (*).

On obtient une deuxième tangente issue du point T en menant FH′ et F′H′ et abaissant de T une perpendiculaire TI

(*) SOLUTION ANALYTIQUE. On raisonne ainsi d'après le n° 19 : Si on connaissait le point H symétrique du foyer F par rapport à la tangente cherchée, on obtiendrait cette tangente en abaissant de T une perpendiculaire sur FH. Or le point H est situé sur le cercle directeur décrit de F′ comme centre avec $2a$ pour rayon (n° 20) ; il est aussi situé sur une circonférence décrite de T comme centre avec TF pour rayon (n° 19). On décrit donc ces deux circonférences qui se coupent en H et en H′ ; on joint FH et on abaisse la perpendiculaire TI sur FH, et TI′ sur FH′.

On est conduit à la construction du n° 22 par le même raisonnement appliqué au point donné M.

sur FH', qui rencontre F'H' au point de contact M'. (*Tracez ces lignes.*) Le problème proposé a donc deux solutions (*).

24. Problème. *Mener à l'ellipse une tangente parallèle à une droite donnée* DE (fig. 14).

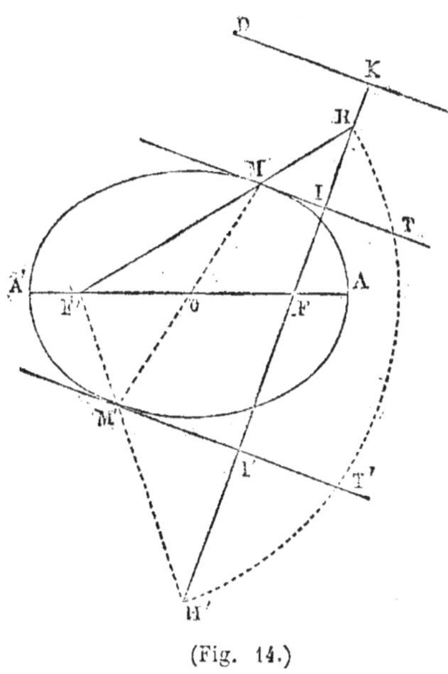

(Fig. 14.)

On abaisse du foyer F une perpendiculaire FK à DE. Cette droite, perpendiculaire à la tangente cherchée, contient le point symétrique de F par rapport à cette tangente. Ce point symétrique est d'ailleurs situé sur le cercle directeur décrit de F' comme centre avec $2a$ pour rayon. On décrit ce cercle qui coupe FK en deux points H et H'. On élève une perpendiculaire TI au milieu de FH et une perpendiculaire T'I' au milieu de FH', qui rencontrent F'H et F'H' aux points de contact M et M' (n° 19). Le problème proposé a donc deux solutions (**).

(*) Les circonférences décrites se coupent. En effet, les centres étant F' et T et les rayons, $2a$ et TF, les conditions à remplir sont celles-ci : TF' $< 2a +$ TF, et TF' $>$ TF $- 2a$ ou TF' $> 2a -$ TF. Or, on a par hypothèse TF' $>$ TF, et à *fortiori* TF' $>$ TF $- 2a$. Le point T étant extérieur à l'ellipse, on a TF' $+$ TF $> 2a$ et par suite TF' $> 2a -$ TF. Enfin, le triangle FF'T donne TF' $<$ TF $+$ FF'; d'où à *fortiori*, TF' $<$ TF $+ 2a$.

(**) Les méthodes employées pour résoudre les trois problèmes précédents sont indépendantes du tracé de l'ellipse; elles s'appliquent alors même que ce tracé n'a pas eu lieu. On peut donc les employer pour construire des tangentes utiles pour aider au tracé de l'ellipse par points, ou **pour vérifier** et corriger ce tracé déjà effectué.

25. THÉORÈME. *La projection d'un cercle sur un plan oblique au sien est une ellipse.*

Il suffit de démontrer que la projection d'un cercle sur un plan oblique quelconque passant par son centre est une ellipse, puisque cette projection est la même sur tous les plans obliques parallèles qui font le même angle avec le plan du cercle.

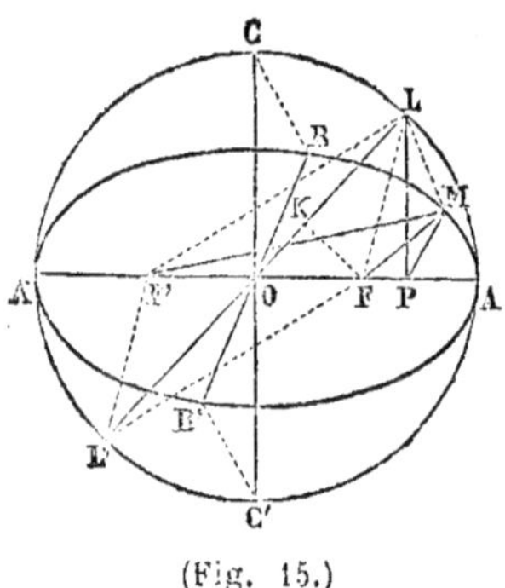

(Fig. 15.)

Considérons donc (fig. 15) un cercle ACA'C' et sa projection ABA'B' sur un plan oblique qui passe par le diamètre AOA'. Il s'agit de prouver que ABA'B' est une ellipse. Pour cela, menons par le centre O et par un point quelconque L du cercle deux plans perpendiculaires à AOA'. Ces deux plans parallèles rencontrent le plan du cercle suivant les parallèles OC, PL, et le plan de projection, auxquels ils sont perpendiculaires, suivant les parallèles OB, PM. Menons des perpendiculaires CB, LM sur OB et sur PM; CB et LM sont perpendiculaires sur le plan de projection (205) et leurs pieds B et M, projections de C et de L, sont des points de la courbe ABA'B'.

Prenons sur AA' les longueurs OF, OF' égales à CB et menons les droites LF, LF', MF, MF' et le rayon LO prolongé jusqu'en L' sur le cercle. Menons L'F, L'F' et FK perpendiculaire à LL'.

Les deux triangles COB, LPM qui ont les côtés parallèles, sont semblables et donnent $\dfrac{CO}{LP} = \dfrac{CB}{LM}$ (1) Les triangles rectangles OLP, OFK qui ont l'angle aigu O commun sont semblables et donnent $\dfrac{LO}{LP} = \dfrac{OF}{FK}$ (2) LO étant égal à CO, les premiers rapports des égalités (1) et (2) sont égaux, et par suite les seconds. Comme d'ailleurs OF = CB par construction, LM = FK. Les deux triangles rectangles

LFM, LFK qui ont l'hypoténuse LF commune et les côtés égaux LM, FK, sont égaux ; donc MF $=$ LK.

D'un autre côté, le quadrilatère LFL'F' est un parallélogramme ; par suite L'F $=$ LF'. Les deux triangles rectangles LMF', L'FK, qui ont les hypoténuses LF', L'F égales, et les côtés LM, FK égaux, sont égaux ; donc MF' $=$ L'K.   Finalement MF $+$ MF' $=$ LK $+$ KL' $=$ LL' $=$ AA'.   M est un point quelconque de la courbe ABA'B' ; *cette courbe est donc une ellipse dont les foyers sont* F *et* F', *et les axes* AOA' $= 2a$ et BOB' $= 2b$.   Notre proposition est donc démontrée.

26. REMARQUE. Dans le triangle COB, nous avons relativement à l'ellipse ABA'B',   CO $= a$, OB $= b$, CB $=$ OF $= c$; COB est d'ailleurs l'angle du plan du cercle et du plan de projection. Nous tirons là cette conséquence :

Une ellipse quelconque est la projection d'un cercle dont le diamètre est 2a *et dont le plan fait avec celui de l'ellipse un angle égal à l'angle opposé à* c *dans le triangle rectangle qui a pour côtés* a, b, c.

27. REMARQUE. Imaginons que le cercle ABA'B' (fig. 15),

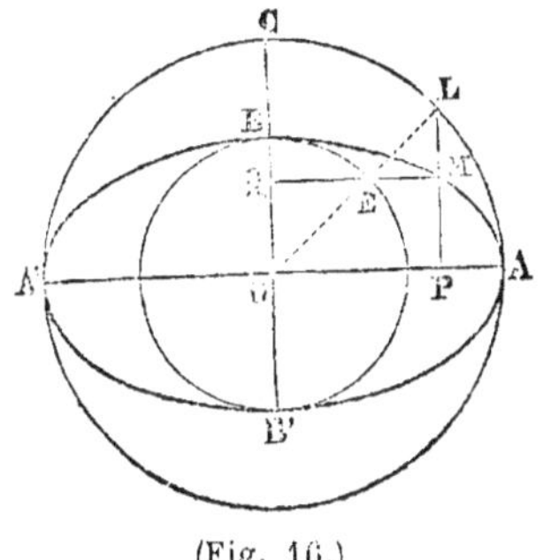

tournant autour de AA' comme axe, se rabatte sur le plan de projection. Après le rabattement, le cercle et l'ellipse auront les situations indiquées sur la fig. 16. OC et OB perpendiculaires à l'axe AA' coïncident en direction ; de même MP et LP. Le cercle rabattu ABA'B' n'est autre que le *cercle principal de l'ellipse* (n° 20).

(Fig. 16.)   OC et OB, MP et LP s'appellent les *ordonnées* de l'ellipse et du cercle ; les lignes telles que MQ, OP, s'appellent des *abscisses*.

28. THÉORÈME. *Les ordonnées correspondantes de l'ellipse et du cercle principal sont entre elles dans un rapport constant qui est celui du petit axe de l'ellipse au grand.*

En effet, les triangles semblables COB, LMP (fig. 15) donnent:

$$\frac{OQ \text{ ou } MP}{LP} = \frac{OB}{OC} = \frac{b}{a}$$

Décrivons (fig. 16) un cercle ayant pour diamètre le petit axe BOB′ de l'ellipse; traçons MQ parallèle à AA′ et le rayon OL qui rencontre MQ en E. Les triangles semblables LOP, LEM donnent

$$\frac{MP}{LP} = \frac{OE}{LO}; \quad \text{d'où} \quad \frac{b}{a} = \frac{OE}{LO}$$

Comme $LO = a$, $OE = b$.   Les triangles semblables LOP, OQE donnent

$$\frac{OP \text{ ou } MQ}{EQ} = \frac{OL}{OE} = \frac{a}{b}$$

Les abscisses correspondantes de l'ellipse et du cercle qui a 2b pour diamètre sont dans le rapport constant de *a* à *b*.

28 *bis.* D'après la fig. 16, *le cercle OC et le cercle OB qui ont 2a et 2b pour diamètres peuvent servir à construire l'ellipse par points.*

On mène le rayon OL de l'un qui rencontre l'autre en E. On abaisse LP perpendiculaire sur OA et EQ sur OB; le point de rencontre M de ces deux perpendiculaires est un point de l'ellipse. Il n'y a qu'à répéter cette construction en menant d'autres rayons du grand cercle.

29. THÉORÈME. *Les tangentes à l'ellipse et au cercle principal dont les points de contact ont la même abscisse* rencontrent le grand axe au même point (fig. 17).

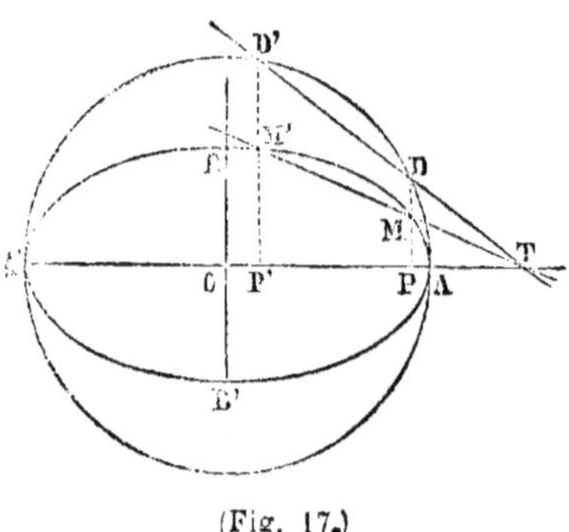

(Fig. 17.)

Considérons les sécantes D′D, M′M du cercle et de l'ellipse dont les points d'interjection correspondants D′ et M′, D et M, ont les mêmes abscisses OP′ et OP. On sait que $\frac{M'P'}{D'P'} = \frac{b}{a} = \frac{MP}{DP}$. Il résulte de là, d'après un théorème connu (Ex. 3, page 91), que les sécantes D′D, M′M vont rencontrer l'axe au même point T.

Cela est vrai quelque rapprochés que soient les points D' et D d'une part, M' et M de l'autre. C'est encore vrai quand les sécantes sont devenues tangentes.

On déduit de là un moyen très-simple de mener une tangente à l'ellipse par un point M donné sur la courbe. (Résolvez ce problème).

30. *L'aire de l'ellipse est égale à π multiplié par le produit des demi-axes.* $S = \pi . a . b$.

En effet, imaginons qu'on ait divisé le grand axe AA' en un

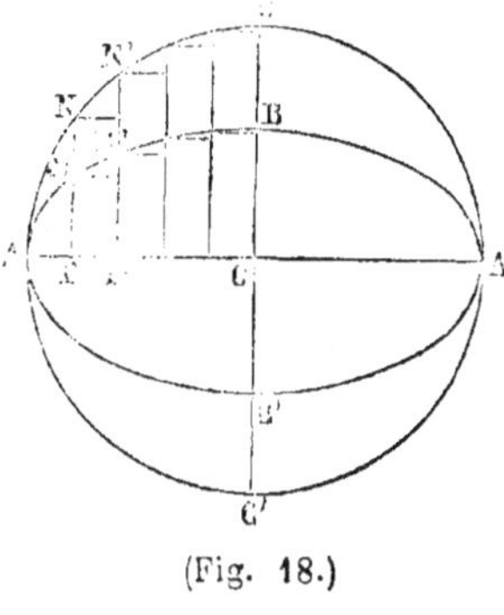

(Fig. 18.)

très-grand nombre de parties égales telles que celles qui sont indiquées sur la fig. 18, et qu'on ait construit partout, au-dessus et au-dessous de l'axe, sur l'ellipse et sur le cercle principal, des rectangles ayant pour base commune une de ces parties de l'axe et pour hauteurs, l'un une ordonnée MP de l'ellipse, l'autre l'ordonnée correspondante NP du cercle. Le rapport de 2 rectangles correspondants MPP'M', NPP'N', est égal au rapport $\dfrac{MP}{NP}$ de leurs hauteurs, qui est égal à $\dfrac{b}{a}$.

Le rapport de la somme des rectangles inscrits dans l'ellipse à la somme des rectangles inscrits dans le cercle est par suite égal à $\dfrac{b}{a}$. Mais la limite de la première somme quand le nombre des parties de l'axe augmente indéfiniment est l'aire s de l'ellipse; la limite de la seconde est l'aire $S = \pi a^2$ du cercle. On a donc à la limite.

$$\frac{s}{S} = \frac{b}{a}; \text{ ou } \frac{s}{\pi a^2} = \frac{b}{a}; \text{ d'où } s = \pi.ab.$$

31. On appelle *ellipsoïde* le volume engendré par la révolution entière d'une demi-ellipse autour de l'un des axes.

L'ellipsoïde est dit *allongé* quand la révolution a lieu autour du grand axe de l'ellipse, *aplati* quand elle a lieu autour du petit axe.

Le volume de l'ellipsoïde *allongé* $= \dfrac{4}{3}\,\pi a b^2$.

Le volume de l'ellipsoïde *aplati* $= \sqrt[4]{_3}\,\pi a^2 b$.

VOLUME DE L'ELLIPSOÏDE ALLONGÉ. Considérons encore la fig. 16 avec ses constructions. Les deux rectangles de même base qui ont pour hauteurs l'un une ordonnée de l'ellipse, l'autre une ordonnée du cercle, engendrent par leur révolution autour de l'axe deux cylindres de même hauteur dont les volumes sont entre eux comme les carrés des rayons de leurs bases, c'est-à-dire dans le rapport de b^2 à a^2. Par suite, la somme des cylindres contenus dans l'ellipsoïde et la somme des cylindres contenus dans la sphère engendrée par la révolution du cercle principal sont entre elles dans le rapport de b^2 à a^2. Le volume v de l'ellipsoïde étant la limite de la première somme, et le volume $V = \sqrt[4]{_3}\,\pi a^3$ de la sphère étant la limite de la seconde, on a

$$\frac{v}{V} = \frac{b^2}{a^2}; \; v = V \times \frac{b^2}{a^2} = \frac{4}{3}\,\pi\,a^3 \times \frac{b^2}{a^2} = \frac{4}{3}\,\pi a b^2$$

ELLIPSOÏDE APLATI (*même démonstration*). Seulement la sphère est décrite par la révolution du cercle qui a $2b$ pour diamètre, et le rapport des abscisses de l'ellipse et du cercle est $\dfrac{a}{b}$. On a donc ici

$$\text{Ellipsoïde aplati} = \sqrt[4]{_3}\,\pi\,b^3 \times \frac{a^2}{b^2} = \frac{4}{3}\,\pi a^2 b.$$

32. Voici encore des conséquences du théorème fondamental n° 25. La plupart sont fondées sur ces propositions évidentes ou très-faciles à démontrer :

Chaque ligne projetante divise une droite et sa projection sur un plan en parties proportionnelles.

La projection d'une tangente au cercle est une tangente à l'ellipse (*).

DIAMÈTRES DE L'ELLIPSE. 1. *Chaque corde, MOM′, d'une ellipse qui passe par le centre est un diamètre.* (Tracez MOM′ sur la fig. 15.)

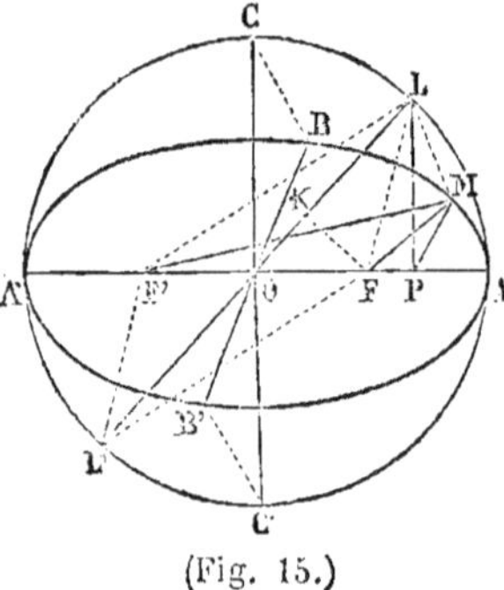

(Fig. 15.)

En effet, MOM′ est la projection d'un diamètre LOL′ du cercle principal qui contient les milieux de toutes les cordes auxquelles il est perpendiculaire. Ces cordes parallèles entre elles ont pour projections des cordes de l'ellipse parallèles entre elles et ayant leurs milieux sur MOM′. MOM′ est donc un diamètre de l'ellipse.

Les diamètres de l'ellipse sont conjugués deux à deux. En effet, soient D et D′ deux diamètres quelconques du cercle principal perpendiculaires entre eux, d et $d′$ leurs projections sur le plan de l'ellipse. D′ est parallèle aux cordes que D divise en deux parties égales;

(*) On peut démontrer cette proposition en considérant sur le cercle une sécante se mouvant pour devenir tangente.

par suite le diamètre *d''* [...]des que *d* divise en
deux parties é[...]cercle; *d* et *d'* sont
deux diamètr[...]

On constr[...] diamètre d *de l'ellipse.*
Il suffit de m[...]er le milieu de cette corde
et de tracer le [...]pse et ce milieu.

2. *La parall[...]s d'un diamètre de l'ellipse
par chaque ext[...]angente à la courbe.*
Cette proposition [...] celle-ci : *La parallèle aux cordes
conjuguées d'un diamètre [...]cle principal, menée par chacune des
extrémités de ce diamètre, est tangente au cercle.*
On déduit de là et de la proposition précédente un moyen de mener une tangente à une ellipse par un point pris sur la courbe.

3. *Les cordes c', c'' qui joignent un point* i *d'une ellipse aux extrémités d'un
diamètre* d *quelconque sont parallèles à un système de diamètres conjugués.*
En effet, soient C', C'', I et D les cordes, le point, et le diamètre du cercle principal dont *c'*, *c''*, *i* et *d* sont les projections sur l'ellipse. D'après un théorème de
géométrie (109), les cordes C' et C'' sont perpendiculaires entre elles. Par suite
les diamètres D' et D'' du cercle principal parallèles à C' et C'' sont perpendiculaires
entre eux et par suite conjugués. Les diamètres *d'* et *d''*, projections de D' et D'',
sont deux diamètres conjugués de l'ellipse parallèles à *c'* et à *c''*. Notre proposition
est donc démontrée.
On peut, en se fondant sur cette proposition, *mener très-aisément une tangente à l'ellipse parallèle à une droite donnée.*

4. *La droite qui joint le point de concours de deux tangentes à l'ellipse
au centre passe au milieu de la corde des contacts et divise en deux parties
égales chacune des tangentes parallèles à cette corde comprises entre les
tangentes concourantes.*
C'est une conséquence de ce que la même proposition est vraie pour le cercle
principal. (Vérifiez-la pour le cercle.)

5. Théorème. *Le rapport d'une aire plane quelconque à sa projection sur
un plan oblique au sien est égal au rapport constant d'une droite quelconque
perpendiculaire à l'intersection des deux plans à sa projection.*
On démontre aisément cette proposition pour un triangle quelconque, puis
comme corollaire pour un polygone rectiligne quelconque, et enfin pour une
aire plane quelconque. (Démontrez-la.)
Le rapport *constant* précité est dans le cas de la projection d'un cercle
(fig. 15), le rapport de OC $= a$ à OB $= b$. Nous avons donc, pour les aires du
cercle et de l'ellipse, l'égalité

$$\frac{S}{s} = \frac{a}{b}\,; \quad \text{d'où } s = S \times \frac{b}{a} = \pi a^2 \times \frac{b}{a} = \pi.ab$$

Nous pourrions continuer à déduire du théorème fondamental du n° 25 des

propositions très-in[...]positions [...] en tiendrons ici
aux précédentes. N[...]rer parmi les
exercices proposés.

APP[...]

MIROIRS ELLIPTIQUES. [...] la lumière,
de la ch[...], la normale, à
la surface réfléchissante est la bissectrice de l'angle formé par le rayon incident et le rayon réfléchi. (Physique.)
*La normale à l'ellipse est la bissectrice
de l'angle des rayons vecteurs du point
de contact* (n° 17).

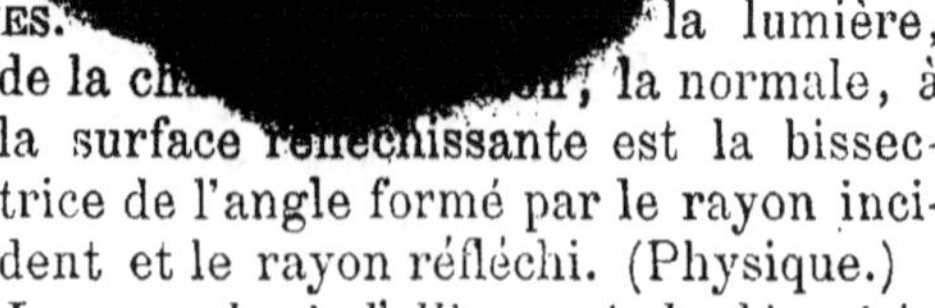

(Fig. 19.)

Cela posé, considérons : 1° une lame
métallique très-étroite, de forme elliptique (fig. 19), et supposons qu'il y ait au foyer F production de son, de lumière
ou de chaleur. Les vibrations ou rayons qui rencontrent la
lame vont *tous*, après la réflexion, passer au foyer F′; en
effet, pour le point M, par ex., le rayon incident étant
FM, le rayon réfléchi est nécessairement MF′, puisque l'angle
FMN = F′MN. Les rayons réfléchis apportent en F′ la
quantité de son, de chaleur ou de lumière qu'ils propagent
à *eux tous*. Il y a donc en F′ accumulation de chaleur réfléchie
plus grande que partout ailleurs sur le plan de l'ellipse.

2° Considérons maintenant un *miroir elliptique*. On appelle
ainsi un miroir métallique concave dont la surface est celle
d'un segment d'ellipsoïde allongé à une base, engendrée par
exemple par la révolution de l'arc d'ellipse MAM′ (fig. 19)
autour de AA′ (*tracez sur la fig.* MPM′ *perpendiculaire* à AA′).
Le miroir est donc un assemblage continu de lames méri-
diennes métalliques telles que l'arc MAM′ ayant toutes le
même axe, A′A, et les mêmes foyers, F′, F. Ce que nous
avons dit de la lame elliptique (1°) s'applique au miroir tout
entier. S'il y a au foyer F production de chaleur ou de
lumière, *une très-grande partie* de cette chaleur ou de cette
lumière, réfléchie par le miroir, arrive au foyer F′ où elle peut
produire des effets intéressants ou utiles.

Exemples. On peut, avec un charbon ardent placé en F, allumer de l'amadou placée en F'; avec une lumière placée en F, éclairer fortement un objet de petite dimension placé en F'. Deux personnes placées aux deux foyers sous une voûte elliptique peuvent causer assez bas pour ne pas être entendues par d'autres personnes placées ailleurs sous la même voûte.

VOUTES ELLIPTIQUES (*surbaissées*) (fig. 19 *bis*). Dans beaucoup de cas, il y a inconvénient à construire des voûtes de plein cintre, c'est-à-dire des voûtes cylindriques dont les surfaces, intérieure et extérieure, ont pour bases des demi-cercles.

La hauteur d'une pareille voûte au-dessus du plan de naissance est égale à la moitié de sa largeur. Supposons qu'il s'agisse d'une arche de pont. Si cette arche de plein cintre est large, elle est trop haute; le tablier du pont est trop élevé. Si, pour éviter cet inconvénient, on lui donne une largeur moindre, ce défaut de largeur gêne la navigation. On évite ces deux inconvénients en construisant une arche elliptique, c'est-à-dire dont les surfaces, intérieure et extérieure, ont chacune pour base une demi-ellipse allongée, c'est-à-dire terminée à son grand axe (fig. 19 *bis*).

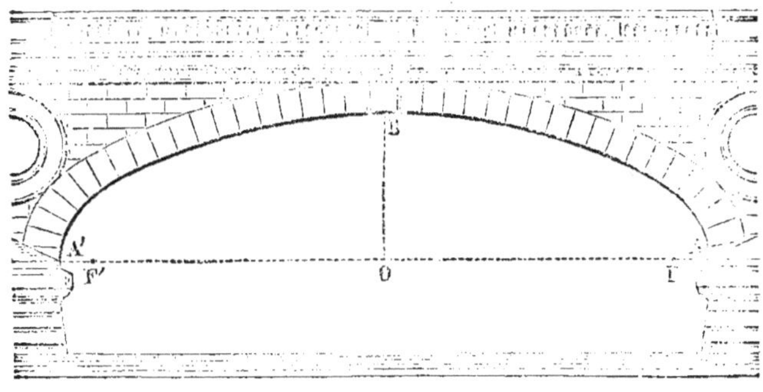

(Fig. 19 *bis*.)

Voûtes rampantes. Quand une voûte doit soutenir une rampe, le plan de naissance de la voûte n'est plus horizontal. Alors la surface intérieure ou extérieure de la voûte est celle d'un cylindre oblique ayant pour base une ellipse terminée à un de ses diamètres parallèle au plan de la rampe.

Voûtes surhaussées. Il y a aussi des voûtes elliptiques *surhaussées.* Pour celles-là, la largeur est le petit axe, et la hauteur le demi-grand axe de l'ellipse.

COUPOLES ELLIPTIQUES. Les *coupoles elliptiques* sont des demi-ellipsoïdes dont l'axe de révolution est vertical.

Nous pourrions citer beaucoup d'autres applications de l'ellipse, entrer dans plus de détails sur les précédentes ; mais cela nous mènerait trop loin. Nous renvoyons le lecteur aux ouvrages spéciaux qu'il pourra étudier avec fruit à l'aide des premières notions acquises dans ce livre. Nous avons voulu seulement lui donner une 1re idée des applications de l'ellipse, afin de l'intéresser à l'étude des propriétés élémentaires de cette courbe.

EXERCICES SUR L'ELLIPSE.

AVIS. *Le lecteur sait ce que désignent* a, b, c.   x *et* y *désignent les coordonnées d'un point quelconque* M *de l'ellipse par rapport aux axes* AA' *et* BB' *de la courbe pris pour axes de coordonnées* (n° 8).

1. Quel est le lieu géométrique des circonférences tangentes à deux circonférences intérieures l'une à l'autre.
2. *Idem* des points également distants de ces deux circonférences ?
3. Chaque foyer d'une ellipse divise le grand axe en deux parties dont le produit est égal à b^2.
4. Les longueurs des diamètres d'une ellipse ont pour limites $2a$ et $2b$.
5. Les rayons vecteurs F'M et FM ont respectivement pour valeurs

$$a + \frac{cx}{a} \text{ et } a - \frac{cx}{a}$$

6. On a pour chaque point de l'ellipse, l'équation $\frac{y^2}{b^2} = \frac{a^2x^2}{a^2}$ ou bien

$$a^2y^2 + b^2x^2 = a^2b^2 \text{ (*)}.$$

7. Trouver le lieu des points tels que la différence $d'^2 - d^2$ des carrés de leurs distances aux foyers F' et F est égale à $4a^2$.

(*) Pour les anciens exercices 7 et 10, voyez les n°° 28 et 30 du texte actuel.

8. Les lieux trouvés (Ex. 8) en considérant les distances $F'M^2 - FM^2$ et $FM^2 - F'M^2$ sont deux droites. Démontrez que le rapport des distances de chaque point de l'ellipse au foyer F et à la 1re de ces droites est constant et égal à $\dfrac{c}{a}$. De même pour les distances à F' et à la 2e droite. (Ces droites s'appellent les *directrices* de l'ellipse)·

9. Construire une ellipse, connaissant les **deux axes** en grandeur et en position.

10. — les **deux foyers** et un point

11. — a, b, un foyer, et un point.

12. — les deux foyers et une tangente.

13. — un foyer, un sommet, et une tangente.

14. — un foyer et 3 tangentes.

15. — un foyer, deux tangentes, et l'un des points de contact.

16. — le centre, a et deux tangentes.

17. — un foyer, la directrice voisine, et un point de l'ellipse.

18. Construire les points de rencontre d'une droite avec une ellipse qui n'est pas construite, mais dont on connaît les foyers et a.

19. Le produit des distances du foyer à une tangente est constant.

20. Construire une ellipse connaissant
un foyer et trois tangentes.

21. — les deux foyers et le rapport des axes.

22. — a, un foyer, une tangente et la direction du grand axe.

23. -· une tangente et les deux extrémités du grand axe.
Conséquences du théorème n° 25 (à démontrer).

24. L'ellipse a deux diamètres conjugués égaux qui coïncident en direction avec les diagonales du rectangle circonscrit dont les côtés sont parallèles aux axes.

25. L'aire d'un parallélogramme circonscrit à l'ellipse dont les côtés sont parallèles à deux diamètres conjugués est égale à $4ab$.

26. a' et b' étant les longueurs de deux demi-diamètres conjugués quelconques, $a'^2 + b'^2 = a^2 + b^2$.

27. a est moyen proportionnel entre l'abscisse du point de contact d'une tangente et celle du point de rencontre de cette tangente avec l'axe.

28. Le point de contact d'une tangente comprise entre les deux axes divise cette tangente en deux segments dont le produit est égal au carré a'^2 du demi-diamètre parallèle à la tengeante.

29. Déduire des théorèmes énoncés (ex. 25 et 26) la solution de ce problème : construire les axes d'une ellipse et par suite cette ellipse, connaissant les longueurs de deux diamètres conjugués et leur angle.

II. HYPERBOLE.

33. L'hyperbole est une courbe plane telle que la différence des distances de chacun de ses points à deux points fixes est constante.

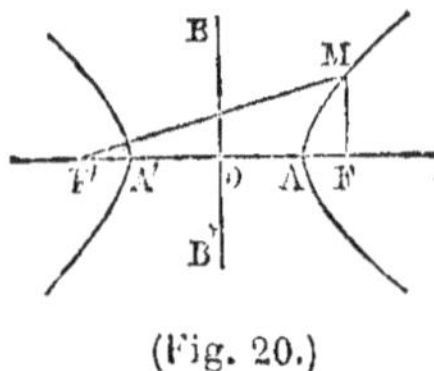

(Fig. 20.)

Exemple. La différence, F'M — FM ou FM — F'M (fig. 20) est constante, quel que soit le point M sur la courbe.

Les deux points fixes F, F' s'appellent *foyers*. Les droites FM, F'M sont les rayons *vecteurs* du point M.

La différence constante F'M — FM se représente ordinairement par $2a$ et la distance focale FF' par $2c$. Le triangle FMF' donne FF' > F'M — FM, ou $2c > 2a$; $c > a$.

34. Tracés de l'hyperbole. On peut tracer aisément une hyperpole quand on connaît les foyers et la différence constante F'M — FM = $2a$ des rayons vecteurs.

Tracé par points (fig. 21). On trace F'F dont on détermine

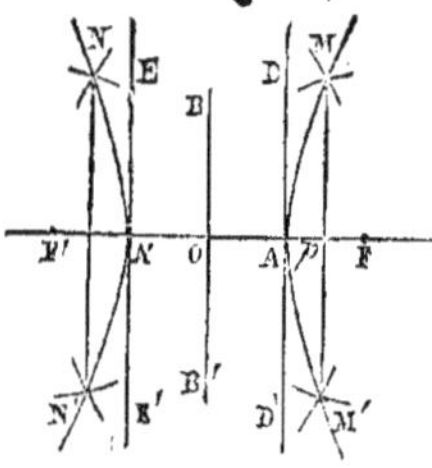

(Fig. 21.)

le milieu O; puis on prend à droite et à gauche deux longueurs OA' et OA égales à a. Cela fait, on emploie, comme il suit, une série de points suffisamment rapprochés *pris sur le prolongement de* F'F, *à droite de* F, aussi loin que l'on veut. Considérons le point C par ex. On décrit de chacun des foyers F et F' comme centre, avec AC comme rayon, deux arcs de cercle, l'un au-dessus, l'autre au-dessous de F'F. On décrit de même, avec A'C comme rayon, quatre arcs de cercle qui rencontrent les premiers en M, M', N, N'. Ces quatre points appartiennent à l'hyperbole. En effet, pour le point M, par ex., on a F'M — FM = A'C — AC = AA' = $2a$. Pour le point N, on a FN — F'N = $2a$.

Remarque. Le point C étant pris à partir de F sur F'F *prolongé*, on a d'abord A'C — AC = AA' < FF'. D'un autre côté, A'C = OC + a, et AC = OC — a; par suite A'C + AC

$= 2OC > FF' = 2OF$. Les arcs de cercle décrits de F et de F' comme centres, avec AC et A'C comme rayons, se rencontrent donc deux à deux en des points de l'hyperbole.

Quand on emploie le point F, $A'F + AF = 2OF = FF'$; les arcs décrits se touchent deux à deux en A et en A' qui sont deux points de la courbe (*).

D'après cette construction, l'hyperbole se compose de deux branches séparées MAM', NA'N' évidemment symétriques par rapport à FF', qui s'étendent indéfiniment au-dessus et au-dessous de FF', l'une à droite de la perpendiculaire DAD', l'autre à gauche de EAE' (**).

TRACÉ CONTINU (fig. 22). On prend un fil d'une longueur quelconque l et une règle d'une longueur $l' = l + 2a$. On fixe

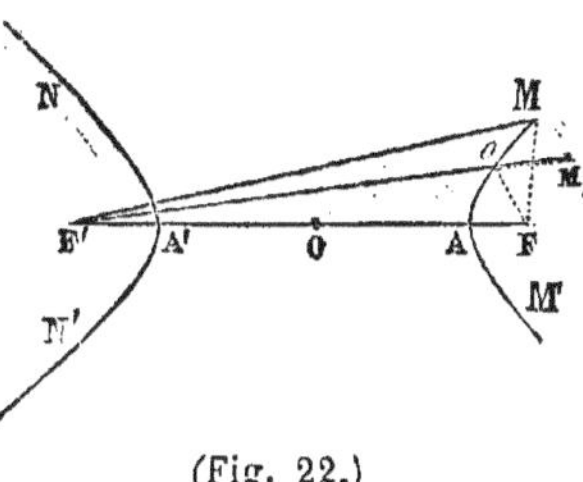

(Fig. 22.)

une extrémité de la règle au foyer F', une extrémité du fil en F, et la 2e extrémité du fil à la 2e extrémité de la règle. Puis on fait pivoter la règle autour de F', au-dessus de F'F, jusqu'à ce que le fil soit tendu. Le point M où se trouve alors l'extrémité commune est un point de l'hyperbole puisque $F'M - FM = l' - l = 2a$. On place alors en M contre le fil, en dehors, une pointe à tracer quelconque (crayon ou tire ligne), et on fait pivoter de nouveau la règle pour la ramener sur F'F, en faisant glisser la pointe le long de la règle, de manière que le fil reste toujours tendu. La pointe trace alors un arc d'hyperbole AM, puisque pour

---

(*) Si on employait ainsi un point situé entre F et F', la somme 2OC des rayons serait moindre que FF'; les arcs décrits ne se rencontreraient pas. Si l'on employait d'une manière analogue des points pris sur FF' prolongé à gauche de F', on retrouverait symétriquement des points de la courbe déjà trouvés. Il suffit d'employer des points C pris aussi loin qu'on veut à droite de F.

(**) L'hyperbole n'a pas de points entre les droites EA'E' et DAD'. En effet, à cause de la symétrie évidente de la courbe par rapport à FF' (n° 36), elle ne peut avoir de points au-dessous de AA' sans en avoir au-dessus, et, à cause de sa continuité, un point sur AA' même. Or, pour un point K situé sur AA' (marquez-le), on a $F'K - FK = A'K - AK < AA' = 2a$, ou $FK - F'K = AK - A'K < AA'$.

chacune de ses positions, F′o par ex., on a F′o — Fo = 2a (F′M et FM étant diminués de la même longueur M₁o).   On opère de la même manière au-dessous de F′F ; ce qui donne un 2ᵉ arc AM′ symétrique de AM.   Cela fait, on change la règle de place pour fixer l'extrémité sans fil en F et attacher le fil au point F′. Puis on fait pivoter la règle à gauche autour de F comme on vient de le faire pivoter autour de F′. On obtient ainsi un 2ᶜ arc d'hyperbole NA′N′ égal à MAM′.   L'étendue des arcs MAM′, NA′N′ dépend de la longueur de la règle.

35. CENTRE. *Le milieu* O *de* FF′ *est le centre de l'hyperbole* (fig. 23). On le démontre comme pour l'ellipse (n° 11). Joignons

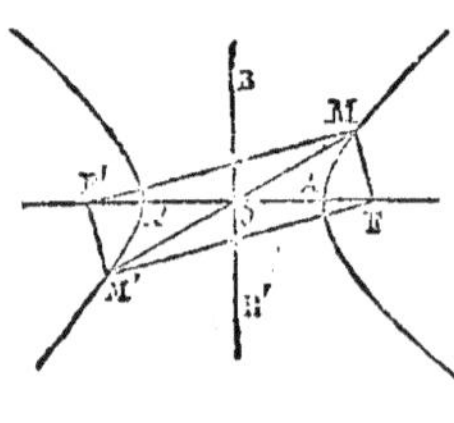

un point quelconque M de la courbe au point O et prolongeons MO d'une longueur égale OM′. Le point M′ symétrique de A′ par rapport à O est un point de l'hyperbole. En effet, traçons MF, MF′, M′F, M′F′. Le quadrilatère FMF′M′ est un paralélogramme, puisque O est à la fois le milieu de FF′ et de MM′. On a donc, FM′ = F′M et F′M′ = FM ; par

(Fig. 23.)

suite M′F′ — M′F = MF′ — MF = 2a.   M est un point quelconque de l'hyperbole. Le point O est donc le centre de la courbe.

36. AXES. *La ligne* FF′ *des foyers et la perpendiculaire* BB′ *au milieu de cette droite sont des axes de l'hyperbole* (fig. 24).

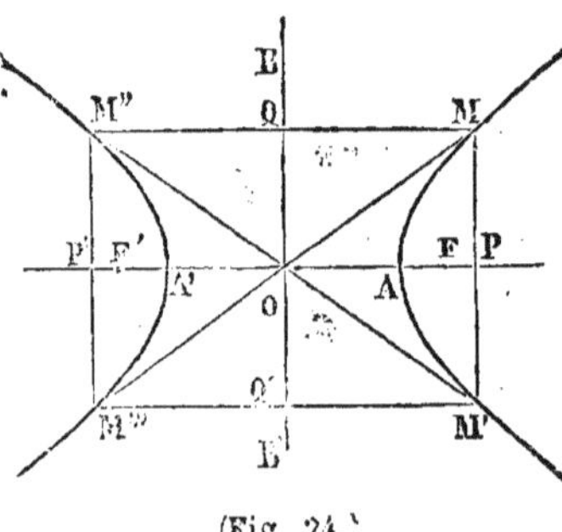

1° FF′. D'un point quelconque M de l'hyperbole abaissons MP perpendiculaire sur F′F et prolongeons-la d'une longueur égale PM′. On a FM = FM′, F′M = F′M′ et par suite F′M′ — FM′ = F′M — FM = 2a ; M′ symétrique de M par rapport à F′F est sur l'hyperbole ; FF′ est donc un axe ;

(Fig. 24.)

2° BB′.   Menons par le

centre les cordes MOM‴, M′OM″, puis traçons MM″, M″M‴ et M‴M′. De OM = OM′, on déduit MOM‴ = M′OM″. Le quadrilatère MM″M‴M′ est donc un rectangle. POP′ perpendiculaire à MM′ est parallèle à MM″ et à M′M‴.   D'ailleurs OP = OP′; la ligne BB′ perpendiculaire au milieu de POP′ divise MM″ et M′M‴ en parties égales; MQ = QM″ et M′Q′ = Q′M‴   BB′ est donc un axe de la courbe.

L'hyperbole a donc deux axes rectangulaires FF′, BB′ *qui passent par le centre*, et *deux sommets* seulement A et A′; car l'axe BB′ ne rencontre pas la courbe.

L'axe FF′ ou AA′ qui traverse la courbe s'appelle *l'axe transverse* de l'hyperbole, BB′, qui lui est extérieur, s'appelle *l'axe non transverse.*

Le rapport $\dfrac{c}{a} >$ s'appelle l'excentricité de l'hyperbole. Ce rapport est toujours plus grand que 1.

37. Théorème. *Pour tout point* C *intérieur à l'hyperbole, on a* F′C — FC > 2a; *pour tout point* C′ *extérieur, on a* F′C′ — FC′ < 2a (fig. 25).

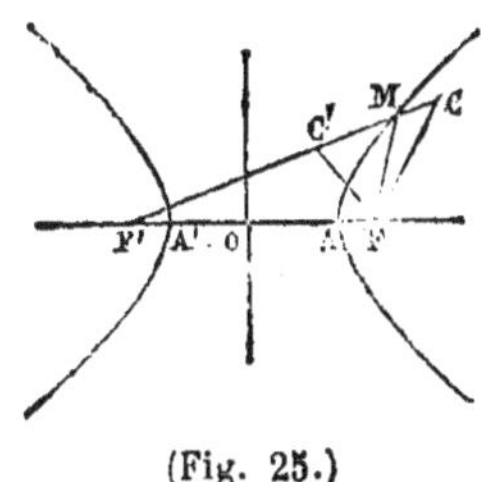
(Fig. 25.)

1° F′C rencontre la courbe en M; menons FM. Dans le triangle FMC, on a FC < MC + FM. Retranchons de F′C les deux membres de cette inégalité; il vient F′C — FC > F′C — MC — MF ou F′C — FC > F′M — FM = 2a.

2° F′C′ continuée rencontre la courbe en M; menons MF. On a FM < MC′ + FC′. Retranchons les deux membres de cette inégalité de F′M; il vient F′M — FM > F′M — MC′ — FC′; ou F′C′ — FC′ < F′M — FM = 2a.

L'hyperbole est le lieu des points M de son plan pour lesquels FM — F′M ou F′M — FM = 2a.

TANGENTES ET NORMALES.

38. Théorème. *La tangente à l'hyperbole est la bissectrice de l'angle des rayons vecteurs du point de contact.*

6

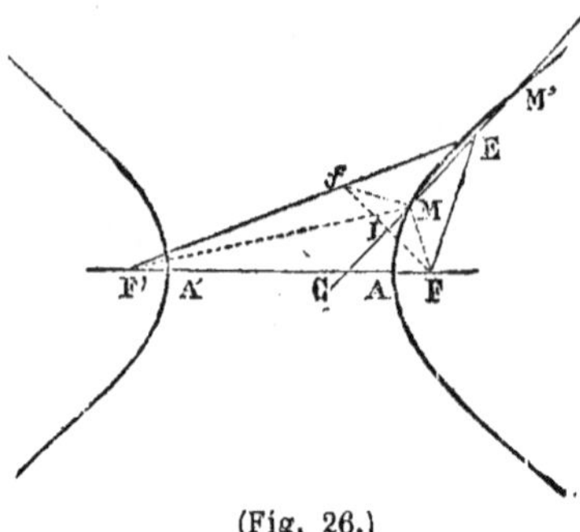

(Fig. 26.)

Considérons une sécante quelconque MM' (fig. 26). Abaissons du foyer F une perpendiculaire FI sur MM' et prolongeons-la d'une longueur égale If. Menons F'f et prolongeons cette droite à la rencontre de MM' en E. Menons EF, Ef, MF et Mf. On a F'E — Ef = F'f > F'M — Mf; ce qui revient, à cause de Ef = EF et Mf = MF, à

F'E — EF > F'M — MF = $2a$. Le point E est donc dans l'intérieur de l'hyperbole (n° 37) et par suite situé entre M et M'. On a d'ailleurs IEF = IEf ou IEF'. Tout cela est vrai dans toutes les positions que prend MM' pour arriver à être tangente à l'hyperbole. A la limite les trois points M', E, M s'étant réunis en un seul, M (fig. 27), on a encore IMF = IMF'. Ce qu'il fallait démontrer.

38 *bis. La normale* MN *à l'hyperbole est la bissectrice de l'angle,* FMT, *formé par l'un des rayons vecteurs du point de contact et le prolongement de l'autre.*

39. *Tout point* C *de la tangente autre que le point de contact* M *est en dehors de l'hyperbole* (fig. 27.)

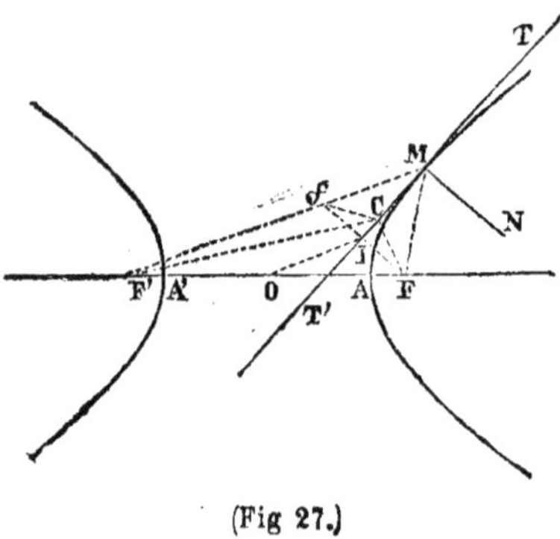

(Fig 27.)

Menons CF, CF' et Cf. On a CF' — Cf > F'f = F'M — Mf. Mais Cf = CF et Mf = MF; on a donc CF' — CF > F'M — MF = $2a$. Le point C est extérieur à l'hyperbole (n° 37).

40. *Remarques* (utiles pour la construction des tangentes; n°ˢ 44, 45, 46.)

1° La droite F'f (fig. 27) qui joint un des foyers de l'hyperbole au point symétrique de l'autre foyer F

par rapport à une tangente TM *passe au point de contact* M.   Cette droite F'*f*
a d'ailleurs *une longueur constante égale à* 2a.

2° La tangente TM étant perpendiculaire au milieu de F*f*, on a pour chacun
de ses points, T*f* = TF; M*f* = MF.

41. On appelle *cercle directeur* d'une hyperbole un cercle
qui a pour centre l'un des foyers et 2a pour rayon.

On appelle *cercle principal* d'une hyperbole un cercle qui a
pour centre le centre de la courbe et *a* pour rayon.

42. Théorème. *Le cercle directeur qui a pour centre un foyer*
F' *(cercle* F'*f*) *est le lieu du point symétrique de l'autre foyer* F
par rapport à une tangente quelconque (n° 40).

Le cercle principal (cercle OA) *est lieu de la projection de
chacun des foyers sur une tangente à la courbe.*

En effet le point O étant le milieu de F'F et I le milieu de
F*f*,   OI est parallèle à F'*f*, et de plus OI = $\frac{1}{2}$ F'*f* = *a* (*).

43. *Les tangentes au sommet* A *et* A' *sont perpendiculaires à
l'axe.* Cela résulte de ce qui vient d'être dit.   Autrement:
la perpendiculaire en A, par ex., est la limite des positions
que prend la corde MM' qui joint deux points symétriques
M, M', se déplaçant parallèlement à elle-même. Ces deux points
qui se rapprochent continuellement se confondent en un seul
au point A.

44. Problème. *Mener une tangente à l'hyperbole par un
point* M *de la courbe.*

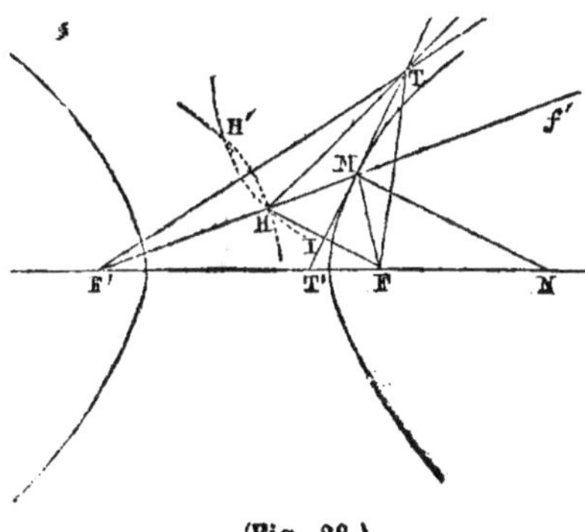

On trace les rayons vec-
teurs FM, F'M (fig. 28). On
prend sur F'M, MH = MF,
et on mène FH. Enfin on
abaisse MI perpendicu-
laire sur FH.   MI est la
tangente cherchée. En
effet le triangle FMH
étant isocèle, MI perpen-
diculaire à la base FH est
la bissectrice de l'angle
FMH ou FMF' des rayons

(Fig. 28.)

vecteurs du point M (n° 38).

(*) On dit encore ici *cercle* pour *circonférence.*

45. PROBLÈME. *Mener une tangente à l'hyperbole par un point extérieur* T.

On décrit une circonférence du foyer F′ le plus éloigné de T comme centre avec 2a pour rayon (fig. 28); puis une circonférence de T comme centre avec TE pour rayon. Cette 2e circonférence coupe la 1re en H et en H′. On mène FH et on abaisse de T une perpendiculaire TI sur cette droite; TI est la tangente cherchée. On mène F′H; le point M où TI rencontre F′H est le point de contact (n° 40).

En effet puisque TE = TH, TMI est perpendiculaire au milieu de FH et MF = MH. Par suite F′M − FM = F′M − MH = F′H = 2a. Le point M est sur l'hyperbole et TMI bissectrice de l'angle F′MF est tangente à l'hyperbole. En joignant le point F au 2e point H′ et abaissant une perpendiculaire de T sur FH′, on a une 2e tangente TI′M′ (Menez la) (*).

46. PROBLÈME. *Mener une tangente à l'hyperbole parallèle à une droite donnée* ab (fig. 29).

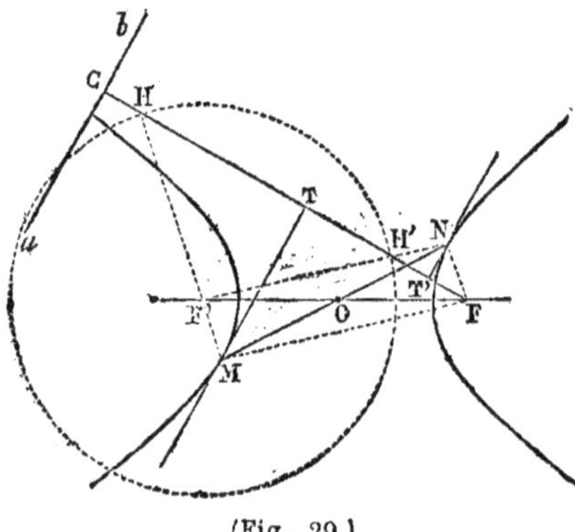

(Fig. 29.)

On abaisse du foyer E une perpendiculaire FC sur *ab*. Cette droite perpendiculaire à la tangente cherchée contient le point H symétrique de F par rapport à cette tangente. Ce point symétrique est d'ailleurs situé sur le cercle directeur décrit du 2e foyer F′ comme centre avec 2a pour rayon. On décrit cette circonférence,

---

(*) Les circonférences décrites se coupent. En effet, les centres sont T et F′ et les rayons TF et 2a; les conditions à remplir sont donc TF′ < 2a + TF et TF′ > 2a − TF ou TF′ > TF − 2a. Le point T étant extérieur à l'hyperbole, on a TF′ − TF < 2a, et par suite TF′ < 2a + TF. D'un autre côté, on a par hypothèse TF′ > TF et à *fortiori* TF′ > TF − 2a. Enfin le triangle TF′F donne TF′ > FF′ − TF, et à *fortiori* TF′ > 2a − TF.

Quand le point donné est un point M de l'hyperbole, on a F′M − FM = 2a ou F′M = 2a + MF. Les circonférences décrites sont tangentes extérieurement en M;

qui rencontre FC en H et en H'. Le point symétrique cherché
est H ou H'; on élève une perpendiculaire TM au milieu de
FH, et une autre perpendiculaire T'N au milieu de FH'. Ces
deux perpendiculaires parallèles à AB sont tangentes à la
courbe aux points M et N où elles rencontrent F'H et F'H'
prolongées (n° 38) (*).

47. ASYMPTOTES DE L'HYPERBOLE. Considérons (fig. 30) une hyperbole, son
cercle directeur (*cercle* F'H), son cercle principal (*cercle* OA) et une tangente quel-

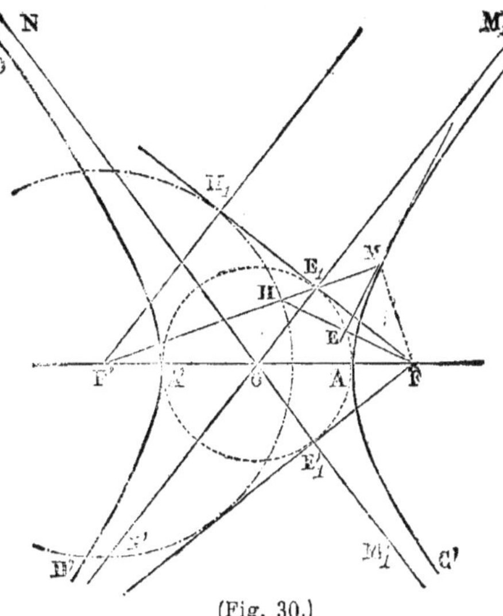

conque EM. Menons du
foyer F la tangente FE_1 au
cercle principal, et étu-
dions ce qui se passe quand
la projection E du foyer F
sur une tangente se meut
sur l'arc AE_1 de ce cercle.
A chaque position E de
cette projection, intermé-
diaire entre A et E_1, correspondent deux rayons OE,
F'H du cercle principal et
du cercle directeur parallèles entre eux. (n° 42). La
tangente EM est perpendi-
culaire à la sécante FE, et
le prolongement du rayon
F'H va rencontrer EM au
point de contact. Tout cela
a lieu si près que la projection E soit de E_1. A la limite, quand cette projec-
tion est E_1, les rayons OE_1,
$F'H_1$ sont encore parallèles,

(Fig. 30.)

Tracez sur la figure la droite OE, *ligne essentielle oubliée.*

mais la droite FE_1, qui n'est plus sécante, mais tangente au cercle OA, est per-

il n'y a qu'une solution.   Quand le point donné T est intérieur à l'hyperbole,
on a TF' — TF > 2a ou TF' > 2a + TF. Les deux circonférences ne se coupent
pas ; il n'y a pas de solution.
Solution analytique. Si on connaissait le point H symétrique du foyer F
par rapport à la tangente cherchée, on aurait cette tangente en abaissant de T
une perpendiculaire sur TH (n° 40, 2°). Mais ce point H est situé sur le cercle directeur décrit de F' comme centre avec 2a pour rayon ; il est situé aussi sur la
circonférence décrite de T comme centre avec TF pour rayon (n° 40). On décrit
ces deux circonférences qui se coupent en H et en H', et on abaisse une perpendiculaire de T sur FH, et une de T sur FH'.

(*) Pour que cette construction réussisse, il faut que la perpendiculaire abaissée

pendiculaire à OE_1 et par suite à $F'H_1$. La tangente $E_1 M_1$ perpendiculaire à FE_1 est parallèle à $F'H_1$ et coïncide en direction avec OE_1; le rayon $F'H_1$ prolongé ne rencontre plus la tangente OE_1M_1. Comment expliquer ce fait?

On se l'explique en examinant de près ce qui a lieu d'ailleurs pour les tangentes considérées. Le point de contact, qui est d'abord le point A, s'éloigne indéfiniment de A sur la branche d'hyperbole AC. Chaque tangente qui rencontre l'axe FF' entre A et O, de plus en plus près de O, va rencontrer $OE_1 M_1$, *après* avoir touché la courbe, et fait avec OE_1M_1 un angle de plus en plus petit qui est nul à la limite. La distance du point de contact à OE_1M_1 diminue donc indéfiniment et devient infiniment petite sans devenir absolument nulle. OE_1M_1 est donc une tangente à la branche d'hyperbole AC dont le point de contact est situé à une distance infinie du point A,   ou plutôt c'est une droite dont l'arc AC, considéré point à point, se rapproche indéfiniment jusqu'à en arriver très-près, mais sans arriver à la toucher ni à la traverser.

OE_1M_1 est ce qu'on appelle une *asymptote* à cette branche AC.

Par suite de la symétrie de l'hyperbole par rapport à l'axe $F'F$, tout se passe au-dessous de cet axe comme au-dessus. Si on mène la tangente FE_1' au cercle principal, puis OE_1' prolongé, on a une 2e asymptote $OE_1'M_1'$.   Par suite de la symétrie de la courbe par rapport à l'axe BOB', tout se passe à gauche de BOB comme à droite. En menant les tangentes $F'E_1''$ et $F'E_1'''$ au cercle principal, puis les rayons OE_1'', et OE_1''', prolongées, on obtient des asymptotes $OE_1''N$, $OE_1'''N'$, qui sont les prolongements de $M_1'E_1'O$, M_1E_1O.   *L'hyperbole a finalement deux asymptotes MOM', NON' qui se rencontrent au centre.*

REMARQUE. D'après ce qui précède, on construit les asymptotes d'une hyperbole en menant les tangentes FE_1, FE_1', au cercle principal, puis les rayons OE_1, OE_1' de ce cercle, qu'on prolonge vers l'hyperbole des deux côtés du point O (*).

48. LONGUEURS DES AXES DE L'HYPERBOLE. Les tangentes à l'hyperbole aux sommets A et A' rencontrent les asymptotes en I, I', K, K' (fig. 31); menons IK, I'K'. La fig. IKK'I' est un rectangle. Menons FE perpendiculaire sur OI;

---

de F' sur la droite Fc soit plus petite que $2a$ ou au plus égale à $2a$. (Voyez la note ci-après).

Les trois méthodes précédentes s'appliquent sans que l'hyperbole soit tracée. (Voy. la note 2e de la page 67.)

(*) Les tangentes à la branche CAC' de l'hyperbole rencontrent deux à deux l'axe FF' entre O et A et font avec cet axe un angle aigu plus grand que XOF ou YOF (fig. 30 et 31). Il en est de même des tangentes à la branche DAD' qui rencontrent FF' entre O et A'. Si donc on mène une parallèle à une tangente quelconque par le centre O, cette parallèle est située dans l'angle XOY ou dans l'angle X'OY'. On déduit de là une condition nécessaire et suffisante pour qu'on puisse mener une tangente à l'hyperbole parallèle à une droite donnée (n° 46).

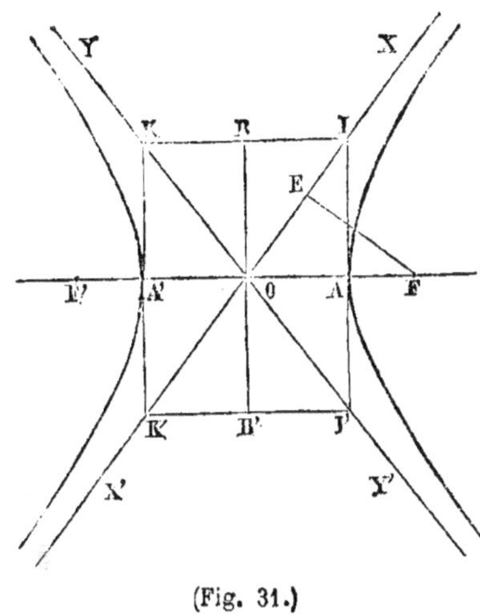

(Fig. 31.)

nous savons que $OE = OA$ (n° 47). Les triangles rectangles OFE, OAI qui ont l'angle O commun et les côtés OA, OE égaux, sont égaux. Par suite, $OI = OF = c$. $AI = \sqrt{c^2 - a^2} = OB$. On représente cette partie limitée OB de l'axe BB' par b. On représente par $2a$ l'axe *transverse* A'OA de l'hyperbole, et par $2b$ l'axe non transverse BOB'. D'après le triangle AOI, $a^2 + b^2 = c^2$.

48 *bis.* Aire d'un segment d'hyperbole. On ne peut l'obtenir qu'en employant l'une des méthodes approximatives expliquées à la fin de ce chapitre. On inscrit entre l'axe transverse et l'arc d'hyperbole des trapèzes rectangles ayant pour bases des ordonnées équidistantes de l'hyperbole.

49. Hyperboloïde. On appelle *hyperboloïde* le volume engendré par la révolution complète d'une demi-hyperbole autour de l'un des axes. *L'hyperboloïde* à *une nappe* est engendré par la révolution de la branche CAC' autour de l'axe non transverse BB' (fig. 30). L'yperboloïde à deux nappes est engendré par la révolution de deux demi-branches CA et DA' autour de l'axe transverse FF'.

Si on fait tourner en même temps l'une des asymptotes M_1'ON' autour de chaque axe, on obtient deux cônes asymptotes aux deux hyperboloïdes.

Volume d'un segment d'hyperboloïde a deux nappes. On l'obtient en employant la même méthode approximative. Au lieu de considérer les aires des trapèzes rectangles, on considère et on calcule la somme des volumes des troncs de cône engendrés par la révolution de ces trapèzes rectangles autour de l'axe transverse.

APPLICATIONS DE L'HYPERBOLE.

Miroirs hyperboliques. *La normale à l'hyperbole est la bissectrice de l'angle formé par un des rayons vecteurs du point de contact et le prolongement de l'autre* (n° 38 *bis*).

Par suite, si l'arc d'hyperbole LML' (fig. 32) est une lame

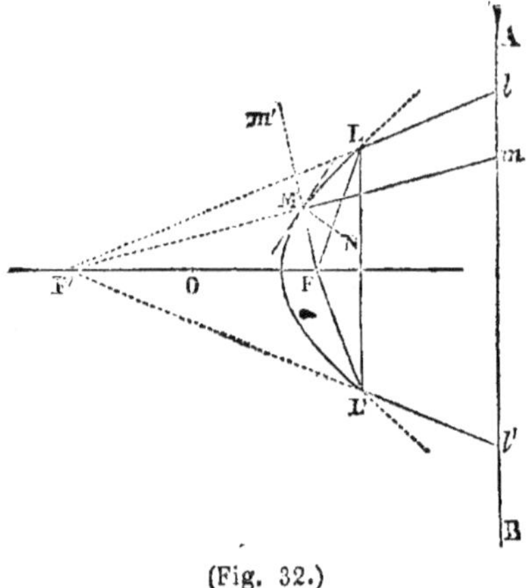

(Fig. 32.)

métallique très-étroite, au foyer F de laquelle il y a production de lumière et de chaleur, les rayons qui rencontrent la lame ne vont pas après la réflexion passer au 2ᵉ foyer F'. Le rayon incident FM, par ex., au lieu de se réfléchir suivant MF', se réfléchit dans la direction opposée M*m*, puisque l'angle FMN = *m*MN. Le rayon FL se réfléchit de même dans la direction L*l*. Les rayons réfléchis ne concentrent pas la lumière ou la chaleur en F'; ils la répandent dans les directions divergentes M*m*, L*l*, L'*l*, etc. (*).

Considérons maintenant un *miroir hyperbolique,* c'est-à-dire un miroir métallique dont la surface concave est celle d'un segment d'hyperboloïde à deux nappes, par ex., du segment qui serait engendré par la révolution de l'arc précité LML' autour de l'axe F'OF. Tous les méridiens de la surface sont des lames métalliques telles que la lame LML', ayant le même axe FOF' et les mêmes foyers F et F'. Tout ce qui a été dit de la lame LML' s'applique au miroir tout entier. La lumière produite en F et réfléchie par le miroir n'est plus concentrée en un point F'. Elle est répandue par réflexion et distribuée en avant du miroir dans l'intérieur du cône de révolution qui a pour axe F'F et pour génératrice la droite F'L prolongée indéfiniment. *Exemple :* Une lampe, dont la flamme occupe le

---

(*) Les rayons réfléchis ne vont pas porter la lumière en F'; mais ils semblent tous l'apporter de ce point. L'œil placé sur *m* M, par ex., et tourné vers le point M, perçoit la lumière, comme si le point lumineux, la source de la lumière était en F'. Il en est de même pour le point L, etc. Le point F' n'est plus un foyer lumineux réel; à cause de la particularité, de la propriété géométrique que nous venons d'indiquer, F' s'appelle dans le cas actuel un foyer *virtuel.*

foyer F, éclaire en entier un tableau situé dans le cône sur le
cercle *ll'*, en partie directement, en partie par réflexion sur le
miroir.

RÉVERBÈRES. Les réverbères, qui servaient anciennement
à éclairer les rues et les places publiques, étaient formés
chacun de deux miroirs hyperboliques associés. Imaginez que
de deux segments métalliques égaux pris sur les deux nappes
d'un même hyperboloïde on ait retranché les calottes comprises entre le sommet et le foyer voisin, puis qu'on ait rappro-
ché l'un de l'autre ces deux segments tronqués en leur laissant le même axe, jusqu'à ce que leurs foyers coïncident. Les
deux miroirs ainsi adossés forment un réverbère dans lequel
la flamme occupe le foyer commun. Les deux réflecteurs pro-
jettent dans les deux sens deux faisceaux coniques de rayons
lumineux.

CHEMINÉES HYPERBOLIQUES. Afin d'utiliser par réflexion les
rayons de chaleur qui frappent les parois intérieures d'une
cheminée, on donne souvent à ces parois la forme d'une surface cylindrique verticale ayant pour bases deux segments
d'hyperbole tels que LML' (fig. 32). La réflexion de la chaleur
sur chaque section hyperbolique de la paroi s'opère comme
nous l'avons expliqué pour la lumière, et les personnes ou les
objets qui se trouvent dans la pièce sont chauffées par la
chaleur réfléchie comme est éclairé le tableau précité.

EXERCICES SUR L'HYPERBOLE

(Même avis que pour l'ellipse relativement à a, b, c, x, y).

1. Quel est le lieu géométrique des centres des circonférences tangentes
   à deux circonférences données extérieures l'une à l'autre.
2. *Idem* des points également distants de ces deux circonférences.
3. Chaque sommet de l'hyperbole divise la distance F'F des foyers en
   deux parties dont le produit est égal à b^2.

4. Tout diamètre de l'hyperbole autre que 2*a* est plus grand que 2*a*.

5. Les rayons vecteurs FM′ et FM ont pour valeurs $\frac{cx}{a} + a$ et $\frac{cx}{a} - a$.

6. On a pour chaque point de l'hyperbole $\frac{y^2}{b^2} = \frac{x^2 - a^2}{a^2}$ ou $a^2y^2 - b^2x^2 = - a^2b^2$.

7. Résoudre pour l'hyperbole le problème analogue au problème 7 sur l'ellipse (Exerc. 7).

8. Démontrez pour l'hyperbole la proposition analogue à la proposition énoncée dans l'exerc. 8 sur l'ellipse.

9, 10, 11, 12, 13, 14, 15, 16, 17, 18, 19, 20, 21, 22, 23 (15 exercices). Faites pour l'hyperbole les exercices analogues aux exercices proposés sur l'ellipse qui ont les mêmes numéros.

(Démontrez les propositions et résolvez les problèmes analogues concernant l'hyperbole.)

III. PARABOLE.

50. La parabole est une courbe telle que les distances de chacun de ses points à un point fixe et à une droite fixe sont égales (*).

Le point fixe F est le *foyer* (fig. 33), et la droite fixe, DD′, la *directrice* de la parabole.   FM = MP, quel que soit le point M sur la courbe.

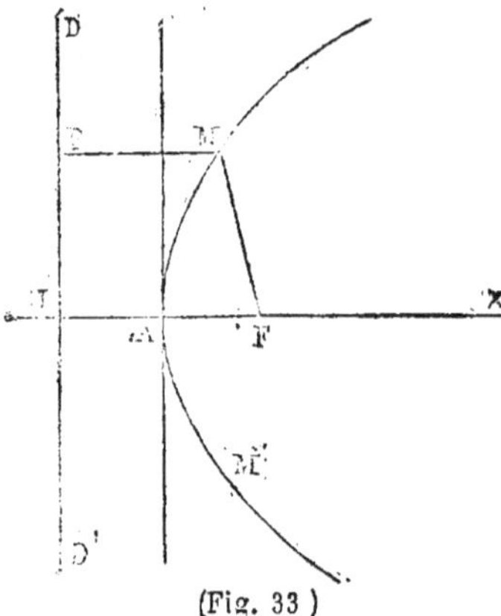

(Fig. 33)

Là droite FM qui joint le foyer à un point de la courbe, est un *rayon vecteur*. La distance FI du foyer à la directrice s'appelle le *paramètre* de la parabole; on la représente ordinairement par *p*.

51. TRACÉ DE LA PARABOLE. On peut. aisément tracer une parabole par points ou d'une manière continue quand on connaît le foyer F et la directrice DD′.

(*) On démontre aisément, en se fondant sur cette définition, qu'une parabole ne peut être rencontrée par une droite en plus de deux points. Cette courbe est donc convexe. (Résolvez ici le problème proposé ex. 6, page 105.)

Tracé par points (fig. 34). On mène du foyer F une perpendiculaire IFX à la directrice et on
en détermine le milieu A, qui est un
point de la parabole, puisque AF = AI.
Cela fait, on obtient des points de la parabole aussi rapprochés que l'on veut,
en employant comme il suit des points
pris sur AFX, *à droite du point* A.
Soit B un de ces points. On élève au
point B une perpendiculaire MBM' sur
AFX, puis on décrit de F comme centre
avec IB pour rayon un arc de cercle
qui coupe MBM' en deux points, M
et M'. M et M' sont des points de la
parabole. **En effet, si on abaisse MB
perpendiculaire sur DD', on a MH = IB
= MF. De même pour M'.** On répète

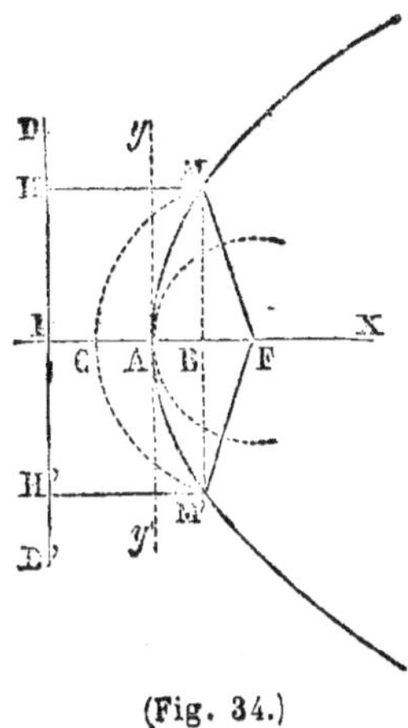

(Fig. 34.)

cette construction en des points de AFX aussi éloignés
de A que l'on veut.

Remarque. La construction réussit pour tout point pris sur
IFX au delà de A. Car on a toujours dans ce cas le rayon
IB > FB; par suite, l'arc de cercle décrit coupe en deux
points la perpendiculaire élevée en B.

Si on prenait le point B à gauche de A, on aurait
IB < FB; l'arc de cercle n'atteindrait pas la perpendiculaire.

La parabole s'étend donc indéfiniment au-dessus et au-dessous de IFX, à droite de la perpendiculaire yAy'. Elle n'a
aucun point à gauche de yAy'.

Tracé continu (fig. 35). On mène IFX perpendiculaire à
DD'. On place ensuite une règle le long de DID', et contre la
règle, un peu au-dessus de IFX, le petit côté A'B d'une équerre
A'BC. On attache à l'extrémité C de l'équerre et au foyer F les
deux extrémités d'un fil d'une longueur égale à BC, puis on
fait remonter l'équerre le long de la règle, jusqu'à ce que le
fil soit tendu. A partir de là, on fait glisser la règle en
descendant jusqu'à IFX, en maintenant le fil tendu contre
BC au moyen d'une pointe à tracer (crayon ou tire-ligne).
La pointe décrit un arc CMA de parabole, puisque pour cha-

cune de ses positions M, on a FM + MC = BC; par suite,
FM = BC — MC = MB.

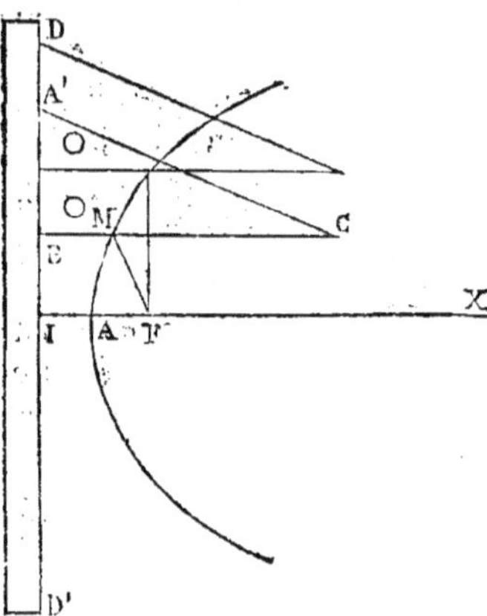

(Fig. 35.)

C et C' *extrémités de l'arc.*

On obtient un arc AC' symétrique de CMA en retournant l'équerre sens dessus dessous et recommençant le même mouvement sous IFX. L'étendue de l'arc limité de parabole ainsi obtenu dépend de la grandeur du côté BC de l'équerre.

52. AXE DE LA PARABOLE. *La parabole n'a qu'un axe, qui est la perpendiculaire IFX à la directrice, et un sommet, le point A.*

Abaissons d'un point quelconque M de la parabole une perpendiculaire MB sur IFX (fig. 34), et prolongeons-la d'une longueur égale BM'. Abaissons MH et M'H' perpendiculaires sur DD'. On a FM = FM' et MH = M'H'. FM = MH; donc FM' = M'H'. Le point M' symétrique du point M par rapport à IFX est sur la parabole. Donc IFX est un axe de la courbe.

53. THÉORÈME. *Pour tout point O intérieur à la parabole, on a OF < OP, et pour tout point extérieur O' on a O'F > O'P* (fig. 36).

En effet : 1° la perpendiculaire OP rencontre la parabole en

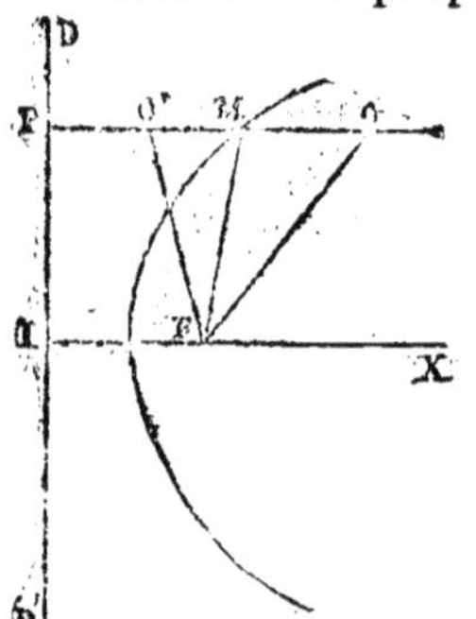

(Fig. 36.)

M; menons MF. On a OF < OM + MF, ce qui revient à OF < OM + MP = OP, puisque MF = MP; 2° la perpendiculaire PO' continuée rencontre la parabole en M; menons MF. On a O'F > MF — MO'; ce qui revient à O'F > MP — MO' = O'P, puisque MF = MP.

La parabole est le lieu des points de son plan également distants de son foyer et de sa directrice.

54. TANGENTE ET NORMALE. *La tangente a la parabole fait des angles égaux avec le rayon vecteur du point de contact et la parallèle à l'axe qui passe par ce point.*

Considérons une sécante quelconque MM' (fig. 37). Abaissons du foyer F une perpendiculaire FE sur MM' et prolongeons-

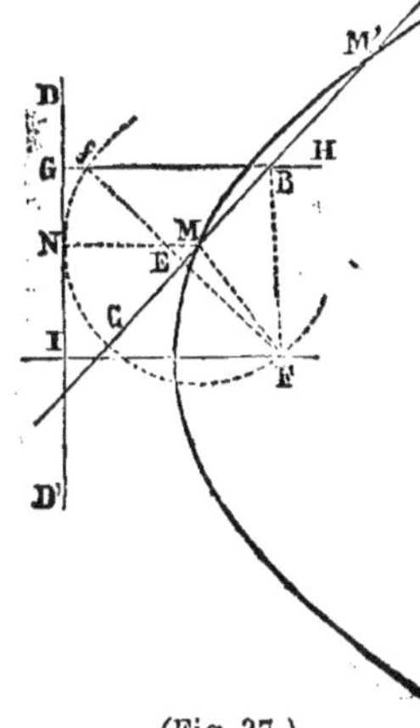

(Fig 37.)

la d'une longueur égale E*f*; puis menons par *f* une parallèle G*f*H à l'axe qui rencontre MM' en B. Du point M comme centre, avec MF comme rayon, décrivons une circonférence; à cause MF = MN cette circonférence est tangente à DD' qu'elle laisse à gauche et rencontre FM en *f* entre G et B; d'où il résulte que BF = B*f* est moindre que BG. Le point B est donc intérieur à la parabole (n° 53) et situé entre M' et M.

A cause de BE perpendiculaire au milieu de F*f*, on a d'ailleurs EBF = EB*f* = M'BH. Tout cela est vrai pour toutes les positions que prend MM' se mouvant pour devenir tangente. A la limite, quand MM' est devenue tangente (fig. 38), les points M', B, M étant confondus en un seul point M, l'égalité précédente des angles devient EMF = EM*f* = T'MH. Ce qu'il fallait démontrer.

54 *bis.* **La normale MN** *à la parabole est la bissectrice de l'angle formé par le rayon vecteur FM du point de contact et la parallèle MH à l'axe menée par ce point dans l'intérieur de la parabole.* (Tracez sur la fig. la normale MN à l'intérieur entre MH et MF.)

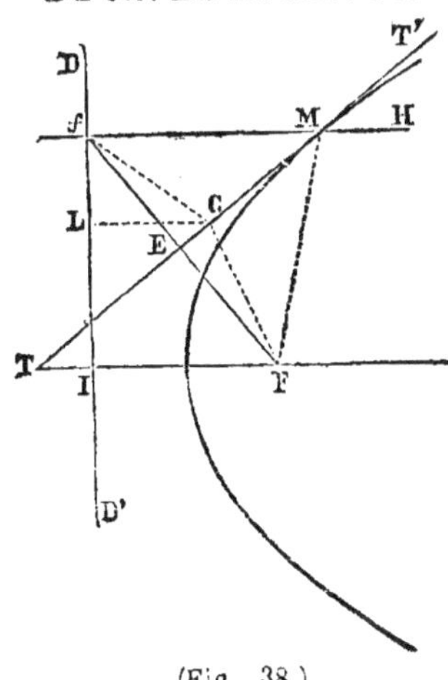

(Fig. 38.)

En effet, les angles HMN, FMN, compléments des angles égaux T'MH, TME, sont ègaux.

55. *Tous les points de la tangente à la parabole autres que le point de contact sont extérieurs à la parabole.*

Considérons le point C par ex. (fig. 38), Menons C*f*, CF puis CL

parallèle à l'axe. On a CF = Cf > CL. Le point C est donc
extérieur à la courbe (n° 53).

55. REMARQUES (utiles pour les applications, fig. 39).

1° A cause de MF = Mf, et l'angle EMF = EMf (n° 54), la
tangente MT est perpendiculaire au milieu de Ef. Par suite :

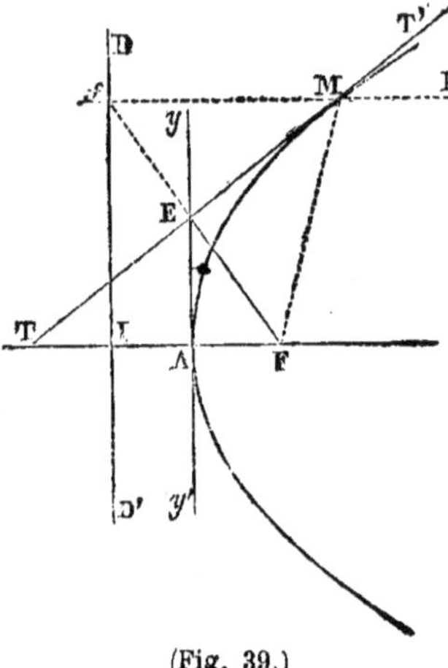

1° Le point f symétrique du
foyer F par rapport à une tangente quelconque TM est situé
sur la directrice DD'.

2° La parallèle à l'axe menée
par ce point symétrique rencontre la tangente au point de
contact.

3° On a pour chaque point de
la tangente : TF = Tf; MF =
Mf.

56. THÉORÈMES. 1° *La directrice
DD' est donc le lieu du point symétrique du foyer F par rapport à une
tangente quelconque.*

(Fig. 39.)

2° *La perpendiculaire yAy' menée à l'axe par le sommet A
est le lieu de la projection du foyer sur une tangente quelconque.*

En effet (fig. 39), à cause AF = AI et de FE = Ef, la droite
AE est parallèle à DID' et par suite perpendiculaire à IF en
A; E est la projection du foyer sur la tangente; notre pro-
position est donc démontrée.

57. CONSTRUCTION DE TANGENTES.

1ᵉʳ PROBLÈME. *Mener une tangente à la parabole par un point
M donné sur la courbe.*

On abaisse MP perpendiculaire sur la directrice (fig. 40) et
on mène FP. Puis on abaisse de M une perpendiculaire sur
FP; cette perpendiculaire MT est la tangente demandée.
En effet cette droite perpendiculaire à la base du triangle
isocèle PMF est la bissectrice de l'angle PMF que fait le
rayon vecteur du point M avec la parallèle à l'axe menée
par ce point (n° 53).

2ᵉ Problème. *Mener une tangente à la parabole par un point extérieur* T (fig. 40).

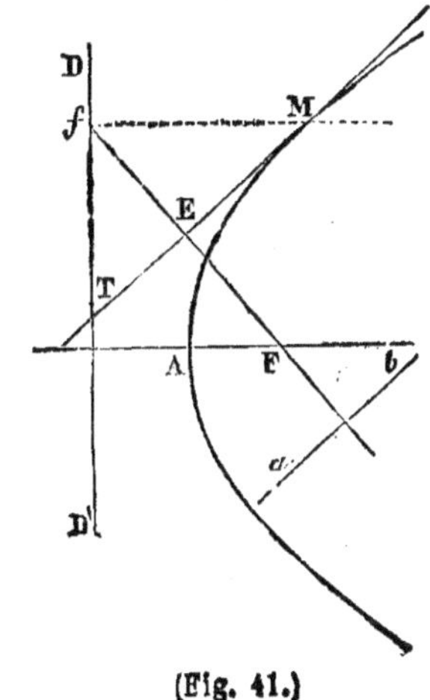

(Fig. 40.)

Si nous connaissions le point symétrique P du foyer F par rapport à la tangente cherchée, nous aurions la tangente en abaissant de T une perpendiculaire sur la droite FP (n° 55). Mais le point P est situé sur la directrice (n° 55, 1°). De plus TF = TP (n° 55, 2°) ; le point T est donc aussi sur une circonférence décrite de T comme centre avec TF pour rayon. De là cette construction : on décrit du point T comme centre avec TF comme rayon une circonférence qui coupe la directrice en P et en P'. On mène FP et on en abaisse de T une perpendiculaire sur FP. Cette perpendiculaire TOM est la tangente demandée. Le point de contact est en M à la rencontre de TO et de la parallèle à l'axe menée par le point P. (On a MF = MP et l'angle OMF = OMP).

Le problème a deux solutions ; on obtient une 2ᵉ tangente en menant FP' et abaissant de T une perpendiculaire sur cette droite.

3ᵉ Problème. *Mener une tangente à la parabole parallèle à une droite donnée* ab (fig. 41).

On mène au foyer F une perpendiculaire Fc sur *ab* (marquez le point *c* sur *ab*). Fc perpendiculaire à la tangente cherchée contient le point symétrique *f* du foyer F par rapport à cette tangente (n° 55, 1°). Le point *f*, étant aussi sur la diretrice DD', n'est autre que le point de rencontre *f* de cF et de DD'. La tangente est

(Fig. 41.)

perpendiculaire au milieu de **F***f*. On construit cette perpendiculaire. Le point M où elle rencontre la parallèle à l'axe menée par *f* est le point de contact. Ce problème n'a qu'une solution.

REMARQUE. Les trois méthodes qui précèdent s'appliquent alors même que la parabole n'est pas tracée. Elles peuvent donc être employées quand on trace la courbe par points.

Dans le 1er problème, la distance de **T** au foyer TF étant égale à sa distance à la directrice, l'arc décrit est tangent à celle-ci ; il n'y a qu'une solution.

Dans le second problème, le point T étant extérieur à la courbe, la distance de TF au foyer est plus grande que sa distance à la directrice ; par suite, l'arc décrit avec TF pour rayon coupe la directrice en deux points P et P' qui fournissent deux solutions.

Si on donnait TF plus petit que TP, l'arc de cercle ne rencontrerait pas la directrice ; il n'y aurait pas de tangente, le point T étant alors intérieur à la parabole.

58. SOUS-TANGENTE, SOUS-NORMALE. On appelle *sous-tangente* la partie TQ de l'axe comprise entre le pied de la tangente sur l'axe et le pied de l'ordonnée du point de contact M.

On appelle *sous-normale* la partie de l'axe comprise entre le pied de la normale et le pied de l'ordonnée du point de contact. Pour le point de contact M (fig. 42), la sous-normale est NQ.

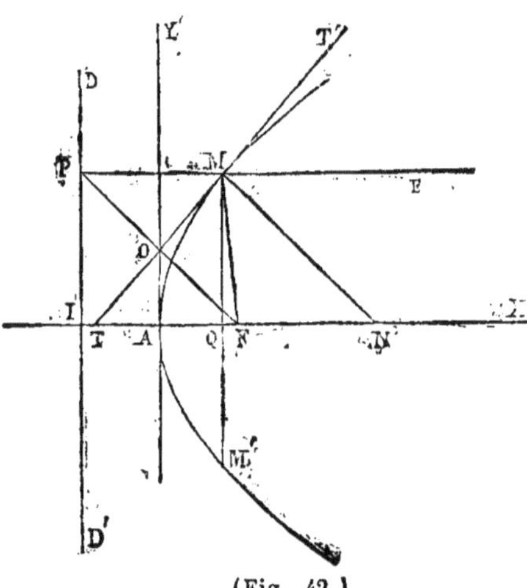

(Fig. 42.)

59. *La distance,* TF, *entre le foyer et le pied de la tangente sur l'axe est égal au rayon vecteur du point de contact.*

En effet, l'angle MTF = TMP = TMF. Le triangle MFT est donc isocèle ; TF = MF. Le point O est le milieu de MT.

60. *Le sommet de la parabole divise la sous-tangente* TQ *en deux parties égales.*

En effet, AO étant parallèle MQ (n° 56, **2°**) et $OM = OT$
(n° 59), on a $AQ = AT$; $TQ = 2AQ$.

61. *La sous-normale QN est constante ; elle est égale au para-*
mètre FI de la parabole.

En effet, le quadrilatère PMNF est un parallélogramme.
PM est parallèle à FN ; PF et MN perpendiculaires à MT
sont aussi parallèles. Donc $MN = PF$.   Les deux triangles
rectangles PIF, MQN sont égaux ; car $PI = MQ$ et $PF = MN$. Donc $QN = FI$. Ce qu'il fallait démontrer.

62. *L'ordonnée MQ d'un point quelconque M de la parabole*
est moyenne proportionelle entre la sous-tangente et la sous-nor-
male correspondant à ce point.

En effet, le triangle rectangle TMN donne $\overline{MQ}^2 = TQ \times QN$.

COROLLAIRE. Mais $TQ = 2AQ$ (n° 60), et $QN = FI = p$. Donc
$\overline{MQ}^2 = 2AQ \times p$ ou $y^2 = 2px$, si on prend AY et AX pour
axes des coordonnées des points de la parabole (n° 8).
$y^2 = 2px$ *est ce qu'on appelle l'équation de cette courbe.*

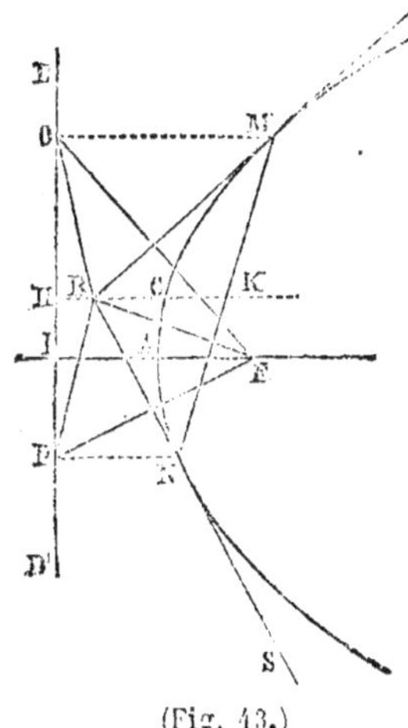

(Fig. 43.)

63. THÉORÈME. *La parallèle à l'axe,*
menée par le point de concours de deux
tangentes à la parabole, passe par le
milieu de la corde qui joint les points
de contact (fig. 43).

Soient les deux tangentes BM, BN.
Menons les parallèles à l'axe MO,
NP, HBK, et les droites BO, BP,
BF.   On a $BO = BF$ et $BP = BF$;
donc $BO = BP$; par suite $OH = HP$.
La droite HBK parallèle aux deux
bases OM, PN du trapèze, OMNP,
divise les côtés non parallèles, OP,
MN, en parties proportionnelles ;
$OH = HP$; donc $MK = KN$. Le point
K est le milieu de MN.   C. Q. F. D.

63 bis. THÉORÈME. *Trois tangentes quelconques* BM, BR.
AC (fig. 43 bis) *à une parabole étant données, chacune d'elles*

*détermine **sur** les deux autres des segments réciproquement proportionnels.*

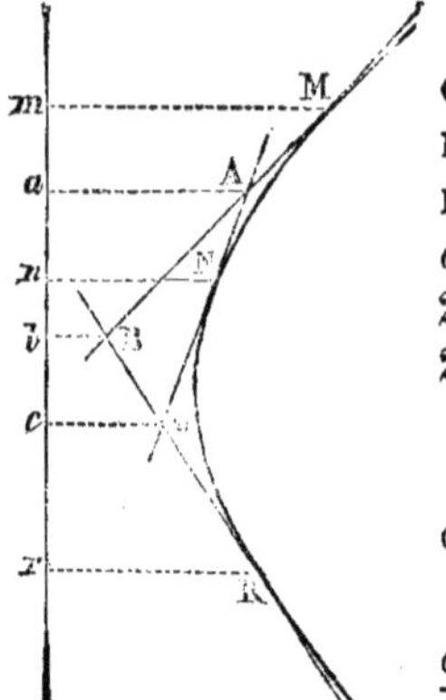

(Fig. 43 *bis*.)

Menons les perpendiculaires Mm, Aa, etc., des points de contact et des points de rencontre sur la directrice. Dans le numéro précédent, nous avons vu que $am = an$; $bm = br$; $cn = cr$. On déduit de là $2br = mr$; $2cr = nr$, puis $2(br - cr)$ ou $2bc = mr - nr = mn = 2an$.

On a donc $bc = an = am$ (1);

Puis $an + bn = bc + bn$,

ou $ab = cn = cr$ (2).

D'après les égalités (1) et (2), on a $\dfrac{am}{ab} = \dfrac{bc}{cr} = \dfrac{an}{cn}$ (3). Les portions de tangentes étant divisées par les parallèles en parties proportionnelles à leurs projections sur mr, on déduit des égalités (3) 1° $\dfrac{AM}{AB} = \dfrac{CB}{CR}$; ce qui démontre la proposition énoncée pour la tangente ANC; 2° $\dfrac{AM}{AB} = \dfrac{AN}{CN}$; d'où $\dfrac{AM + AB}{AB} = \dfrac{AN + CN}{CN}$ ou $\dfrac{BM}{BA} = \dfrac{CA}{CN}$; ce qui la démontre pour BCR. Enfin 3° $\dfrac{BC}{CR} = \dfrac{AN}{CN}$; d'où $\dfrac{BC + CR}{BC} = \dfrac{AN + CN}{AN}$ ou $\dfrac{BR}{BC} = \dfrac{AC}{AN}$; ce qui la démontre pour MAB.

Nous avons démontré ce théorème (63 *bis*) parce qu'on en déduit des conséquences très-utiles dans les applications usuelles de la parabole. (Voy. les questions proposées 19 et 20, page 106.)

64. THÉORÈME. *La parabole est la limite vers laquelle tend une ellipse qui varie dans ces conditions : un foyer F et le sommet voisin sont fixes, tandis que le 2e foyer F' s'éloigne indéfiniment à droite sur AFF' prolongé (*).*

(*) Il serait plus exact et plus intelligible de dire : *Vers laquelle tend une* DEMI-ELLIPSE BAB', *qui varie*, etc., etc., comme ci-dessus.

Pour le démontrer, prenons sur OA prolongé à gauche une longueur AI = AF et menons DID' perpendiculaire à IAF. Le point I étant symétrique du foyer F par rapport à la tangente YAY' commune à toutes les ellipses que nous considérons, tous les cercles directeurs de ces ellipses qui ont pour centres les positions successives F', F$_1'$, F$_2'$, etc., du foyer variable F', sont tangents en I à DID', et se rapprochent indéfiniment de cette droite à mesure que le rayon IF' grandit. A la limite, le cercle directeur se confond sensiblement *à gauche* avec DID'.

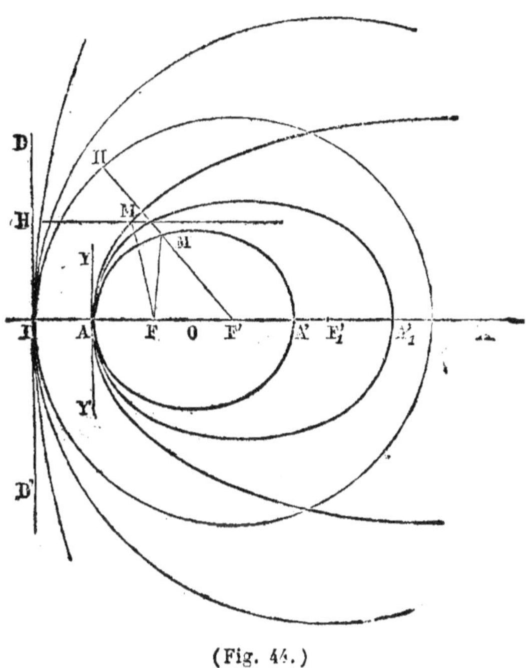

(Fig. 44.)

Cela posé, menons une perpendiculaire *quelconque* HK à DID'. (*Tracez cette droite sur la figure.*) Cette droite rencontre chaque cercle directeur en un point que nous appellerons indistinctement H. Si nous joignons ce point H au centre F' ou F$_2'$, etc., du cercle auquel il appartient, le rayon mené rencontre l'ellipse qui a ce centre pour 2ᵉ foyer en un point M qui, joint au foyer F, donne constamment $MF = MH$. Cela est vrai quels que soient l'ellipse et le cercle directeur considérés ; c'est donc vrai à la limite quand le point H du cercle directeur est à très-peu près sur DID'. Mais alors le 2ᵉ foyer de l'ellipse est à une distance infinie de DID' sur l'axe AFF' prolongé. Joindre le point H de DID' à ce point que nous appellerons F'ₙ, c'est à très-peu près, c'est à vrai dire exactement mener une parallèle à AFF' qui n'est autre que HK. Mais alors pour l'ellipse limite, MH est la distance du point M de cette courbe à DID'. Comme $MH = MF$ et que, d'après notre raisonnement, HK étant menée à une hauteur quelconque au-dessus de AF, M est un point quelconque de cette ellipse, notre raisonnement prouve bien que l'*ellipse variable dans les conditions énoncées se confond* A GAUCHE *à la limite avec la parabole qui a pour foyer le point fixe* F *et pour directrice la droite fixe* DID'.

REMARQUE. Considérons la tangente au sommet YAY'. Le cercle principal de l'ellipse variable est constamment tangent à YAY' et se rapproche indéfiniment de cette droite à mesure que le rayon AO grandit. A la limite, il se confond sensiblement à gauche avec cette droite.

65. *Conséquences du théorème précédent* (n° 64), (fig. 44).

Le n° 64 se résume ainsi : A la limite, l'ellipse variable se confond à gauche avec la parabole dont le foyer est F, et la directrice DD'; le cercle *directeur* se confond avec DD' et le cercle *principal* avec la tangente au sommet YAY'. De là, résultent immédiatement des conséquences remarquables.

1° A la limite, des deux théorèmes concernant l'ellipse n° 20, résultent mot à mot les deux suivants :

La directrice DD' *d'une parabole est le lieu du point symétrique du foyer par rapport à une tangente à la courbe* (démontré directement n° 55).

La tangente au sommet d'une parabole est le lieu de la projection du foyer sur une tangente quelconque à la courbe (démontré n° 55).

2° DIAMÈTRES DE LA PARABOLE.

Chaque diamètre de l'ellipse est la projection d'une droite qui joint un point quelconque du cercle principal au centre O de l'ellipse (n° 32, 1°). Or, à la limite, le point en question est à très-peu près sur YAY', tandis que le centre de l'ellipse est à une distance infinie sur l'axe AF. La droite en question et sa *projection* sont donc à la limite parallèles à AF. De là cette conséquence :

Tous les diamètres de la parabole sont parallèles à l'axe, et celle-ci : toute parallèle à l'axe est un diamètre de la parabole.

Les ordonnées de la parabole allant indéfiniment en croissant à partir du sommet A, toute parallèle à l'axe, et par suite tout diamètre de la parabole n'a qu'un point de commun avec la courbe.

Aucune corde proprement dite de la parabole n'est parallèle à l'axe. La parabole n'a donc pas de diamètres conjugués (*).

On construit aisément la direction conjuguée d'un diamètre donné de la parabole, c'est-à-dire une des cordes que ce diamètre divise en deux parties égales (*nous le laissons à faire comme exercice*). On trouve plus aisément encore le diamètre des cordes de la parabole parallèles à une direction donnée. Par suite, on peut aisément à l'aide des diamètres, mener une tangente à une parabole en *un point donné de la courbe* ou *parallèle à une droite donnée*. Mais il n'y a pas à cela grand avantage sur les procédés déjà indiqués.

3° De la proposition énoncée n° 32, 4° concernant l'ellipse, résulte celle-ci déjà démontrée directement n° 63.

La parallèle à l'axe menée par le point de concours de deux tangentes à une parabole passe au milieu de la corde des contacts, et aussi au milieu de la tangente parallèle à cette corde comprise entre les tangentes concourantes.

Nous pourrions continuer ces déductions du théorème du n° 64, en déduire d'autres conséquences non moins importantes; mais cela ne nous mènerait trop loin.

66. AIRE D'UN SEGMENT PARABOLIQUE.

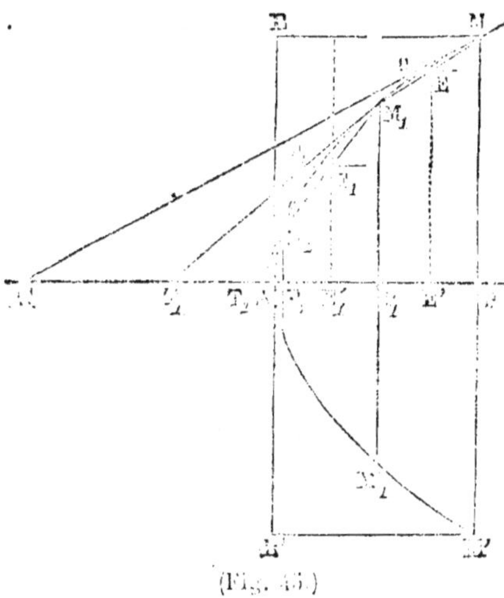

(Fig. 45.)

L'aire d'un segment parabolique MAM' (fig. 45), compris entre le sommet A et une corde MM' perpendiculaire à l'axe est égale aux deux tiers de l'aire du rectangle qui a pour base cette corde et pour hauteur sa distance au sommet.

Soit MAM' (fig. 45), un segment parabolique ainsi limité. Menons des tangentes MT, M_1T_1, M_2T_2, etc., en divers points de l'arc MA, la

---

cordes MM_1, M_1M_2..., les parallèles à l'axe CE, C_1E_1 qui passent aux milieux E, E_1, ... des cordes (n° 63), et enfin les ordonnées MP, M_1P_1, M_2P_2, EE', $E_1E'_1$. L'aire du trapèze MM_1P_1P $= EE' \times PP_1$. L'aire du triangle $CTT_1 = \frac{1}{2} EE' \times TT_1 = \frac{1}{2} EE' \times PP_1$ (de $AT = AP$ et $AT_1 = AP_1$ (n° 60), on déduit par soustraction, $TT_1 = PP_1$). L'aire du trapèze MM_1P_1P est *double* de l'aire du triangle CTT_1. Il en est de même de tous les trapèzes et de tous les triangles analogues qui se trouvent à la suite de ceux-là quand on considère une série de points M_1, M_2, M_3,..., marqués sur l'arc MA, les tangentes et les cordes correspondantes. Finalement *la somme* S *des trapèzes ainsi considérés est* double *de la somme* s *des triangles.*
Cela est vrai à la limite quand le nombre des points M_1, M_2, etc., croît indéfiniment. Mais, dans ce cas, la limite de S est l'aire du demi-segment parabolique MAP; la limite de *s* est l'aire parabolique extérieure AMT limitée par la tangente MT, TA, et l'arc AM. Mais les deux aires MAT, MAP composent ensemble le triangle MTP dont l'aire $= 1/2\, TP \times MP = AP \times MP$ (puisque $TP = 2AP$). $S + s = 3s = AP \times MP$. Par suite, l'aire $MAM' = 2\,MAP = 2S = \frac{2}{3} AP \times MM'$. Ce qu'il fallait démontrer.

Si on considère un segment parabolique compris entre la courbe et une corde MM' oblique à l'axe, on trouve par un raisonnement et une construction semblables, que l'aire de ce segment est les 2/3 l'aire d'un parallélogramme ayant pour côtés la corde MM', une tangente à l'origine C du diamètre CZ conjugué de MM' et deux parallèles à l'axe menées par M et par M'.

L'aire d'un segment de parabole compris entre deux cordes parallèles, MM', NN' et la courbe, est la différence de deux aires MAM', NAN', que l'on sait évaluer.

PARABOLOÏDE.

67. On appelle *paraboloïde* le volume engendré par la révolution entière d'une demi-parabole autour de son axe.

On appelle *segment de paraboloïde* à une base la partie d'un paraboloïde comprise entre le sommet de la parabole et un plan perpendiculaire à l'axe. Le cercle suivant lequel le paraboloïde est coupé par ce plan est la base du segment dont la hauteur est la distance du sommet à ce cercle.

Le volume d'un segment de paraboloïde est équivalent à la moitié du cylindre de même base et de même hauteur. $V = 1/2\,\pi.\overline{MP}^2 \times AP$ (fig. 45).

Pour le démontrer, considérons la fig. 45 avec toutes ses constructions. Le volume engendré par la révolution du triangle CTT_1 autour de l'axe $= 1/3\,\pi\,\overline{EE'}^2 \times PP_1$. Le volume du cylindre, qui a pour hauteur PP_1 et un rayon de base égal à $EE' = \pi.\overline{EE'}^2 \times PP_1$. *Le second volume vaut trois fois le 1er.* Cela est vrai pour tous les triangles et les cylindres analogues qu'on a à considérer quand on augmente indéfiniment le nombre des points M_1, M_2, etc., marqués sur l'arc AM, en menant les cordes $M_1 M_2$, $M_2 M_3$..., les tangentes correspondantes, etc. La somme des cylindres $S = 3$ fois la somme s des volumes engendrés par les triangles. Mais la limite de S est le volume engendré par la révolution de la demi-parabole MAP, c'est-à-dire le segment de paraboloïde; la limite de s est le volume engendré par la révolution de l'aire parabolique extérieure AMT autour de l'axe. La somme de ces deux limites, vol. MAP + vol. MAT, est le volume engendré par le triangle MTP, qui est égal à $1/3\,\pi\,\overline{MP}^2 \times TP = 2/3\,\overline{MP}^2 \times AP$, puisque $TP = 2AP$. $S + s = 2/3\,\pi\,\overline{MP}^2 \times AP$. De $S = 3s$, on déduit $S + s = 4s$ et S ou vol. MAP $= 3/4\,(S + s) = 2/3\,\pi\,\overline{MP}^2 \times AP \times 3/4 = 1/2\,\pi\,\overline{MP}^2 \times AP$. Ce Q. F. D.

Le volume d'un segment de paraboloïde à deux bases analogues se calcule aisément. Ce volume est la différence de deux segments à une base que l'on sait évaluer.

APPLICATIONS DE LA PARABOLE.

MIROIRS ET RÉFLECTEURS PARABOLIQUES. *La normale à la parabole est la bissectrice de l'angle formé par le rayon vecteur du point de contact et la parallèle à l'axe mené par ce point dans l'intérieur de la courbe (n° 54 bis).*

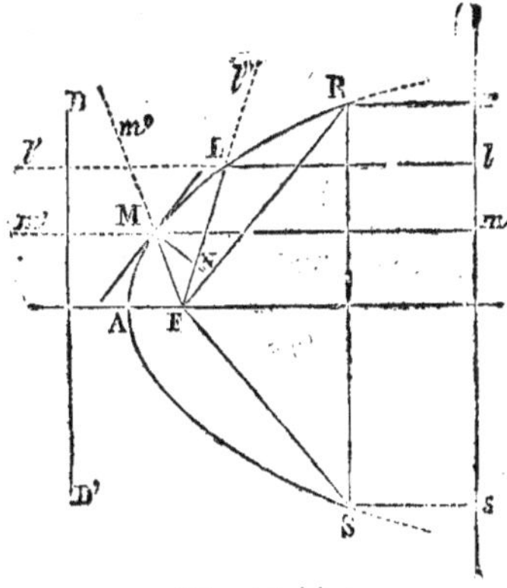

(Fig. 45 bis.)

Si donc il y a production de son, de lumière, ou de chaleur au foyer d'un arc de parabole RAS , (fig. 45 bis), les vibrations ou les rayons se réfléchissent sur la courbe dans les directions mm, Ll, Rr, Ss parallèles à l'axe.

(En effet le rayon incident étant FM, par ex., le rayon réfléchi est nécessairement Mm, puisque l'angle FMN $= m$MN.

S'il s'agit d'un miroir ou réflecteur métallique concave dont la surface est celle d'un segment de paraboloïde à une base engendrée par la révolution de l'arc RA, par ex., les vibrations ou les rayons se réfléchissent dans les directions parallèles à l'axe en formant un faisceau cylindrique dont la base est le cercle dont RS est le diamètre.

Ainsi un réflecteur parabolique projette la lumière produite à son foyer sous la forme d'un cercle lumineux dont l'éclat augmente ou diminue, suivant qu'on s'en rapproche ou s'en éloigne.   Ce sont des réflecteurs paraboliques qui éclairent la route suivie par une locomotive ou un bateau à vapeur.

Un double miroir parabolique (formé par deux réflecteurs opposés de même axe et de même base) peut servir à concentrer autour de l'un la chaleur produite au foyer de l'autre.

Un *cornet acoustique* à l'usage des sourds est un paraboloïde allongé qui transmet les paroles ou les sons prononcés à son foyer, près de son ouverture, à l'oreille placée à l'extrémité opposée.

Un *porte-voix* est encore un paraboloïde qui transmet les sons, ramassés en faisceau cylindrique, avec une intensité beaucoup plus grande à égale distance que s'ils étaient émis dans l'air libre.   Un porte-voix parabolique est parfois précédé d'un segment d'ellipsoïde qui a un foyer F' commun avec le paraboloïde. Le son émis au foyer F de l'ellipsoïde est réfléchi vers le 2ᵉ foyer F' d'où il est réfléchi en faisceau cylindrique dans le conduit parabolique.

On emploie comme télescope astronomique un paraboloïde dont l'axe est dirigé vers l'astre observé, l'œil étant placé au foyer.

MOUVEMENT DES PROJECTILES. Un corps pesant lancé dans une direction inclinée à l'horizon, décrit dans l'espace une parabole tangente à la direction de la vitesse initiale, c'est-à-dire à la direction dans laquelle il a été lancé. Il en est ainsi parce que le mouvement de ce corps est dû à deux forces: l'une instantanée est l'impulsion qui lui est donnée et qui seule lui ferait parcourir une ligne droite non verticale avec une vitesse constante; l'autre est la pesanteur qui tend à faire descendre le corps verticalement avec une vitesse uniformément variable. On démontre en mécanique que la ligne parcourue dans ces conditions est la parabole précitée dont la concavité est tournée vers le sol et dont le sommet est situé à la hauteur que le mobile atteindrait avant de retomber s'il était lancé verticalement par la force impulsive.

PONTS SUSPENDUS. Les diverses parties du tablier d'un pont suspendu sont soutenus par des tringles attachées à une longue chaîne fixée elle-même à des piliers en maçonnerie. Le tablier doit être horizontal, et il est nécessaire, pour la stabilité de la construction, que le tablier reste tel, alors même qu'on supprimerait les liaisons établies entre les diverses planches ou madriers qui le composent. On démontre, en mécanique. que lorsque les conditions nécessaires pour cela sont remplies, la chaîne a la forme d'un arc de parabole.

EXERCICES SUR LA PARABOLE

1. Trouver le lieu géométrique des points également distants d'une droite et d'une circonférence.
2. — *idem* des points tels que la somme ou la différence des distances de chacun à un point fixe et à une droite fixe soit constante.
3. — *idem* des foyers des paraboles qui ont la même directrice et un point commun.
4. — *idem* des foyers des paraboles qui ont la même directrice et une tangente commune.
5. — *idem* des sommets de ces dernières paraboles (Ex. 4)
6. Trouver les points de rencontre d'une droite donnée et d'une parabole non tracée, mais dont on connaît le foyer et la directrice.
7. Construire une parabole connaissant le foyer et deux points.
8. — la directrice et deux points.
9. — le foyer et deux tangentes.
10. — la directrice et deux tangentes.
11. — la tangente au sommet et deux autres tangentes.
12. — la directrice, une tangente et le point de contact.
13. — l'axe une tangente et le point de contact.
14. Le foyer d'une parabole, le point de contact d'une tangente et le point de rencontre de cette tangente et de la directrice sont les sommets d'un triangle rectangle.
15. La corde des contacts de deux tangentes issues d'un point de la directrice passe au foyer.

16. Quel est le lieu des foyers des paraboles qui touchent trois droites
données.
17. Construire une des cordes conjuguées d'un diamètre donné (n° 65, 2°).
18. Trouver l'axe et le foyer d'une parabole tracée.
19. Étant données plusieurs tangentes à une parabole, deux quelconques
d'entre elles sont divisées par les autres en parties proportionnelles (c'est une conséquence du théorème démontré n° 63 bis).
20. Tracer une parabole par points connaissant deux tangentes et leurs
points de contact. (On se fondera sur le théorème précédent. Ex. 19.)

SECTIONS CONIQUES.

68. Nos lecteurs ont dû remarquer qu'il y a entre l'ellipse,
l'hyperbole et la parabole beaucoup d'analogies, de nombreuses propriétés communes. Cela tient à ce que ces trois
courbes ont une origine commune que nous allons faire
connaître.

On obtient ces trois courbes en coupant un cône droit par
un plan. L'intersection est une ellipse, ou une hyperbole, ou
une parabole, suivant que le plan sécant rencontre toutes les
génératrices du cône du même côté du sommet, on les rencontre de côtés différents, ou enfin est parallèle à une des
génératrices.

69. 1er CAS. *Ellipse* (fig. 46). Le plan sécant AMA' rencontre toutes les génératrices du cône du même côté du sommet S (fig. 46). Menons par l'axe SO du cône un plan principal
ASD perpendiculaire au plan AMA'. Soient AA', SA et SD les
intersections du plan AMA' et du cône par le plan principal ASD. Traçons les circ. OB et O'B' tangentes aux trois
droites SA, SD et AA' dans l'angle ASD. Appelons F et F'
les points de contact de AA' et de ces cercles. Imaginons
que la génératrice SD et les deux circonférences O et O'
fassent une révolution entière autour de l'axe SO. SD décrit
la surface conique, les circ. O et O' décrivent deux sphères
O et O', et les points C et C' des circ. parallèles CNB,
C'N'B'. Considérons maintenant un point quelconque M de la

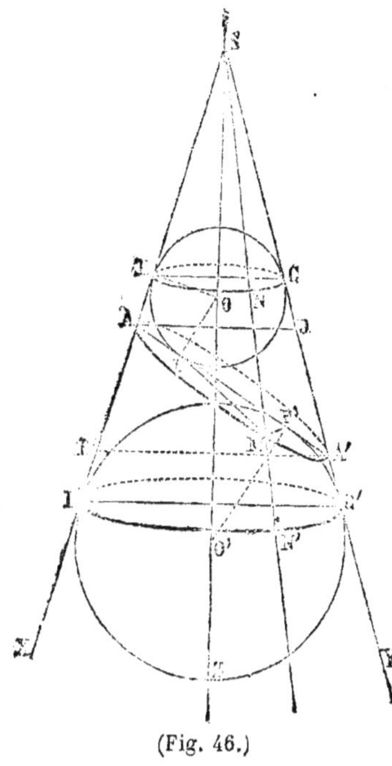

(Fig. 46.)

courbe d'intersection AM du plan AMA′ et du cône. Menons MF, MF′ et la génératrice SM du cône. Les droites MF, MN tangentes à la sphère O en F et en N sont égales ; les droites MF′, MN′ tangentes à la sphère O′ sont aussi égales (*). Par suite, MF + MF′ = MN + MN′ = NN′ = BB′, distance *constante* des deux cercles CNB, C′N′B′, mesurée sur une génératrice.

La courbe AMA′ est donc une ellipse dont les points F et F′ sont les foyers.

A et A′ sont des points de la courbe. En effet, AF = AB et AF′ = AB′ ; AF + AF′ = AB + AB′ = BB′ = MF + MF′.

De même pour le point A′.

On vérifie aisément que DA′ = FF′. AA′ = MF + MF′ = 2a.

70. 2e Cas. *Hyperbole.* Le plan sécant A′M′AM rencontre les génératrices du cône des deux côtés du sommet S (coupe les deux nappes) (fig. 47). Menons par l'axe SO′ un plan principal A′SD′ perpendiculaire au plan A′M′AM, et soient AA′, ASD′, A′SD les intersections du plan A′M′MA et du cône avec ce plan principal. Traçons deux circonf. O et O′ ayant leurs centres sur OSO′, tangentes à la droite AA′ et aux génératrices SA′, SD′. Appelons F et F′ les points de contact de ces circonf. avec AA′. Imaginons que la génératrice SD′ et les circonf. O et O′ fassent ensemble une révolution entière autour de SO. Tandis que ASD′ engendre la surface conique, circ. O et circ. O′

(*) Les rayons OF, O′F′ perpendiculaires à AA′ dans le plan principal sont perpendiculaires au plan A′AM qui par suite est tangent aux sphères O et O′.

engendrent deux sphères O et O', et les points de contact B
et C' deux circonférences
parallèles BNC. C'NB'.

Considérons maintenant un
point quelconque M' de l'intersection A'M'AM du plan
considéré et du cône. Traçons M'F, M'F' et la génératrice SM' du cône qui rencontre en N et en N' les cercles
parall. BNC, B'N'C' (*).

Les droites M'F', M'N' tangentes à la sphère O' sont
égales ; M'F et M'N tan-
gentes à la sphère O sont
égales. Par suite M'F —
M'F' = M'N — M'N' = NN'
= BB' distance constante
des circonfér. BNC, B'N'C'
(mesurée sur une généra-
trice). La courbe A'M'AM
est donc une hyperbole dont
les foyers sont F' et F.

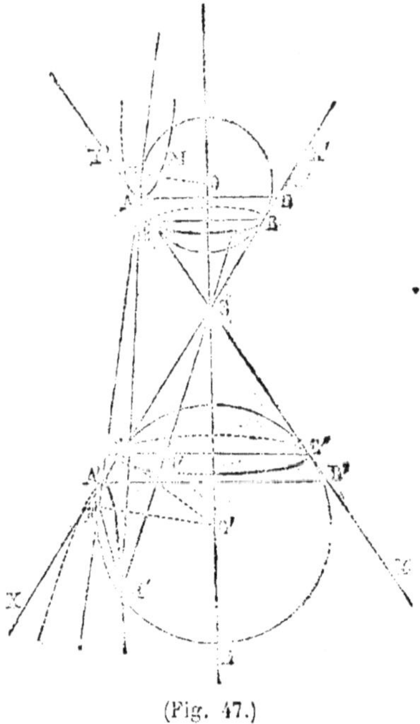

(Fig. 47.)

A et A' sont des points de la courbe. En effet, A'F' = A'B';
A'F = A'B; par suite A'F — A'F' = A'B — A'B' = BB' = M'F
— M'F'. De même pour le point A.   A et A' sont les som-
mets de l'hyperbole. AA' = M'F' — M'F = 2a.

71. 2ᵉ Cas. *Parabole.* Le plan sécant MAA' est parallèle à
génératrice SC du cône (fig. 48).   Menons par l'axe SO un
plan principal ASC perpendiculaire à MAA'; soient AA', SA et
SC les intersections du plan MAA' et du cône avec le plan ASC.
Traçons la circonf. OB tangente à AA' en F et aux droites SA
et SC en B et en C. Imaginons ensuite que la génératrice SC

(*) Les rayons OF, OF' perpend. à AA' dans le plan ASD sont perpendiculaires au plan AMA'; ce plan est donc tangent aux sphères O et O'. Par suite,
MF, MF' sont des tangentes à ces sphères.

t la circonf. OB fassent ensemble une révolution entière
autour de SO. · SC engendre le cône, circ. OB une sphère,
t le point C la circ. BNC'. Considérons un point quelconque M de la courbe d'intersection MA du cône et du plan

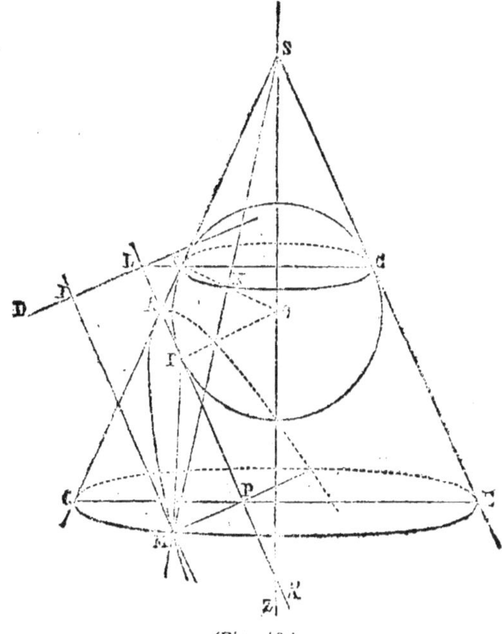

(Fig. 48.)

considéré. Menons MF; la génératrice SM. et la circonf. EMG
située sur le cône et parallèle à BNC. Menons de plus MP
perpendiculaire à AA'. Le plan CNB et le plan MAA' perpendiculaires au plan principal ASC le coupent suivant une
droite IL perpendiculaire à ce plan ASC et par suite à AA'.
Abaissons MI perpendiculaire à IL. Les droites MF, MN
tangentes à la sphère sont égales. ME = MN = CE = LP =
MI; MF = MI. *La courbe AMA' est donc une parabole dont le
foyer est E et la directrice DIL.*

Le point A est sur la courbe. Car AF = AB = AL. En effet,
l'angle ALB = SCB = SBC = ABL; le triangle ABL est
isocèle. Le point A est le sommet de la parabole.

IV. HÉLICE.

72. On appelle *hélice* la courbe décrite par l'enroulement d'un des côtés d'un angle aigu sur la surface d'un cylindre droit effectué dans les conditions suivantes (fig. 50). L'un des côtés

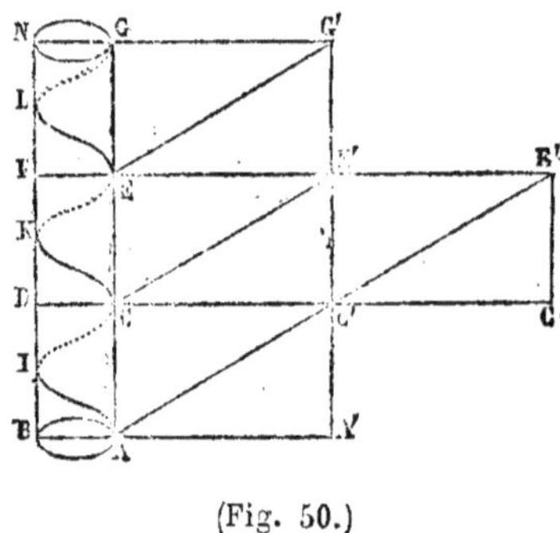

(Fig. 50.)

AA′ de cet angle est perpendiculaire à une génératrice AG du cylindre, l'autre AC′ est situé dans l'angle droit GAA′. Le plan GAA′ s'enroulant indéfiniment autour du cylindre, AA′ s'enroule indéfiniment sur la circonférence de la section droite AB tandis que la droite AC′E″ s'enroulant sur le cylindre devient la courbe AICKE...

qu'on appelle une *hélice*.

Prenons AA′ égale à circonf. AB, et construisons le rectangle AA′C′C. Traçons ensuite C′C″ égale et parallèle à AA′ et achevons le rectangle C′C″E″E′ égal CAA′C′. Ainsi de suite. Dans un 1ᵉʳ tour, AA′ s'enroule sur circonférence AB, et AC′ enroulé devient l'arc d'hélice AIC. Le 2ᵉ rectangle C′C″E″E′ a alors la position ECC′E′. La seconde partie CKE de l'hélice est évidemment produite par l'enroulement de C′E″, devenue CE′, autour du cylindre. Ainsi de suite. L'hélice telle que nous l'avons définie est évidemment composée de parties égales entre elles AIC, CKE, ELG, etc.

L'hélice peut donc être considérée comme engendrée par l'enroulement continu de la droite AC′E″ indéfiniment prolongée, ou par l'enroulement successif des diagonales AC′, C′E″,... d'une série de rectangles égaux AA′C′C, C′C″E″E′,..., ou enfin et plus simplement par l'enroulement *simultané* des diagonales AC′, CE′, EG′..., de plusieurs rectangles égaux superposés AA′C′C, CC′E′E, etc On peut étudier l'hélice en se plaçant à volonté dans l'une de ces trois hypothèses.

73. SPIRE. On appelle *spire* la portion d'hélice comprise entre deux points de rencontre consécutifs de la courbe et d'une génératrice du cylindre. Ex. : AIC, CKE, ELG.

74. PAS DE L'HÉLICE. On appelle *pas de l'hélice* la distance rectiligne des deux extrémités d'une spire. Ex. : AC ou CE.

Deux hélices quelconques tracées sur le même cylindre diffèrent par leur pas ; ce qui revient évidemment à dire, circonférence AB = AA' étant une longueur constante, qu'elles diffèrent par la grandeur de l'angle C'AA'.

75. PROPRIÉTÉS DE L'HÉLICE. Toutes les spires d'une hélice étant identiquement égales, il suffit, pour étudier les propriétés d'une hélice, de considérer une seule spire. Nous considérerons donc seulement la partie du cylindre sur laquelle se trouve une spire entière avec ses deux bases circulaires, et nous placerons à côté le rectangle dont la diagonale enroulée produit cette spire (fig. 51).

76. ORDONNÉES, ABSCISSES. On appelle *ordonnée* d'un point M de l'hélice la perpendiculaire Mm qui le projette sur la circonférence AB. On appelle *abscisse* l'arc de cercle Am compris entre l'origine A de l'hélice et le pied m de l'ordonnée. Nous représenterons par h le pas de l'hélice et par r le rayon de circonférence AB.

77. THÉORÈME. *L'ordonnée et l'abscisse d'un point de l'hélice sont dans un rapport constant.* Ce rapport est celui du pas de l'hélice à circonférence AB ; $\dfrac{h}{2\pi r}$.

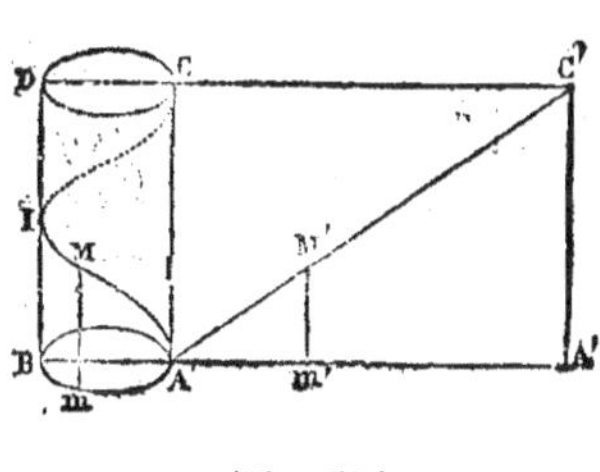

(Fig. 51.)

Imaginons que le cylindre partiel ABDC se développe en tournant autour de AC et devienne le rectangle AC'A'C (fig. 51). L'hélice déroulée devient AC' ; AA' = $2\pi r$ et A'C' = AC = h. Prenons Am' = arc Am et élevons m'M' perpendiculaire à AA'. On a évidemment m'M' = Mm. Les triangles

semblables MAm', C'A'A donnent Mm' : Am' = C'A' : AA';
ou Mm : arc Am = h : $2\pi r$. C. Q. F. D.

78. Théorème. *La tangente en un point de l'hélice fait avec
la génératrice du point de contact un angle constant.*

La sous-tangente est égale à l'abscisse du point de contact.

Considérons (fig. 52) une sécante quelconque NM, et prolongeons-la jusqu'au plan de la base en T. Abaissons les ordonnées Nn, Mm. D'après la figure,
$\dfrac{Nn}{Mm} = \dfrac{nT}{mT}$, et d'ailleurs $\dfrac{\text{arc } An}{Nn} = \dfrac{\text{arc } Am}{Mm}$

(n° 77); d'où $\dfrac{Nn}{Mm} = \dfrac{\text{arc } An}{\text{arc } Am}$.   Donc $\dfrac{nT}{mT} =$

$\dfrac{\text{arc } An}{\text{arc } Am}$. Par suite, $\dfrac{nT - mT}{\text{arc } An - \text{arc } Am} = \dfrac{mT}{\text{arc } Am}$

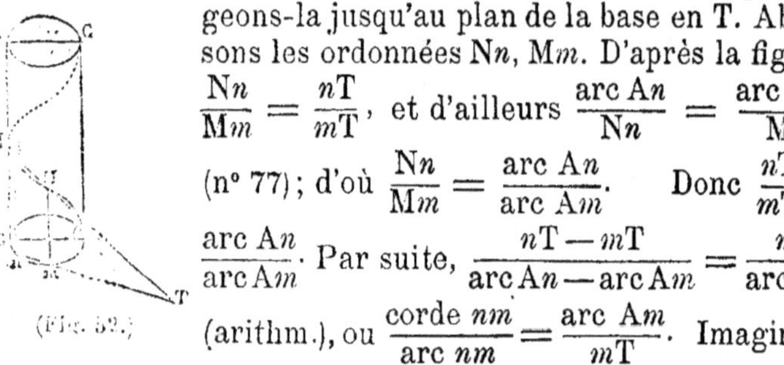

(arithm.), ou $\dfrac{\text{corde } nm}{\text{arc } nm} = \dfrac{\text{arc } Am}{mT}$. Imaginons

maintenant que le point N se rapproche indéfiniment du point
N sur l'hélice. Le point n se rapproche indéfiniment de m sur
circonférence AB, et, à la limite, la sécante NMT devenant
tangente à l'hélice en **M**, nmT devient tangente à l'arc
AmB en m. Le rapport de la corde nm à l'arc nm a pour
limite 1. Le rapport toujours égal de mT à l'arc Am a la même
limite; à la limite, $\dfrac{\text{arc } Am}{mT} = 1$; $mT = $ arc Am.   Par suite,
le triangle MmT est à la limite égal au triangle M'Am' situé sur
le rabattement de la spire (fig. 51). L'angle mMT = m'M'A =
A'C'A, c'est-à-dire est égal à l'angle constant de la spire déroulée AC' et d'une génératrice du cylindre. Les deux propositions annoncées sont donc démontrées.

On appelle sous-tangente la droite mT qui joint le pied m
de l'ordonnée Mm au pied T de la tangente MT sur le plan de
la base du cylindre.

Problème. *Construire la projection d'une hélice et de sa tangente en un point quelconque sur un plan perpendiculaire au plan
de la base du cylindre pris lui-même pour plan horizontal de
projection.*

Il suffit de considérer une spire.

Soit b'Y la ligne de terre. On trace sur le plan horizontal circ. AO (ARBS), base du cylindre. Toutes les génératrices et la spire entière sont projetées horizontalement sur cette circonférence. On abaisse Bb' et Aa' perpendiculaires sur b'Y, et on les prolonge au-dessus de b'Y des longueurs $b'b_1'$ et $a'a_1'$, égales au pas de l'hélice; on trace $b_1'a_1'$. Toutes les génératrices et la spire entière ont leurs projections verticales sur le rectangle a' b' b_1' a_1'.

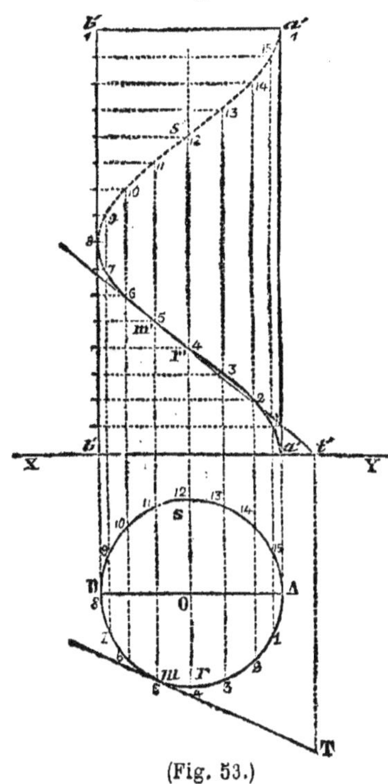

(Fig. 53.)

On construit la projection de la spire par points. Pour le faire aisément et régulièrement, on divise la circonférence AO et le pas $b'b_1$ de l'hélice en un même nombre de parties égales, en 16 parties par exemple. Nous avons numéroté les points de division de la circonf. Cela posé, pour trouver les projections verticales des 15 points de la spire projetés horizontalement aux points (1), (2), (3), etc., de circ. AO, il suffit d'agir pour chacun comme nous allons le faire pour le point m (n° 5), de cette circonférence. On abaisse de ce point (5) une perpendiculaire à b'Y qu'on prolonge au-dessus de cette ligne à la rencontre de la parallèle à b'Y mené par la 5ᵉ division de $b'b_1$. Le point, m', de rencontre de ces deux lignes (numéroté 5) est la projection du point de la spire dont l'ordonnée $= {}^5/_{16}$ du pas de l'hélice et l'abscisse $= {}^5/_{16}$ de circ. AO (n° 77). Nous avons agi ainsi pour les 15 points (1), (2), (3), etc. Pour construire la tangente en point, au point M par ex., dont les projections sont m et m' (n° 5), on construit la sous-tangente en m, c'est-à-dire qu'on mène mT tangente en m à circ. O et on prend mT $=$ arc Am, c'est-à-dire $= {}^5/_{16}$ de circ. OA (n° 78). (Pour trouver cette longueur, on trace une droite égale à circ. OA, c'est-à-dire $= {}^{22}/_7$ OA, et on prend mT $=$ les ${}^5/_{16}$ de cette droite). Le point T étant trouvé, on le projette verticalement en t' en abaissant Tt' perpendiculaire à B'Y. On trace ensuite m'T' qui est la projection verticale de la tangente MT.

On peut construire ainsi plusieurs tangentes à la projection verticale de la spire qui aident à construire cette projection; ce que l'on fait en joignant les points a', (1), (2), etc., jusqu'à a'_1 par une ligne continue.

Les plans B$b'b'_1$, A$a'a'_1$ perpendiculaires au plan vertical, étant tangents au cylindre, leurs traces verticales $b'b'_1$, $a'a'_1$ sont tangentes à la spire aux points (8), a' et a'_1.

On peut construire ainsi les projections verticales d'autant de spires que l'on veut, en se servant de la même projection horizontale, circ. AO, et en prenant pour lignes de terre successives des parallèles équidistantes $a'b'$, $a'_1\,b'_1$, $a'_2\,b'_2$, etc.

HÉLICOÏDE GAUCHE. On appelle ainsi la surface engendrée par une droite qui se meut en s'appuyant sur une hélice et sur l'axe du cylindre auquel elle est toujours perpendiculaire.

APPLICATIONS DE L'HÉLICE.

ESCALIERS. Les escaliers tournants renfermés dans les tours rondes sont en général des hélicoïdes gauches. Les intersections de la génératrice de la surface rampante avec le noyau central et la paroi de la cage sont deux hélices de même pas.   Cette surface a l'avantage de présenter partout une pente uniforme. On y monte avec la même aisance que sur un plan incliné, sauf toutefois la fatigue de monter en tournant au lieu de monter en ligne droite.

VIS. L'hélice sert à la construction des vis dont les emplois sont si nombreux et si importants. On distingue deux sortes de vis, la vis à *filet carré* en métal, et la vis à *filet triangulaire* en métal ou en bois.

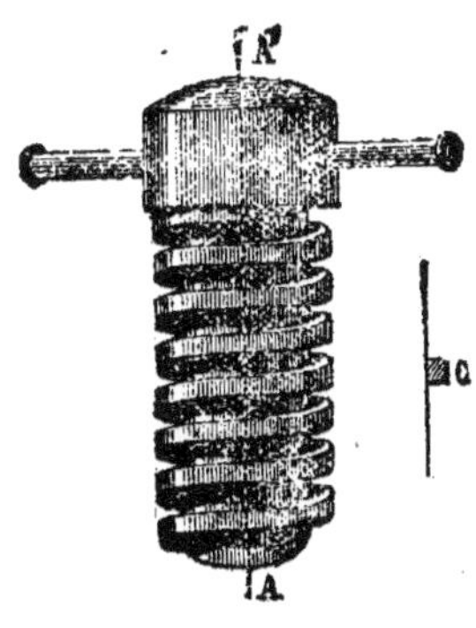

(Fig. 54.)

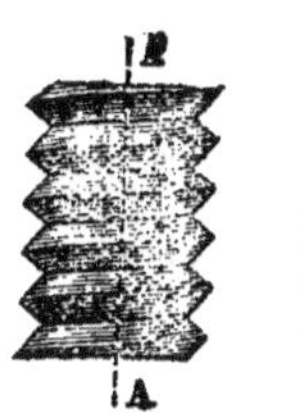

(Fig. 55.)

Vis à filet carré. Cette vis se compose (fig. 54) d'un cylindre qu'on appelle *noyau* et d'un bourrelet saillant qu'on appelle filet dont la forme est celle du volume engendré par un carré C qui se meut dans ces conditions : un de ses côtés coïncide constamment avec une génératrice du cylindre, son plan passe constamment par l'axe, et l'un de ses sommets décrit une hélice. Les deux côtés perpendiculaires à l'axe décrivent par suite deux hélicoïdes gauches.

Vis à filet triangulaire. Cette vis (fig. 55) se compose d'un noyau cylindrique et d'un filet engendré par un triangle isocèle, T, dont la base coïncide avec une génératrice, le plan passe par l'axe, et le sommet décrit une hélice.

Le plus souvent la base est égale au pas de l'hélice. Dans ce cas, les spires consécutives du filet se touchent nécessairement sur le noyau comme notre figure l'indique. Quelquefois la base du triangle est plus petite que le pas de l'hélice et l'angle au sommet très-aigu. Dans ce cas, les spires du filet qui ne se touchent plus sur le noyau sont plus dégagées et plus tranchantes; on a une vis plus pénétrante (*).

Écrou. L'écrou d'une vis est une pièce dans laquelle est tracé en creux un sillon hélicoïdal qui présente exactement l'empreinte du filet de la vis. La vis peut donc entrer dans l'écrou et s'y mouvoir en tournant. Ou bien, la vis étant fixe, mais engagée dans l'écrou, celui-ci peut se mouvoir circulairement le long de la vis.

(*) La surface du filet triangulaire de chaque côté de l'hélice décrite par le sommet est une espèce d'hélicoïde gauche, décrite par une droite qui s'appuie sur une hélice et sur l'axe du cylindre avec lequel elle fait un angle constant quelconque comme la vis à filet carré fait avec l'axe un angle droit.

Nous n'irons pas plus loin. Tous nos lecteurs ont vu des vis, connaissent leurs usages. Beaucoup connaissent la presse à vis, la vis sans fin dans laquelle engraine une roue dentée, etc. Nous ne pourrions ici que leur montrer des figures. Nous nous arrêtons après avoir essayé de donner une première idée des applications de l'hélice afin d'intéresser le lecteur à l'étude des propriétés géométriques de cette courbe.

TABLE DES MATIÈRES POUR LES COURBES USUELLES.

DEUXIÈME APPENDICE

MESURE DES AIRES CURVILIGNES. (*Méthodes approximatives.*)

Les aires terminées par des lignes courbes ne peuvent pas en général s'évaluer d'une manière précise, à l'aide de formules spécialement établies. On a recours pour les calculer à des méthodes approximatives. Voici trois méthodes très-usitées.

1. MÉTHODE GÉNÉRALE. Il s'agit d'évaluer l'aire comprise entre un arc de courbe A C, une base ac et deux perpendiculaires Aa, Cc, abaissées des extrémités de l'arc sur la base.

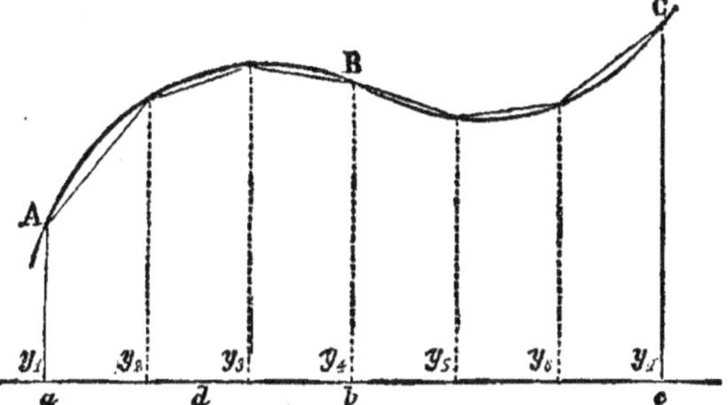

On divise ac en un nombre quelconque n de parties égales, et on élève sur ac aux points de divisions des perpendiculaires limitées à la courbe. Les perpendiculaires y_1, y_2..., qu'on appelle *ordonnées*, doivent être assez rapprochées pour que la courbe soit divisée en parties telles qu'on puisse très-approximativement les considérer comme des lignes droites. L'aire à évaluer est ainsi divisée en trapèzes rectangles dont chacun a un côté courbe (*). On considère ce côté comme remplacé par sa corde et on évalue en conséquence la somme des trapèzes rectangles qu'on adopte pour valeur approchée de l'aire curviligne.

Désignons par d l'une des parties de ac, par y_1, y_2, ..., y_7 les sept ordonnées de notre figure, et par S l'aire à évaluer.

$$S = d \times \frac{y_1 + y_2}{2} + d . \frac{y_2 + y_3}{2} + d . \frac{y_3 + y_4}{2} + ..., + d . \frac{y_6 + y_7}{2},$$

$$\text{ou simplement } S = d \times \left[\frac{y_1 + y_7}{2} + y_2 + y_3 + y_4 + y_5 + y_6 \right]$$

(*) Tout ce qui précède cette astérisque s'applique à toutes les méthodes (sauf le mot PAIR ajouté dans les méthodes 2 et 3 suivantes).

La formule générale est évidemment

$$S = d \times \left[\frac{y_1 + y_n}{2} + y_2 + y_3 + \dots + y_{n-2} + y_{n-1} \right]$$

RÈGLE. *On divise la base en un nombre quelconque de parties égales. L'aire curviligne s'obtient approximativement en ajoutant à la demi-somme des ordonnées extrêmes la somme de toutes les ordonnées intermédiaires et multipliant le total par la distance de deux ordonnées consécutives.*

L'aire ainsi calculée est trop petite (approchée par *défaut*) quand la courbe a sa concavité tournée vers la base, trop grande dans le cas contraire. Les deux cas se présentent à la fois pour notre courbe qui a une inflexion en B; par suite les erreurs partielles de sens contraires se compensent au moins en partie.

2. MÉTHODE DE PONCELET. M. Poncelet a indiqué une méthode qui conduit plus promptement à un résultat plus approché.

Explication. On partage la base entre les ordonnées extrêmes en un nombre

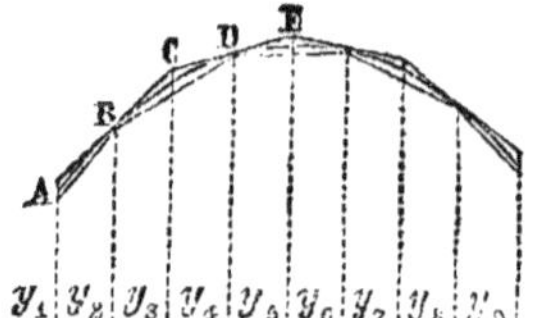

pair de parties égales, en 8 parties égales par ex., dont nous désignerons la longueur, commune par d. On élève des ordonnées à tous les points de division. On joint par des cordes : 1° les premières ordonnées y_1 et y_2; 2° les dernières y_8 et y_9, et seulement de 2 en 2 les ordonnées de y_2 à y_8. Deux trapèzes seulement ont pour hauteur d; tous les autres ont pour hauteur $2d$. Les aires partielles sont donc :

$$d.\left(\frac{y_1 + y_2}{2}\right),\; d\,(y_2 + y_4),\; d\,(y_4 + y_6),\; d\,(y_6 + y_8),\; d\left(\frac{y_8 + y_9}{2}\right).$$

Leur somme

$$S_1 = d\left[\frac{y_1 + y_9)}{2} + \frac{3}{2}.(y_2 + y_8) + 2\,(y_4 + y_6) \right]$$

En ajoutant et retranchant $1/2\,(y_2 + y_8)$, on a

$$S_1 = d\left[\frac{y_1 + y_9}{2} - \frac{y_2 + y_8}{2} + 2\,(y_2 + y_4 + y_6 + y_8.) \right]$$

Menons maintenant à l'extrémité de chaque ordonnée de rang pair une tangente limitée aux deux ordonnées voisines de droite et de gauche. On obtient ainsi 4 trapèzes ayant pour hauteur commune $2d$. La somme de leurs aires

$$S_2 = 2d\,(y_2 + y_4 + y_6 + y_8).$$

La somme S_1 est plus petite que l'aire curviligne; la somme S_2 est plus grande. En composant une somme S avec la moitié de S_1 et la moitié de S_2, on établit une compensation entre les deux erreurs commises, et on a une valeur plus approchée de l'aire curviligne.

$$S = \frac{S_1 + S_2}{2} = d.\left[\frac{y_1 + y_9}{4} - \frac{y_2 + y_8}{4} + 2\,(y_2 + y_4 + y_6 + y_8). \right]$$

Cette formule est évidemment générale. La règle à suivre est donc celle-ci :

Règle. *On divise la base en un nombre* **pair** *quelconque de parties égales. Au double de la somme des ordonnées de rang pair, on ajoute le quart de la différence entre la somme des ordonnées extrêmes et la somme des deux ordonnées voisines des extrêmes; puis on multiplie la somme ainsi obtenue par la distance* d *de deux ordonnées consécutives.*

Cette méthode, qui donne une approximation plus grande à cause de la compensation précitée, exige seulement qu'on mesure les ordonnées de rang pair et les deux ordonnées extrêmes. *Elle a de plus cet avantage qu'elle fait connaître une limite de l'erreur qu'on commet en l'employant.*

Limite de l'erreur. En réunissant $\frac{1}{2} S_2$ moitié trop forte et $\frac{1}{2} S_1$ moitié trop faible de l'aire curviligne, on commet deux erreurs qui se diminuent mutuellement, et l'erreur e commise en prenant $\frac{1}{2} (S_2 + S_1)$ pour exprimer l'aire curviligne est moindre que

$$\frac{1}{2} S_2 - \frac{1}{2} S_1 = \frac{d}{4} \left[(y_2 + y_8) - (y_1 + y_9) \right]$$

La différence $(y_2 + y_8) - (y_1 + y_9)$ a déjà été trouvée dans le calcul de S; on trouve donc sans peine cette limite de l'erreur.

3. Méthode *ou* formule de Thomas Simpson. Considérons l'aire curviligne $aAGg$. On divise la base ag en un nombre pair suffisamment grand de parties

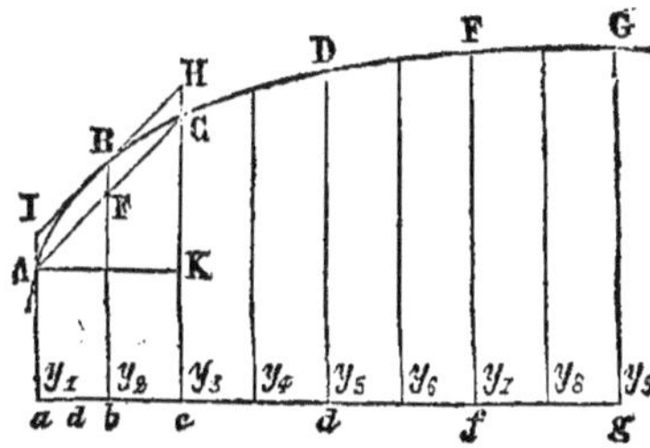

égales, en 8 parties, par exemple. On élève des ordonnées à chaque point de division et on les mesure en même temps que la base. Désignons les ordonnées par y_1, y_2, y_3..., y_9 et l'une des parties de ac par d.

Pour établir la formule, considérons l'aire partielle $aACc$ comprise entre les deux premières ordonnées de rang impair y_1 et y_3. Menons la corde BC, la parallèle AK à ac et par le point B la parallèle IBH à AC. Le segment CAB considéré approximativement comme un segment de parabole équivaut aux $\frac{2}{3}$ du parallélogramme ACHI. Par suite

$$\text{Segment ABC} = \frac{2}{3} \text{AK} \times \text{BF} = \frac{1}{3} d \times 4\text{BF}. \qquad (1)$$

D'ailleurs trapèze $aACc = \frac{1}{2} ac$ ou $d \times (y_1 + y_3)$, ou bien

Trapèze $aACc = \frac{1}{3} d \times (y_1 + 2y_1 + 2y_3 + y_3) = \frac{1}{3} d \times (y_1 + 4b\text{F} + y_3)$ (2) (*)

En additionnant les égalités (1) et (2), membre à membre, on trouve

$$\text{Aire curviligne} \quad aACc = \frac{1}{3} d (y_1 + 4y_2 + y_3). \qquad (3)$$

De même $cCEe = \frac{1}{3} d (y_3 + 4y_4 + y_5)$
$eEFf = \frac{1}{3} d (y_5 + 4y_6 + y_7)$
$fFGg = \frac{1}{3} d (y_7 + 4y_8 + y_9)$

(*) $2\text{AK} = 2ac = 4d$, et $4b\text{F} = 2y_1 + 2y_3$.

La surface totale $aAGg = \frac{1}{3} d [y_1 + y_9 + 2 (y_3 + y_5 + y_7) + 4 (y_2 + y_4 + y_6 + y_8)]$

Cette formule est générale. La règle à suivre est donc celle-ci :

RÈGLE. *On divise la base en un nombre* PAIR *de parties égales. L'aire curviligne s'obtient approximativement en additionnant la somme des ordonnées extrêmes, le double de la somme des autres ordonnées de rang impair et le quadruple de la somme de toutes les ordonnées de rang pair ; puis, multipliant le total par le tiers de la distance de deux ordonnées consécutives.*

FIN

— Tours, imp. Rouillé-Ladevèze, rue Chaude, 6.